百例成才系列丛书

LabVIEW 入门与实战开发 100 例
（第 3 版）

严 雨 夏 宁 编著

U0289431

电子工业出版社·

Publishing House of Electronics Industry

北京·BEIJING

内 容 简 介

本书以 LabVIEW 8.2 版本为讲解对象，系统地介绍了 LabVIEW 程序设计的理念、关键技术和应用实例。全书可分为 3 篇：基础篇、实例应用篇和综合开发篇。基础篇（第 1～10 章）简洁明了地介绍了 LabVIEW 程序设计所需的基础知识；实例应用篇（第 11～17 章）则介绍了实际应用中涉及的具体问题和应用实例；综合开发篇（第 28～32 章）对实际工作和生活中的具体系统进行详细的讲解和分析。

本书共有 100 个实例，具有涵盖面广、内容丰富、结构清晰、实用性强的特点。本书通过大量实例阐述程序设计中的重要概念和设计步骤，突出了系统完整性和实用性相结合的优点。

本书可作为初、中级读者的进阶教程和从事 LabVIEW 开发工作的广大工程技术人员的参考书，也可作为本科生、研究生的 LabVIEW 课程教材或自学教程。

图书在版编目（CIP）数据

LabVIEW 入门与实战开发 100 例 / 严雨，夏宁编著. —3 版. —北京：电子工业出版社，2017.1
（百例成才系列丛书）

ISBN 978-7-121-30455-2

. ①L… Ⅱ. ①严… ②夏… Ⅲ. ①软件工具－程序设计 Ⅳ. ①TP311.56

中国版本图书馆 CIP 数据核字（2016）第 282998 号

策划编辑：王敬栋（wangjd@phei.com.cn）
责任编辑：张来盛
印　　刷：涿州市般润文化传播有限公司
装　　订：涿州市般润文化传播有限公司
出版发行：电子工业出版社
　　　　　北京市海淀区万寿路 173 信箱　邮编：100036
开　　本：787×1 092　1/16　印张：30.5　字数：800 千字
版　　次：2011 年 3 月第 1 版
　　　　　2017 年 1 月第 3 版
印　　次：2022 年 7 月第 11 次印刷
印　　数：400 册　　定价：88.00 元

前　言

本书全面介绍了 LabVIEW 8.2（中文版）虚拟仪器开发过程中的各种编程知识与技巧；通过理论与实例结合的方式，深入浅出地介绍了其使用方法和技巧，目的在于让读者快速掌握这门功能强大的图形化编程语言。

本书第 3 版在第 1 版和第 2 版的基础之上，对书中实例的实际开发过程进行了适当的精简，使得实例的讲解更加贴近读者的理解过程。此外，对第 1 版和第 2 版中的部分综合实例做了适当调整，将其中原理性比较强而实际应用比较差的综合实例替换为更加实用的综合实例，以期达到开发人员实际开发参考用书的目的。

本书紧密结合开发人员的心得体会，以实用性强的 100 个实例细致地讲述了 LabVIEW 8.2 的软件操作方法、关键细节技巧和工程应用实践经验，在编写过程中力求做到语言精练、通俗易懂、内容紧凑。

本书可分为 3 篇——基础篇、实例应用篇和综合开发篇，具体章节内容安排如下。

1. 第 1 章至第 10 章为 LabVIEW 的基础篇

第 1 章介绍了 LabVIEW 8.2 软件的基础操作，包括 VI 的创建、前面板的编辑和 VI 实例的调试等。第 2 章对 VI 的自定义进行了讲解。第 3 章至第 5 章分别介绍了编程过程中经常遇到的数组、簇、字符串、变量和矩阵。第 6 章介绍了程序结构，包括循环结构、选择结构和顺序结构等。第 7 章至第 9 章介绍了图形化数据显示、人机界面交互设计，以及文件 I/O 操作的具体内容。第 10 章则对大型系统程序编写过程中常用到的子 VI 的创建和调试进行了详细的介绍。

2. 第 11 章至第 27 章为 LabVIEW 的实例应用篇

第 11 章介绍了数学分析和信号处理中常用到的函数和处理方法。第 12 章讲解了 LabVIEW 数据采集和仪器控制的常用方法。第 13 章向读者呈现了 Express VI 编程的快速和易用特点。第 14 章讲解了如何获得系统当前时间。第 15 章对创建右键快捷菜单进行了举例说明。第 16 章至第 24 章分别介绍了信号生成和处理过程中常用的分析方法和实现方式，包括数字示波器、触发计数器、基本函数发生器、噪声分析、功率谱测量、滤波处理和高级谐波分析等。第 25 章介绍了一个电话按键声音模拟器的设计技巧。第 26 章和第 27 章介绍了回声发生器和回声探测器的设计方法。

3. 第 28 章至第 32 章为 LabVIEW 的综合开发篇

第 28 章介绍了一个信号的发生和处理综合实例，对信号发生和处理的函数进行了综合使用。第 29 章介绍了 LabVIEW 在双通道频谱测量的滤波器设计中的应用，体现了虚拟设计的实用性。第 30 章介绍了微处理器冷却装置的实时监控的实例应用和编程特点。第 31 章介绍了脉冲及瞬态测量控件设计，凸显了 LabVIEW 控件编程的实用性。第 32 章介绍了数据采集系统的设计实例的详细编程过程，对数据采集系统的实际开发进行了深入的介绍。

本书给读者提供了大量的实例，使读者可以触类旁通、学以致用地掌握 LabVIEW 的实践应用，并可帮助读者快速、深入地学习和掌握该软件的强大功能，切实提高工作效率。

本书主要由严雨、夏宁编著，参与编写的还有李若谷、严安国、李佳、刘洋洋、何世兰、姚宗旭、葛祥磊、徐慧超、张玉梅、韩敏、王闯等。由于编著者水平有限，书中难免存在错误和疏漏之处，恳请广大读者批评指正！

编著者

2016 年 7 月

目 录

第1章 LabVIEW 8.2 的基本操作

LabVIEW 是 Laboratory Virtual Instrument Engineering Workbench（实验室虚拟仪器集成环境）的简称，是由美国国家仪器（National Instruments，NI）公司开发的、优秀的商用图形化编程开发平台。LabVIEW 是一种图形化编程语言，又称 G（Graphic）语言。LabVIEW 程序被称为 VI（Virtual Instrument），即虚拟仪器。本书所使用的 LabVIEW 8.2 是 LabVIEW 诞生 20 周年的纪念版本，是第一个支持简体中文的 LabVIEW 版本。

本章主要通过实例介绍 LabVIEW 8.2 的编程环境，以及基于模板的 VI 打开、创建、编辑、运行和调试的方法。

1.1 【实例1】基于模板打开一个 VI 并运行

启动 LabVIEW 8.2 后，会进入如图 1-1 所示的 LabVIEW 8.2 的"启动"窗口。在该窗口中，可以进行新建 VI、新建项目、新建基于模板的 VI、打开最近关闭的 VI 或者项目、打开 LabVIEW 8.2 自带的帮助和入门指南等文档、查找范例和链接 LabVIEW 8.2 网络资源等操作。

图 1-1   LabVIEW 8.2 的"启动"窗口

1.1.1 打开模板 VI

LabVIEW 8.2 可以新建空白的 VI 和项目。同时，为了方便用户，LabVIEW 8.2 也提供了很多通用 VI 的模板。通过这些模板，在现有的代码基础上编写新的代码可以在一定程度上节省项目开发的时间。如图 1-2 所示，单击图标  基于模板的VI… 便会弹出如图 1-3 所示的"新建"窗口。"新建"窗口的左侧列出了需要新建的项目，其中也包括了各种通用模板 VI。在"新建"窗口的左侧单击某一个模板 VI，窗口的右侧便会同时显示出所选模板 VI 的程序框图的预览和关于这个模板 VI 的说明。

图 1-2 "新建"项

例如，在"新建"窗口中选择"VI→基于模板→使用指南（入门）→生成、分析和显示"，单击后右侧便出现相应的该模板 VI 的程序框图预览和该模板 VI 的功能说明（如图 1-3 所示），然后单击"确定"按钮，便同时打开了"生成、分析和显示"模板 VI 的前面板和程序框图（分别如图 1-4 和图 1-5 所示）。

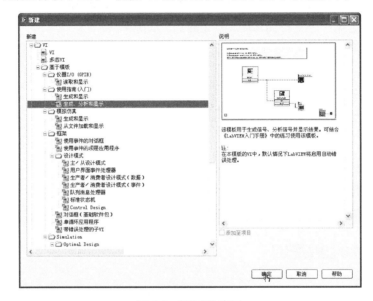

图 1-3 "新建"窗口

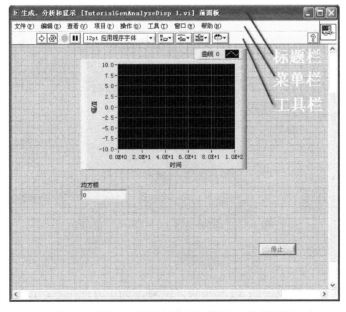

图 1-4 "生成、分析和显示"模板 VI 的前面板

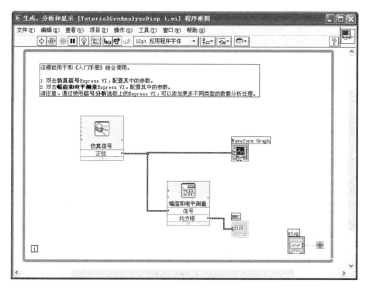

图 1-5　"生成、分析和显示"模板 VI 的程序框图

1.1.2　窗口介绍

　　LabVIEW 程序分为前面板和程序框图（又称背面板）两部分。图 1-4 和图 1-5 分别显示的是"生成、分析和显示"模板 VI 的前面板和程序框图。前面板是 VI 代码的接口，是用户交互界面。前面板界面上放置了各种图形控件，这些控件主要分为输入控件（Controls）和显示控件（Indicators）两大类。程序框图中包含了以图形方式表示并实现 VI 逻辑功能的程序代码。程序框图中除了包含对应于前面板上各个控件的连线端子（Terminal）外，还包含了常量、函数、子 VI、结构、文字说明，以及将数据从一个对象传送到另一个对象的连线等。

　　前面板和程序框图窗口都有各自的标题栏、菜单栏和工具栏。其中，标题栏显示的是该模板 VI 的名称，菜单栏采用了下拉式菜单的形式，如"文件"、"编辑"、"查看"等。菜单栏中包含了大多数软件都具备的"新建"、"保存"、"另存为"、"复制"、"粘贴"等选项，也包含了LabVIEW 的其他功能选项。如图 1-6 所示的是前面板的工具栏，工具栏中的按钮有 9 个，分别为"运行"、"连续运行"、"异常终止执行"、"暂停"、"文本设置"、"对齐对象"、"分布对象"、"调整对象"、"重新排序"。

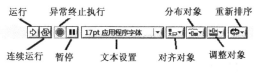

图 1-6　前面板的工具栏

　　程序框图的工具栏（如图 1-7 所示）中有一些与前面板工具栏相同的按钮，同时也包含前面板的工具栏中所没有的 5 个程序调试按钮："高亮显示执行过程"、"保存连线值"、"开始单步执行"、"单步跳过"、"单步步出"。

　　这里主要介绍工具栏中以下按钮的功能。

　　运行按钮：单击此按钮，程序开始运行，同时该按钮会变为 。如果 VI 有编译错误，则该按钮会变成中断运行按钮 ，表示 VI 有错误不能运行。单击 会弹出错误列表窗口，窗口中会显示错误条目及错误原因。双击一个具体的错误条目，将会自动到达该错误在程序框图中的位置。

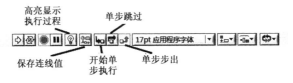

图 1-7   程序框图的工具栏

连续运行按钮：单击此按钮，程序会连续运行，同时该按钮会变为 ，再次单击该按钮后程序便会停止连续运行。如果 VI 出现错误而不能正常运行，则连续运行按钮会变灰。

异常终止执行按钮：在 VI 运行时，该按钮才可用。尽管此按钮可以结束 VI 的执行，但是通常应该避免用这种方法结束程序的执行。

暂停/继续按钮：在 VI 运行时单击此按钮，VI 程序会暂停执行，再单击一次此按钮，VI 会继续执行。

1.1.3   运行模板 VI

单击前面板或程序框图工具栏上的 按钮，运行程序，会看到如图 1-8 所示的运行结果。

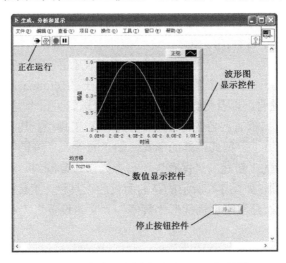

图 1-8   "生成、分析和显示.vi" 运行结果

1.2   【实例 2】基于模板创建一个 VI

在 1.1 节中介绍了如何打开模板 VI 并运行，本节讲述如何基于模板创建一个 VI。

按照 1.1 节中的步骤打开的"生成、分析和显示"模板 VI，必须保存在自己的工作目录下才能使模板 VI 为自己所用。如图 1-9 所示，在已经打开的模板 VI 前面板窗口或者程序框图窗口的菜单栏中选择"文件（F）→保存（S）"，单击后会弹出如图 1-10 所示的"保存"对话框。在"保存"对话框中选择 VI 要保存的位置，并且给 VI 取一个新的名称（在这里将文件名改为"myVI.vi"）。然后单击"确定"按钮，文件便保存成功了。保存以后，可以看到前面板和程序框图窗口的标题栏都发生了变化。图 1-11 显示出了前面板窗口的标题栏，其中"生成、分析和显示"是 VI 的标题，中括号中的"myVI.vi"是 VI 的文件名。保存后便可以在模板 VI 基础上编辑 VI 了。

图 1-9　保存模板 VI

图 1-10　"保存"对话框

图 1-11　保存后的标题栏

编辑 VI 包括编辑前面板和编写程序框图两部分。从前面板可以通过前面板菜单栏的"窗口（W）→显示程序框图"进入程序框图，也可以通过快捷键"Ctrl+E"完成前面板和程序框图间的相互切换。

1.3　【实例 3】编辑前面板

前面板是 VI 代码的接口，是用户交互界面。前面板界面上放置了各种图形控件，这些控件主要分为输入控件（Control）和显示控件（Indicator）两大类。例如，在 1.1 节中打开的模板 VI 的前面板含有 3 个控件，分别是波形图显示控件、数值显示控件和停止按钮控件（如图 1-8 所示）。

1.3.1　控件选板

前面板中放置的控件来源于控件选板。显示控件选板的方法有两种：方法一，如图 1-12 所示，在前面板的菜单栏中选择"查看（V）→控件选板（C）"，单击后便会弹出如图 1-13 所示的控件选板；方法二，如图 1-14 所示，在前面板的空白处右击也可以调出控件选板，但是此时如果单击鼠标控件选板便会消失，而单击固定端子 📌 也可以得到如图 1-13 所示的控件选板。控件选板包含了创建前面板时可用的全部对象。其中最常用到的是新式、系统和经典 3 类控件。单击控件选板的某一个图标会进入该图标链接的下一层控件菜单。

图 1-12　从菜单栏打开控件选板

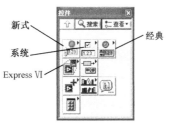

图 1-13　控件选板　　　　　　　　　　图 1-14　右击打开控件选板

　　图 1-15 显示了新式控件及其包含的所有类型的控件,从图中可以看到新式控件主要包括数值型控件、布尔型控件、字符串与路径控件、数组、矩阵与簇控件、列表与表格控件、图形控件、下拉列表与枚举控件、容器、I/O 控件、引用句柄控件、变体与类控件及用于修饰的图形与线条。图 1-16 和图 1-17 分别显示了系统控件和经典控件。从两图中可以看出,系统控件和经典控件也包含了数值型控件、布尔型控件、字符串型控件,3 种类型的控件在表现风格上有些差别,但在用法上基本一致。一般情况下,相对于系统控件和经典控件来说,新式控件更常用一些。

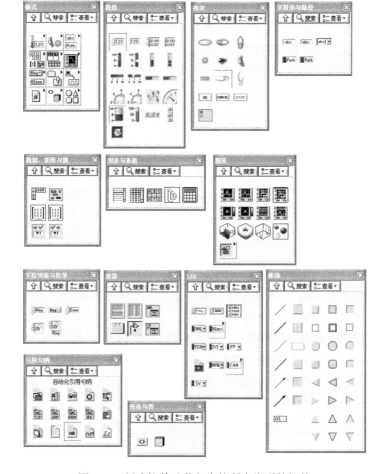

图 1-15　新式控件及其包含的所有类型的控件

图 1-16　系统控件

图 1-17　经典控件

1.3.2　工具选板

工具选板主要用于在编辑前面板和程序框图时根据需要改变鼠标的功能，从而进行连线、选择、移动等操作。调出工具选板的方法也有两种：方法一，如图 1-18 所示，在前面板的菜单栏中选择"查看（V）→工具选板（C）"，单击后便会弹出如图 1-19 所示的工具选板；方法二，按住键盘上的"Shift"键，在前面板或者程序框图的空白处单击鼠标右键也可以调出工具选板，但是此时如果单击鼠标左键，工具选板便会消失。工具选板中工具的作用如表 1-1 所示。

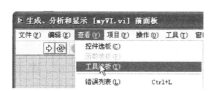

图 1-18　从菜单栏调出工具选板

图 1-19　工具选板

表 1-1　工具选板中工具的作用

工　具	工　具　功　能
自动选择	单击该图标，右侧的灯会变亮，图标变成 ，此时会根据鼠标所处的位置自动选择使用哪种工具，光标也会自动变成相应的图标。再次单击该图标，右侧的灯会灭，此时如果想更换工具只能手动更换
操作值	用于为前面板的输入控件和显示控件赋值
对象操作	用于定位、调整对象的大小，选择对象或移动对象
文本编辑	用于输入各种控件所需要的文字或字符，如输入控件的标签、字符串型控件的值等。也可以输入独立于其他控件的文字或者在程序框图中输入程序的说明，以方便别人阅读
连线	用于连接程序框图中的各个对象，为数据传递提供路径
对象快捷菜单	使用该工具时，将鼠标放在某个对象的上面，单击鼠标，便会弹出该对象的快捷菜单。在使用其他工具时，则需要在该对象上单击鼠标右键，只有这样才能弹出快捷菜单
滚动窗口	使用该工具可以滚动整个窗口内的图形，不需要使用滚动条
断点	使用该工具可以在 VI 函数和结构内设置断点，当程序执行到断点时暂停执行
探针数据	在程序运行的过程中，设置探针可以查看运行时的中间结果
获取颜色	此工具可以从窗口中提取颜色并设置为当前颜色
设置颜色	用于为控件、前面板、程序框图设置颜色。上面的调色板用于设置当前前景色，下面的调色板用于设置当前背景色

1.3.3　前面板的编辑

1. 放置控件

在前面板放置控件有 3 个步骤，这里以数值输入控件的放置为例。如图 1-20 所示，首先要找到需要放置的控件，数值输入控件位于控件选板的"控件→新式→数值→数值输入控件"中。单击数值输入控件的图标，然后移动鼠标到控件需要放置的位置，最后单击鼠标左键或者右键释放控件。将控件放置到前面板后可以更改控件的名称和控件的值。如果要更改控件的其他属性，可以先将鼠标指针放在控件上，然后单击鼠标右键，调出该数值输入控件的快捷菜单（如图 1-21 所示）。在快捷菜单中可以进行替换控件、更改该控件的表示法、更改控件的类型（输入控件/显示控件）等操作，也可以通过快捷菜单直接进入该控件的"属性"对话框来更改这些内容。通过快捷菜单也可以在程序框图创建该控件的属性节点和方法节点。

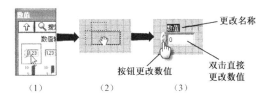

图 1-20　放置控件的 3 个步骤

图 1-21　右键更改控件属性

放置其他控件的步骤跟放置数值输入控件的步骤相同，放置前只需要在控件选板中找到所需控件即可。图 1-22 中的旋钮和温度计位于控件选板的"控件→新式→数值"中，摇杆开关、指示灯和确定按钮都位于"控件→新式→布尔"中，字符串控件位于"控件→新式→字符串与路径"中，波形图表控件位于"控件→新式→图形"中。如果事先不知道控件所处的位置，可以利用控件选板的搜索功能对控件进行搜索。如图 1-23 所示，在控件选板中单击"搜索"按钮，弹出"控件"搜索对话框后，输入要查找的关键字（如"数值"），在窗口的下边便会同时列出含有该关键字的所有控件。双击需要的控件（如数值输入控件　<<数值>>），便会自动进入控件选板中该控件所处的位置。

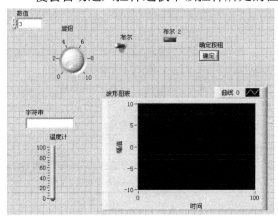

图 1-22　放置其他控件

图 1-23　搜索控件

2. 复制和移动对象

复制对象有三种方法：方法一，首先选中需要复制的对象，然后按住键盘上的"Ctrl"键，最后按住鼠标左键拖动要复制的对象到新对象的位置，释放对象；方法二，首先选中需要复制的对象，然后使用键盘上的复制快捷键"Ctrl+C"，最后在新位置上使用键盘上的粘贴快捷键"Ctrl+V"；方法三，首先选中需要复制的对象，然后通过前面板菜单栏的"编辑（E）→复制（C）"来复制对象，最后在新位置上通过前面板菜单栏的"编辑（E）→粘贴（V）"将该对象粘贴到新位置。

如果想更改对象的位置，可以在工具选板中选择 ![工具] 工具，然后单击要移动的对象，按住鼠标左键拖动对象到新的位置；或者在工具选板中的自动选择按钮点亮时，将鼠标移动到对象的边缘，此时鼠标工具会自动变成"对象操作"工具，然后单击拖动该对象至新的位置即可。如果仅仅想要水平移动或者垂直移动对象，则在用鼠标拖动对象之前，要先按住键盘的"Shift"键，然后拖动鼠标完成对象的水平或垂直移动。另外，也可以通过剪切和粘贴的方法来移动对象，剪切时可以使用菜单栏的"编辑（E）→剪切（X）"或者直接使用键盘上的快捷键"Ctrl+X"。粘贴对象的方法与复制对象的方法二和方法三里粘贴的方法相同。

如果要同时移动或复制多个对象，则应该同时选中多个对象。一般可以通过按住鼠标左键并拖动鼠标的方法来选中多个对象，或者采用先按住"Ctrl"键，然后一个一个单击需要选中的对象的方法来选择多个对象。

3. 对齐、分布对象

为了使前面板有条理、美观，需要适当调整对象相互间的位置和距离。图 1-24 所示是对齐、分布对象的步骤。这里主要用到的就是工具栏中的 ![对齐对象图标] "对齐对象"工具和 ![分布对象图标] "分布对象"工具。这两种工具的使用步骤为：首先选定需要对齐或者分布的所有对象，然后单击 ![对齐图标] 或者 ![分布图标] 的下三角，弹出各种对齐方式或分布方式的下拉框（当鼠标指针移动到某个方式图标的上面时，下拉框的顶部会显示该方式的相关说明）；最后按照自己的需求选择一种对齐方式或者分布方式，将对象进行重新对齐和分布即可。

4. 调整对象大小

有时为了前面板的美观，会把所有的同一类型的控件调成同样大小，或者为了需求将某个控件调大或调小，这时便需用到工具栏中的 ![调整对象大小图标] "调整对象大小"工具（如图 1-25 所示）。选定要调整大小的对象，打开"调整对象大小"工具的下拉框，选择一种调整方式或者直接单击最后一个图标，进入"调整对象大小"对话框，可设置对象的长度和宽度。

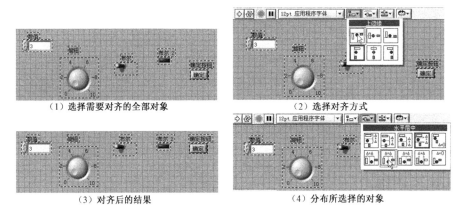

（1）选择需要对齐的全部对象　　　　　（2）选择对齐方式

（3）对齐后的结果　　　　　　　　　　（4）分布所选择的对象

图 1-24　对齐、分布对象的步骤

将图 1-22 中的控件按照上述方法，重新进行移动、对齐、分布、调整大小后，便得到了如图 1-26 所示的结果。

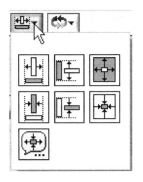

图 1-25　"调整对象大小"工具

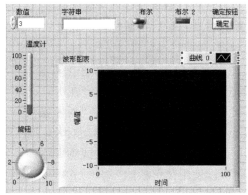

图 1-26　调整后的对象

1.4 【实例 4】调试 VI

在前面板和程序框图都设计好了以后，就要对 VI 进行调试，以查看是否达到了预期的运行效果、程序运行的过程中是否出现错误、最后的结果是否正确。如果没有达到预期的效果或者满意的结果，就要反复修改并调试 VI。调试 VI 主要用到的是工具栏中的"运行"按钮 ⇨、"异常终止执行"按钮 ⬤、"暂停/继续"按钮 Ⅱ 和高亮执行"按钮 💡。

本节以 1.2 节中保存的"myVI.vi"为例介绍 VI 调试的过程。

1. 查看程序编译错误

在运行调试之前首先要查看 VI 有没有编译错误，如果 VI 有编译错误，"运行"按钮 ⇨ 会变成"中断运行"按钮 ⇩。只要单击"中断运行"按钮 ⇩ 便会弹出错误列表窗口，窗口中会显示错误条目及错误原因。双击一个具体的错误条目，将会自动到达该错误在程序框图中的位置。根据提示修改程序中存在的编辑错误，直到程序可以运行为止。

2. 高亮执行程序、跟踪程序的运行

如果程序运行的结果不正确，就可以单击工具栏的"高亮执行"按钮 💡 来高亮显示执行过程，以查看程序执行过程中的中间结果是否正确。单击该按钮后图标会变成 💡。图 1-27 显示的是"myVI.vi"在高亮显示执行过程中的画面。LabVIEW 的执行顺序是根据数据流执行，通过高亮显示执行过程可以看到数据流的流动状态，跟踪程序的运行。在程序运行时，可以放置探针来查看程序运行的中间结果。

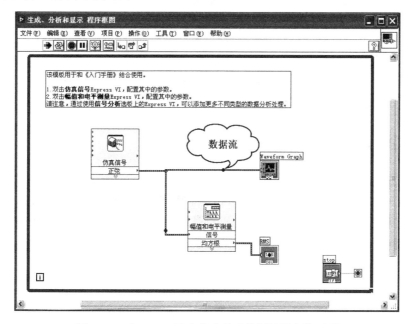

图 1-27 "myVI.vi"在高亮显示执行过程中的画面

放置探针时要选择工具选板中的"探针"工具，如图 1-28 所示。将鼠标指针移至要查看中间结果的连线上，当连线开始闪烁时单击鼠标左键，便会弹出显示该连线上数据值的窗口。同时，在该连线上会出现一个序号，序号与窗口的序号一一对应，如图 1-29 所示；如果在很多线路上都放置了探针，有了这些序号就不用担心因窗口太多而造成混乱了。

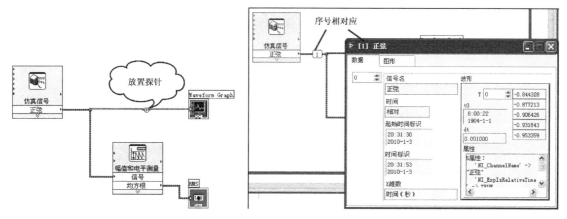

图 1-28 放置探针   图 1-29 查看连线上的数据

3. 单步执行程序

为了查找程序中的逻辑错误，有时会需要程序一步一步地执行，这时就要使用"单步执行"按钮 ⏭ 了。单击该按钮会进入单步执行状态，下一个将要执行的节点会一直闪烁，以表示它即将被执行。继续单击该按钮会执行该节点，则其下一个节点又变成闪烁。单击工具栏中的按钮 ⏸ ，程序将连续执行到下一个节点。

4. 设置断点

在 VI 函数和结构内设置断点，可以使程序执行到断点时暂停执行，然后可用探针检查此时的数据是否正确。

5. 异常终止执行

在程序执行的过程中如果无法正常停止执行，如进入了死循环，则可以使用"异常终止执行"按钮 ⏺ 来强制终止程序的执行。通常应该避免用这种方法来结束程序的执行。

1.5　本章小结

LabVIEW 是一个很容易入门的软件，但想要熟练应用它，还需要多多练习。本章主要通过例子介绍了 LabVIEW 8.2 的一些基础知识和基本操作方法，即基于模板 VI 的打开和创建，前面板的编辑，程序的运行和调试。本章的重点是前面板的编辑、各种工具的使用和程序的调试。读者在编辑前面板时一定要注意控件分布是否整齐美观，颜色搭配是否合理，控件的大小是否合适，以及文字的字体颜色是否美观。

第 2 章　自定义 VI

第 1 章中介绍了如何基于模板打开和创建 VI，而在实际设计时，很多情况都需要根据项目的需求从头开始设计实现一定功能的程序。

本章通过简易数值运算和简单滤除信号噪声两个实例介绍程序框图的内容、函数选板的内容、编写 LabVIEW 8.2 程序的过程以及需要注意的事项。

2.1　【实例 5】简易数值运算

LabVIEW 8.2 函数选板中的函数非常丰富，如提供了很多数值运算的函数，简单的有加、减、乘、除、取整，复杂的有平方根、平方、公式运算等。本节主要通过简单的数值运算来介绍函数选板的内容和程序的编写过程。

2.1.1　设计目的

（1）熟悉函数选板中的简易数值函数。
（2）实现简单的数值运算功能。

2.1.2　程序框图主要功能模块介绍

图 2-1　函数选板

图 2-1 所示的函数选板中存放的是编写程序框图时需要的各种节点，主要包括函数、子 VI、Express VI、结构等类型。在图 2-2 左图中，将鼠标指针放在"表达式节点"图标 EXPR 上，这时右图的"即时帮助"窗口便显示出了表达式节点的名称、输入/输出端口、功能简介和详细帮助信息的超级链接。数值运算函数位于函数选板的"函数→编程→数值"中，打开后的数值运算函数列表如图 2-3 所示。

图 2-2　"即时帮助"窗口

2.1.3　详细设计步骤

首先新建一个空白 VI。

1. 加法运算

1）放置控件

在前面板放置两个数值输入控件，分别取名为"加数"和"被加数"（如图 2-4 所示）。这

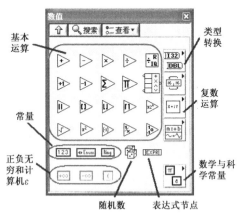

图 2-3　数值运算函数列表

时前面板中的"加数"控件和"被加数"控件的接线端会以图标的形式显示在程序框图中。一般情况下为了节省程序框图的空间，同时也为了使程序框图看上去比较简洁，最好不要以图标的形式显示控件的接线端。如图 2-5 所示，将鼠标指针放在程序框图"加数"控件的接线端图标上，单击鼠标右键调出该控件的快捷菜单，再单击"√ 显示为图标"后，"显示为图标"前面的对钩会消失，控件的接线端便不会以图标的形式显示。但是利用此方法更改的只是"加数"控件接线端的显示方式，如果继续在前面板中放置控件，控件的接线端在程序框图中还是会以图标的形式显示出来。

　　想要彻底改变后面放置的控件在程序框图中的显示方式，必须从 LabVIEW 8.2 的"选项"窗口中更改控件的显示方式。选择菜单栏的"工具（T）"→"选项（O）…"，可以打开如图 2-6 所示的"选项"窗口。在"选项"窗口左侧的类别选择中单击"程序框图"，右侧便会显示与程序框图有关的一些环境配置。将"以图标形式放置前面板接线端"这一项的对钩去掉，然后

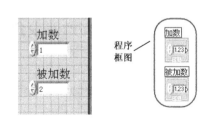

图 2-4　在前面板中放置输入控件

单击"确定"按钮。此时，继续在前面板中添加数值显示控件，取名为"和"，就可以看到在程序框图中"和"控件的接线端不再以图标的形式显示了，如图 2-7 所示。但是"被加数"接线端并没有改变，还是要按照图 2-5 所示的方法进行更改。

　　控件放置好后，需要调整控件的位置、大小和排列方式。

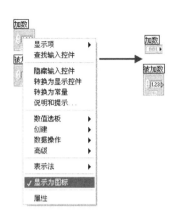

图 2-5　更改控件在程序框图中的显示方式

2）编辑加法运算

　　加法运算函数位于函数选板的"函数→编程→数值"中，该加法运算函数有 2 个输入端、1 个输出端。在程序框图中放置该函数的步骤与在前面板中放置控件的步骤大体相同：首先，在函数选板中找到所需函数；然后，单击该函数；最后，将鼠标指针移动到适当的位置，单击鼠标即可释放该函数。将加法函数放置到程序框图后，要将加法函

数的输入/输出端口与控件的接线端相连。如图 2-8 所示是加法运算的编辑过程。连线时可以使用工具选板中的"连线"工具进行连线，也可以选择"自动选择工具"，这样在将鼠标指针放到加法运算函数的输入端上时，鼠标会自动选择"连线"工具。

图 2-6　"选项"窗口

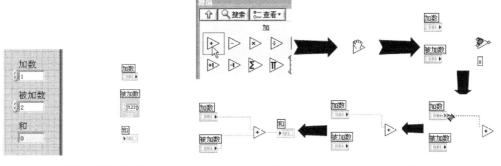

图 2-7　放置数值显示控件　　　　　　　图 2-8　加法运算的编辑过程

在编辑程序框图时，往往要根据需求调整连线，例如在图 2-8 中连线后若上下不够美观，可以将两条线的拐角移动到同一位置。调整连线时，可以先用鼠标单击要调整的线，然后按住鼠标左键不放，将鼠标拖动至连线要调整的位置后，放开鼠标（如图 2-9（a）所示）。也可以在选择了要调整的连线后按下键盘的上下左右方向键（具体示例如图 2-9（b）所示），如果在按下方向键的同时按住"Shift"键可以加大每次移动的像素数，加快移动速度。调整结果如图 2-9（c）所示。

3）运行加法运算

按照上述步骤编辑完加法运算后，便可以运行程序，查看运行结果了。图 2-10 显示的是加法运算的结果。

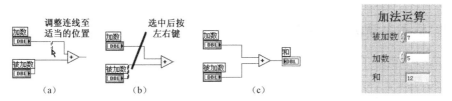

图 2-9　调整连线　　　　　　　　　　图 2-10　加法运算的结果

2. 编辑其他运算

按照加法运算的编辑步骤，编辑减法、乘法、除法、加 1、减 1、绝对值、最近取整、向上取整、向下取整、平方根、平方、倒数运算和随机数的生成。编辑 VI 时，要时刻进行保存。

图 2-11 和图 2-12 所示分别是本节实例——简易数值运算的前面板和程序框图。读者可以根据兴趣设计自己的前面板。

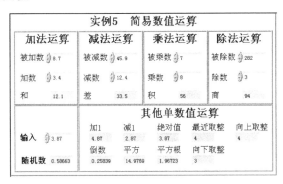

图 2-11　简易数值运算的前面板

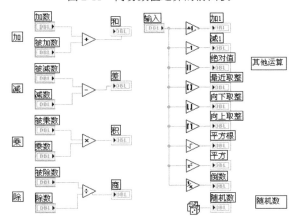

图 2-12　简易数值运算的程序框图

2.2 【实例 6】简单滤除信号噪声

从 LabVIEW 7 Express 开始，LabVIEW 8.2 引入了 Express VI。Express VI 比标准的 VI 使用起来更加方便。本节将通过简单滤除信号噪声的实例来介绍 Express VI 的使用。

2.2.1　设计目的

（1）熟悉仿真信号 Express VI 和滤波器 Express VI；
（2）实现简单滤除信号噪声的功能。

2.2.2　程序框图主要功能模块介绍

LabVIEW 8.2 提供了很多类型的 Express VI。在本实例中，主要用到了仿真信号 Express VI 和滤波器 Express V，如图 2-13 所示，它们都位于函数选板的"函数→Express→信号分析"子

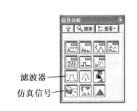

图 2-13　信号分析子选板

选板中。在将 Express VI 放置到程序框图中时，会弹出该 Express VI 的配置对话框（通过 LabVIEW 8.2 的环境设置可以禁止自动弹出配置对话框）。在编程过程中，双击程序框图中的 Express VI 图标也可以打开配置对话框，并对其属性进行修改。

1. 仿真信号 Express VI

仿真信号 Express VI 可以生成正弦波、方波、三角波等仿真信号。图 2-14 显示的是仿真信号 Express VI 的图标，其中的小三角是 Express VI 的输入/输出端口。如图 2-15 所示，将鼠标指针放置于图标下边缘的尺寸控制点处，拖动鼠标后，输入/输出端口的名称就显示在下方了。由于图标的宽度限制，有些端口的名称没有显示全。这时，可以通过鼠标右键调出仿真信号 Express VI 的右键快捷菜单，选择"调整为文本大小"一项，这样图标的宽度便自动调整为端口名称最长的文本的宽度了，如图 2-16 所示。如果觉得 Express VI 的图标太大，占用了太多的空间，可以将图标显示为小图标。如图 2-17 所示，调出 Express VI 的右键快捷菜单后，单击"显示为图标"一项，图标便会显示成小图标。

图 2-14　仿真信号 Express VI 的图标

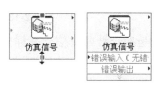

图 2-15　显示输入/输出端口名称

图 2-16　自动调整图标宽度

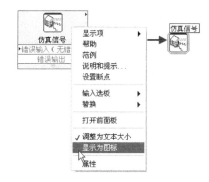

图 2-17　显示为小图标

双击仿真信号 Express VI 的图标可以弹出仿真信号的配置对话框，如图 2-18 所示。在该对话框的右上角的结果预览中，会根据设置的属性显示波形结果。在该对话框中，可以选择仿真信号的类型（正弦波、方波、三角波、锯齿波和直流），还可以更改仿真信号的频率、相位、幅值和偏移量（如果选择的是方波也可以更改占空比）。"添加噪声"可以向模拟波形添加噪声。"噪声类型"指定向波形添加的噪声类型，只有勾选"添加噪声"复选框时，才可使用该选项。可以添加的噪声有均匀白噪声、高斯白噪声、周期性随机噪声、Gamma 噪声、泊松噪声、二项噪声、Bernoulli 噪声、MLS 序列和逆 F 噪声。另外，可以对噪声信号的噪声幅值、标准差、阶数、均值等属性进行更改。

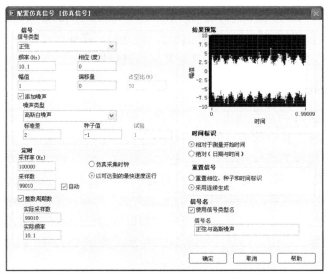

图 2-18　仿真信号的配置对话框

"采样率"是指一秒内对信号采样的点数,"采样数"是指本次采样的点数。"时间标识"是指横坐标的标识。横坐标可以表示相对时间(相对于测量开始的时间),也可以表示绝对时间(显示日期与时间)。在"信号名"一项中可以给信号重新命名。

图 2-19　滤波器 Express VI
的大、小图标

2. 滤波器 Express VI

滤波器 Express VI 的图标如图 2-19 所示。该图标和仿真信号 Express VI 图标一样,可以对其端口显示方式、大小进行更改。滤波器 Express VI 可以通过滤波器和窗对信号进行处理。滤波器的配置对话框如图 2-20 所示。可以选用的滤波器类型有低通、高通、带通、带阻和平滑。选择了滤波器的类型后,要在"滤波器规范"中对滤波器的属性进行设置。在对话框右侧的结果预览中可以对配置所产生的结果进行预览。

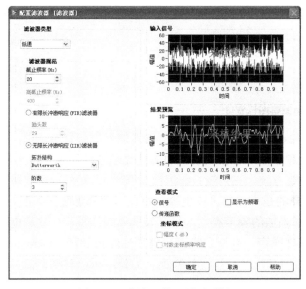

图 2-20　滤波器的配置对话框

2.2.3　详细设计步骤

1. 配置 Express VI

首先应该使用仿真信号 Express VI 产生一个带噪声的仿真信号。然后在程序框图中放置仿真信号 Express VI。放置后打开仿真信号的配置对话框，对照图 2-18 对仿真信号进行属性的配置。在这里，仿真信号 Express VI 的信号类型选择为正弦波信号，频率设置为 10.1Hz，幅值为 1，相位和偏移量均设置为 0。选中"添加噪声"的复选框，在噪声类型下拉框中选择高斯白噪声。将采样率设置为 100kHz，采样数设置为"整数周期数"，使用默认值。

接着使用滤波器 Express VI 对产生的带噪声的仿真信号进行滤波处理。从函数选板中找到滤波器 Express VI 并将其放置于程序框图中。打开滤波器的配置对话框，对照图 2-20 进行属性的配置。滤波器的类型采用低通滤波器。由于产生的仿真信号的频率为 10.1Hz，所以将滤波器的截止频率设置为 20Hz。选择"无限长冲激响应（IIR）滤波器"，在"拓扑结构"下拉框中选择 Butterworth，阶数选择 3。

图 2-21　配置后的 Express VI 图标

配置好后的 Express VI 图标如图 2-21 所示。

2. 创建波形图控件

在前面板中放置两个波形图控件。波形图控件位于控件选板的"控件→新式→图形→波形图"中。如图 2-22 所示，其中一个波形图控件取名为"原始信号"，用来显示仿真信号 Express VI 产生的仿真信号；另外一个波形图控件取名为"滤波后信号"，用来显示经过滤波器 Express VI 滤波后的信号。

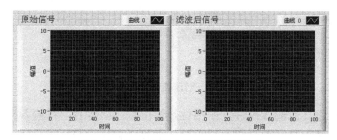

图 2-22　在前面板中放置波形图控件

3. 连接接线端

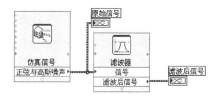

图 2-23　程序框图连线

如图 2-23 所示，在程序框图中将仿真信号 Express VI 的输出端"正弦与高斯噪声"与滤波器 Express VI 的输入端"信号"及"原始信号"波形图控件的接线端相连，将滤波器 Express VI 的输出端"滤波后信号"与"滤波后信号"波形图的接线端相连。

保存 VI，单击运行按钮后会得到如图 2-24 所示的初步结果。

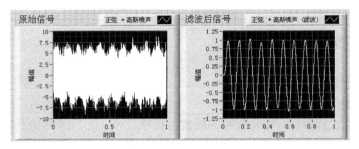

图 2-24   初步结果

4. 创建其他控件

有时，希望在前面板中控制仿真信号产生信号的频率、幅度或者控制滤波器的截止频率。这时可以在前面板中创建数值输入控件，然后再将控件的接线端与 Express VI 的输入端相连。另外，也可以通过快捷菜单直接创建控件。这里以创建仿真信号的频率输入控件为例说明创建过程。将鼠标指针放在仿真信号 Express VI 图标的一个输入端口上，此时鼠标指针会变成连线工具，同时上方会显示该端口的名称。如图 2-25 所示，找到名称为"频率"的端口，鼠标位置不动，单击鼠标右键调出该端口的右键快捷菜单，选择"创建"→"输入控件"。一个名称为"Frequency"的数值输入控件便创建成功了，而且它会自动连接至仿真信号 Express VI 图标的"频率"输入端口。

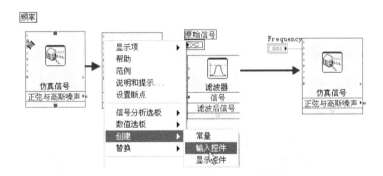

图 2-25   创建其他输入控件

按照上述方法创建其他输入控件，如相位、幅值等。创建后，将输入控件和输出控件的接线端分别排列整齐，使程序框图看起来很美观（如图 2-26 所示）。

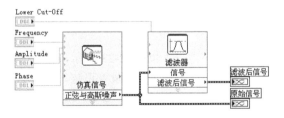

图 2-26   程序框图

将前面板和程序框图都编辑好后，设置输入控件的值，运行程序，查看运行结果（如图 2-27 所示）。读者可以更改仿真信号 Express VI 和滤波器 Express VI 的配置信息并观察运行结果。

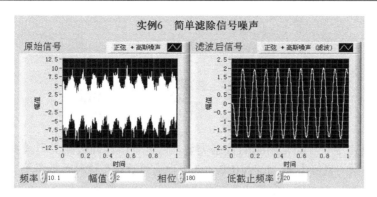

图 2-27　简单滤除信号噪声的运行结果

2.3　本章小结

本章主要介绍了函数选板、程序框图的编辑过程和 Express VI 的使用方法。在编辑程序框图时，要注意以下几点：

（1）要制定统一的、符合标准的编辑规范，在编辑过程中保持一致的风格，保证程序的可读性、易维护性，提高工作效率。

（2）不要编得特别大，要使其尽量能够在显示器上的一个屏幕画面中全显示出来；当框图太大时，可考虑使用子 VI。

（3）在程序框图中，要使用注释说明代码或者适当添加一些文字说明，便于别人理解。

（4）程序框图中的对象应该能够很好地进行组织排列，增加可读性。

（5）框图中的连线要尽量短，尽量减少连线的弯折。

（6）尽量做到连线从节点的左侧进入、右侧引出，以形成从左向右的数据流。

（7）节点不要覆盖连线。

第 3 章　数　　组

数组是程序语言中一种经常用到的数据类型，它是一组相同数据类型数据的集合，是存储和组织相同类型数据的良好方式。LabVIEW 8.2 中也有"数组"这种数据类型。LabVIEW 8.2 中的数组可以是数值型、布尔型、字符串型等数据类型中同类数据的集合。本章介绍数组的创建及各种数组函数的功能和使用。

3.1　【实例 7】创建数组控件

设计目的：掌握创建一维数组控件的方法。

3.1.1　程序框图主要功能模块介绍

数组是由同一类型数据元素组成的大小可变的集合，LabVIEW 8.2 提供了很多数组函数，能够更为方便、快捷地对数组进行运算。图 3-1 所示是数值输入控件数组，从图中可以看出，该数组主要由数组框和数组框里面的数值输入控件组成。

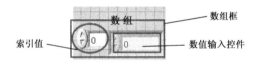

图 3-1　数值输入控件数组

3.1.2　详细设计步骤

1. 在前面板中直接创建数组控件

在前面板中直接创建数组控件的步骤分为两步。第一步是在前面板中放置数组框。如图 3-2 所示，数组框位于前面板控件选板的"控件→新式→数组、矩阵与簇→数组"中。用鼠标单击控件选板中数组框的图标并拖动至前面板的空白处，再单击鼠标释放数组框。这时，数组在背面板中显示为带空括号的黑框。第二步，将有效的数据对象放入数组框中。如图 3-3 所示，

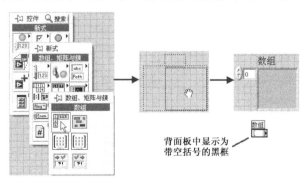

图 3-2　放置数组框

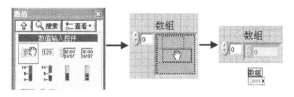

图 3-3　向数组框中放入有效数据

从控件选板中选中数值输入控件，拖动控件至数组框后，单击鼠标释放控件到数组框中。由于数值输入控件在默认情况下是双精度型实数，所以背面板中的数组图标便成了颜色为橙色并带有"[DBL]"标志的图标。数组创建后，在默认的情况下只能看到一个元素。可以将鼠标放到数组框下部调节大小的句柄上，向下拖动句柄，数组中的其他元素也就能显示出来了（如图 3-4 所示）。如果想改变数组中元素的大小，只要将鼠标放在数组框内某个元素调节大小的句柄上，拖动鼠标调节元素的大小，这样其他所有元素也会跟着放大或者缩小了（如图 3-5 所示）。

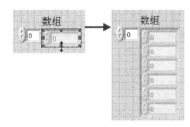

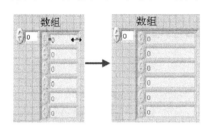

图 3-4　调整数组中数据显示的多少　　　　图 3-5　调整数组内数据的大小

按照上述方法，只要将不同类型的数据放到数组框中，便可以创建其他类型的数组了。图 3-6 中显示了数值输入型数组、数值输出型数组、字符串型数组、开关型数组和指示灯数组。在背面板中，不同数据类型的数组图标，显示的颜色不同，图标中的标志也不同。数组控件创建好后，便可以给数组控件赋值了。

2. 通过循环创建数组显示控件

利用结构中的 For 循环和 While 循环也可以创建数组显示控件。这里以 For 循环为例介绍如何利用循环创建数组显示控件。For 循环位于程序框图函数选板的"函数→编程→结构→For 循环"中。如图 3-7

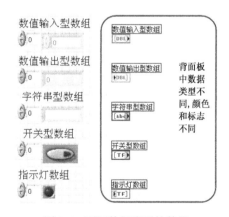

图 3-6　不同数据类型的数组

所示，放置 For 循环时，首先要选中 For 循环，然后在 For 循环的起始位置单击鼠标，最后拖动鼠标到 For 循环的截止位置，单击鼠标后 For 循环便放置到程序框图中了。For 循环中的"N"表示要循环的总次数，For 循环放置完后，要给 For 循环的"N"赋值，以指明循环的次数；"i"代表当前是第几次循环，"i"的值为 0～$N-1$。要循环的循环体放在 For 循环的内部。

创建了 For 循环后，便可以用 For 循环创建数组输出控件了。如图 3-8 所示，首先要给循环次数"N"赋值。将鼠标指针放在"N"上，单击鼠标右键调出右键快捷菜单，选择"创建常量"，在常量中输入 5，使 For 循环能够循环 5 次。数值常量也可以通过函数选板的"函数→编程→数值→数值常量"进行创建。再将常量与"N"相连。然后将"i"值连接到 For 循环的

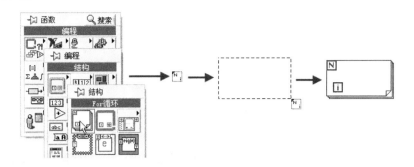

图 3-7 在程序框图中创建 For 循环

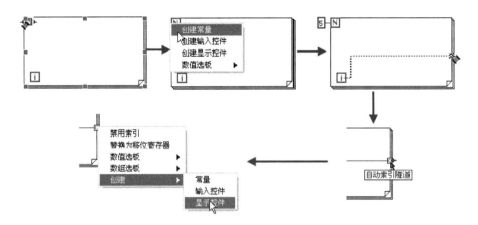

图 3-8 用 For 循环生成数组的步骤

边框上。最后调出"自动索引隧道"的右键快捷菜单，选择"创建"→"显示控件"。到此，一个数组显示控件便自动创建了。图 3-9 所示便是用 For 循环生成数组的程序框图。运行 VI，在前面板中会得到如图 3-10 所示的结果。运行时，读者可以将工具栏中的"高亮显示执行过程"按钮点亮来查看程序运行的数据流走向。高亮显示执行过程时，可以看到程序框图中每次循环都会将当前循环的 i 值作为本次循环结果以数据流的形式传送到 For 循环的边框上，等到所有循环都结束后，每次循环产生的结果会以数组的形式流到 For 循环外部的显示控件中。

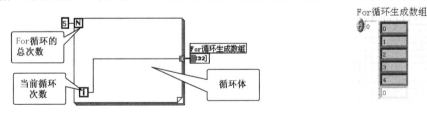

图 3-9 用 For 循环生成数组的程序框图   图 3-10 用 For 循环生成数组的运行结果

3. 通过数组函数创建数组显示控件

LabVIEW 8.2 提供了很多用于数组操作的函数和 VI，其中有一个"创建数组"函数，也可以用来生成数组。图 3-11 所示便是"创建数组"函数的图标，它位于函数选板的"函数→编程→数组→创建数组"中。"创建数组"函数有"连接输入"和"不连接输入"两种模式，在该函数的右键快捷菜单中可以选择是否"连接输入"。"创建数组"函数的左边端口为输入端口，输入端口连接元素或数组。输入端口的元素或数组必须为同一数据类型，或者能够自动转换成统一数据类型，否则便会出现编译错误。输入端口的数目可以根据需求增加或减少（用鼠标拉缩调整或者通过右键快捷菜单增加/删除输入）。

在"连接输入"模式下，函数将会按照顺序拼接所有输入并形成输出数组，该输出数组的维度与连接的最大输入数组的维度相同。例如，在此模式下将两个一维数组［1,2］和［3,4,5］连接到"创建数组"函数的输入端，输出端的结果便是一维数组［1,2,3,4,5］。在"不连接输入"模式下，输入端要连接维度相同的数组，函数会创建比输入数组多出一个维度的数组。该函数将按顺序拼接各个数组，形成输出数组的子数组、元素、行或页。如有需要，可填充输入以匹配最大输入的大小。例如，在此模式下将上述两个一维数组［1,2］和［3,4,5］连接至输入端，得到的输出为二维数组［［1,2,0］和［3,4,5］］。

在这里，要创建的是一维数组。图 3-12 所示便是用"创建数组"函数创建一维数组的程序框图和前面板运行结果。框图中的输入为三个标量元素，运行后会生成含有三个元素的数组。

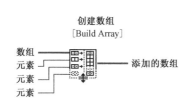

图 3-11 "创建数组"函数的图标

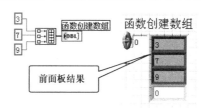

图 3-12 用"创建数组"函数创建一维数组的
程序框图和前面板运行结果

3.2 【实例 8】创建二维数组

本节在 3.1 节的基础上介绍如何创建二维及二维以上的数组。

1. 在前面板中创建二维数组

要在前面板中创建二维数组，必须先按照 3.1 节中的方法创建一维数组，在一维数组的基础上再创建二维数组。如图 3-13 所示，在一维数组的基础上创建二维数组有两种方法。方法一，将鼠标指针放在数组的边框上调出数组的右键快捷菜单（如果鼠标指针放在数组的内部，调出的是内部元素的快捷菜单），单击"添加维度"。这样数组的维度增加了一维，一维数组变成了二维数组，其索引值也有"行"和"列"两个。方法二，将鼠标放在数组索引值的下端，向下拖动索引值边框的句柄，出现两个索引值时松手。至此，数组的维度也变成了二维。按照上述两种方法可以继续增加数组的维度，创建出多维数组。

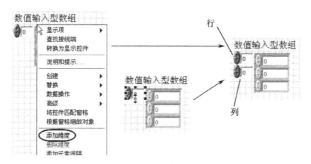

图 3-13 增加数组维度

创建了二维数组后，可以按照图 3-14 所示的两种方法将二维数组展开。

2．通过循环创建二维数组

3.1 节中介绍了如何利用 For 循环创建一维数组。在一维数组上创建二维数组需要将一维数组的 For 循环进行循环运行，即在 For 循环的外部再套一层 For 循环。图 3-15 所示便是用 For 循环创建二维数组的程序框图及前面板运行结果。在该框图中是用两个 For 循环嵌套的方式来创建二维数组的。内部 For 循环执行完以后会产生一组一维数组，按照外循环的循环次数 N 执行内循环，便会产生 N 组一维数组，这 N 组一维数组在外循环结束时组成二维数组输出到显示控件中。外循环的循环次数决定了二维数组的行数，内循环的循环次数决定了二维数组的列数。图 3-15 所示的前面板运行结果为 2 行 3 列的二维数组。如果想创建 M 维数组就需要用 M 个 For 循环进行嵌套。

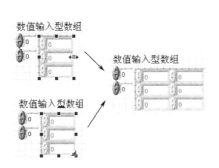

图 3-14　展开二维数组

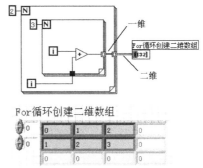

图 3-15　用 For 循环创建二维数组的程序框图及前面板运行结果

3．通过"创建数组"函数创建二维数组

通过"创建数组"函数可以将几个一维数组创建成二维数组。"创建数组"函数的使用在 3.1 节中已经做过介绍。利用"创建数组"函数创建二维数组时，函数应该处于"不连接输入"模式。在函数的输入端输入一维数组，如图 3-16 所示，函数的一个输入为一维数组输入控件，另一个输入为一位数组常量。由于数组输入控件内部元素的数据类型为双精度型，而数组常量内部元素的数据类型为长整型，所以在函数的输入端，会将数组常量强制转换成双精度型再与数组输入控件结合成二维数组。

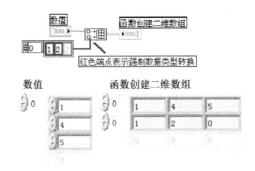

图 3-16　通过"创建数组"函数创建二维数组

数组常量也是由数组框和元素组成的，数组常量的创建也分为创建数组框常量及向数组框

中放入数据元素两个步骤。图 3-17 显示了创建数组常量的过程。数组框常量位于函数选板的"函数→编程→数组→数组常量"中。数值常量位于函数选板的"函数→编程→数值→数值常量"中。数值常量的默认数据类型为长整型。数组元素的数据类型也可以通过元素的右键快捷菜单进行更改。

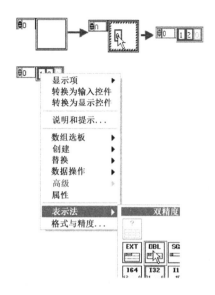

图 3-17　创建数组常量及更改数组常量的数据类型

3.3　【实例 9】数组的多态性

设计目的：掌握函数中运用数组多态性的方法。

3.3.1　程序框图主要功能模块介绍

LabVIEW 8.2 中的很多函数具有多态性。有些用于数值运算的函数同样适用于数组运算，如加、减、乘、除等简易运算。这些运算函数对于不同的输入有不同的运算方法。

3.3.2　详细设计步骤

在程序框图中放入两个加法运算函数，一个加法函数的输入端接入数值常量和数组常量，另一个加法函数的输入端接入两个一维数组常量。分别给数值常量和数组常量赋值。借助单击鼠标右键弹出的快捷菜单快速创建显示控件。运行后查看结果。图 3-18 展现了上述步骤以后的程序框图和前面板运行结果。由结果可以看到，"x+y"数组的元素等于原数组常量内对应元素加 3 得到的值，而"x+y 2"数组的元素等于加数和被加数数组中对应的元素相加后的值。减法、乘法、除法的运算原则与加法相同。图 3-19 所示是乘法多态性的程序框图和前面板结果。

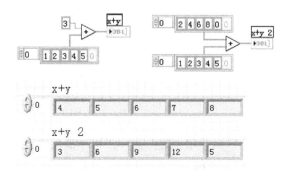

图 3-18　加法多态性的程序框图和前面板运行结果

LabVIEW 8.2 也提供了用于计算数组元素总和、所有元素乘积的函数。这两个函数位于函数选板的"函数→编程→数值→数组元素相加/数组元素相乘"中。两个函数都只有一个输入端，输入可以是任意维度的数组。其输出是所有数组元素的和或乘积。请读者按照图 3-20 编辑程序框图，查看运行结果。

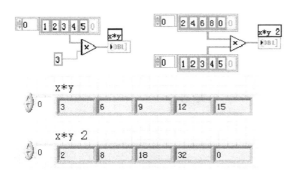 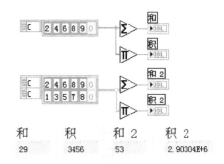

图 3-19　乘法多态性的程序框图和前面板结果　　　　图 3-20　数组的和、积

3.4　【实例 10】"数组大小（Array Size）"函数

设计目的：熟练掌握"数组大小（Array Size）"函数的用法。

3.4.1　程序框图主要功能模块介绍

"数组大小"函数位于函数选板的"函数→编程→数组→数组大小"中。图 3-21 所示是"数组大小"函数的图标。"数组大小"函数主要用于计算数组的大小，该函数有一个输入和一个输出。

图 3-21　"数组大小"函数的图标

3.4.2　详细设计步骤

首先创建一维、二维、三维数组常量各一个，给数组常量赋值。一维、二维数组常量可以在程序框图中展开，也可以直接赋值。三维数组无法完全展开，赋值时只能每页分别赋值。如图 3-22 所示，当三维数组的第一个索引值为 0 时，表示数组中显示的是第一页的数据，先给此页赋值。将第一个索引值增加到 1 时，数组中显示的是第二页的数据，再给第二页赋值。想给三维数组具体的某一页赋值，只需将第一个索引值设置为对应的数即可。

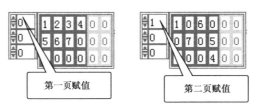

图 3-22　三维数组的赋值

三个数组常量创建好后，在程序框图中放入三个"数组大小"函数。然后将三个数组常量分别接入三个函数的输入端。最后分别在三个函数的输出端自动创建显示控件。图 3-23 所示便是数组大小运算的程序框图和前面板运行结果。图中，数组常量中的灰色部分没有赋予有效

值。一维数组的大小为一个数值。一维以上
的数组大小用数组表示。在二维数组的结果
中，第一个元素 2 表示二维数组的行数，第
二个元素 4 表示二维数组的列数。在三维数
组的结果中，第一个元素 2 表示三维数组的
页数，第二个元素 3 表示三维数组的行数，
第三个元素 4 表示三维数组的列数。多维数
组大小的结果可以以此类推。

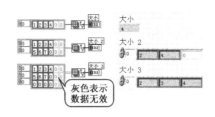

图 3-23　数组大小运算的程序框图和前面板运行结果

3.5　【实例 11】"索引数组（Index Array）"函数

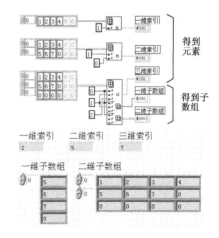

设计目的：学会使用"索引数组（Index Array）"函数
提取数组元素或者子数组。

3.5.1　程序框图主要功能模块介绍

"索引数组"函数主要用于提取数组的某个元素或者子
数组。"索引数组"函数位于函数选板的"函数→编程→数
组→索引数组"中。图 3-24 所示是"索引数组"函数的图
标。函数有一个输入端，用来接入要索引的数组。

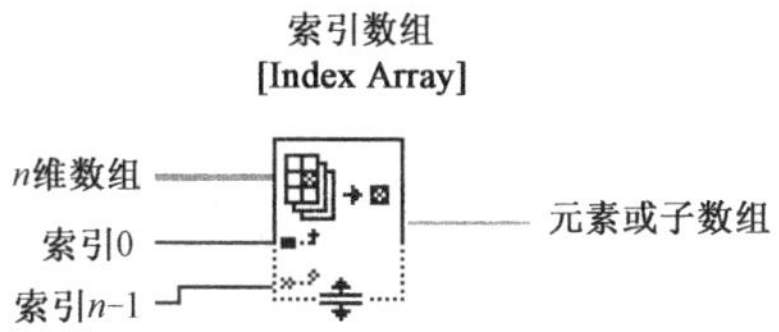

图 3-24　"索引数组"函数的图标

3.5.2　详细设计步骤

图 3-25 所示是索引数组函数的程序框图和前面板运行结果。对一维数组进行索引时，"索
引"输入端只有一个，而其输出为与输入数组的数
据类型相同的数值元素。对二维数组进行索引时，
"索引"输入端有两个，行为主要索引（第一个），
列为次要索引（第二个）。对二维数组的单个元素进
行索引时，两个"索引"输入端都应该接入索引值。
如果要对二维数组某一行或列进行索引，只需要给
一个输入端接入行索引值或列索引值，另一个不接
输入。在图 3-25 中对三维数组进行了三次索引。索
引三维数组有三个"索引"输入端，页为主要索引
（第一个），行为次要索引（第二个），列是最后一个
索引。从该程序框图可以看到，对三维数组的单个
元素进行索引时，三个"索引"输入端都接入了索
引值。当页为 0，行为 1 时，得到的是第一页第二
行的一维数组。当不输入页的索引时，得到的是第
一页的二维子数组。

图 3-25　"索引数组"函数的程序框图和
前面板运行结果

3.6　【实例 12】"数组插入（Insert into Array）"函数

设计目的：使用"数组插入（Insert Into Array）"函数插入数组子集。

3.6.1　程序框图主要功能模块介绍

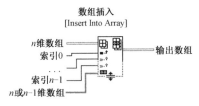

图 3-26　"数组插入"函数的图标

"数组插入"函数主要用于向数组中插入元素或子数组。"数组插入"函数位于函数选板的"函数→编程→数组→数组插入"中。图 3-26 所示是"数组插入"函数的图标。

3.6.2　详细设计步骤

按照图 3-27 所示的程序框图编写 LabVIEW 8.2 程序。运行程序并查看运行结果（如图 3-28 所示）。从程序框图可以看出，"数组插入"函数只能在数组的一个位置插入新的元素或数组。在该程序中，第二个"数组插入"函数向 2 行 4 列的二维数组插入一行一维数组，一维数组的大小为 5。从运行结果可以看出，"输出数组 2"是一个 3 行 4 列的二维数组，而不是 3 行 5 列。这说明如果向二维数组插入一行，那么最终产生的数组的列数由原数组决定。

数组函数中的"删除数组元素（Delete From Array）"函数（如图 3-29 所示）与"数组插入"函数的功能相反，其使用方法与"数组插入"函数类似。

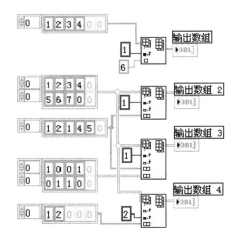

图 3-27　"数组插入"函数的程序框图

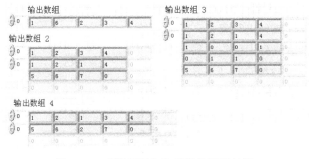

图 3-28　"数组插入"函数的运行结果

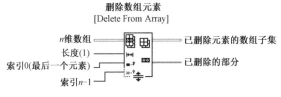

图 3-29　"删除数组元素"函数

3.7　【实例 13】"初始化数组（Initialize Array）"函数

设计目的：用"初始化数组（Initialize Array）"函数创建数组。

3.7.1　程序框图主要功能模块介绍

在程序设计的过程中，有时会需要有一个指定维数和大小的初始化数组。"初始化数组"函数可以实现这种功能。"初始化数组"函数的图标如图 3-30 所示。它可以将所有元素初始化为"元素"输入端接入值的 n 维数组。

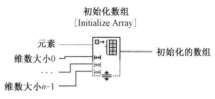

图 3-30　"初始化数组"函数的图标

3.7.2　详细设计步骤

初始化数组时，先将"初始化数组"函数放置于程序框图中，然后根据要创建数组的维度调整出相同数目的"维数大小"输入端。再创建数值常量输入"元素"和"维度大小"端口。最后创建显示控件，并将其连接至函数输出端上。图 3-31 显示了创建 3 种初始化数组的程序框图，图 3-32 为程序的运行结果。创建一维数组时，只需要一个"维度大小"端口。创建布尔型初始化数组时，"元素"输入端要接入布尔型元素。

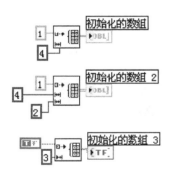

图 3-31　"初始化数组"函数的程序框图

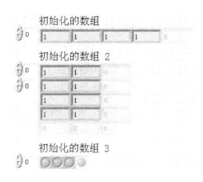

图 3-32　"初始化数组"函数的运行结果

3.8　本章小结

本章主要介绍了数组的结构、数组的创建、数组的多态性及各种数组函数的使用。对于数组函数，本章主要通过例子介绍了"创建数组"函数、"数组大小"函数、"索引数组"函数、"数组插入"函数和"初始化数组"函数。除了这些函数以外，LabVIEW 8.2 还有很多其他功能的数组函数（位于函数选板的"函数→编程→数组"中），如能够从指定位置开始替换数组中的元素或者子数组的"替换数组子集"函数，能够获得数组内元素最大值和最小值的函数，能够在一维数组中从指定位置开始搜索指定元素的函数等。这些数组函数需要经常使用，加以熟悉。

第 4 章　簇

簇是 LabVIEW 8.2 语言中的一种特殊的数据类型，实际上它相当于 C 语言等文本编程语言中的结构体变量。簇是由不同数据类型的数据组成的集合。在 LabVIEW 8.2 程序的编辑过程中不仅需要用数组这种相同数据类型的集合来存储和组织数据，很多时候也需要用簇来组织和存储不同数据类型的数据。簇中可以包含任意数目、任意类型的元素，甚至连数组和簇也可以作为簇的元素。而数组中的元素必须是相同数据类型的元素。这是数组和簇的主要区别。

数组和簇的相似之处在于两者都是由输入控件或显示控件组成的，即数组和簇内部的元素必须同为输入控件或者同为显示控件。簇通常用于对出现在框图上的有关数据元素进行分组管理。簇在框图中仅用唯一的接线端表示。对于减少连线混乱和子 VI 需要的连线端子个数，使用簇有着积极的效果。本章将介绍簇的创建及簇操作函数的使用。

4.1　【实例 14】创建簇

设计目的：了解簇的组成及簇控件、簇常量的创建方法。

4.1.1　程序框图主要功能模块介绍

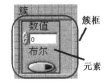

图 4-1　输入控件簇

簇是由不同数据类型的数据组成的集合。簇的组成与数组类似，它具体是由簇框和具体数据元素组成的。如图 4-1 所示是一个输入控件簇，从图中可以看出，该簇是由簇框、数值输入控件和布尔输入控件组成的。如图 4-2 所示，簇框位于前面板控件选板的"控件→新式→数组、矩阵与簇→簇"中。

4.1.2　详细设计步骤

1. 在前面板中创建簇控件

在前面板中创建簇分为放置簇框和放置数据元素两步。如图 4-3 所示，第一步，在前面板中放置簇框。用鼠标单击控件选板中簇框的图标并将其拖动至前面板的空白处，再单击鼠标释放数组框。这时，簇在背面板中的接线端图标为黑色。第二步，将有效的数据对象放入簇框中。从控件选板中选中数值输入控件，拖动控件至簇框后，单击鼠标释放控件到簇框中。至此，簇变成了输入控件簇，簇在程序框图中的接线端图标颜色也变成了粉红色。

按照同样的步骤向簇框中放入布尔型开关、旋钮输入控件、字符串输入控件、温度计等控件。显示控件簇的创建方法与创建输入控件簇相同，不同的是显示控件簇在创建的过程中放入的第一个元素是显示控件。显示控件簇也可以通过输入控件簇转换得到。图 4-4

图 4-2　簇的位置

所示便是一个显示控件簇。

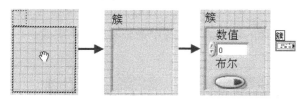

图 4-3　创建簇

图 4-4　创建显示控件簇

2. 更改簇中元素的顺序

数组中的每个元素都有自己唯一对应的索引值。簇中的元素也有一定的排列顺序和序号。簇中元素在默认的情况下是按照放入簇框的先后顺序进行排序，而不是按照位置进行排序的。第一个放入的元素序号为 0，第二个为 1，依次排列。如果在簇中删除了某一个元素，则其他元素的序号会自动进行调整。如图 4-5 所示，在簇框上单击鼠标右键，弹出快捷菜单，通过"重新排序簇中控件…"选项可以查看元素的序号，也可以对元素的序号进行更改。

单击簇框右键快捷菜单的"重新排序簇中控件…"选项后，会进入"重新排序"模式。这时，背景颜色和其他对象的颜色会发生改变，工具栏中的按钮也会变成一组新按钮，而光标也变成了专门用来排序的光标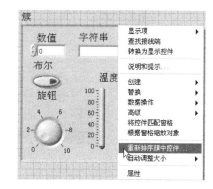形状。工具栏中的"√"按钮为"确定"按钮，当控件排序完成后，单击此按钮可以保存当前的顺序。工具栏中的"×"按钮

图 4-5　簇的右键快捷菜单

为"取消"按钮，如果想恢复改变前的顺序，可以单击此按钮。单击"确定"和"取消"按钮都可以退出重新排序状态。另外，工具栏中还有一个数值框，框中显示的数是"即将设定的顺序值"。

进入重新排序状态后，簇中每个元素的右下角将出现两个并排的小框，两个小框背景分别为黑色和白色。白框中的数字表示该元素当前的顺序值，黑框中的数字表示用户改变的新顺序值。改变顺序前，两个值是相同的。如果用光标单击某一个元素，该元素黑框中的值便会变成工具栏数值框中的"即将设定的顺序值"，其他元素的顺序值也会跟着自动调整。而工具栏中数值框里的值会自动加 1 变成下一个"即将设定的顺序值"。数值框中的值也可以手动进行更改。

例如，在更改顺序时，"数值"控件的序号为 0，"布尔"控件的值为 1，"字符串"控件的序号为 2，工具栏的数值框中即将设定的顺序值为 0，如图 4-6 所示。这时，用光标单击"字符串"控件，控件黑框中的值变为 0，而"数值"控件的黑框值变为 1，"布尔"控件的黑框值变为 2，其他控件的黑框值和所有控件的白框值都不变。这时如果单击"确定"按钮，黑框中的值会作为各个元素新的顺序值保存下来；如果单击"取消"按钮，则各个元素的顺序值不变。

在 LabVIEW 8.2 程序的编辑过程中，簇内元素的顺序是很重要的。例如，簇与簇之间值的相互传递是建立在两个簇内元素数据类型相同而且对应的数据类型顺序值也相同的基础上的。如图 4-7 所示，"输入簇"和"显示簇"内都是一个数值型元素和一个布尔型元素，如果在两个簇中，数值型元素的顺序值相同（如都为 0），布尔型元素的值也相同（如都为 1），那么在程序框图中，"输入簇"中的数据可以直接传送给"显示簇"。如果将其中一个簇内的顺序改变，

那么在程序框图中"输入簇"的数据便不能传送给"显示簇"了。而且如果要在程序框图中使用属性节点、方法节点或者其他函数访问簇中的某个元素，也必须知道该元素在簇中的顺序值。因此，簇控件元素的顺序值一旦确定，在后续的程序编写过程中最好不要轻易更改。

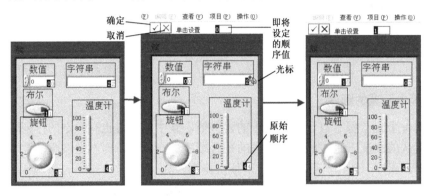

图 4-6   更改元素顺序

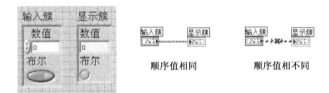

图 4-7   元素顺序值的作用

3. 自动调整簇大小

在前面板中创建了簇后，可以对簇的大小进行自动调整。如图 4-8 所示，将鼠标放在簇框上调出簇的右键快捷菜单，菜单中有"自动调整大小"选项。该选项又有四个子菜单，其中"无"表示不用自动调整大小，要手动调整；"调整为匹配大小"表示会自动根据元素调整簇框的大小；"水平排列"表示会按照元素的顺序将所有元素水平排列；"垂直排列"表示会按照元素的顺序将所有元素垂直排列。一旦选择了某一种自动调整大小的方式，每次对簇中的元素进行添加、删除或者改变元素的大小时，簇的大小都会跟着变化。

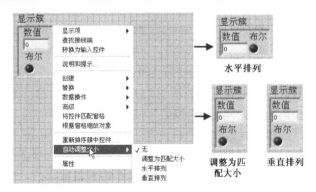

图 4-8   自动调整簇大小

4. 创建簇常量

簇常量的创建与簇控件的创建方法类似，需要创建簇常量的簇框和向簇框中放置常量元素。簇常量位于函数选板的"函数→编程→簇与变体→簇常量"中，如图 4-9 所示。创建簇常量时也可以通过簇控件的右键快捷菜单来创建。如图 4-10 所示，调出程序框图中簇控件接线端的右键快捷菜单，通过"创建"→"常量"便可以创建出与簇控件类型相同的簇常量了。

图 4-9　簇常量

图 4-10　自动创建簇常量

4.2　【实例 15】"捆绑（Bundle）"函数

设计目的：熟练掌握"捆绑"和"按名称捆绑"函数的用法。应用这两个函数将元素捆绑成簇。

4.2.1　程序框图主要功能模块介绍

"捆绑（Bundle）"和"按名称捆绑（Bundle By Name）"函数都位于函数选板的"函数→编程→簇与变体"子选板中。图 4-11 所示是"捆绑"函数的图标。"捆绑"函数可以将独立元素组合为簇。也可使用该函数改变现有簇中独立元素的值，而无须为所有元素指定新值。该函数的各个输入/输出端口的功能如表 4-1 所示。

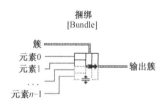

图 4-11　"捆绑"函数的图标

表 4-1　"捆绑"函数的端口功能

端口名称	功　　　　能
"簇"输入端	使用该函数改变现有簇中独立元素的值时，该端口要接入簇控件或者簇常量。将独立元素组合为簇时，该端口不用接入簇
"元素"输入端	可以接入任何数据类型的元素。该端口的数量可以通过调整函数的大小来调节。所有"元素"输入端必须接入值
"输出簇"输出端	输出捆绑的结果。"输出簇"中元素的顺序与"元素"输入端的顺序相同

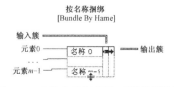

图 4-12　"按名称捆绑"函数的图标

图 4-12 所示是"按名称捆绑"函数的图标。"按名称捆绑"函数可以替换一个或多个簇元素。该函数是根据名称，而不是根据簇中元素的位置引用簇元素的。该函数的各个输入/输出端口的功能如表 4-2 所示。

表4-2 "按名称捆绑"函数的端口功能

端 口 名 称	功　　能
"输入簇"输入端	接入需要替换元素的簇，可以是簇控件或者簇常量。簇中至少有一个元素，而且元素必须有自带标签
"元素"输入端	"输入簇"端口接入簇后，函数会根据输入簇中的顺序显示顺序值为 0 的"元素"输入端，元素的名称会显示在该输入端上。单击该端口的名称，可以从元素列表中选择要改变值的元素。也可以通过右键单击名称接线端，从快捷菜单中选择元素。"元素"输入端可以接入任何数据类型的元素。该端口的数量可以通过调整函数的大小来调节
"输出簇"输出端	输出替换元素后的结果

4.2.2　详细设计步骤

1．"捆绑"函数

在程序框图中创建"捆绑"函数，在默认的情况下，有两个"元素"输入端。如图 4-13 所示，创建一个值为 3 的数值常量，将数值常量接入第一个"元素"输入端。这时输入端会显示该元素的数据类型。按照此步骤，向第二个"元素"输入端接入布尔型常量。调整函数大小，添加第三个输入端（也可以通过函数的右键快捷菜单添加或者删除输入端）。向第三个输入端接入字符串常量。用右键快捷菜单快速创建显示控件簇，运行程序，查看结果。从结果可以看到，自动创建的输出簇有数值、确定、字符串三个元素，元素的顺序（自动创建的显示控件簇中的元素会按照顺序排列）与输入端相同。另外，控件也可以作为独立元素接入"元素"输入端。

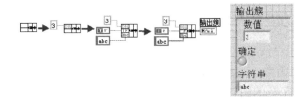

图 4-13　捆绑独立元素

图 4-14 所示是使用"捆绑"函数改变现有簇中独立元素的值的例子。该例子只要求更改输入簇中布尔型元素的值，因此在"元素"输入端只接入布尔型的值即可。而在输出簇中，其他元素的值没有变。

2．"按名称捆绑"函数

图 4-15 所示是使用"按名称捆绑"函数改变簇中元素值的步骤。在程序框图中创建了"按名称捆绑"函数后，应该接入要改变值的簇控件（或簇常量）。簇接入后，函数的"元素"输入端便会显示簇内的第一个元素的标签。输入端的数据类型也会自动变成与第一个元素相同的数据类型。在该图中，输入簇的第一个元素为"数值"，输入端显示的便是"数值"的输入端。如果需要更改其他元素的值，则可用鼠标单击"元素"输入端的标签，选择要改变值的元素的标签再进行操作即可。调整函数的大小，使函数显示出"数值"和"确定"两个"元素"输入端。给"数值"接入新值 7，给"确定"接入新值 T。创建显示控件簇，运行程序，查看运行结果。

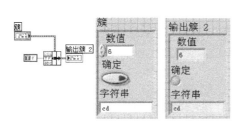

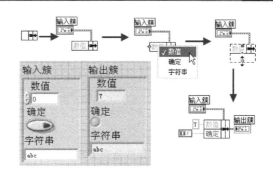

图 4-14　使用"捆绑"函数改变现有　　　　　图 4-15　使用"按名称捆绑"函数改变
簇中独立元素的值　　　　　　　　　　　　　　簇中元素值的步骤

4.3 【实例 16】"解除捆绑（Unbundle）"函数

设计目的：熟练掌握"解除捆绑"和"按名称解除捆绑"函数的用法。应用这两个函数来解除捆绑的簇。

4.3.1 程序框图主要功能模块介绍

"解除捆绑（Unbundle）"和"按名称解除捆绑（Unbundle By Name）"函数都位于函数选板的"函数→编程→簇与变体"子选板中。图 4-16 所示是"解除捆绑"函数的图标。该函数会将簇分割为独立的元素。图 4-17 所示是"按名称解除捆绑"函数的图标。该函数能够将簇中指定名称的簇元素输出。

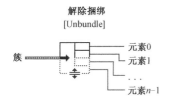

图 4-16　"解除捆绑"函数的图标　　　　　图 4-17　"按名称解除捆绑"函数的图标

4.3.2 详细设计步骤

图 4-18 所示是用"解除捆绑"函数来分割簇元素的例子。在程序框图中创建了"解除捆绑"函数后，将要分割的簇控件（或簇常量）与函数相连接。这时，函数会自动按顺序显示与簇中所有元素相对应的"元素"输出端。在"元素"输出端创建显示控件，查看运行结果。

图 4-19 所示是用"按名称解除捆绑"函数访问某个簇元素值的例子。在程序框图中创建"按名称解除捆绑"函数后，将要访问的簇控件（或簇常量）与函数相连接。这时，函数会自动显示与簇中顺序值为 0 的元素相对应的"元素"输出端（图 4-19 中的"数 A"）。单击输出端的名称，可以在元素列表中更改要显示的元素。调整函数的大小，并选择输出端，使函数显示两个"元素"输出端——"数 A"和"字符串"。创建两个输出端的显示控件，查看运行结果。

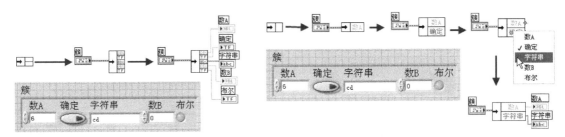

图 4-18 用"解除捆绑"函数分割捆绑簇元素　　图 4-19 用"按名称解除捆绑"函数访问某个簇元素值

4.4 【实例 17】"数组/簇转换（Array to Cluster /Cluster to Array）"函数

设计目的：使用"簇至数组转换"函数和"数组至簇转换"函数完成数组与簇之间的相互转换。

4.4.1 程序框图主要功能模块介绍

"簇至数组转换（Cluster To Array）"函数和"数组至簇转换（Array To Cluster）"函数都位于函数选板的"函数→编程→簇与变体"子选板中。如图 4-20 所示是"簇至数组转换"函数的图标。该函数可以将由相同数据类型元素组成的簇转换为元素数据类型相同的一维数组。如图 4-21 所示的是"数组至簇转换"函数的图标。该函数可以将一维数组转换为簇。

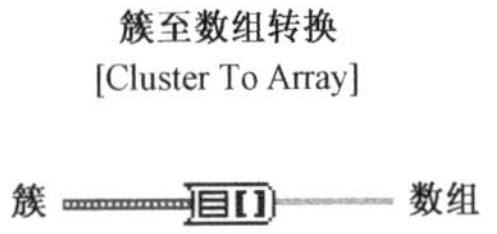

簇至数组转换
[Cluster To Array]

数组至簇转换
[Array To Cluster]

簇 ▭▭▭▭▭ 数组　　　　数组 ▭▭▭▭▭ 簇

图 4-20 "簇至数组转换"函数的图标 　　图 4-21 "数组至簇转换"函数的图标

4.4.2 详细设计步骤

图 4-22 所示是簇转换成数组的例子。首先，在前面板中创建元素的数据类型都一致的簇。图 4-22 中的簇有 5 个数值型元素。其次，将簇连接至"簇至数组转换"函数的输入端，在函数的输出端创建数组显示控件。最后，运行程序，查看运行结果。从结果中可以看到转换后的数组中有 5 个与簇元素相同的元素。

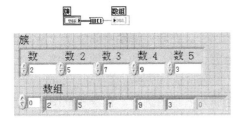

图 4-22 簇转换为数组

图 4-23 所示是数组转换成簇的例子。在该例子中，数值是一个一维数值数组。将数组连接到"数组至簇转换"函数的输入端。在函数的输出端创建显示控件。运行程序，查看运行结果。从结果中可以看到簇中有 9 个数值型元素，前 5 个元素的值与数组中元素的值相同。如果要使输出的簇也只有 5 个元素，可以进入函数的右键快捷菜单进行设置。如图 4-24 所示，在"数组至簇转换"函数图标上右击鼠标调出右键快捷菜单，选择"簇大小…"会弹出修改簇大小的对话框，在对话框中将簇大小修改为 5。重新将函数输

入端与一维数组相连，创建显示控件，查看运行结果，从结果中会发现簇中只有 5 个数值元素了。

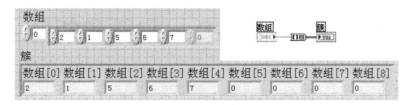

图 4-23　数组转换为簇

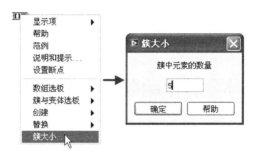

图 4-24　改变簇大小

4.5　本章小结

本章主要介绍了簇的结构、创建簇及几种簇操作函数的使用。创建簇时，应该注意输入元素和显示元素不能创建在同一个簇中。在对簇内的元素进行访问时，应该知道簇内元素的顺序。在函数的输出端接入显示控件簇时，要采用右键直接创建显示控件的方法，这样可方便、快捷地创建显示控件簇。

第5章　字符串、变量和矩阵

在程序编写的过程中经常会用到字符串，LabVIEW 8.2 也封装了很多功能丰富的字符串操作函数，使用起来方便快捷。变量可以使程序在多个地方对同一个控件进行读/写，变量分为局部变量和全局变量。矩阵是在 LabVIEW 8 中引入的，在之前的版本中，矩阵只能通过二维数组实现。LabVIEW 8.2 同时引入了矩阵操作函数，使得矩阵运算变得简单。矩阵主要分为实数型矩阵和复数型矩阵。本章主要介绍字符串、变量和矩阵的创建方法和各种函数的使用方法。

5.1　【实例 18】基本字符串函数的使用

设计目的：掌握基本字符串操作函数的使用方法。

5.1.1　程序框图主要功能模块介绍

字符串控件位于前面板控件选板的"控件→新式→字符串与路径"中（如图 5-1 所示）。字符串控件分为字符串输入控件、字符串显示控件和下拉框。字符串控件中字符的显示方式可以通过控件的右键快捷菜单进行更改，图 5-2 所示是字符串输入控件的右键快捷菜单。显示方式有"正常显示"、"\'代码显示"、"密码显示"和"十六进制显示"四种方式。

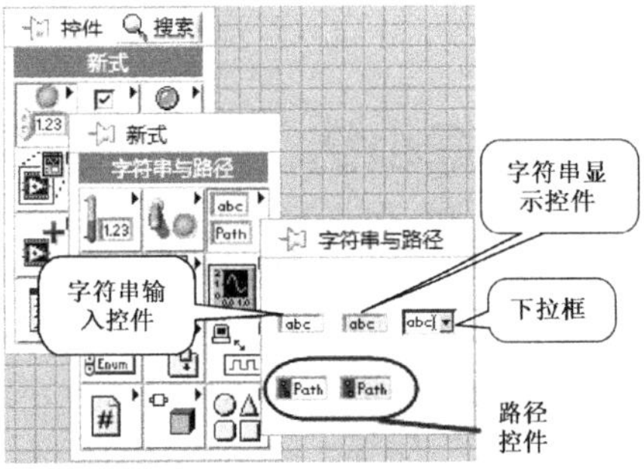

图 5-1　字符串控件在控件选板中的位置

LabVIEW 8.2 提供了大量的字符串操作函数，这些函数基本涵盖了字符串处理所需要的各种功能。图 5-3 所示的字符串操作函数位于函数选板的"函数→编程→字符串"中。本例要用到的一些函数及其功能如表 5-1 所示，这些函数的图标如图 5-4～图 5-7 所示。

图 5-2　字符串输入控件的右键快捷菜单

图 5-3　字符串操作函数在函数选板中的位置

表 5-1　字符串操作函数及其功能

函 数 名 称	功　　能
"字符串长度"函数	测量字符串长度的函数。将字符串接入该函数的输入端，其输出端会输出字符串的长度（以字符为单位，输出结果为整型）
"连接字符串"函数	该函数可以将多个字符串按照顺序连接成一个字符串，函数的输入端数目可以通过调节函数的大小来调节
"部分字符串"函数	该函数可以将字符串中指定偏移量、指定长度的字符提取出来
"数值至十进制数字符串转换"函数	该函数位于"字符串"子选板的"字符串/数值转换"子选板中。该函数可以将数值型的数据以十进制数字符串型数据表示出来

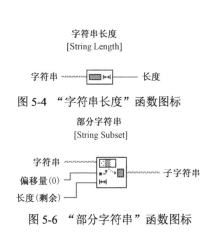

图 5-4　"字符串长度"函数图标

图 5-5　"连接字符串"函数图标

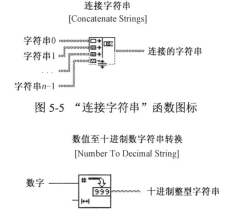

图 5-6　"部分字符串"函数图标

图 5-7　"数值至十进制数字符串转换"函数图标

另外，"字符串"子选板中还提供了一些字符串常量。其中 ⬜ 是空格常量，它可以为程序提供一个字符的空格；abc 是字符串常量，可以提供文本字符串常量；⬚ 是空字符串常量，它的长度为 0；⏎ 是回车符常量；⬇ 是换行符常量；⬇ 是行结束符常量；⊣ 是 Tab 符常量。

5.1.2　详细设计步骤

本节要编辑的实例具有以下功能：判断输入的字符串的长度，并输出字符串的第二个字符。编程过程如下。

首先，在前面板中创建字符串输入控件，将标签更改为"用户名"。如图 5-8 所示，首先在程序框图中放入"字符串长度"函数，然后将"用户名"与"字符串长度"函数的输入端相连。

其次，继续在程序框图中放入"数值至十进制数字符串转换"函数和"部分字符串"函数。如图 5-9 所示，将"字符串长度"函数的输出端与"数值至十进制数字符串转换"函数的输入端相连，将结果数值转换成字符串类型。将"用户名"接线端与"部分字符串"函数的"字符串"输入端相连。创建数值型常量 1 并连接至"部分字符串"函数的"偏移量"和"长度"两个输入端，使函数能够索引字符串的第二个字符。

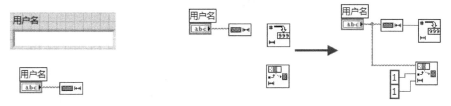

图 5-8　基本字符串实例步骤一

图 5-9　基本字符串实例步骤二

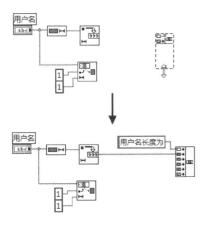

图 5-10　基本字符串实例步骤三

然后，在程序框图中创建"连接字符串"函数。如图 5-10 所示，用鼠标拖动调节该函数的大小从而调整输入端口的数量。在第一个端口输入"用户名长度为"字符串常量，将第二个端口接入"数值至十进制数字符串转换"函数的输出端。

按照上述方法，参照图 5-11，将"连接字符串"函数的其他输入端口均接入相应的字符串中，如果输入端口不够，可以继续调节函数添加端口。

最后，在"连接字符串"函数的输出端创建"结果"字符串显示控件，创建"用户名长度"数值显示控件，并将其连接至"字符串长度"函数的输出端。在前面板中调节各个控件的位置，保存并运行程序。

最后的程序框图及运行结果如图 5-12 所示。

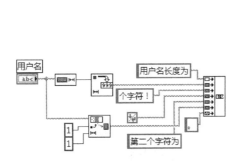

图 5-11　基本字符串实例步骤四

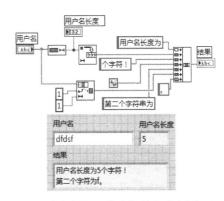

图 5-12　基本字符串函数实例的程序框图及运行结果

5.2　【实例 19】"数组/电子表格字符串转换"函数

设计目的：使用"数组/电子表格字符串转换"函数实现数组与电子表格字符串间的相互转换。

5.2.1　程序框图主要功能模块介绍

"数组至电子表格字符串转换（Array To Spreadsheet String）"函数和"电子表格字符串至数组转换（Spreadsheet String To Array）"函数都位于函数选板的"函数→编程→字符串"子选板中。图 5-13 所示是"数组至电子表格字符串转换"函数的图标。该函数可以将任何维数的数组转换为字符串形式的表格。图 5-14 所示是"电子表格字符串至数组转换"函数的图标。该函数的功能是将电子表格字符串转换成数组。

图 5-13　"数组至电子表格字符串转换"函数的图标

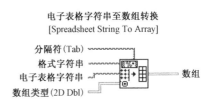

图 5-14　"电子表格字符串至数组转换"函数的图标

5.2.2　详细设计步骤

1. 二维数组与电子表格字符串相互转换

首先，使用 For 循环创建一个 3 行 4 列的二维数组，数组中的每个元素都是由随机数函数产生的 0 至 1 之间的随机数，如图 5-15 所示。

其次，在程序框图中创建"数组至电子表格字符串转换"函数。如图 5-16 所示，函数的"数组"输入端接入 For 循环产生的二维数组，"格式字符串"输入端接入电子表格的格式字符串，即"%1.4f"字符串。

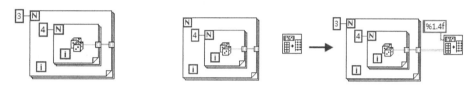

图 5-15　二维数组与电子表格字符串相互转换步骤一　图 5-16　二维数组与电子表格字符串相互转换步骤二

然后，在函数的输出端利用右键快捷菜单自动创建显示控件"二维电子表格字符串"，如图 5-17 所示。创建好后，可以运行程序，观察数组至电子表格字符串的转换结果。

向下移动"二维电子表格字符串"显示控件并创建"电子表格字符串至数组转换"函数。如图 5-18 所示，函数的"电子表格字符串"输入端连接二维电子表格字符串，"格式字符串"输入端接入"%s"字符串常量。在默认的情况下，"电子表格字符串至数组转换"函数的"数组类型（2D Dbl）"输入端是二维双精度型数组，因此，在此程序中该输入端可以不用连接。

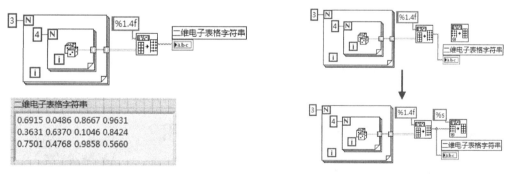

图 5-17　二维数组与电子表格字符串相互转换步骤三　图 5-18　二维数组与电子表格字符串相互转换步骤四

最后，在函数的输出端创建二维数值型显示数组。运行程序，查看运行结果。

二维数组与电子表格字符串相互转换实例的程序框图及运行结果如图 5-19 所示。

2. 三维数组与电子表格字符串相互转换

首先，使用 For 循环创建三维数组。这里使用 For 循环创建一个 3 页 3 行 4 列的三维数组，数组中的每个元素都是由随机数函数产生的 0 至 1 之间的随机数。如图 5-20 所示。

然后，按照二维数组与电子表格字符串相互转换实例的顺序编辑程序。与上一个例子不同的是，在此例子中，"电子表格字符串至数组转换"函数的"数组类型（2D Dbl）"输入端要接入三维双精度型数组。

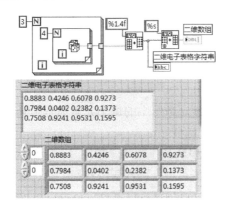

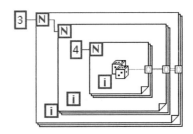

图 5-19　二维数组与电子表格字符串相互转换
　　　　　实例的程序框图及运行结果

图 5-20　创建三维数组

三维数组与电子表格字符串相互转换实例的程序框图和运行结果如图 5-21 所示。

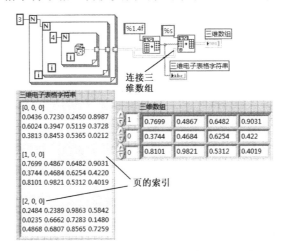

图 5-21　三维数组与电子表格字符串相互转换实例的程序框图及运行结果

5.3　【实例 20】局部变量和全局变量的使用

设计目的：学会创建和使用局部变量和全局变量。

5.3.1　程序框图主要功能模块介绍

变量可以使程序在多个地方对同一个控件进行读/写。如图 5-22
所示，变量位于函数选板的"结构"子选板中。变量分为局部变量
和全局变量。

5.3.2　详细设计步骤

1. 局部变量

本实例首先要在前面板中创建如图 5-23 所示的四个控件。然后

图 5-22　变量的位置

在程序框图中创建两个帧的平铺式顺序结构（如图 5-24 所示）。

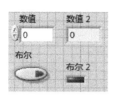

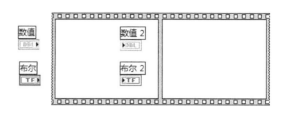

图 5-23 创建控件　　　　　　　　　图 5-24 创建顺序结构

最后，如图 5-25 所示，将鼠标放在"数值"控件的接线端单击鼠标右键，在右键快捷菜单中选择"创建"→"局部变量"。这时，鼠标下方出现了局部变量的图标。如图 5-26 所示，拖动鼠标，将局部变量放到适当位置。

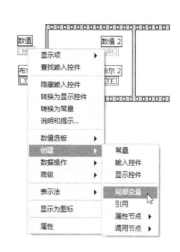

局部变量在默认的情况下是写入型。要想读取控件中的值，需要将局部变量改成读取型。如图 5-27 所示，通过局部变量的右键快捷菜单可以将局部变量由写入型变成读取型。改变完后，如图 5-28 所示，将局部变量的输出端与"数值 2"控件相连。

局部变量也可以通过函数选板创建。如图 5-29 所示，在"程序"子选板中选择局部变量，将局部变量放置到程序框图中后，它是黑色的。如图 5-30 所示，用鼠标单击黑色的局部变量可以列出对象列表，从列表中选择局部变量所代

图 5-25 "数值"的右键快捷菜单

表的对象"布尔"，然后将该局部变量也转换成读取型，并与"布尔 2"连接。另外，局部变量的对象也可以通过局部变量的右键快捷菜单中的"选择项"进行更改。

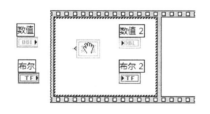

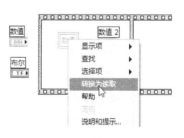

图 5-26 拖动局部变量至适当位置　　　　　　图 5-27 转换为读取

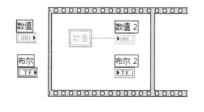

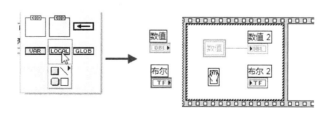

图 5-28 连线　　　　　　　　　图 5-29 放置局部变量

按照上述步骤，再次给"数值"和"布尔"各自创建一个写入型局部变量（如图 5-31 所示）。按照图 5-32 所示给两个局部变量赋值。

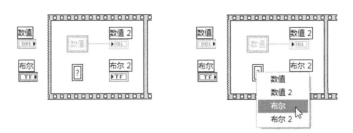

图 5-30　为局部变量选择对象

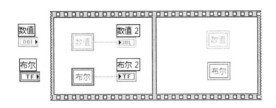

图 5-31　创建写入型局部变量

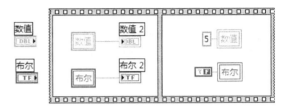

图 5-32　给局部变量赋值

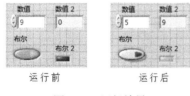

图 5-33　运行结果

如图 5-33 所示，在前面板给"数值"和"布尔"控件赋值，然后运行程序，查看运行结果。

2．创建全局变量

全局变量是存放在一个单独的 VI 中的，这种 VI 只有前面板，没有程序框图。从"启动"窗口或者从菜单栏的"文件"→"新建…"打开如图 5-34 所示的"新建"对话框。在该对话框中选择"全局变量"，单击"确定"按钮便能新建一个如图 5-35 所示的全局变量 vi 文件。

图 5-34　"新建"对话框

如图 5-36 所示，在打开的窗口中创建控件。创建控件的多少没有限制。创建完后，在菜单栏中选择"文件"→"保存",打开如图 5-37 所示的"保存"对话框,将此全局变量文件保存到一定的位置。

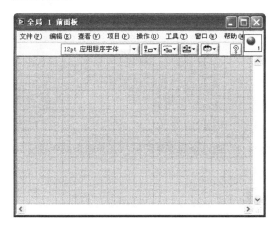

图 5-35　新建全局变量 vi 文件

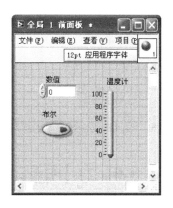

图 5-36　创建控件

　　在程序的编写过程中,如果要对全局变量进行操作,可以先通过如图 5-38 所示的函数选板选择"选择 VI",然后在出现的对话框中打开刚刚保存过的全局变量文件即可。打开后,程序框图中便会出现一个全局变量。如图 5-39 所示,通过单击全局变量可以调出该文件中的对象列表。可在列表中选择需要的对象。另外,全局变量的对象也可以通过如图 5-40 所示的右键快捷菜单来改变。

图 5-37　"保存"对话框

图 5-38　选择 VI

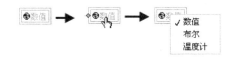

图 5-39　选择全局变量对象

　　另外,也可以直接在程序框图中,通过函数选板创建全局变量。如图 5-41 所示,刚刚创建的全局变量是黑色的,双击该图标,可以打开一个新的全局变量窗口。在该窗口中可以添加控件,并将其保存成全局变量文件。

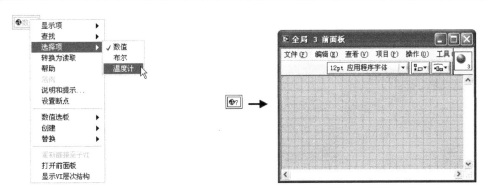

图 5-40　通过右键快捷菜单选择对象　　　图 5-41　通过全局变量图标打开新建全局变量窗口

5.4　【实例 21】矩阵的基本运算

设计目的：学会创建矩阵及了解矩阵的基本运算。

5.4.1　程序框图主要功能模块介绍

矩阵控件位于前面板控件选板的"控件→新式→数组、矩阵与簇"中（如图 5-42 所示）。矩阵分为实数型矩阵和复数型矩阵。一个实数型矩阵，如图 5-43 所示。

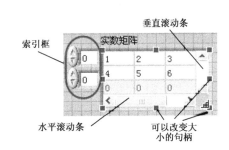

图 5-42　矩阵的位置　　　　　　　　　图 5-43　实数型矩阵

5.4.2　详细设计步骤

本实例实现两个矩阵的简单的加、减、乘、除运算。矩阵的加、减、乘、除运算都是按照矩阵的运算规则运算的。首先，在前面板创建如图 5-44 所示的两个矩阵控件并赋值。然后，在程序框图中创建加法函数，如图 5-45 所示，将加法函数的两个输入端与两个矩阵控件的接线端相连，在加法函数的输出端创建显示控件。最后，运行程序，查看运行结果，如图 5-46 所示。由图 5-46 可以看出，矩阵的加法便是将各个矩阵对应的元素相加。

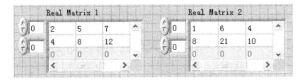

图 5-44　创建矩阵并赋值

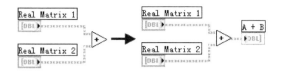

图 5-45 两个矩阵的加法运算

图 5-47 所示是两个矩阵的乘法运算。矩阵乘法的编程过程与加法相同，只要将加法函数换成乘法函数即可。图 5-48 所示便是矩阵乘法的运算结果。按照加法运算的过程编辑其他基本运算（如图 5-49 所示），并查看运算结果。

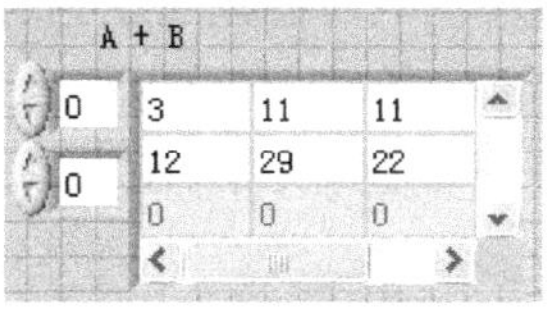

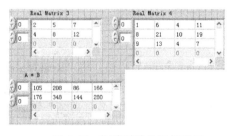

图 5-46 矩阵加法的运算结果

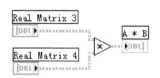

图 5-47 两个矩阵的乘法运算

图 5-48 矩阵乘法的运算结果

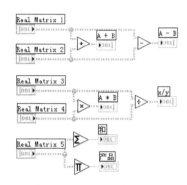

图 5-49 矩阵的其他基本运算

5.5 【实例 22】求解线性代数方程

设计目的：学会用"求解线性方程"函数求解线性代数方程。

5.5.1 程序框图主要功能模块介绍

LabVIEW8.2 提供了大量的线性代数运算函数，它们都位于函数选板的"函数→数学→线性代数"子选板（如图 5-50 所示）中。"求解线性方程"函数便是其中之一。

图 5-51 所示是"求解线性方程"函数的图标。求解形如 $AX=Y$ 的线性方程时需用到该函数。

求解线性方程

[NT_AALPro.lvlib:Solve Linear Equations.vi]

输入矩阵　　　　　　　　　　向量解

右端项　　　　　　　　　　　错误

矩阵类型

图 5-50 "线性代数"子选板　　　　　图 5-51 "求解线性方程"函数的图标

5.5.2 详细设计步骤

1. 单个右边向量求解线性方程

在前面板中创建矩阵控件和一维数组，在程序框图中创建"求解线性方程"函数。如图

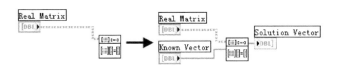

5-52 所示，先将矩阵控件的接线端连接至函数的"输入矩阵"，一维数组连接至"右端项"。然后在函数"向量解"端口创建显示控件。如图 5-53 所示，给输入控件赋一定的值，运行程序，查看运行结果。

图 5-52 单个右边向量求解线性方程实例

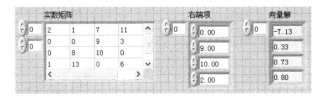

图 5-53 单个右边向量求解线性方程实例的运行结果

2. 多个右边向量求解线性方程

如图 5-54 所示，再次在程序框图中创建一个"求解线性方程"函数，将"Real Matrix"矩阵控件的接线端连接至函数的"输入矩阵"。在前面板中创建"多右端项"矩阵控件，将其连接至函数的"右端项"，在函数的输出端创建显示控件。在前面板给"多右端项"矩阵控件赋值，运行程序。图 5-55 所示便是多个右边向量求解线性方程的实例运行结果。

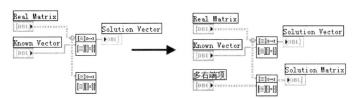

图 5-54 多个右边向量求解线性方程实例

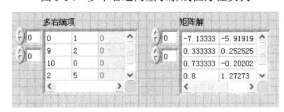

图 5-55 多个右边向量求解线性方程实例的运行结果

5.6　本章小结

本章主要介绍了字符串、变量和矩阵的创建方法和一些操作函数的使用方法。读者可以参照 LabVIEW 8.2 提供的联机帮助文档，了解其他操作函数的功能。

第6章 程序结构

与其他计算机语言一样，LabVIEW 8.2 也有自己的程序结构。LabVIEW 8.2 的程序结构中有使程序顺序执行的顺序结构、能够循环执行的循环结构、根据条件选择程序执行的条件结构，还有 LabVIEW 8.2 特有的使能结构、事件结构、公式节点等。作为一种图形化的语言，LabVIEW 8.2 的程序结构也是通过图形展现的。在编程的过程中，程序结构的外形大小可以调节。本章将介绍 LabVIEW 8.2 的程序结构，包括循环结构、顺序结构、选择结构、事件结构、使能结构等。

6.1 【实例 23】For 循环

设计目的：掌握 For 循环的创建方法及功能，理解 For 循环的输入索引和输出索引功能。学会使用反馈节点。

6.1.1 程序框图主要功能模块介绍

如图 6-1 所示，LabVIEW 8.2 的程序结构都位于程序框图函数选板的"函数→编程→结构"子选板中。在 LabVIEW 8.2 中创建 For 循环时，需要在程序框图中指定 For 循环的开始位置和结束位置。如图 6-2 所示，在"结构"子选板中选择了 For 循环后，在程序框图放置 For 循环的起始位置单击鼠标，拖动鼠标至 For 循环结束处再次单击鼠标即可。

图 6-1 程序结构在函数选板中的位置

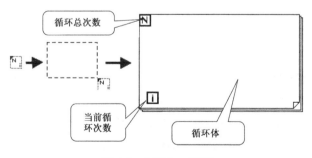

图 6-2 创建 For 循环

6.1.2 详细设计步骤

1. For 循环进行数组运算

3.1 节中讲到了用 For 循环创建数组的方法。For 循环在输出和输入数组时都有自动索引的功能。输出数组的索引功能能够将每次循环得到的结果组合成数组输出到 For 循环外，数组内元素的索引值与产生该元素 For 循环的 "i" 值相同。如果关闭输出端的自动索引功能,For 循环只会将最后一次循环得到的结果传输到 For 循环外。在默认的情况下,将循环体内的数据传输到 For 循环外时,索引功能是打开的。如图 6-3 所示,创建 For 循环,设置循环次数为 5 次,将 "i" 作为输出连接至 For 循环的边框上。在默认情况下,输出的索引打开,输出数据类型为数组。再次向 For 循环边框连接 "i",在索引框上右击鼠标调出快捷菜单,选择 "禁用索引"。在输出接线端创建显示控件,可以看到创建的是一个数值显示控件。运行程序,数组显示控件的运行结果是从 0 到 4 的数值数组,而数值显示控件的运行结果为 4。

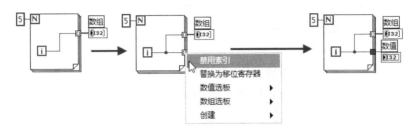

图 6-3   用 For 循环创建数组

向 For 循环输入数组时,输入端的索引功能也会自动打开。这时不需要设置 For 循环的 "N" 值,循环的总次数与数组的元素数量相同。如图 6-4 所示,输入数组输入 For 循环,在第一次循环时,数组的第一个元素传入循环体与 "i" 值(0)相加,第二次循环时,数组的第二个元素传入循环体与 "i" 值(1)相加,以此类推。相加的结果在 For 循环框处组合成数组输出。也可以通过进入 For 循环框上数组输入端口的右键快捷菜单,单击 "禁用索引" 将索引功能关闭。如图 6-5 所示,禁用输入数组的索引功能后,必须给 For 循环指定一个循环次数。每次循环,输入数组的所有元素都会与 "i" 值相加。将相加后的结构输出时,如果禁用索引,输出的仅仅是最后一次循环的结果(一维数组),而打开索引时输出的是由每次循环得到的一维数组组合而成的二维数组。

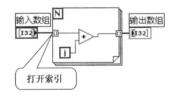

图 6-4   For 循环进行数组运算

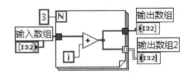

图 6-5   输入禁用索引后的数组运算

图 6-6 所示是二维数组在自动索引功能打开的情况下输入 For 循环进行循环运算的实例。实例中的内外两个 For 循环均不需要设置 "N" 值,外部 For 循环的循环次数与二维数组的行数(3)相同,内部 For 循环的循环次数与二维数组的列数(5)相同。在外部循环的 "i" 值为 0 时,二维数组的第一行子数组进入循环体再输入至内部 For 循环。内部循环按照该行的元素顺序依次将元素输入。内部 For 循环结束后,外部循环的 "i" 值自动加为 1 进入下一轮外部循环。多维数组以此类推。

当几个数组同时都以索引的方式输入 For 循环中时,循环总次数以元素最少数组的大小为准。如图 6-7 所示,该实例有两个一维数组同时输入 For 循环中,两个数组的大小分别为 5 和 3。运行程序,查看运行结果。由结果可知运行后输出数组的大小是 3。

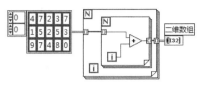
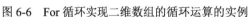
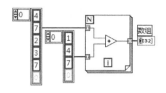

图 6-6 For 循环实现二维数组的循环运算的实例   图 6-7 两个一维数组同时输入 For 循环中

2．For 循环实现累加运算

形如 "0+1+2+3+⋯+n" 的累加运算可以使用 For 循环来实现。图 6-8 所示是应用局部变量实现 0 到 9 的累加运算的程序框图。按照数据流的运算流程，每次 For 循环中得到的累加显示控件值等于该循环前的值加上 "i"。此程序中没有给累加控件赋初始值，如果在运行程序时累加控件的值不同，那么每次运行结果都不同。图 6-9 所示的程序框图便利用顺序结构解决了这个问题。它在每次进行累加运算之前都使累加控件的值初始化为 0。

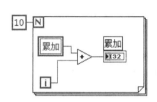
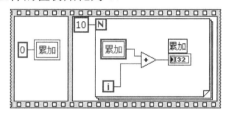

图 6-8 应用局部变量实现 0 到 9 的   图 6-9 设置初始值后的累加程序框图
累加运算的程序框图

图 6-10 所示是用反馈节点实现累加运算的步骤。反馈节点位于函数选板的结构子选板中。当将反馈节点放置到 For 循环内部时，在 For 循环框上会自动出现一个初始化接线端用来接反馈节点的初始化值。反馈节点的功能是将一次 VI 或循环运行所得的数据值保存到下一次。因此，在程序中一定要给反馈节点赋初始值。如果将一个函数或 VI 的输出端连接至同一个函数或 VI 的输入端，则反馈节点会自动创建。

另外，累加运算还可以通过移位寄存器实现。

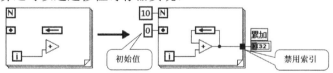

图 6-10 用反馈节点实现累加运算的步骤

6.2 【实例 24】While 循环

设计目的：使用 While 循环实现波形图的连续显示，掌握 While 循环的功能和用法。

6.2.1 程序框图主要功能模块介绍

本节介绍的 While 循环是由循环终止条件决定循环是否结束的。While 循环在程序框图中的创建方法与 For 循环相同。如图 6-11 所示的便是 While 循环。如图 6-12 所示，将鼠标放在循环终止条件端子上，当鼠标变成手形（操作值工具）时单击该端子，循环终止条件端子便成了 🔄，即输入的布尔值为 F 时 While 循环终止，布尔值为 T 时继续执行 While 循环。也可以通过循环终止条件端子的右键快捷菜单选择 While 循环的循环终止条件为"真（T）时停止"或者"真（T）时继续"，如图 6-13 所示。

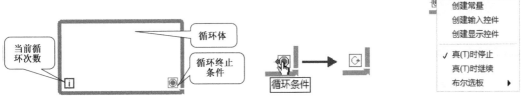

图 6-11   While 循环   图 6-12   更改循环终止条件   图 6-13   通过快捷菜单选择循环终止条件

6.2.2   详细设计步骤

（1）在程序框图中创建 While 循环，在前面板创建"停止"布尔型输入控件。将"停止"连接至 While 循环的条件终止端子的输入端。

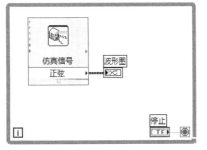

图 6-14   波形图显示的程序框图

（2）在 While 循环内创建"仿真信号"函数，设置函数的属性，使函数能够生成连续正弦信号。在前面板创建"波形图"显示控件。将"仿真信号"函数产生的信号接入波形图控件的接线端。图 6-14 所示便是连接后的程序框图。

程序编辑完成后，单击前面板的"运行"按钮，可以看到程序一直在运行，波形图显示控件中正在连续显示正弦波。单击停止控件，程序结束运行。如图 6-15 所示，在程序运行时打开计算机的"任务管理器"窗口，可以看到计算机 CPU 的使用率一直很高。这是因为在没有给 While 循环设定循环时间间隔的情况下，计算机会以 CPU 的极限速度运行 While 循环。在很多情况下这样做是没有必要而且极其危险的。如果 LabVIEW 8.2 程序较大，这样有可能会导致计算机死机。因此，用户在使用 While 循环时要设定一个循环间隔，即在 While 循环中加入等待定时器。

如图 6-16 所示，定时器位于函数选板的"函数→编程→定时"子选板中。等待定时器主要有两种。一种是 等待（ms）/Wait（ms），等待指定时间。另外一种是 等待下一个整数倍毫秒/Wait UNtil Next ms Multiple，即等待到计时器的时间是输入值的整数倍为止。一般情况下，两种定时器是一样的。

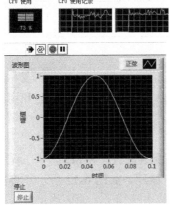

图 6-15   未加入定时器时的运行情况

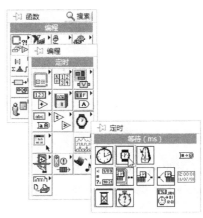

图 6-16   定时器的位置

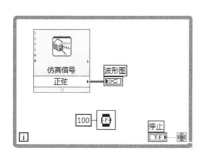

图 6-17 加入定时器后的程序框图

在此例中，可以选择添加等待（ms）定时器。加入定时器后的程序框图如图 6-17 所示。添加定时器后，运行程序，查看计算机的任务管理器。如图 6-18 所示，与没加定时器时相比，计算机的计算机 CPU 的使用率大幅度下降了。

图 6-18 加入定时器后的 CPU 使用率

因此，在使用 While 循环时一定要注意的两点便是添加循环终止条件和定时器。

6.3 【实例 25】顺序结构（Sequence Structure）

设计目的：掌握平铺式顺序结构和层叠式顺序结构各自的特点和用法。

6.3.1 程序框图主要功能模块介绍

LabVIEW 8.2 中提供两种顺序结构：平铺式顺序结构和层叠式顺序结构。图 6-19 所示便是这两种顺序结构。

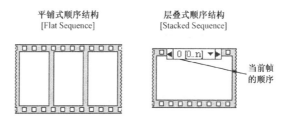

图 6-19 顺序结构

顺序结构的创建方法与 For 循环、While 循环相同，如图 6-20 所示。6.1 节中累加运算的实例，如图 6-21 所示。该例子中便用到了顺序结构来规定首先给累加控件赋初始值 0，然后再进行累加运算。

图 6-20 给顺序结构添加帧

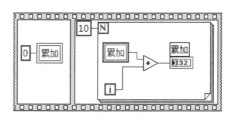

图 6-21 累加运算的实例

6.3.2 详细设计步骤

1. 平铺式顺序结构

如图 6-22 所示,在程序框图中创建平铺式顺序结构,首先在第一帧中编辑加法运算,然后在后面添加一帧,在此帧中编辑减法运算,减法运算的被减数为第一帧中的和。平铺式顺序结构中两个帧之间的数据传递可以通过直接连线的方法来实现。因此,可以将第一帧中加法函数的输出端直接连接到第二帧中减法函数的被减数输入端上。

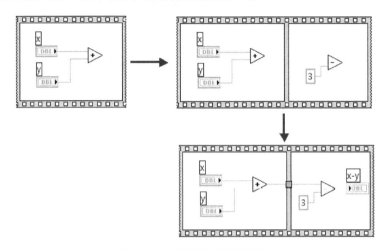

图 6-22   创建平铺式顺序结构

2. 层叠式顺序结构

应用层叠式顺序结构来实现上述功能。如图 6-23 所示,在程序框图中创建层叠式顺序结构,首先,在第一帧中编辑加法运算。通过快捷菜单添加一帧后,在第二帧中编辑减法运算。同样,第二帧减法运算的被减数为第一帧中的和。层叠式顺序结构各个帧之间的数据是通过顺序局部变量进行传递的。在第一帧的边框上右击鼠标,调出层叠式顺序结构的右键快捷菜单,

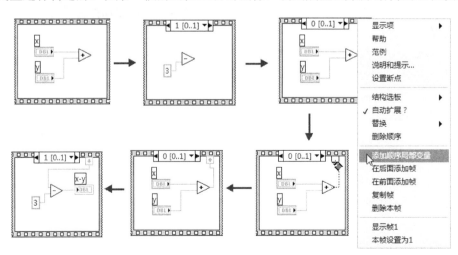

图 6-23   创建层叠式顺序结构

选择"添加顺序局部变量"。至此，顺序结构的边框上便会出现黄色的顺序局部变量端子。将加法函数的输出端与端子连接后，端子变成了橙色的输出箭头。在第二帧的边框上也会发现同样的顺序局部变量端子，只是端子中的箭头是输入。将端子与减法函数的被减数输入端连接便完成了帧之间的数据传递。

6.4 【实例 26】事件结构（Event Structure）

设计目的：学会使用事件结构，掌握事件的添加和编辑的方法。

6.4.1 程序框图主要功能模块介绍

事件结构的功能是等待直至某一事件发生，并执行相应条件分支从而处理该事件。如图 6-24 所示，事件结构创建后默认的事件 0 是超时事件，即等待一定的时间，在这段时间内如果没有任何事件发生，那么就执行"超时"事件分支中的程序。

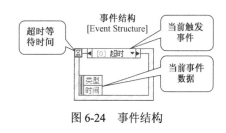

图 6-24 事件结构

6.4.2 详细设计步骤

如图 6-25 所示，在前面板创建"确定"、"停止"和"计数"三个控件。本实例的功能是实现每单击一次"确定"按钮，"计数"便加 1，而单击"停止"按钮时程序便停止执行。由于程序执行以后就要开始检测是否单击了"确定"按钮，所以程序一直在循环执行，则这里需要用到 While 循环。

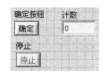

图 6-25 创建前面板控件

首先，在程序框图中创建 While 循环，将"停止"接线端接至 While 循环的循环终止条件端子。然后给 While 循环添加一个定时器。在 While 循环中创建事件结构（如图 6-26 所示）。如图 6-27 所示，将"确定按钮"移动至 While 循环框的里面，给"超时"端子赋值。超时事件中不用编辑程序，表示超时后不用执行任何操作。

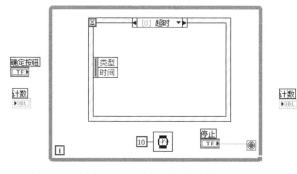

图 6-26 创建 While 循环及事件结构

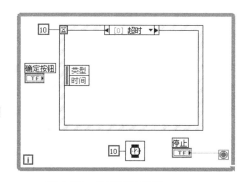

图 6-27 添加超时时间

如图 6-28 所示，在事件结构框上右击鼠标，选择"添加事件分支..."，接着便弹出了"编辑事件"对话框，如图 6-29 所示。在"编辑事件"对话框的事件源中选择"确定按钮"，在事件中选择"值改变"。单击"确定"按钮，新事件就添加成功了。

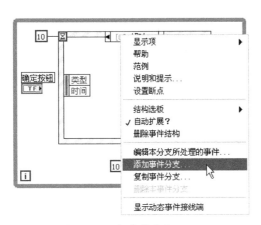

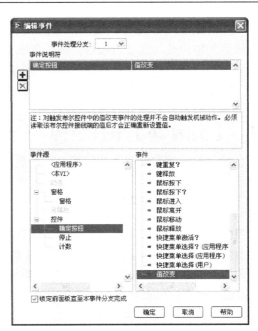

图 6-28　添加事件分支　　　　　　　　图 6-29　"编辑事件"对话框

事件添加成功后，单击当前事件的下三角，可以弹出事件列表（如图 6-30 所示）。在事件列表中可以选择相应的事件对其进行编辑。按照图 6-31 所示的程序框图编辑值改变事件的程序。在该程序中，每当执行这个事件时，"计数"的值都在原有的基础上加 1。

图 6-30　事件列表

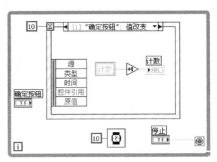

图 6-31　编辑值改变事件的程序

在执行 While 循环之前，必须给"计数"控件赋初始值 0，只有这样程序才能正确执行。因此，这里又用到了顺序结构。如图 6-32 所示，在顺序结构的第一帧中给"计数"赋值 0，然后再执行第二帧中的内容。程序运行结果如图 6-33 所示。

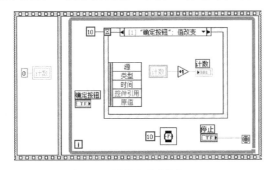

图 6-32　最终程序框图

图 6-33　程序运行结果

6.5 【实例 27】使能结构（Disable Structure）

设计目的：了解框图使能结构和条件使能结构的用法。

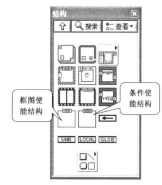

6.5.1 程序框图主要功能模块介绍

使能结构用来控制程序是否执行。如图 6-34 所示，LabVIEW 8.2 提供了两种使能结构：框图使能结构和条件使能结构。框图使能结构主要用来注释程序，相当于 C 语言中的注释语句。框图使能结构可以帮助调试程序，可以添加或删除分支，但是只有一个分支能够执行；条件使能结构用于通过环境变量来控制程序是否执行。

图 6-34　结构子选板

6.5.2 详细设计步骤

1. 框图使能结构

如果想要使某段程序不执行，只需要用到框图使能结构就可以了。如图 6-35 所示，将框图使能结构创建在相应的程序上，该段程序就被禁用了。这时程序运行时也不会执行这段程序。如果想重新启用本分支程序，只需要在框图边框上调出该框图的右键快捷菜单，选择"启用本子程序框图…"即可。

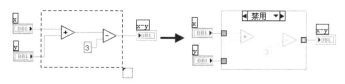

图 6-35　创建框图使能结构

2. 条件使能结构

条件使能结构主要是通过外部环境变量来控制程序是否执行的。在条件使能结构中，也可以通过右键快捷菜单来添加或删除子程序框图。外部环境变量只有在项目中才用到。从 LabVIEW 8.2 的"新建"窗口新建一个项目（如图 6-36 所示）。如图 6-37 所示，在项目名称上单击右键，在弹出的快捷菜单中选择"属性"进入"项目属性"对话框。

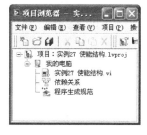

图 6-36　新建项目

图 6-37　选择"属性"

如图 6-38 所示，在"项目属性"对话框的类别中选择"条件禁用符号"，在右侧添加环境变量 A 和 B，它们的值分别为 True 和 False。单击"确定"按钮，两个环境变量便添加成功了。

如图 6-39 所示,在某段程序上创建条件使能结构,在结构的边框上右击鼠标(如图 6-40 所示),在弹出的快捷菜单中选择"编辑本子程序框图的条件..."。单击后会进入如图 6-41 所示的"配置条件"对话框。条件配置好后,单击"确定"按钮退出"配置条件"对话框。图 6-42 所示是配置条件后的程序框图,该段程序规定只有在 A 的值为 True 并且 B 的值为 False 时程序才执行。

图 6-38 "项目属性"对话框

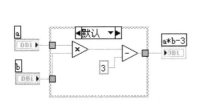

图 6-39 创建条件使能结构

图 6-40 条件使能结构的快捷菜单

图 6-41 "配置条件"对话框

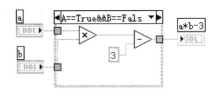

图 6-42 配置条件后的程序框图

6.6 【实例 28】选择结构(Case Structure)

设计目的:学会使用选择结构。

6.6.1 程序框图主要功能模块介绍

选择结构（Case Structure）的选择器接线端用于确定要执行的分支。接线端可以连接的数据类型有布尔型、数值型、字符串型和枚举型。

6.6.2 详细设计步骤

1. 连接布尔型数据

在前面板中放入数值型控件"A、B、结果"和布尔型控件"加？"。如图 6-43 所示，在程序框图中创建选择结构。将"加？"接入选择器接线端，在"真"分支内将 A 与 B 相加，"和"输出给"结果"。这时，可发现选择结构边框上的输出端子是空心的，这是因为还有分支没有给输出端子赋值。

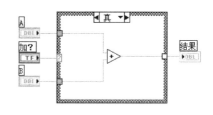

如图 6-44 所示，在"假"分支中，将 A 与 B 相减，"差"连接至边框的输出端子。这时，端子变成了实心。如果在输出端子上单击鼠标右键，选择"未连接时使用默认"，则在没有连接值的分支中会输出默认值 0。本实例的运行结果，如图 6-45 所示，当"加？"值为 T 时，"结果"是 A 加 B；当"加？"值为 F 时，"结果"是 A 减 B。

图 6-43 "真"分支

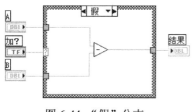

图 6-44 "假"分支

图 6-45 运行结果

2. 连接数值型数据

如图 6-46 所示，首先在前面板创建数值型控件"成绩"和字符串显示控件"等级"。然后在程序框图中，将"成绩"接线端连接至选择器接线端，这时选择结构的两个分支变成了"0，默认"和"1"。如图 6-47 所示，将"1"分支的分支条件改成"0..59"。在该分支中创建"不及格"字符串常量，并连接至"等级"接线端。

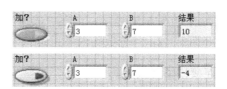

图 6-46 条件端子接数值型控件   图 6-47 编辑分支

如图 6-48 所示，在选择结构边框上右击鼠标，在弹出的快捷菜单中选择"在后面添加分支"。在新分支中，分支条件为"60..69"，输出"合格"字符串常量。按照同样的方法，继续添加分支。"70..84"分支输出"良好"字符串常量，"85..100"分支输出"优秀"字符串常量。最后将原来的"0，默认"分支条件改成"–1，默认"，输出"分数输入不正确"字符串常量（如图 6-49 所示）。

图 6-48　添加分支

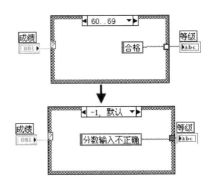

图 6-49　编辑其他分支

运行结果如图 6-50 所示：当在"成绩"中输入 78 时，运行结果为"良好"；当在"成绩"中输入 145 时，显示"分数输入不正确"。

3. 连接枚举型数据

枚举型控件位于控件选板的"控件→新式→下拉列表与枚举"中。在前面板中创建如图 6-51 所示的一个枚举型控件。在控件的右键快捷菜单中选择"编辑项…"，打开如图 6-52 所示的"枚举属性：枚举"对话框。在对话框中插入"不及格"、"合格"、"良好"和"优秀"四项，单击"确定"按钮，退出对话框，并将枚举控件的标签改成"等级"。

图 6-50　运行结果

图 6-51　枚举型控件

如图 6-53 所示，在程序框图中将"等级"接入选择器接线端。单击分支条件上的下三角符号可以看到选择结构有"不及格，默认"和"合格"两个分支。如图 6-54 和图 6-55 所示，在"合格"分支中，创建"大于等于 60，小于 70"字符串常量并连接至"分数范围"。在"不及格"分支中创建"60 分以下"字符串常量并连接输出端子。然后继续添加"良好"和"优秀"分支，分别输出"大于等于 70，小于 85"和"大于等于 85，小于等于 100"。

程序框图编辑完后，运行程序。程序运行结果如图 6-56 所示。

图 6-52 "枚举属性：枚举"对话框

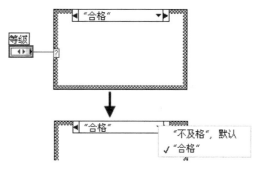

图 6-53 接入枚举控件后

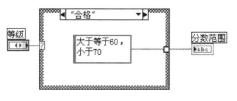

图 6-54 编辑"合格"分支

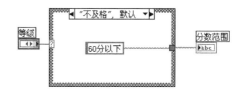

图 6-55 编辑"不及格"分支

图 6-56 程序运行结果

6.7 【实例 29】公式节点

设计目的：使用公式节点完成较复杂公式的运算。

6.7.1 程序框图主要功能模块介绍

公式节点也是一种程序结构。公式节点可以实现比较复杂的数学公式的运算。同时，公式节点中也可以编写一些文本语言，如 if…else…，while，switch 语句等。公式节点的语法规则与 C 语言相同。

6.7.2 详细设计步骤

如图 6-57 所示，在程序框图中创建了公式节点后，公式节点只是一个黑色的矩形框。在左边框上右击鼠标，选择"添加输入"，这时会在左边框中出现一个端子，在端子中输入"x"。然后用同样的方法，在右边框上添加输出"y"，在公式节点中编辑公式"y=x**2+8*x+2;"。最后将数值型控件"x"和"y"分别连接至公式节点边框的"x"端口和"y"端口（如图 6-58 所示）。这样，一个简单的公式便通过公式节点编辑完成了。

公式节点的输入/输出数量没有限制，可以通过右键快捷菜单添加或者删除。

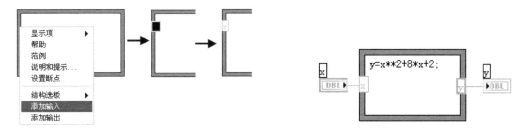

图 6-57   选择"添加输入"   图 6-58   编辑公式一

接着要在公式节点中编辑复杂公式：在右边框上添加输出"y2"，在公式节点中输入公式 "y2=(x**3+sqrt(x)+exp(x))/(tan(x)+sin(x)+cos(x));"。创建数值显示控件，连接至"y2"端口（如图 6-59 所示）。运行程序，查看运行结果（如图 6-60 所示）。

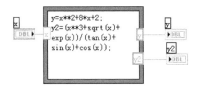

图 6-59   编辑公式二

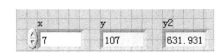

图 6-60   公式节点的运行结果

6.8   【实例 30】移位寄存器

设计目的：在 For 循环和 While 循环中使用移位寄存器。

6.8.1   程序框图主要功能模块介绍

移位寄存器的功能与反馈节点相似。将移位寄存器用在 For 循环和 While 循环中，可以将上次循环产生的结果移动到下一次循环的输入中。

6.8.2   详细设计步骤

在 6.1 节中有一个从 0 加到 9 的累加运算。下面将用移位寄存器来实现这个运算。如图 6-61 所示，在程序框图中创建 For 循环，循环次数为 10 次。将"i"值连接至加法函数的一个输入端。在边框上右击鼠标，在弹出的快捷菜单中选择"添加移位寄存器"（如图 6-62 所示），这时，在边框的两端便出现了黑色的移位寄存器的端子。

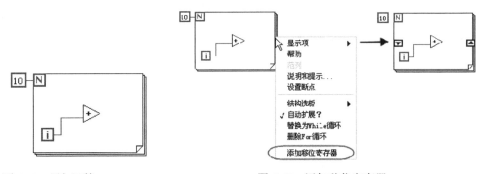

图 6-61   累加运算一   图 6-62   添加移位寄存器

按照图 6-63 所示的程序框图，将加法函数的和连接至右端子的输入端，左端子的输出连

接至加法函数的另一个输入端。而左端子的输入端要接入移
位寄存器的初始值 0，右端子的输出端连接至数值显示控件
"累加"。程序运行的结果为 45。

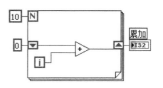

6.4 节中的实例也可以通过移位寄存器来实现。如
图 6-64 所示，在"值改变"事件分支中不再采用局部变量的
方式来实现每次"计数"加 1。在 While 循环边框上添加移
位寄存器（如图 6-65 所示）。按照图 6-66 所示的程序框图，

图 6-63　程序框图

给移位寄存器赋初始值 0，左端子的输出端接入"加 1"函数输入，函数输出接入移位寄存器
右端子的输入端。在"超时"事件分支中，需要将左、右端子连接起来（如图 6-67 所示），否
则每次在"超时"事件中，移位寄存器的值会变成 0。程序框图编辑完成后，运行程序，发现
运行结果与 6.4 节中的运行结果相同。

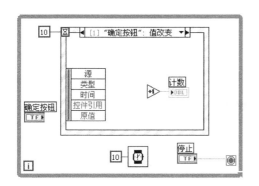

图 6-64　"值改变"事件分支一

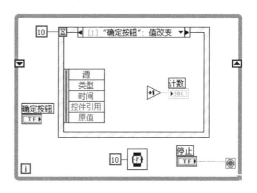

图 6-65　添加移位寄存器

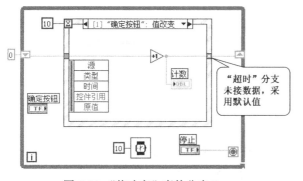

图 6-66　"值改变"事件分支二

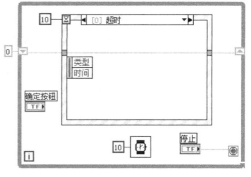

图 6-67　"超时"事件分支

6.9　本章小结

本章介绍了各种程序结构的使用方法。程序结构是 LabVIEW 8.2 程序的"骨骼"，在整个
程序的编写过程中占据了相当重要的地位。因此，熟练掌握各种程序结构的用法至关重要。

第7章 图形化数据显示

用图形来测试和分析数据可以更加直观、形象地观察数据的变化趋势。LabVIEW 8.2 提供了多种图形化显示控件及波形函数，它们使工程师能够方便、快捷地处理大量的波形数据。

LabVIEW 8.2 提供的波形控件，按照显示内容可以分为曲线图、XY 曲线图、强度图、数字时序图和三维图。如图 7-1 所示，它们都位于控件选板的"控件→新式→图形"子选板中。本章将介绍这些控件的功能，以及如何使用和配置波形控件、如何使控件显示多种数据。

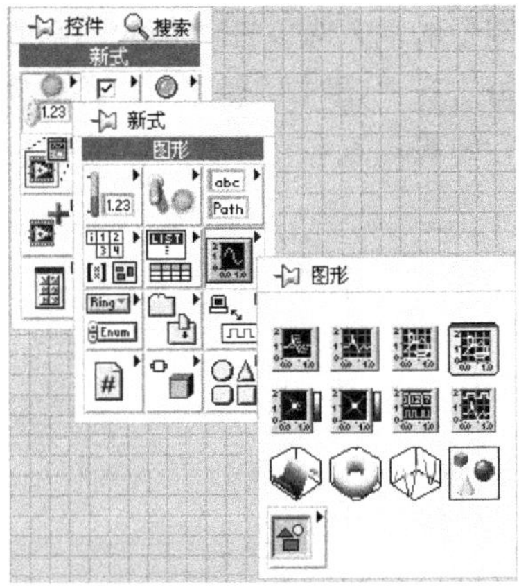

7.1 【实例 31】波形图表（Graph）

设计目的：掌握用波形图表显示不同数据类型数据的方法。

7.1.1 程序框图主要功能模块介绍

图 7-2 所示是在前面板创建的一个波形图表。波形图表的 X 轴为时间轴，既可用来显示时间，也可以显示数据的序号。Y 轴为数据轴，显示每个时

图 7-1 图形控件的位置

间/序号对应的数据值。右上角显示的是图例，在默认情况下图例只有一个，图例的数量可以通过调节图例的句柄来调整。中间的黑色区域为图形显示区。

7.1.2 详细设计步骤

1. 输入一维数组

如图 7-3 所示，在程序框图中用 For 循环生成一组一维数组，将数组直接输入波形图表中。运行程序，如图 7-4 所示：第一个波形图表是运行一次的结果，一维数组的 10 个元素直接

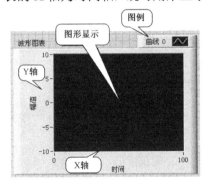

图 7-2 波形图表

显示在波形图表中；第二个波形图表是第二次运行的结果。从结果可以看到，第二次运行产生的数据直接接在了波形图表的末尾，两次运行的 20 个数据同时显示在波形图表中。

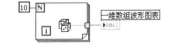

图 7-3 将一维数组输入波形图表

2. 输入二维数组

如图 7-5 所示，在程序框图中创建二维数组，然后将数组直接输入波形图表中进行显示。为了便于观察显示结果，可在前面板中创建二维数组显示控件以观察显示的数据。从图中可以看出，在波形图表中，二维数组是按照列来显示的。数组有几列在波形图表中就显示几条曲线，

曲线的颜色各不相同。如图 7-6 所示，拖动右上角图例的句柄可改变图例数量，可以看到不同颜色代表的曲线序号。曲线的序号与二维数组对应列的列号相同。

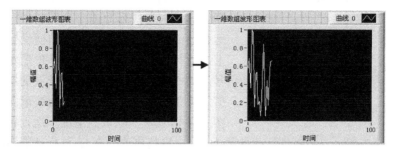

图 7-4　一维数组输入波形图表运行两次的结果

3. 输入标量数据

标量数据也可以直接输入波形图表中。每次运行波形图表都会将新的标量数据添加到尾部。如图 7-7 所示，输入单个标量数据时，直接将标量与波形图表相连接。输入多个标量数据时，要将所有的标量数据捆绑成簇，然后再输

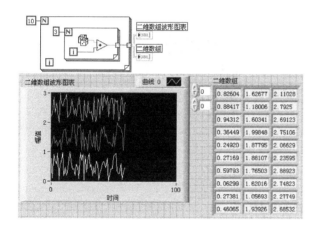

图 7-5　将二维数组输入波形图表

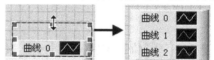

图 7-6　修改图例数量

入到波形图表中。在图 7-7 中，三个标量数据是捆绑成一个簇后输入波形图表中的。运行时，波形图表会将数据添加到相应曲线的尾部进行显示。各个曲线的序号与捆绑成簇时标量的输入顺序相同。

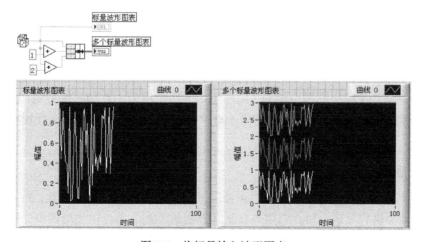

图 7-7　将标量输入波形图表

4. 输入波形数据

将波形数据输入波形图表时，不再将新的数据添加至曲线尾部，而是直接显示当前的新数据。这是因为波形数据中含有横坐标的数据，每次运行的结果都按照新数据中的横坐标来画曲线，与上次运行的结果无关。如图 7-8 所示，用"仿真信号"VI 生成一个正弦波，正弦波的属性均采用默认值。将正弦波的输出端直接与波形图表相连接。如图 7-9 所示，在默认的情况下运行程序，会发现正

图 7-8　用"仿真信号"VI 生成一个正弦波

弦波很窄，不方便查看。双击时间标尺的最大值 5，将其更改为 0.2，这样就能清晰地观察到正弦波了。多次运行程序，波形图表中显示的都是一个周期的正弦波。

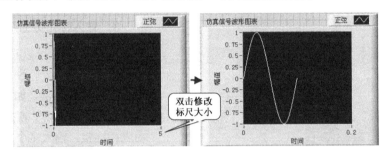

图 7-9　修改标尺大小

7.2　【实例 32】波形图（Waveform）

设计目的：掌握用波形图显示不同数据类型数据的方法。

7.2.1　程序框图主要功能模块介绍

波形图的结构与波形图表相似。波形图不会像波形图表一样将数据添加到曲线尾部，而是将当前数据一次性地描述在波形曲线中，而且波形图也不能输入标量数据。

7.2.2　详细设计步骤

1. 输入一维数组

如图 7-10 所示，在程序框图中用 For 循环生成一组长度为 100 的一维数组，将数组直接输入波形图中。运行程序，波形图一次性将这 100 个数据显示在图中。每次运行程序显示的曲线都不相同，但是长度都是 100。

2. 输入二维数组

如图 7-11 所示，先在程序框图中用 For 循环创建 3 行 100 列的二维数组，然后将二维数组直接输入波形图中进行显示。与波形图表显示二维数组不同的是，在波形图中二维数组是按照行来显示的。数组有几行数据，在波形图中就显示几条曲线；曲线的序号与二维数组对应列的行号相同。而在波形图表中，曲线的数目、顺序均与二维数组的列有关。

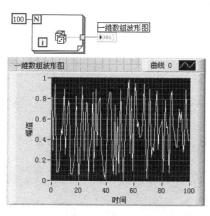

图 7-10 将一维数组输入波形图

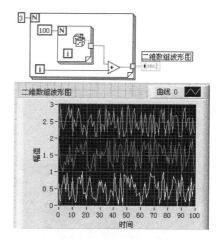

图 7-11 将二维数组输入波形图

3. 输入簇

将簇输入波形图时，簇中必须接入三个元素：第一个是横坐标的起始位置 x0，第二个是横坐标的间隔 dx，第三个是要输入的数据，数据可以是一维数组、二维数组或者是簇数组。如图 7-12 所示，在程序框图中先将 x0，dx 和一维数组/二维数组按照顺序捆绑成簇，然后将簇直接输入到波形图中显示。

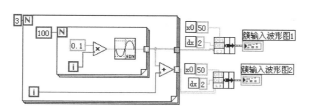

图 7-12 将簇输入波形图

4. 输入一维簇数组

无论是将二维数组还是簇输入波形图中，在显示多条曲线时，曲线的点数都是一样的。在多条需要显示曲线的点数都不同的情况下，就要用一维簇数组来显示。用一维簇数组显示多条曲线时，要先将不同的曲线分别捆绑成簇，然后将所有的簇组合成一维数组输入波形图中。

先用 For 循环和三角函数分别生成 100 点的正弦波数据和 200 点的余弦波数据。然后利用簇捆绑函数分别将两个一维数组捆绑成簇，再用"创建数组"函数将两个簇组合成一维簇数组。将生成的一维簇数组直接输入波形图中。运行程序，观察到波形图中显示的两条曲线的长度不同，如图 7-13 所示。一维簇数组也可以作为数据再次与数值 x0 和 dx 捆绑成簇后输入波形图中。从结果来看，只是曲线横坐标的起始位置和两点间的步长与之前的图形不同而已，如图 7-14 所示。

5. 输入波形数据

波形图也可以直接输入波形数据。图 7-15 所示是"创建波形"函数的图标，它位于函数选板的"函数→编程→波形"子选板中。它可以将数据和时间数据一起捆绑成波形数据。如果不捆绑时间数据，那么生成的波形数据中的事件数据为默认值。如图 7-16 所示，先将 For 循环产生的一维数组数据直接接入"创建波形"的 Y 输入端，然后将输出接入波形图即可。

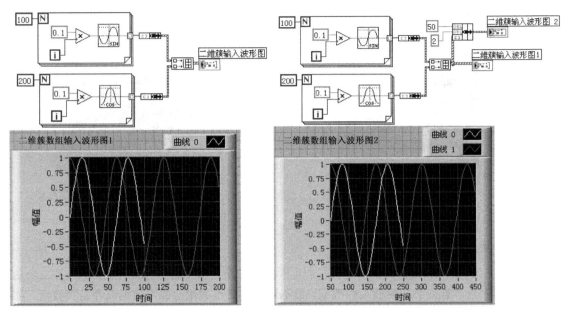

图 7-13　将二维簇数组输入波形图 1　　　　图 7-14　将二维簇数组输入波形图 2

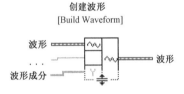

图 7-15　"创建波形"函数的图标

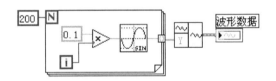

图 7-16　将波形数据输入波形图

7.3　【实例 33】定制波形图表

设计目的：学会根据需要设置波形图表的功能及其属性。

7.3.1　程序框图主要功能模块介绍

在使用波形图表时要根据需要对其一些属性进行设置。图 7-17 所示是波形图表的属性对话框，在属性对话框中可以设置标尺的格式、精度、最大/最小值，曲线的类型、颜色等属性。

7.3.2　详细设计步骤

1.　波形图表的外观

通过右键快捷菜单打开波形图表的属性对话框后，选择"外观"标签可以对波形图表的外观进行设计。在这个标签中既可以设置标签、图例及各种

图 7-17　波形图表的属性对话框

图形工具选板的显示情况，也可以设置图表的刷新模式。所谓图表的刷新模式是指数据显示区填满后新数据怎样显示。另外，通过右键快捷菜单也可以对刷新模式进行设置。如图 7-18 所示，在右键快捷菜单中选择"高级→刷新模式"后即可选择要设置的模式。从图中可以看出，图表一共有三种刷新模式。

（1）带状图表：显示区满后，曲线会整体向左移动，新的数据接在曲线的尾部；

（2）示波器图表：在曲线填满显示区后会清空显示区，然后重新开始显示新的曲线；

（3）扫描图：显示区有一条垂直红线，数据会跟着红线从左到右显示。

在显示多条曲线的波形图表中，可以设置是否分格显示。例如，打开 7.1 节中保存的实例，可看到"多个标量波形图表"控件中显示了三条曲线，在默认的情况下，三条曲线是层叠显示的，即三条曲线显示在同一个显示区中。如图 7-19 所示，在快捷菜单中选择"分格显示曲线"，这时三条曲线便显示在了三个小的显示区域中。

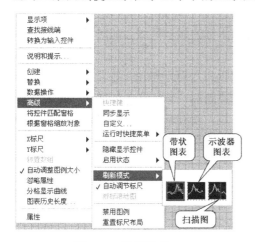

图 7-18 刷新模式

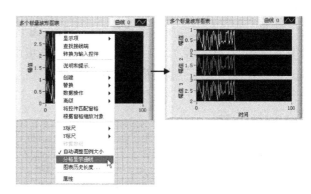

图 7-19 选择"分格显示曲线"

2. 设置曲线属性

在属性对话框的"曲线"标签下可以设置各个曲线的属性。例如，可以设置曲线的显示方式是点状还是线形，可以选择曲线的粗细程度和颜色等。

3. 设置坐标轴属性

在属性对话框的"格式与精度"标签下可以设置各个坐标轴的显示类型、显示精度、位数等属性。参见图 7-17，在"标尺"标签下可以设置坐标轴是否为对数显示、是否反转，可以设置标尺的最大/最小值、颜色等属性。另外，标尺的一些属性可以在右键快捷菜单中进行设置（如图 7-20 所示）。

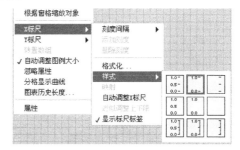

图 7-20 定制 X 标尺

7.4 【实例 34】定制波形图

设计目的：学会根据需要设置波形图的功能及其属性。

7.4.1 程序框图主要功能模块介绍

波形图的设置与波形图表大致相同。波形图的外观、标尺、曲线等属性都可以参照波形图表中的设置方法进行设置。但是在波形图中，不能对多条曲线进行分格显示。

7.4.2 详细设计步骤

打开 7.2 节中保存的波形图程序。将"二维簇输入波形图 2"控件的所有辅助工具显示项都显示出来。如图 7-21 所示，这些辅助工具主要有右上角的图例、左下角的图形工具选板、右下角的 X 滚动条，还有图形右侧的标尺图例和游标图例。通过标尺图例可以实现对坐标轴更加快捷的操作。通过游标图例可以添加游标。

添加游标时，将鼠标放在游标图例上，在右键快捷菜单中选择"创建游标→自由/单曲线"，则创建的游标是个十字形黄线。"自由"表示游标的中心点可以在图形显示区自由移动，"单曲线"表示游标的中心点只能在固定的曲线上移动。游标图例的显示区域会随时显示游标中心点的位置。

图形工具选板主要用来选择鼠标的功能。图形工具选板中还有一些用于图形放大、缩小的工具（如图 7-22 所示）。例如，在图形工具选板中选中 图标，然后在需要放大区域的左边单击鼠标，按住鼠标不放，拖动鼠标至需要放大区域的右边，松开鼠标。这时显示区中显示的全是该区域的图形，即该区域被放大了（如图 7-23 所示）。图形工具选板中的其他工具的功能请读者自己尝试。

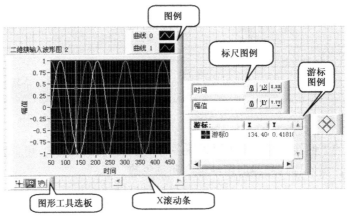

图 7-21　辅助工具

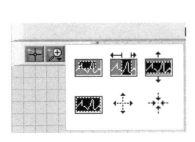

图 7-22　缩放查看工具

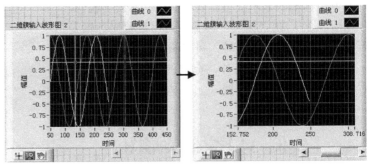

图 7-23　放大一段数据

在波形图中还可以添加注释。如图 7-24 所示，在波形图需要创建注释的位置单击鼠标右键，从弹出的快捷菜单中选择"数据操作→创建注释"，这时屏幕会弹出如图 7-25 所示的"创建注释"对话框。在对话框中设置注释名称、锁定风格等属性，然后单击"确定"按钮，注释便添加成功了（如图 7-26 所示）。另外，通过右键快捷菜单的"数据操作"选项也可以删除注释、清除图形，还可以将波形图导出为简化图像。

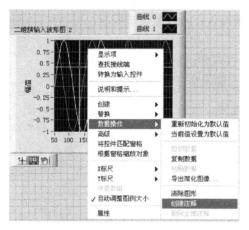

图 7-24　创建注释

图 7-25　"创建注释"对话框

在波形图中，可以创建多个 Y 标尺，而且 Y 标尺的位置可以左右交换，这也是波形图表中没有的功能。如图 7-27 所示，将鼠标放在 Y 标尺上，单击鼠标右键，在快捷菜单中便有"两侧交换"和"复制标尺"两个操作。利用这两个选项可以实现 Y 标尺的复制和左右移动。

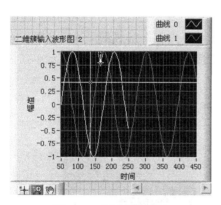

图 7-26　创建注释后

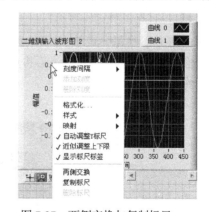

图 7-27　两侧交换与复制标尺

7.5 【实例 35】XY 曲线图

设计目的：掌握利用 XY 曲线图显示曲线的方法。

7.5.1 程序框图主要功能模块介绍

在用波形图表和波形图显示曲线时，只需要提供 Y 坐标的数据值，因为它们都是按照顺序显示到 X 坐标上的。而 XY 曲线图需要成对输入点的 X 坐标和 Y 坐标的数据值。XY 曲线图在外观构造上与波形图表和波形图相似，在各种属性的设置方法上也跟前两者相同。本节用实例介绍如何用 XY 曲线图显示曲线。

7.5.2　详细设计步骤

1. 以簇的形式显示一条曲线

如图 7-28 所示，首先用 For 循环和三角函数生成一组正弦波数据和一组余弦波数据。然后将 For 循环生成的两个数组（X 坐标值数组和 Y 坐标值数组）捆绑成簇（在捆绑成簇时，X 坐标值数组要在 Y 坐标值数组的前面），最后将簇接入 XY 曲线图。运行后，在 XY 曲线图中便画出了一个圆形曲线。

2. 以簇数组的形式显示曲线

簇数组的形式既可以显示一条曲线，也可以显示多条曲线，如图 7-29 所示。"多路 XY 图"控件中显示的是两条曲线，而"簇数组 XY 图"中显示的是一条曲线。显示两条曲线时，要先将已经捆绑成簇的两条曲线数据用"创建数组"函数合成簇数组，然后再输入到 XY 曲线图中。

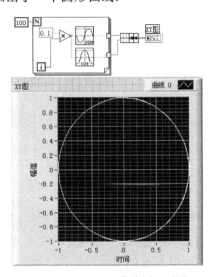

图 7-28　用"XY 曲线图"画圆

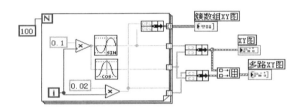

图 7-29　其他输入 XY 图的方式

在图 7-29 中，将每一点的 X、Y 坐标值先在 For 循环内容捆绑成簇，然后将所有点的簇组成数组输出到 For 循环的外面，最后将生成的簇数组接入 XY 曲线图便可以显示单条曲线了。

程序的运行结果如图 7-30 所示。

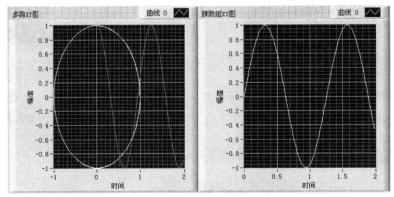

图 7-30　运行结果

7.6　【实例 36】强度图（Intensity Graph）

设计目的：学习如何利用强度图来反映数据的变化。

7.6.1　程序框图主要功能模块介绍

前面介绍的波形图表、波形图和 XY 曲线图反映的都是对应于 X 轴的 Y 值大小，用于描绘二维数据。而强度图反映的是对应于 XY 平面上各个点的数据值（Z 值）。输入强度图的数据类型为二维数组，数组的索引对应着强度图中 XY 平面各个点的坐标，数组的元素值在强度图中用颜色来表示。

7.6.2　详细设计步骤

如图 7-31 所示，用两个 For 循环产生 5 行 5 列的随机数数组，将数据输出给"强度图"和"数组"显示控件。由于产生的随机数是 0 到 1 之间的数，所以要将强度图幅值的最大值和最小值调整为 1 和 0。运行程序，会观察到如图 7-32 所示的运行结果。从结果中看到，强度图中的每个小矩形单元对应着数组中的一个数值，数值在强度图中用颜色来反映。

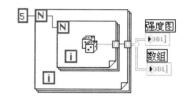

图 7-31　随机数的强度图

图 7-33 中的图形是连续值产生的 100 行 100 列数组在强度图中的图形。在 Z 标尺上单击鼠标右键，选择"自动调整 Z 标尺"，强度图会根据输入数组中的最大/最小值自动调整标尺的最大/最小值。

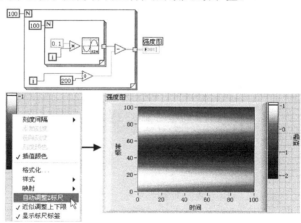

图 7-32　运行结果　　　　　图 7-33　强度图实例

7.7　【实例 37】三维曲面图

设计目的：掌握使用"三维曲面"VI 画三维图的方法。

7.7.1　程序框图主要功能模块介绍

LabVIEW 8.2 控件选板中提供的三维曲面图实际上只是一些 ActiveX 容器，每个容器都有各自对应的描绘三维空间表面的 VI。

三维曲面图能够实现在三维空间观察数据。将三维曲面图放置到前面板时，程序框图中会自动生成如图 7-34 所示的"三维曲面"VI。"x vector"（x 向量）和

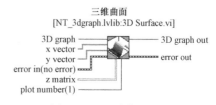

图 7-34　"三维曲面"VI

"y vector"（y 向量）要接一维数组，"z matrix"（z 矩阵）接二维数组。如果 x 向量和 y 向量不接输入，那么 z 矩阵中二维数组的行索引对应 X 轴坐标，列索引对应 Y 轴坐标。

7.7.2　详细设计步骤

首先，在前面板创建三维曲面图控件，同时在程序框图中会自动出现三维曲面图的索引和"三维曲面"VI。然后，如图 7-35 所示，在程序框图中创建正弦波的二维数组。最后，将数组连接至"三维曲面"函数的"z 矩阵"输入端。运行程序，会在前面板中得到正弦波的三维曲面图。在默认情况下，前面板的三维曲面图比较小，可以通过拖动框图周围的句柄来调节框图的大小。用鼠标中轴滚轮可以放大或缩小框图内部图形的大小。

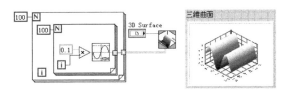

图 7-35　使用"三维曲面"显示正弦波

如果要改变观察视角，可以将鼠标放在图形上，按住左键拖拽鼠标改变视角（如图 7-36 所示）。通过三维曲面图的右键快捷菜单选择"CWGragh3D"→"特性…"，可以打开如图 7-37 所示的三维图形特性对话框。在对话框中可以对曲面图进行修饰，如更改背景色、曲面显示方式等。

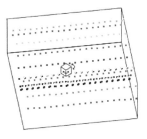

图 7-36　改变视角

图 7-37　三维图形特性对话框

7.8　本章小结

图形化数据显示在测试测量中有广泛的应用。在学习本章时，读者应该重点掌握波形图表和波形图的使用方法及定制方法。要学会使用各种辅助工具来分析波形数据。在函数选板的"函数→编程→波形"子选板中，LabVIEW 8.2 提供了大量的波形函数，这些函数能够使程序员方便、快捷地对波形进行操作。读者可以对照 LabVIEW 8.2 的帮助文档了解这些函数的用法。

第8章 人机界面交互设计

LabVIEW 8.2 的前面板中包含了大量形象逼真的控件,这些控件的颜色、大小都可以根据需要进行更改。前面板运行时的窗口也可以根据需求更改。另外,用户还可以创建自定义控件、自定义菜单。同时,LabVIEW 8.2 也提供了很多对话框 VI 等交互型函数。本章将介绍几种常用的人机界面交互设计:创建登录对话框、创建主菜单、自定义控件、修饰静态界面和动态交互界面的设计。

8.1 【实例 38】创建登录对话框

8.1.1 设计目的

学会使用 LabVIEW 8.2 提供的"提示用户输入"对话框 VI 来创建登录对话框。

8.1.2 程序框图主要功能模块介绍

在 LabVIEW 8.2 中有两种创建对话框的方法,一种是利用 LabVIEW 8.2 提供的几种简单

的对话框 VI 创建对话框,另一种方法是通过创建子 VI 创建对话框。如图 8-1 所示,LabVIEW 8.2 提供的几种简单的对话框 VI 位于函数选板的"函数→编程→对话框与用户界面"子选板中。"提示用户输入"VI 也位于其中。如图 8-2 所示的是"提示用户输入"VI 的小图标。该 VI 在使用时,仅需要设置要提示的信息即可,方便简单。

图 8-1 "提示用户输入"VI 的位置   图 8-2 "提示用户输入"VI 的小图标

8.1.3 详细设计步骤

在程序框图中需要设置登录对话框的位置放置"提示用户输入"VI。创建后的"提示用户输入"VI 在程序框图中以大图标的形式显示(如图 8-3 所示)。双击 VI 的图标可以打开如图 8-4 所示的"配置提示用户输入[提示用户输入]"对话框。

图 8-3 创建"提示用户输入"VI

图 8-4　"配置提示用户输入[提示用户输入]"对话框

对话框左侧的"显示的信息"中输入要提示用户的信息情况："请输入您的用户名和密码"。在对话框右侧的"输入"栏要设置用户输入控件："用户名"和"密码"。在"窗口标题"中输入窗口的标题"用户登录对话框"。设置完成后，单击"确定"按钮完成设置。设置后的图标如图 8-5 所示。

当程序运行到"提示用户输入"VI 时，会弹出如图 8-6 所示的"用户登录对话框"窗口。

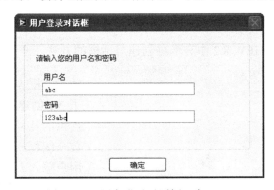

图 8-5　设置后的图标　　　　　图 8-6　"用户登录对话框"窗口

8.2　【实例 39】创建主菜单

8.2.1　设计目的

学会如何创建自定义主菜单并用事件结构实现菜单操作。

8.2.2　程序框图主要功能模块介绍

在默认的情况下，LabVIEW 8.2 程序运行时菜单栏的主菜单是默认的菜单。LabVIEW 8.2 也提供了设计自定义主菜单的功能。LabVIEW 8.2 菜单栏的编辑在菜单编辑器中进行。在菜单栏中选择"编辑→运行时菜单..."，可打开如图 8-7 所示的菜单编辑器。

如图 8-7 所示，菜单编辑器的工具栏中有添加按钮➕和删除按钮✖，用于添加和删除菜单项。左右上下◁◁◁◁四个方向按钮用来调整菜单项的位置。如图 8-8 所示，单击下拉列表右侧的下三角便能在下拉框中进行选择，有"默认"、"最小化"和"自定义"三项。

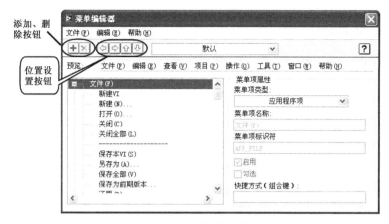

图 8-7　菜单编辑器

图 8-8　自定义菜单

8.2.3　详细设计步骤

1. 编辑运行主菜单

首先，要添加各个菜单项。打开菜单编辑器，在工具栏中选择"自定义"。这时左侧的"预览"栏中是空的。在右侧"菜单项类型"中选择"用户项"。在"菜单项名称"中输入"程序"，则"菜单项标识符"中会出现默认的标识符"程序"。此时左侧的"预览"栏中也会出现已经编辑的菜单项"程序"。如果想给菜单项添加快捷方式，可以在右下角的"快捷方式（组合键）"一栏中输入要添加的快捷方式。单击工具栏中的"添加"按钮，以此类推，继续在"菜单项名称"中输入其他新的菜单项，如图 8-9 所示，直到将所有菜单项都添加完毕为止。

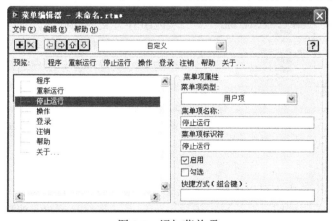

图 8-9　添加菜单项

然后，调节菜单项的位置。如图 8-10 所示，在"预览"栏中选择第二个菜单项"重新运行"，然后单击工具栏中的"→"按钮，将"重新运行"放置在"程序"下。将其他项按照同一方法参照图 8-11 进行调整。

图 8-10　调整各项的位置

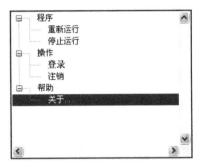

图 8-11　调整后的自定义菜单

最后，将编辑好的自定义菜单保存成".rtm"文件。将文件保存好后会弹出如图 8-12 所示的窗口，单击"确定"按钮将自定义菜单设定为运行时菜单（也即将运行时菜单转换为登录对话框菜单）。

图 8-12　设置为运行时菜单

2. 编辑菜单事件

在程序运行时，有时需要用到事件结构让自定义的菜单发挥想要的功能。因此，需要在程序框图中创建 While 循环和事件结构。在事件结构中添加事件分支，打开如图 8-13 所示的"编辑事件"对话框。在对话框的"事件源"一栏中选择"本 VI"，在"事件"一栏中选择"菜单选择（用户）"。单击"确定"按钮，事件便添加成功了。该事件分支可以在鼠标选择用户自定义的菜单时响应事件分支内的程序。

在事件结构响应菜单事件分支时，需要用菜单的项标识符来区分用户选择的是哪个菜单。因此，要在事件分支内添加选择结构来根据菜单的项标识符选择要执行的操作。如图 8-14 所示，将事件分支中的项标识符连接到选择结构的输入端，然后按照项标识符更改各个分支的分支条件

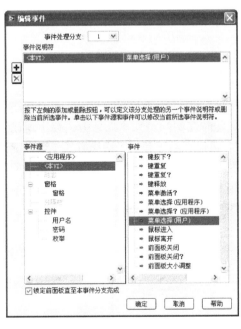

图 8-13　在事件结构中添加事件分支

并添加分支。

在选择结构的各个分支下可以编辑各种菜单操作要执行的程序。如图 8-15 所示的是"登录"菜单事件分支的程序框图，表示运行程序时如果选择了登录菜单，就将会出现用户登录对话框。程序运行时的前面板如图 8-16 所示。

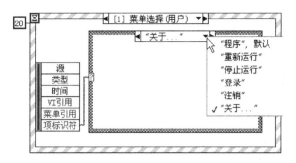

图 8-14　利用菜单的项标识符区分选择的菜单

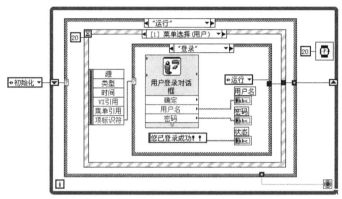

图 8-15　"登录"菜单事件分支的程序框图

图 8-16　程序运行时的前面板

8.3　【实例 40】自定义控件

8.3.1　设计目的

学会编辑自定义控件。

8.3.2　程序框图主要功能模块介绍

在某些情况下，用户会希望使用形状、颜色都更接近于试验工程的控件。而 LabVIEW 8.2 提供的控件无法满足用户的这种要求。这就需要自定义控件来达到形象更加逼真的效果。

图 8-17　编辑自定义控件窗口

LabVIEW 8.2 的自定义控件其实是在基础控件的基础上进行编辑的。通过改变基础控件的大小、颜色、形状、图片及各元素的位置可实现自定义控件。自定义控件需要在专门的编辑自定义窗口中进行。自定义控件的编辑窗口可以通过 LabVIEW 8.2 的"新建"窗口打开，也可以在 VI 前面板上右击某个控件，选择"高级→自定义"，从而打开编辑自定义控件窗口。

例如，在"仪表"控件上单击鼠标右键，选择"高级→自定义"便打开了如图 8-17 所示的编辑自定义控件窗口。该

图 8-18　自定义控件文件模式间的相互转换

窗口的工具栏中有一个特有的模式选择工具🔧，刚刚打开的自定义控件窗口都处于编辑模式。如图 8-18 所示，在编辑模式下单击扳手型按钮🔧会切换至自定义模式。至此，自定义模式中的模式选择工具变成了镊子型🖊。在自定义模式下单击镊子型按钮🖊便会切换至编辑模式。

仪表控件在自定义模式下的状态如图 8-19 所示。在自定义模式下能够看到控件的各个元素，并且能对元素进行任意编辑，如改变大小、颜色等。

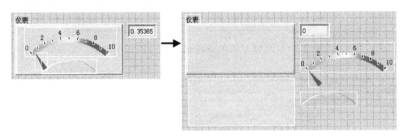

图 8-19   仪表控件在自定义模式下的状态

8.3.3   详细设计步骤

本实例将会在液罐控件的基础上进行编辑，将液罐控件编辑为酒杯控件。

如图 8-20 所示，在液罐控件下打开编辑自定义控件窗口。在编辑模式下将标题"液罐"改成"酒杯"。然后进入自定义模式进行更改图片、大小等操作。如图 8-21 所示，选中液罐的背景元素，单击鼠标右键，在快捷菜单中选择"以相同大小从文件导入…"。在弹出的选择文件对话框中选择已经保存好的酒杯的图片，单击"确定"按钮后酒杯的图片就成为背景元素了。

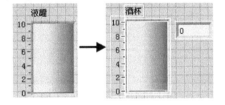

图 8-20   修改控件名称，进入自定义模式

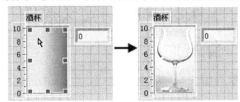

图 8-21   添加图片

如图 8-22 所示，进入自定义模式，将酒杯的背景元素拉长，使得酒杯的底部对着刻度尺的 0 位置。然后进入编辑模式，给酒杯控件设定值，会出现表示值大小的蓝色矩形框。再进入自定义模式，在表示值大小的蓝色矩形框处导入液体图片。然后将自定义的酒杯控件保存下来。

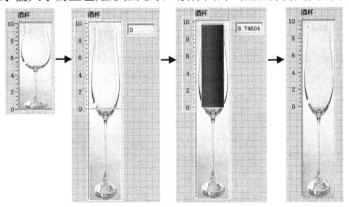

图 8-22   编辑酒杯控件

在使用自定义控件时，在控件选板中选择"选择控件…"（如图 8-23 所示），然后可从弹出的"需要打开的控件"对话框中选择保存过的自定义控件。

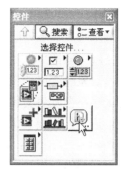

8.4　【实例 41】修饰静态界面

8.4.1　设计目的

学会修饰程序的静态界面。

图 8-23　选择控件

8.4.2　程序框图主要功能模块介绍

用户界面的编辑也是编程中很重要的一方面。好的用户界面会使程序用户感到清晰美观，乐于使用。用户界面的设计包括修饰静态界面和动态交互界面两方面。修饰静态界面主要包括调节前面板控件的位置、颜色、大小等。

8.4.3　详细设计步骤

1．添加修饰

在控件选板的"控件→新式→修饰"里有很多用于修饰前面板的线条和图形。用户可以根据需要在前面板中添加这些修饰图案。这里以添加上凸盒为例介绍如何添加修饰。

如图 8-24 所示，上凸盒的放置方法与数值输入控件的放置方法相同，只是刚刚放置到前面板的上凸盒一般都比需要的小，需要适当调整上凸盒的大小和位置。由于上凸盒是后来放在前面板的，所以它会显示在其他控件的前面，将其他控件覆盖。这时需要使用工具栏中的 "重新排序"工具，将上凸盒的顺序移至最后面，使得其他控件都能显示在上凸盒的前面（如图 8-25 所示）。

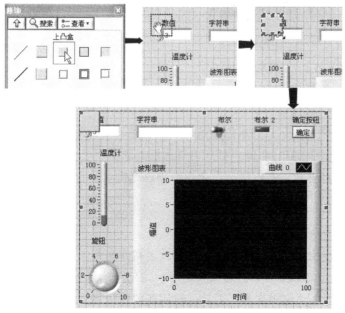

图 8-24　放置上凸盒

2. 组合/锁定对象

为了防止在后面的操作中对前面板已经编辑好的部分造成误操作，可以使用组合或者锁定工具。组合和锁定工具都位于工具栏中的 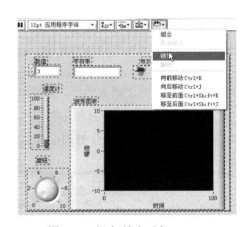 "重新排序" 下拉框内。"组合" 工具的作用是将一些对象组合成一个整体，这样它们可以一起移动、一起改变大小，它们之间的相对位置和相对大小不会发生变化。"锁定" 的作用是使对象的大小和位置固定不变。将对象进行组合/锁定时，应该先将需要组合/锁定的对象全部选中，然后选择 "组合" 命令/ "锁定" 命令（如图 8-26 所示）。在对对象进行了组合/锁定操作后，"重新排序" 下拉框中的 "组合" 命令/ "锁定" 命令会自动由可用变成不可用（灰色），同时 "取消组合" 命令/ "解锁" 命令会由不可用变成可用。可以使用 "取消组合" 命令/ "解锁" 命令解除对象的组合/锁定。

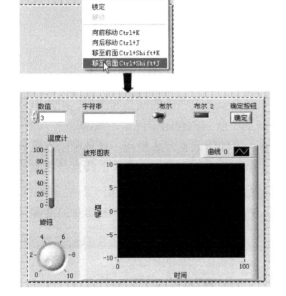

图 8-25　移动上凸盒至所有对象的最后面　　　　图 8-26　组合/锁定对象

3. 编辑颜色

前面板中控件的颜色、背景的颜色都是可以编辑的。编辑上凸盒颜色的步骤如图 8-27 所示。首先，使用快捷键 "Shift+右键" 打开工具选板，选择 "设置颜色" 工具，鼠标变成 🖌。然后将鼠标移动至上凸盒上，右击鼠标后会弹出颜色选板。最后选择一种颜色。改变上凸盒颜色后的前面板如图 8-28 所示。

4. 文本编辑

在 VI 设计的过程中，往往需要用一些文字或者数字来对前面板或程序框图进行说明。这时就需要在必要的地方添加文本并且对文本进行一定的编辑。使用快捷键 "Shift+鼠标右键" 打开工具选板，选择 **A** "编辑文本" 工具，然后在前面板需要添加文本的地方单击鼠标，会出现一个小黑方块（如果工具选板的 "自动选择工具" 的指示灯是亮的，则在需要添加文本的地方双击鼠标左键也会出现同样的小黑方块）。如图 8-29 所示，小黑方块出现后便可以直接输

入文字和数字了（见【实例 3】编辑前面板）。输入完毕，选择文本，单击工具栏的 |12pt 应用程序字体| 下的"文本设置"按钮，更改文本的字型、大小、颜色等属性。

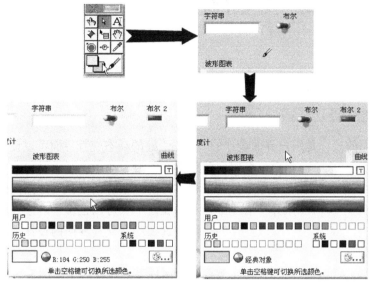

图 8-27　编辑上凸盒颜色的步骤

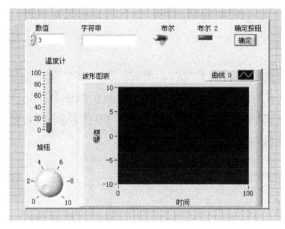

图 8-28　改变上凸盒颜色后的前面板

1.3 节中的前面板经过了锁定、更改颜色和编辑文本以后，最终成为如图 8-30 所示的界面。

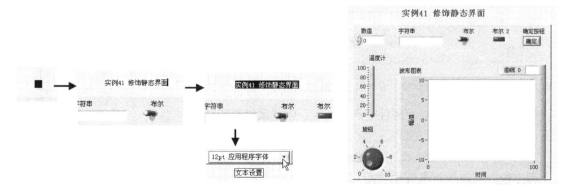

图 8-29　文本编辑　　　　　　　　　图 8-30　编辑后的前面板

8.5 【实例 42】动态交互界面

8.5.1 设计目的

学会用属性节点设计动态交互界面。

8.5.2 程序框图主要功能模块介绍

动态交互界面的设计是用户界面设计的一部分。好的动态交互界面可以使程序变得生动形

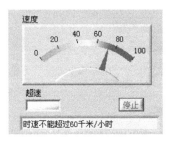

图 8-31 监控车速程序的界面

象，使用户感到赏心悦目。动态交互界面包括很多方面，如在程序运行的过程中弹出提示对话框，用灯光闪烁来提示用户有异常情况等。利用属性节点可以在编程时通过程序来设置或者获取控件的属性，这在动态交互界面的设计中发挥了很大的作用。

本实例要利用属性节点设计一个如图 8-31 所示的监控车速程序的界面。当车速超过 60 千米/小时时，超速报警灯便会不停地闪烁，同时在下端显示报警原因。

8.5.3 详细设计步骤

首先，在前面板中放置需要的各种控件。然后，在程序框图中创建 While 循环。如图 8-32 所示，在 While 循环内放置时间为 10s 的定时器；用随机数函数乘以 100 作为速度显示在前面板的"速度"控件上；用比较函数判断速度是否大于 60 千米/小时。创建选择函数，将比较函数的输出接入选择函数的输入端。

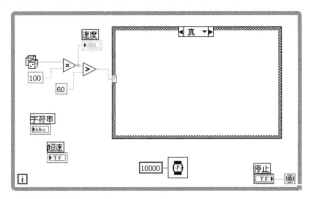

图 8-32 编辑程序框图

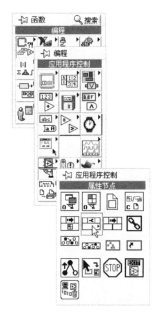

图 8-33 属性节点的位置

灯光在程序中闪烁要用属性节点来实现。创建属性节点的方法有以下两种。

方法一：如图 8-33 所示，在函数选板中选择"函数→编程→应用程序控制→属性节点"，选中后，移动鼠标到选择结构的"真"分支内，放置属性节点。创建后的属性节点没有接引用，即该属

性节点没有指定对象。如图 8-34 所示，将鼠标放在"超速"控件接线端，单击鼠标右键选择"创建→引用"。引用创建后，将引用与属性节点的引用输入端连接起来（如图 8-35 所示）。

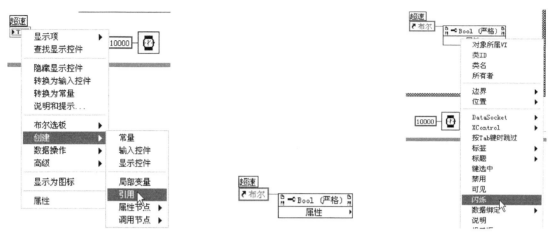

图 8-34　创建引用　　　图 8-35　连接引用至属性节点　　　图 8-36　选择属性节点的属性

连接后，需要指定属性节点要设置或获取的属性。如图 8-36 所示，在属性节点的"属性"框上单击鼠标，从弹出的属性列表中选择"闪烁"。由于在默认的情况下，属性为读取型，所以可以通过右键快捷菜单将属性的类型转换为写入型（如图 8-37 所示）。然后创建布尔型常量"T"并将其输入给"Blinking（闪烁）"输入端（如图 8-38 所示）。

方法二：如图 8-39 所示，在超速控件接线端上右击鼠标，选择"创建→属性节点→闪烁"，然后将鼠标移动到选择结构的"假"分支内，单击鼠标释放属性节点。这时创建的属性节点是属于超速控件的属性节点，属性节点中的属性为"闪烁"。此时既不需要接入引用输入端，也不需要选择属性。但是由于属性在默认情况下还是读取型的，所以需要通过右键快捷菜单将其转换成写入型。创建布尔型常量"F"并将其与属性节点相连接。

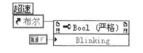

图 8-37　转换为写入

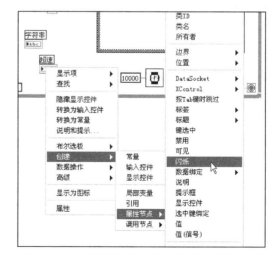

图 8-38　设置属性　　　图 8-39　用鼠标右键创建属性节点

如图 8-40 和图 8-41 所示的分别是编辑好后的"真"分支和"假"分支下的程序框图。

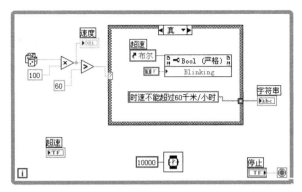

图 8-40 "真"分支下的程序框图

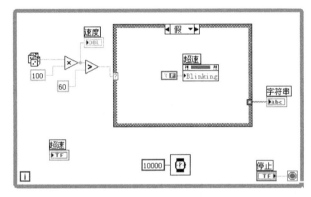

图 8-41 "假"分支下的程序框图

8.6　本章小结

　　人机交互界面的设计也是程序设计的重要部分。在设计前面板时，要注意美观、大方；要设计得人性化，且不要太大，应尽量能够在一个屏幕上显示出来。如果前面板中内容太多，要善于使用对话框或者子 VI。在关闭前面板时，注意在适当的位置保存后再关闭。这是因为 VI打开时的位置和大小跟上一次 VI 被保存时相同。

第 9 章 文件 I/O

保存和读取文件数据是测试测量系统中必须具备的基本功能。例如，在测试之前，经常需要读取测量硬件设备的配置文件，在测量的过程中也需要将测量到的数据以文件的形式保存下来，以便日后对数据进行分析处理。LabVIEW 8.2 提供了多种输入/输出函数用于读取和保存文件。本章主要介绍几种使用简单并且常用的文件 I/O 函数的使用方法。

9.1 【实例 43】向文件中写入数据

9.1.1 设计目的

掌握向文本文件中写入数据的方法。

9.1.2 程序框图主要功能模块介绍

LabVIEW 8.2 提供的文件 I/O 函数位于如图 9-1 所示的"文件 I/O"子选板中。这些函数包括读/写文本文件、电子表格文件、二进制文件等。各种 I/O 函数的使用都比较简单。

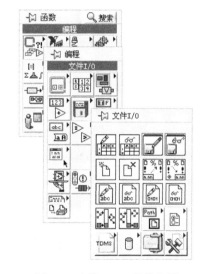

一般来说，要读/写文件就要先打开一个文件或者创建一个新的文件，因此就用到了如图 9-2 所示的"打开/创建/替换文件"函数。利用该函数通过编程或使用文件对话框可以交互式地打开现有文件、创建新文件或替换现有文件。在写入文件或读取文件函数之前可以使用该函数，也可以直接指定文件路径。

无论是读取还是写入文件，在打开或者新建了文件后，都会返回文件的引用。引用类似于 C 语言中的指针，引用包含了文件所有的信息。在对文件进行完操作之后，需要将这些引用关闭。这时就要用到如图 9-3 所示的"关闭文件"函数。

图 9-1　文件 I/O 函数的位置

图 9-2　"打开/创建/替换文件"函数

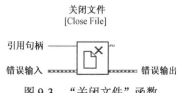

图 9-3　"关闭文件"函数

如图 9-4 所示的是"写入文本文件"函数。该函数可以将字符串或字符串数组按行写入文件。如果直接连接文件的路径至"文件"输入端，函数将先打开或创建文件，然后将内容写入文件并替换任何先前文件的内容；如果连接文件的引用句柄至"文件（使用对话框）"输入端，函数将会从文件的当前位置开始写入数据。如果要在现有文件后添加内容，可使用图 9-5 所示的"设置文件位置"函数，将文件位置设置在文件结尾。

图 9-4　"写入文本文件"函数　　　　　　　　图 9-5　"设置文件位置"函数

9.1.3　详细设计步骤

如图 9-6 所示，首先在程序框图中创建"打开/创建/替换文件"函数，通过右键快捷菜单分别给"文件路径"和"运行"（图 9-2 中没显示出来）两个输入端创建常量。在文件路径常

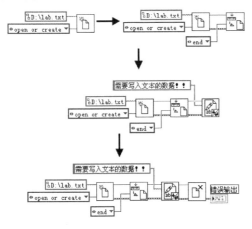

图 9-6　向文本文件中写入数据

量中输入要创建文件的路径，在"运行"输入端创建的常量中选择"open or create"一项。

然后创建"设置文件位置"函数，将"引用句柄"输入端和"错误输入"分别与"打开/创建/替换文件"函数对应的输出端相连。在"自（0：起始）"输入端创建常量，选择"end"模式。接着创建"写入文本文件"函数，并接着用"打开/创建/替换文件"函数连接"引用句柄"和"错误输入"输入端。创建字符串常量，将"需要写入文本的数据!!"连接至"文本"输入端。最后创建"关闭文件"函数，将索引文件关闭并引出"错误输出"。

9.2　【实例 44】从文件中读取数据

9.2.1　设计目的

掌握从文本文件中读取数据的方法。

9.2.2　程序框图主要功能模块介绍

从文本文件中读取保存过的数据时要用到如图 9-7 所示的"读取文本文件"函数。连接文件路径至该函数的输入端，会以只读方式打开文件，然后从文本文件中读取指定书目的字符或行。

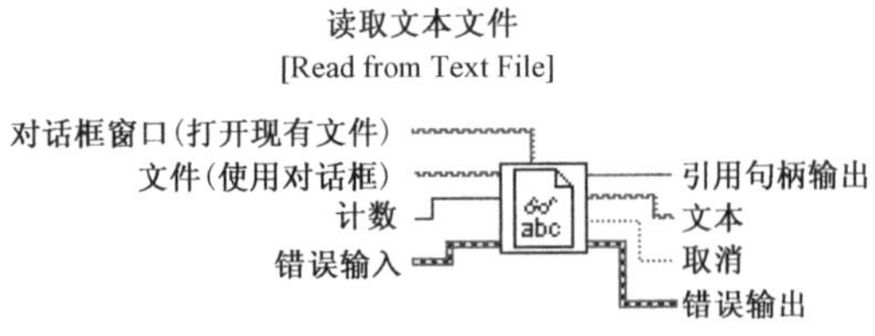

9.2.3　详细设计步骤

如图 9-8 所示，在程序框图中创建"读取文本文件"函数，在"文件（使用对话框）"输入

图 9-7　"读取文本文件"函数

端以右键快捷菜单的方法创建文件路径常量。在文件路径常量中输入 9.1 节保存过的文件的路径，然后在"文本"输出端创建显示控件。

最后创建"关闭文件"函数，将"读取文本文件"函数的"引用句柄输出"和"错误输出"连接到"关闭文件"函数的相应输入端，在其"错误输出"端创建错误显示控件。

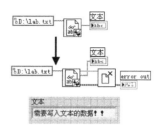

图 9-8 读取文本文件中的数据

9.3 【实例 45】写入二进制文件

9.3.1 设计目的

使用"写入二进制文件"函数将数据写入二进制文件中。

9.3.2 程序框图主要功能模块介绍

二进制文件是占用硬盘空间最小，读/写速度最快，效率最高的一种文件格式。在 LabVIEW 8.2 中，二进制文件以".dat"文件形式存储。二进制文件可以存储所有数据类型的数据，但是在读取数据时一定要给出数据类型的参考。

如图 9-9 所示的便是"写入二进制文件"函数。它的使用方法与"写入文本文件"函数相同。

图 9-9 "写入二进制文件"函数

9.3.3 详细设计步骤

使用"写入二进制文件"函数将数据写入二进制文件中的步骤与使用"写入文本文件"函数将数据写入文本文件中的步骤相同。

如图 9-10 所示，首先在前面板中创建"学生信息"簇输入控件；在程序框图中创建"打开/创建/替换文件"函数，并通过右键快捷菜单的方式分别给"文件路径"和"运行"两个输入端创建常量。在文件路径常量中输入要创建文件的路径，这里的文件是".dat"二进制文件。在"运行"输入端创建的常量中选择"open or create"一项。

然后创建"设置文件位置"函数，将"引用句柄"和"错误输入"输入端分别与"打开/创建/替换文件"函数对应的输出端相连；在"自（0：起始）"输入端创建常量，选择"end"模式。

接着创建"写入二进制文件"函数，并将"引用句柄"输入端（图 9-9 中没有显示出来）和"错误输入"端连接至"设置文件位置"函数对应的输出端。再将"学生信息"簇的接线端连接至"数据"输入端。最后创建"关闭文件"函数，将索引文件关闭并引出"错误输出"。

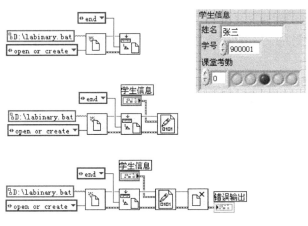

图 9-10   向二进制文件中写入数据

9.4   【实例 46】写入表单文件

9.4.1   设计目的

学会将数据写入表单文件中。

9.4.2   程序框图主要功能模块介绍

如图 9-11 所示的是写入"电子表格文件"函数。该函数能够将字符串、带符号整数或双精度数的二维或一维数组转换为文本字符串，再将字符串写入新的文件或将字符串添加到现有文件中。该函数在向文件中写入数据之前，将先打开或创建表单文件，该文件是可被多数电子表格应用程序读取的文本文件。

图 9-11   "写入电子表格文件"函数

9.4.3   详细设计步骤

用"写入电子表格文件"函数将数据写入电子表格文件的步骤比较简单，因为它不需要"打开/创建/替换文件"函数和"关闭文件"函数。

如图 9-12 所示，在程序框图中创建"写入电子表格文件"函数，在"文件路径（空时为对话框）"输入端输入要打开或者创建文件的路径。然后用 For 循环创建二维数组，将数组接入"二维数组"输入端即可。

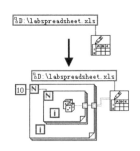

图 9-12   将数据写入电子表格文件

9.5 【实例 47】读取电子表格文件

9.5.1 设计目的

学会从电子表格文件中读取数据。

9.5.2 程序框图主要功能模块介绍

如图 9-13 所示的是"读取电子表格文件"函数。该函数可以在电子表格文件中从指定字符偏移量开始读取指定数量的行或列，并将数据转换为相应的二维数组。数组元素可以是数字、字符串或整数。必须从函数图表下方的下拉列表中手动选择所需多态实例。函数在从文件中读取数据之前，将先打开该文件，并且在完成读操作时关闭该文件。

图 9-13　"读取电子表格文件"函数

9.5.3 详细设计步骤

用"读取电子表格文件"函数将数据从电子表格文件中读出的步骤也比较简单，它也不需要"打开/创建/替换文件"函数和"关闭文件"函数。

如图 9-14 所示，在程序框图中创建"读取电子表格文件"函数，单击图标下方的多态 VI 选择列表，选择双精度型。然后将 9.4 节中保存的电子表格文件的文件路径输入到"文件路径（空时为对话框）"输入端，在输出端创建数组显示控件。运行程序，查看运行结果。

图 9-14　读取电子表格文件中的数据

9.6 【实例 48】向文件中写入波形数据

9.6.1 设计目的

掌握向文件中写入波形数据的方法。

9.6.2 程序框图主要功能模块介绍

LabVIEW 8.2 提供了用于向文件读取/写入波形数据的 I/O 函数（如图 9-15 所示）。它们都位于函数选板的"函数→编程→波形→波形文件 I/O"中。

如图 9-16 所示的是"写入波形至文件"函数。该函数可以创建新文件或打开现有文件，并将波形数据写入二进制文件中，然后关闭文件，检查是否有错误发生。函数保存的每条记录都是波形数组。"波形"输入端可以连接波形数据、一维波形数组和二维波形数组。将数据连接至"波形"输入端后，函数可选择要使用的多态实例。

图 9-15　波形文件 I/O

图 9-16　"写入波形至文件"函数

如图 9-17 所示的是"导出波形至电子表格文件"函数。该函数可以创建新文件或打开现有文件，并将波形数据写入电子表格文件中，然后关闭文件，检查是否有错误发生。"波形"输入端可以连接波形数据、一维波形数组和二维波形数组。将数据连接至"波形"输入端后，函数可选择要使用的多态实例。

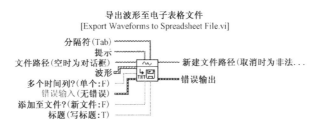

图 9-17　"导出波形至电子表格文件"函数

9.6.3　详细设计步骤

1. 将波形数据写入文件中

如图 9-18 所示，在程序框图中创建"写入波形至文件"函数，创建二进制文件的文件路径常量并连接至"文件路径（空时为对话框）"输入端，再创建"基本函数发生器"，使函数产生正弦波波形数据，连接波形数据至"写入波形至文件"函数的"波形"输入端；继续创建"导出波形至电子表格文件"函数，连接波形数据至"波形"输入端，创建电子表格文件的文件路径常量，在"错误输出"端创建显示控件。

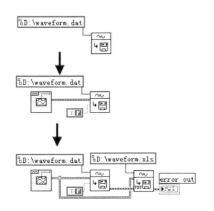

图 9-18　向文件中写入波形数据

2. 将波形数组数据写入文件中

向文件中写入波形数组与直接写入波形数据操作相同，只是接入函数的数据类型不同而已。如图 9-19 所示的是向文件写入一维波形数组和二维波形数组的程序框图。

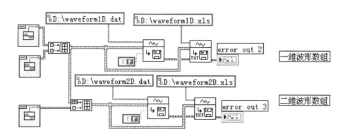

图 9-19　向文件中写入一维波形数组和二维波形数组的程序框图

9.7　本章小结

本章主要介绍了几种使用简单并且常用的文件 I/O 函数的使用方法。一般来说，数据类型比较复杂的数据（如硬件的配置文件）最后将以二进制文件的形式存储，而测试采集到的波形文件可以存储至电子表格文件中。另外，LabVIEW 8.2 中还提供了读取/写入 TDM 或 TDMS 文件的函数。读者可以通过帮助文档了解这些函数的用法，或者通过查找范例来学习。

第 10 章　子 VI 与程序调试

LabVIEW 8.2 中的子 VI（Sub VI）类似于文本编程语言中的函数或子程序。如果要构建大的程序，在程序框图中有太多的连线、节点图标，这时可以将其中完成某种功能的一部分程序组成一个子 VI。组成子 VI 后，它可以被多个 VI 调用，而不用再重新编写程序。使用子 VI 可以使程序结构更加简洁，从而使应用程序的调试、理解和维护更加容易。本章将介绍如何创建子 VI 及如何在程序中调用子 VI。

10.1　【实例 49】创建子 VI

10.1.1　设计目的

掌握创建子 VI 的步骤。

10.1.2　程序框图主要功能模块介绍

创建子 VI 只是比创建普通 VI 多了两个简单的步骤：定义连线端子和图标。有了这两个步骤，任何 VI 都可以作为子 VI 被其他程序调用。

10.1.3　详细设计步骤

1．编辑 VI

新建一个空白 VI，按照图 10-1 和图 10-2 所示的程序框图编辑一个简单的登录窗口程序。如图 10-3 所示为程序的运行结果。

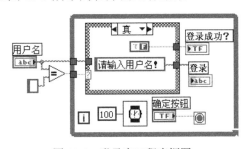

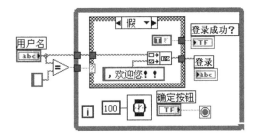

图 10-1　登录窗口程序框图一　　　　　　图 10-2　登录窗口程序框图二

2．编辑图标

如图 10-4 所示，在 VI 右上角的 图标处右击鼠标，选择"编辑图标…"或者直接双击该图标，就会打开如图 10-5 所示的图标编辑器。图标编辑器的左侧有一些画图工具，这些画图工具的使用方法与画图软件相同。其中"黑白"、"16 色"、"256 色"指图标在黑白显示器、16 色和 256 色显示器上显示的结果。

图 10-3　运行结果　　　　　　　　　图 10-4　打开"编辑图标"窗口

首先选中"256 色",然后在面板上编辑图标(如图 10-5 所示)。再分别选择"黑白"和"16色",单击右侧的"复制于:256 色"。单击"确定"按钮,至此图标就编辑成功了。编辑好后VI 的右上角会显示刚刚编辑的图标。如果不编辑此图标,VI 会采用默认的图标。但是采用默认的图标在程序中不方便用户查找子 VI。

3．定义接线端

在 VI 的图标上右击鼠标,选择"显示连线板"。此时 VI 的图标就变成了⊞。这时的接线端是 LabVIEW 8.2 默认的,白色表示该接线端没有定义。用户可以根据程序的需要更改接线端的样式。例如,本实例只需要两个接线

图 10-5　图标编辑器

端:"用户名"输入端和"登录成功?"输出端。如图 10-6 所示,在图标上单击鼠标右键,选择"模式",再选择两个端子的模式即可。如果 LabVIEW 8.2 给出的所有模式中都没有满意的,用户可以通过单击鼠标右键选择"添加接线端"或者"删除接线端"来调节。

选择接线端模式后就要连接(即定义)接线端子了。如图 10-7 所示,首先将鼠标放在接线端图标的左端子上,鼠标变成线轴状,单击左端子。然后移动鼠标至"用户名"控件,单击该控件。这样左端子与"用户名"字符串输入控件便连接在一起了。按照同样的方法定义右端子,将右端子与"登录成功?"布尔控件连接起来。接线端定义成功后,其颜色会变成彩色(如图 10-8 所示)。如果想更改定义的接线端,可以通过右键快捷菜单选择"断开连接本接线端"或者"断开连接全部接线端"来完成操作。

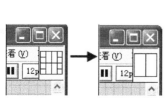

图 10-6　更改端子数量　　　　　图 10-7　定义接线端　　　　　图 10-8　编辑接线端后的效果

4．保存子 VI

定义好接线端和图标后，将 VI 保存到适当的位置。至此，子 VI 就创建成功了。创建好的子 VI 可以被其他程序调用。

10.2 【实例 50】调用子 VI

10.2.1 设计目的

学会在程序中调用子 VI、调试程序、配置子 VI。

10.2.2 程序框图主要功能模块介绍

子 VI 创建后可以被其他程序调用。调用子 VI 后一般要对子 VI 的调用属性进行设置。本程序将使用 10.1 节创建的登录窗口.vi 来实现登录过程。

10.2.3 详细设计步骤

1．创建 VI

创建空白 VI。VI 的前面板中有"用户名"字符串输入控件，"登录"和"取消"布尔型输入控件，"登录状态"布尔型显示控件。如图 10-9 所示，在程序框图中首先创建 While 循环，然后在 While 循环中创建事件结构。最后将事件结构的超时事件的超时时间设为 10ms，并添加"登录：值改变"事件分支。

2．调用子 VI

如图 10-10 所示，在函数选板中选择"选择 VI"，从弹出的文件打开对话框中打开 10.1 节中保存的子 VI。如图 10-11 所示，将子 VI 创建在"登录：值改变"事件分支内部。将"用户名"连接到子 VI 的"用户名"输入端上，将子 VI 的"登录成功？"输出端连接到 While 循环的循环终止条件端子和"登录状态"上（如图 10-12 所示）。

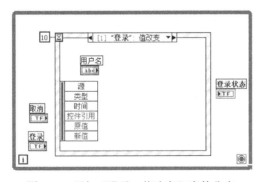

图 10-9　添加"登录：值改变"事件分支

图 10-10　选择 VI

继续在事件结构上创建"取消：值改变"事件分支，如图 10-13 所示，将"新值"输出端连接到 While 循环的循环终止条件端子上。

3．调试程序

程序框图编辑成功后就要对程序进行调试了。而程序调用子 VI 后要对子 VI 节点进行设置。

如图 10-14 所示,在子 VI 的图标上单击鼠标右键,选择"设置子 VI 节点…",打开如图 10-15 所示的"子 VI 节点设置"对话框。

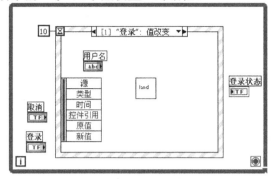

图 10-11　添加子 VI

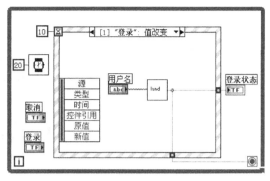

图 10-12　连接子 VI 的输入/输出

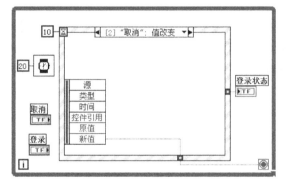

图 10-13　"取消:值改变"事件分支

在默认的情况下,这些选项都没有被选中。"加载时打开前面板"指在程序加载子 VI 时要打开前面板。"调用时显示前面板"指在程序执行到子 VI 的位置要对子 VI 进行调用时打开前

图 10-14　设置子 VI 节点

面板。"如之前未打开则在运行后关闭"指调用完毕后自动关闭前面板。"调用时挂起"指程序调用子 VI 时会打开前面板,且前面板处于挂起状态。由于在本程序中,程序运行时需要打开子 VI 的前面板,所以要在"调用时显示前面板"和"如之前未打开则在运行后关闭"两个选项的前面打钩。

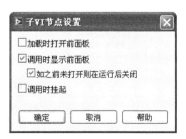

图 10-15　"子 VI 节点设置"对话框

保存程序为"登录窗口.vi"。单击"运行"按钮,在用户名中输入用户名,单击"确定"按钮后会弹出如图 10-16 所示的初次运行时的前面板。从图中可以看到,子 VI 窗口中所有的控件全都在,而且子 VI 窗口中的菜单栏、工具栏等项目都是程序运行时不需要的。因此,要

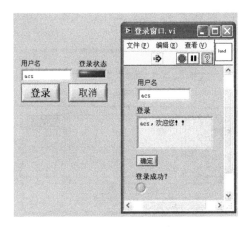

图 10-16　初次运行时的前面板

对子 VI 的前面板和属性进行设置。单击子 VI 中的"确定"按钮，结束程序。

打开子 VI。首先，将除了"登录"以外的控件都移动到前面板显示窗口的范围以外，然后将"登录"的标签隐藏，调整前面板到适当大小。如图 10-17 所示为调整大小后的子 VI 前面板。通过菜单栏的"文件→VI 属性"，或者在 VI 右上角的图标上单击鼠标右键选择"VI 属性"都可以打开"VI 属性"对话框。

如图 10-18 所示，在"VI 属性"对话框的"类别"中选择"窗口外观"。在左下角的单选框中选择"自定义"，然后单击"自定义…"按钮打开"自定义窗口外观"对话框，如图 10-19 所示。在"自定义窗口外观"对话框中将"登录窗口.vi"运行时不需要的选项都取消，不选。在"窗口动作"一项中选择"模式"使得此子程序在运行时显示在最前端。然后单击"确定"按钮，VI 属性便设置成功了。最后保存子 VI。

图 10-17　调整大小后的子 VI 前面板

图 10-18　"VI 属性"对话框

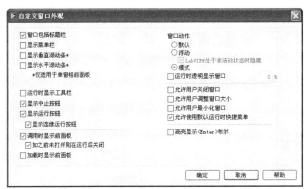

图 10-19　"自定义窗口外观"对话框

如图 10-20 所示的是子 VI 更改后的运行结果。

通过菜单栏的"查看→VI 层次结构"可以查看 VI 的层次结构。例如，从登录.vi 的菜单栏中可以打开如图 10-21 所示的"VI 层次结构"对话框，从该对话框中可以看到登录.vi 中包含了一个子 VI 登录窗口.vi。

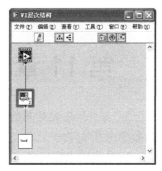

图 10-20　子 VI 更改后的运行结果　　　　　　图 10-21　"VI 层次结构"对话框

10.3　本章小结

无论是配置子 VI 还是普通的 VI，一般都需要进入"VI 属性"对话框对 VI 运行时的属性进行配置。另外，如果程序框图中有两个地方都要调用同一个子 VI，也可以在子 VI 属性对话框中配置子 VI 的可重入属性。子 VI 在编程中有重要作用，是编辑自定义对话框的一个有效手段。

本章主要介绍了子 VI 的创建、调用和调试的方法。注意在程序运行之前，一般要保证子 VI 已经关闭，否则程序运行时子 VI 会立即跟着运行。

第 11 章　数学分析与信号处理

实际工程当中存在大量的数值分析需求，从方案的论证、设计到实施，无不需要得到丰富而强大的数学分析与数学运算功能的计算机辅助软件的帮助。各种大型专业数值处理软件（如MATLAB）针对此需求提供了丰富而全面的数学分析功能，而 LabVIEW 8.2 作为一种图形化开发平台，也提供了相当丰富的数学分析与数值处理模块。此外，LabVIEW 8.2 强调在通用硬件平台的基础上充分发挥计算机的能力，并提供强大的数据处理功能，使用户可以根据自己的需要定义和制造各种功能更强大的仪器。为此，LabVIEW 8.2 提供了强大的计算机数据采集和数字信号处理功能。本章详细介绍 LabVIEW 8.2 在初等和高等数学、线性代数及概率统计方面所提供的数学分析与运算模块及应用，并深入讲解 LabVIEW 8.2 在信号测量、瞬态特性分析及傅里叶变换等方面的应用。其中，11.1 节～11.9 节主要讲解 LabVIEW 8.2 提供的初等数学运算功能（商与余数）、函数微积分（微分、积分与定积分）、求解微分方程等数学计算功能；11.10节～11.20 节主要讲述 LabVIEW 8.2 在信号处理、信号测量及信号变换等方面的运用。

通过本章的学习，读者可以熟练使用 LabVIEW 8.2 完成各种复杂的数学分析与运算，快速而高效地实现对采集信号的各种变换与分析。

11.1　【实例 51】求商和余数

针对各种初等数学计算，LabVIEW 8.2 提供了一系列数学分析模块。LabVIEW 8.2 在以前版本的基础上又新增加和更改了一些 VI 和函数，丰富和扩充了 LabVIEW 8.2 的数学计算与数学分析能力。本节以求任意两个实数的商和余数为例，讲解 LabVIEW 8.2 所提供的初等数学运算模块。

11.1.1　设计目的

本节以"数值"选板中的"商与余数"函数为例，通过设计一个 VI 实现对输入的任意两个实数求取商与余数来介绍如何使用 LabVIEW 8.2 提供的基本数学运算模块。

11.1.2　程序框图主要功能模块介绍

如图 11-1 所示，"数值"选板位于"函数"选板的"编程→数值"中，其中"商与余数（Quotient & Remainder）"函数的主要功能是计算输入数据的整数商及其余数，其输入为两个任意实数，输出是整数商和实数余数。

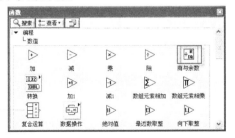

图 11-1　数值选板和"商与余数"函数

11.1.3　详细设计步骤

利用数值选板上的"商与余数"函数，对输入的任意实数进行求商与余数的计算。下面就其设计步骤进行介绍。

（1）新建一个 VI，命名为 Quot-Remainder.vi。

（2）前面板的设计。在前面板窗口中，执行"控件→新式→数值→数值输入控件"操作，添加 2 个输入控件，依次命名为"被除数 x"和"除数 y"；同样，执行"控件→新式→数值→数值显示控件"操作，添加 2 个显示控件，依次命名为"商 Q"和"余数 R"；执行"控件→新式→布尔→停止按钮"操作，添加 1 个"停止"按钮，如图 11-2 所示。

（3）程序框图的设计。首先在菜单栏中选择"窗口→显示程序框图"，切换到程序框图，执行"函数→编程→结构→While 循环"操作，添加 1 个 While 循环，所有控件节点均在循环中。然后添加 1 个"商与余数"函数，并将其与输出、输入控件的节点连线。另外，将停止节点与 While 循环的条件终端连接起来，至此商与余数实例的程序框图设计完毕，如图 11-2 所示。

（4）运行结果。切换到前面板，单击工具栏中的运行 按钮，在"被除数 x"和"除数 y"输入控件中输入数值 14.0 和 4.0，此时可以在"商 Q"和"余数 R"显示控件中观察到结果，如图 11-3 所示。单击"停止"按钮可以停止正在运行的程序。

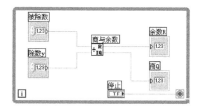
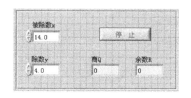

图 11-2　商与余数实例的程序框图与前面板　　　图 11-3　商与余数实例的运行结果

11.2　【实例 52】数值微积分

11.2.1　设计目的

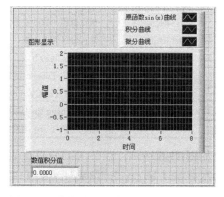

本节以"数值积分"、"积分 x（t）"和"求导 x（t）"函数的使用为例，设计一个 VI 求取函数 $y=\sin(t)$ 的数值积分、积分和微分，并用图形显示的方法将微积分结果表现出来，目的是介绍如何使用 LabVIEW 8.2 实现微积分运算。如图 11-4 所示是数值微积分实例的前面板设计图。

图 11-4　数值微积分实例的前面板设计图

11.2.2　程序框图主要功能模块介绍

如图 11-5 所示，"积分与微分"子选板位于"函数"选板的"数学→积分与微分"中，其中"数值积分"函数可以使用 4 种常用的数值积分方法来计算输入数组的数值积分，有 3 种多态实例（一维、二维和三维），可依据输入数据类型自动选用。这里以一维函数为例，表 11-1 给出了"数值积分"函数输入/输出端子的参数说明。

表 11-1   "数值积分"函数输入/输出端子的参数说明

参　　数	说　　明
输入数组（input array）	指将要被积分的数据，通过采样被积函数 $f(t)$ 在 n 倍 dt 处的函数值获得，即 $f(0)$、$f(\mathrm{d}t)$、$f(2\mathrm{d}t)$ …
积分步长（dt）	指采样间距大小，用于从积分函数获取输入数组。如果输入值为负值，则 VI 使用其绝对值
积分方法（integration method）	指定进行数值积分采用的方法，包括 0（梯形积分法，Trapezoidal Rule，默认），1（辛普森积分法，Simpson's Rule），2（辛普森 3/8 积分法，Simpson's 3/8 Rule），3（伯德积分法，Bode Rule）
结果（result）	返回数值积分结果
错误（error）	返回函数使用不当造成的错误或警告

　　仍如图 11-5 所示，"Lobatto 积分"函数的调用路径为"函数→数学→积分与微分→Lobatto 积分"，它使用 Lobatto 面积法进行数值积分。表 11-2 给出了"Lobatto 积分"函数输入/输出端子的参数说明。

 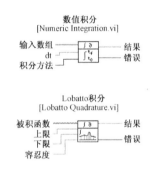

图 11-5   "积分与微分"子选板与"数值积分"函数、"Lobatto 积分"函数

表 11-2   "Lobatto 积分"函数输入/输出端子的参数说明

参　　数	说　　明
被积函数（integrand）	指定被积函数的表达式，自变量必须是 x
上限（upper limit）	指积分区间的上限，默认值为 1
下限（lower limit）	指积分区间的下限，默认值为 0
容忍度（tolerance）	用于确定 Lobatto 面积法积分的精度，默认值为 1E–5。容忍度越小，则计算精度越高，同时计算时间也就越长
结果（result）	返回 Lobatto 面积法积分的计算结果
错误（error）	返回函数使用不当造成的错误或警告

　　如图 11-6 所示，积分与微分子选板中的"求导 x(t)"函数的调用路径为"函数→数学→积分与微分→求导 x(t)"，用来计算输入采样信号 X 的离散微分。表 11-3 给出了"求导 x(t)"函数输入/输出端子的参数说明。函数 $F(t)$的微分 $f(x)$可以表示为

$$f(t) = \frac{\mathrm{d}}{\mathrm{d}t} F(t)$$

　　用 γ 来表示采样输出序列 dX/dt，那么离散 γ_i 值可以用下式表示：

$$\gamma_i = \frac{1}{2\mathrm{d}t}\left(x_{i+1} - x_{i-1}\right), \qquad i = 0,1,2,\cdots,n-1$$

式中，n 是采样信号 x(t)的元素数目。当 $i = 0$ 时，x_{-1} 由"初始条件"确定；当 $i = n-1$ 时，x_n

由"最终条件"确定。

表 11-3 "求导 x(t)"函数输入/输出端子的参数说明

参 数	说 明
X	指采样信号
初始条件（initial condition）	微分区间的左边界函数值，默认值为 0.0。计算过程中，最终条件可以最小化边界误差
最终条件（final condition）	微分区间的右边界函数值，默认值为 0.0。计算过程中，初始条件可以最小化边界误差
dt	指采样间隔，必须大于 0，默认值为 1.0。如果 $dt \leqslant 0$，VI 置 dX/dt 为空数组，并返回 1 个错误
dX/dt（Derivative X）	返回输入信号的求导结果
错误（error）	返回函数使用不当造成的错误或警告

仍如图 11-6 所示，"积分 x(t)"函数的调用路径为"函数→数学→积分与微分→积分 x(t)"，用来计算输入采样信号 X 的离散定积分，"积分 X"输出数组在任意 x 处的输出值是指输入数组曲线在[0, x]区间包围的面积。表 11-4 给出了"积分 x(t)"函数输入/输出端子的参数说明。函数 $f(t)$的积分 $F(t)$可以表示为

$$F(t) = \int f(t)\mathrm{d}t$$

用 γ 来表示采样输出序列积分 X，则"积分 x（t）"函数计算的 γ 元素可用下式表示：

$$\gamma_i = \frac{1}{6}\sum_{j=0}^{i}\left(x_{j-1} + 4x_j + x_{j+1}\right)\mathrm{d}t, \qquad i = 0,1,2,\cdots,n-1$$

式中，n 是采样信号 X 的元素个数。当 $i = 0$ 时，x_{-1} 由"初始条件"确定；当 $i = n-1$ 时，x_n 由"最终条件"确定。

 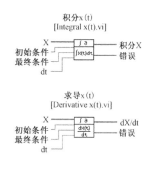

图 11-6 "积分 x(t)"函数和"求导 x(t)"函数

表 11- 4 "积分 x(t)"函数输入/输出端子的参数说明

参 数	说 明
X	指采样信号
初始条件（initial condition）	积分区间的左边界函数值，默认值为 0.0
最终条件（final condition）	积分区间的右边界函数值，默认值为 0.0。计算过程中，通过增加初始条件和最终条件的边界精度尽量减小总体误差，尤其是采样点较少时
dt	指采样间隔，必须大于 0，默认值为 1.0。如果 $dt \leqslant 0$，VI 置积分 X 为空数组，并返回 1 个错误
积分 X（integral X）	返回数值积分结果
错误（error）	返回函数使用不当造成的错误或警告

值得注意的是，"数值积分"函数适用于求取一维、二维、三维函数，而"积分 x(t)"函数、

"求导 x(t)"函数只适用于求取一维函数。

11.2.3　详细设计步骤

利用"积分与微分"子选板上的"数值积分"、"积分 x(t)"函数和"求导 x(t)"函数对 $y = \sin(t)$ 进行数值积分、积分和微分运算，并用图形显示的方法将微积分结果表现出来。详细设计步骤如下所示。

（1）新建一个 VI，命名为 Numeric-IntegralDerivative.vi。

（2）前面板的初步设计。执行"控件→新式→图形→XY 图"操作，添加 1 个 XY 图控件并命名为"图形显示"，接着再添加 1 个数值输入控件，即"数值积分"函数（如图 11-5 所示）。

（3）程序框图的设计和调试运行。

① 构造输入序列。执行"函数→编程→结构→For 循环"操作，先添加 1 个 For 循环；再执行"函数→数学→基本与特殊函数→三角函数→正弦"操作，在 For 循环中添加 1 个正弦函数用来构造正弦序列。在循环结构的计数终端 N（循环总数）上单击鼠标右键，在弹出的快捷菜单中选择"创建→常量"即可创建 1 个数值常量（其值设定为 1024）；另外，在 For 循环中添加 1 个"Pi 乘以 2"常量（如图 11-7 的左图所示）、"除"和"乘"函数，并将各节点连接起来，如图 11-7 的右图所示。

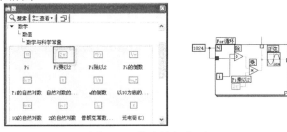

图 11-7　构造输入序列

② 添加"数值积分"函数。将正弦信号的输出端"sin(x)"与"数值积分"函数的输入端"X"连接起来，其连线在穿越 For 循环边框时会形成一个小方块，即自动索引隧道。如果开启自动索引隧道功能，则小方块显示空心，否则显示为实心。在 for 循环结构的左侧常量输入处，自动索引隧道是默认关闭的，这是因为循环开始前读取输入数据，以后就不再重复读取，提高了程序的运行效率；而在变量输出处，自动索引功能是开启的，每次循环都会输出一个相应的函数值。设定数值积分函数的积分步长"dt"为 $2\pi/1024$，设置"数值积分"函数为一维数值积分。"积分方法"可通过创建 1 个枚举常量进行选择，即将鼠标在节点图标处缓缓移动，待下方出现"积分方法"字样后单击鼠标右键，在弹出的快捷菜单中选择"创建→常量"，如图 11-8 所示。

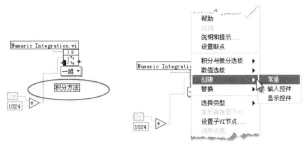

图 11-8　"积分方法"常量的创建

③ 添加"积分 x(t)"函数和"求导 x(t)"函数。两者的"dt"输入端可以和"数值积分"函数的"dt"共用，均为 2π/1024。它们的"初始条件（initial condition）"和"终止条件（final condition）"输入端均设置为 0，这是因为函数 sin(x) 在[0, 2π] 区间的两端点 0 和 2π 处的函数值均为 0。

④ 添加显示模块。"数值积分"函数的计算结果为实数，使用数值显示控件显示；"积分 x(t)"和"求导 x(t)"函数运算的输出为数组，可以使用 XY 图控件显示波形。用 XY 图控件绘制单条曲线时，可接受如下两种数据组织格式。

- 由 x 数组和 y 数组打包生成的簇。绘制曲线时把相同索引的 x 和 y 数组元素值作为一个点，按照索引顺序连接所有的点，即可生成曲线图。
- 由簇组成的数组，每个数组元素都由一个 x 坐标值和一个 y 坐标值打包生成。绘制曲线时，按照数组索引顺序连接数组元素解包后组合而成的数据坐标点。

此处使用第 1 种方式，即使用"捆绑（Bundle）"函数把自变量和函数值打包送至 XY 图控件的输入端。程序框图设计完毕后如图 11-9 所示。

⑤ 完善前面板的设计。拖曳 XY 图控件的图例为 3 个，将其自上而下依次命名为"原函数 sin(x) 曲线"、"积分曲线"和"微分曲线"。至此，前面板设计完毕，如图 11-4 所示。

⑥ 调试并运行程序。按下"Ctrl+R"快捷键运行程序，观察前面板的图形和数值显示，如图 11-10 所示。

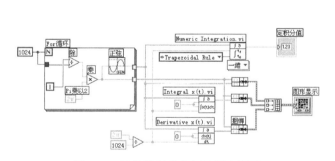

图 11-9　数值微积分实例的程序框图

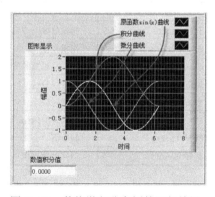

图 11-10　数值微积分实例的运行结果

11.3　【实例 53】曲线积分

本节使用 LabVIEW 8.2 的表达式微积分运算函数进行一个曲线积分实例的设计，使读者可以对表达式微积分运算函数有一个直观的认识和理解。

11.3.1　设计目的

本节以"y = f(x) 求值（优化步长）"、"积分"和"曲线长度"等函数的使用为例，设计一个 VI 求取给定表达式的函数的积分值，并用图形显示的方法将曲线和积分结果表现出来，目的是介绍如何使用 LabVIEW 8.2 实现曲线积分。

11.3.2　程序框图主要功能模块介绍

如图 11-11 所示，"微积分"子选板位于函数选板的"数学→脚本与公式→微积分"中，其中"积分"函数的调用路径为"函数→数学→脚本与公式→微积分→积分",用来计算一维函数在积分区间内的函数值和积分值。表 11-5 给出了"积分"函数输入/输出端子的参数说明。

仍如图 11-11 所示,"曲线长度"函数的调用路径为"函数→数学→脚本与公式→微积分→曲线长度",用来计算某段区间内一维函数的曲线长度。表 11-6 给出了"曲线长度"函数输入/输出端子的参数说明。在某段区间内计算给定一维函数的曲线长度的公式为:

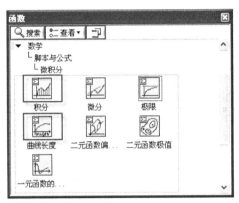 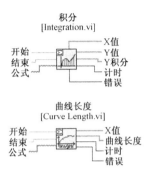

图 11-11 　"微积分"子选板与"积分"函数、"曲线长度"函数

表 11- 5 "积分"函数输入/输出端子的参数说明

参　　数	说　　明
开始（start）	指积分区间的起点,默认值为 0.0
结束（end）	指积分区间的终点,默认值为 1.0
公式（formula）	指描述函数的字符串表达式,该表达式可以包含任意多个有意义的变量
X 值（X Values）	表示积分区间[start, end]中的采样点数组
Y 值（Y Values）	表示对应于"X 值"的函数值
Y 积分（Integral of Y）	表示区间[start, end]中对应于"X 值"的"公式"中函数的积分值
计时（ticks）	指分析"公式"中函数,计算"X 值"数组及"Y 积分"所花费的时间（ms）
错误（error）	返回函数使用不当造成的错误或警告

表 11-6 "曲线长度"函数输入/输出端子的参数说明

参　　数	说　　明
开始（start）	指积分区间的起点,默认值为 0.0
结束（end）	指积分区间的终点,默认值为 1.0
公式（formula）	指描述函数的字符串表达式,该表达式可以包含任意多个有意义的变量
X 值（X Values）	表示积分区间[start, end]中的采样点数组
曲线长度（Curse Length）	表示区间[start, end]中对应于所有"X 值"的曲线长度数组
计时（ticks）	指分析"公式"中函数,计算"X 值"数组及"Y 积分"所花费的时间（ms）
错误（error）	返回函数使用不当造成的错误或警告

11.3.3　详细设计步骤

利用"y = f(x)求值（优化步长）"、"积分"和"曲线长度"等函数对一个给定表达式的函数进行积分,并用图形显示的方法将曲线和积分结果表现出来。详细设计步骤如下。

（1）新建一个 VI,命名为 Curse-Integral.vi。

（2）前面板的设计。添加 1 个字符串输入控件并命名为"公式"（默认值设置为 sinc(x)+

sin(2*x)+sin(3*x)+sin(2*x*x)）；添加 1 个列表框控件并命名为"Graph"，其列项值基于 0 依次为"Function Graph"、"Modified Function Graph"、"Integration Graph"和"Curse Length Graph"；添加 3 个数值输入控件，分别命名为"开始"、"结束"（默认值设置为 4.00）和"点数"（默认值设置为 30）；添加 1 个"停止"按钮和 1 个"确定"按钮（布尔文本修改为"开始"）；最后添加 1 个 XY 图控件，并进行以下设置，如图 11-12 所示。

- 显示项的设置。选择"显示项→图形工具选板/游标图例"，取消勾选"显示项→标签"。
- 游标的创建。单击游标图例的右键快捷菜单，选择"创建游标→自由"。
- 标尺的设置。打开控件的图形属性对话框，在标尺选项卡中将 X 轴和 Y 轴的"网络样式与颜色"均设置为无。
- 图例"曲线名"的设置。由上到下将"曲线名"依次更名为"Function"、"Modified Function"、"Integration"和"Curse Length"。

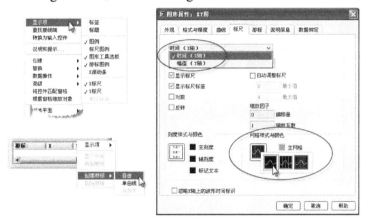

图 11-12　XY 图控件的属性设置

对添加的控件进行排列和修饰。至此，前面板设计完毕，如图 11-13 所示。

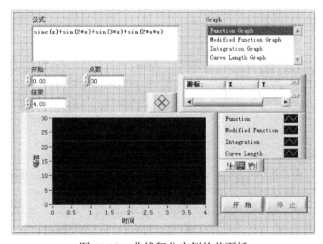

图 11-13　曲线积分实例的前面板

（3）程序框图的设计

① 添加一维和二维分析函数和积分函数。

- 首先放置 1 个 While 循环，所有的程序设计均在循环中完成。

- 然后放置一个 For 循环，产生一个空数组簇，以实现将计算结果在 XY 图中显示时选用相应的图例曲线的功能。这里使用了 1 个"初始化数组"和 1 个"捆绑"函数，"初始化数组"函数的输入端"元素"和"维数大小"的值均为 0，这样就可以产生一个元素为 0 的数组。

- 最后添加一个条件结构，将"确定"按钮与条件结构的选择器终端连接起来，并在分支"真"中添加一维和二维分析函数和积分函数，以实现实例的基本功能。再添加 1 个内层条件结构，其选择器终端与"Graph"列表框控件函数连接起来，在 0～3 分支中依次放置"y = f(x)求值"、"y = f(x)求值（优化步长）"、"积分"和"曲线长度"函数来实现其对应功能，如图 11-14 所示。其中"y = f(x)求值"、"y = f(x)求值（优化步长）"函数位于"一维和二维分析"子选板（"函数→数学→脚本和公式→一维和二维分析"）中，如图 11-15 所示。

图 11-14　Graph 各项值的程序框图

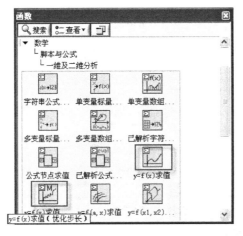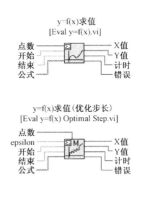

图 11-15　一维及二维分析子选板与"y = f(x)求值"函数、"y = f(x)求值（优化步长）"函数

② 添加显示模块。在"函数→编程→数组"子选板上，选用"替换数组子集"函数，根据其"索引输入"，替换元素为 0 的数组，将上一步的计算结果显示出来，其中 "索引输入"的输入值为"Graph"的输出值。另外，为使程序运行时界面更加友好，添加"确定"按钮的闪烁（Blinking）属性节点，转换节点的状态为写入，其输入为"真常量"，并且在外层条件结构的分支"假"中也添加"确定"按钮的闪烁（Blinking）属性节点，其输入为"假常量"。至此，程序框图设计完毕，如图 11-16 所示。

③ 调试并运行程序。按下"Ctrl+R"快捷键运行程序，选中"Graph"控件中的任一项值，单击"开始"按钮，即可观察相应函数计算结果的图形显示。这里给出了"y = f(x)求值（优化步长）"函数的曲线图形与"积分"函数的曲线图形，分别如图 11-17 与图 11-18 所示。

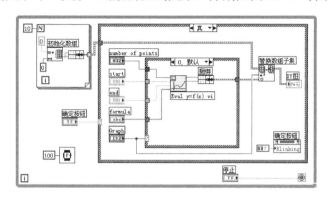

图 11-16　曲线积分实例的程序框图

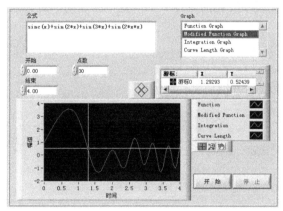

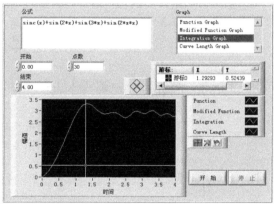

图 11-17　"y = f (x) 求值（优化步长）"函数的曲线图形　　图 11-18　"积分"函数的曲线图形

11.4　【实例 54】求解微分方程——单摆运动

单摆又称钟摆或数学摆。所谓单摆运动是指将一质量为 m（$m>0$）的小球 D 用长度为 l 的柔软细绳拴住，细绳的一端固定在某点 O 处，小球在铅垂平面内运动，略去空气的阻力和细绳在 O 点处的摩擦力，并且认为细绳的长度 l 不变，仅考虑地球的引力和细绳对小球的拉力（如图 11-19 所示）。

在铅垂平面内引进以 O 为坐标原点的极坐标系，由于细绳长度不变且细绳总是直的，所以小球的位置用一个坐标 $\theta(t)$ 就能表示。这里 θ 表示细绳 l 和铅垂方向之间的夹角。铅垂方向即是小球的平衡方向，它对应的 θ 为零。

作用在小球上的地球引力的大小 f 为 mg，其方向为铅垂向下。重力沿细绳方向的分力的大小为 $mg\cos\theta$，其方向为沿细绳指向外。由于这个力与小球运动所需的向心力刚好平衡，所以小球沿细绳方向没有运动。重力在垂直于细绳方向的分力的大小为 $mg\sin\theta$，它的方向与角 θ 增加的方向相反。

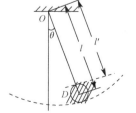

图 11-19　单摆示意图

根据牛顿第二定律得到单摆运动的规律为

$$\frac{d}{dt}(mv) = -mg\sin\theta \tag{11-1}$$

根据圆周运动规律有

$$l \cdot \frac{d\theta}{dt} = v$$

于是从式（11-1）得出

$$l \cdot \frac{d^2\theta}{dt^2} = -g\sin\theta \tag{11-2}$$

由于式（11-2）是包含 θ 及其二阶微分的方程，并且 θ 不是线性而是非线性地出现在方程中的（以 $\sin\theta$ 这种非线性形式出现），所以要想直接从式（11-2）求出 θ 随时间变化的规律十分困难。当 $|\theta|$ 比较小时，对式（11-2）进行线性化处理，即用 θ 代替 $\sin\theta$，或者说，用 θ 来近似 $\sin\theta$，这样得到式（11-2）的线性化微分方程为

$$l \cdot \frac{d^2\theta}{dt^2} = -g\theta \tag{11-3}$$

在相同初始条件下从式（11-3）求得的 θ 随时间 t 变化的规律 $\theta(t)$ 是单摆运动的近似规律。通常将式（11-3）写成如下规范形式：

$$\frac{d^2\theta}{dt^2} + k^2\theta = 0 \tag{11-4}$$

式中，$k^2 = \dfrac{g}{l}$。取 $\begin{cases}\theta = x_1 \\ \dot{\theta} = x_2\end{cases}$，把式（11-4）转化成状态方程形式，即为

$$\begin{cases} \dot{x}_1 = x_2 \\ \dot{x}_2 = -k^2 \times x_1 \end{cases} \tag{11-5}$$

式中，$k^2 = \dfrac{g}{l}$。

11.4.1 设计目的

本节以钟摆运动为例，设计一个 VI 调用"微分方程"子选板中的"ODE 库塔四阶方法"函数来求解微分方程组，目的是详细介绍如何使用 LabVIEW 8.2 提供的微分方程函数集来求解微分方程。

11.4.2 程序框图主要功能模块介绍

如图 11-20 所示，"微分方程"子选板位于"函数"选板的"数学→微分方程"中，其中"ODE 库塔四阶方法"函数是利用朗格·库塔方法来求解初始条件下的常微分方程的。如表 11-7 所示是"ODE 库塔四阶方法"函数输入/输出端子的参数说明。

图 11-20   "微分方程"子选板和"ODE 库塔四阶方法"函数

表 11-7　"ODE 库塔四阶方法"函数输入/输出端子的参数说明

参　数	说　明
X	指变量的字符串数组
开始时间（time start）	表示求解 ODE（常微分方程）时间区域的起点时刻，默认值为 0
结束时间（time end）	表示求解 ODE（常微分方程）时间区域的终点时刻，默认值为 1.0
h（step rate）	表示朗格·库塔算法的固定步进，默认值为 0.1
X0	指表征开始状态 X[0],…,X[n]的向量，X0 与 X 中的元素存在一一对应关系
时间（time）	指表示时间变量的字符串，默认是 t
F（X,t）	指用于表征微分方程组的右端项的一维字符串数组，公式中可以包含任意个数的有效变量
时间（times）	表示包含所有时间步长的数组，库塔方法输出[time start , time end]区间中的等间距时间步长
X 值（解）（X Values）	表示解向量 X[0],…,X[n]的二维数值，其中每行存放的分别是基于时间步长的解，每列存放的分别是基于 X[0],…,X[n]的解
计时（ticks）	整个计算过程花费的时间（ms）
错误（error）	返回 VI 产生的错误和警告。一般来说，X, X0 和 F（X,t）输入不当会造成错误

另外，本例会用到"数值至十进制数字符串转换"函数、"连接字符串"函数、"创建数组"函数和"索引数组"函数等，此处只对它们做简略介绍，各个函数的具体使用方法请参考前面章节。

11.4.3　详细设计步骤

"ODE 库塔四阶方法"函数的"X 值（解）"输出端子会输出一个二维数组，该二维数组的第一列存放的是第一个状态变量 x_1 在"时间（times）"数组中各个时刻的值，第二列存放的是第二个状态变量 x_2 在"时间（times）"数组中各个时刻的值，可使用"索引数组"函数分别取出状态变量在不同计算时刻的值（即输出端子"时间（times）"中的值）。

下面主要介绍该 VI 设计的详细过程，讲解如何使用"ODE 库塔四阶方法"函数求解微分方程组，以及如何设置"ODE 库塔四阶方法"函数的参数。

（1）新建一个 VI，命名为 Differential-Equations.vi。

（2）前面板的设计。执行"控件→新式→数组、矩阵与簇→数组"和"控件→新式→字符串与路径→字符串输入控件"操作，创建两个字符串输入数组并分别命名为"X（变量名）"和"F（X,t）（常微分方程右侧作为 X 和 t 的函数）"。类似地，创建 1 个数值输入数组并命名为"状态变量初始值"；创建 3 个数值输入控件并分别命名为"结束时间"、"h（step rate）"和"绳长1"；创建 1 个数值显示控件并命名为"计时"；创建 1 个 XY 图控件并命名为"单摆轨迹"，将"图形属性：单摆轨迹"对话框中的曲线属性配置成如图 11-21 所示，并取消勾选 XY 图控件的"显示项→图例"。最后添加 1 个"停止"按钮。至此，前面板设计完毕，如图 11-22 所示。

（3）程序框图的设计。切换到程序框图窗口，所有程序在 While 循环中进行。执行"函数→数学→微分方程→ODE 库塔四阶方法"操作，添加 1 个"ODE 库塔四阶方法"函数，将该函数的输入端子与对应控件节点连接起来，其他输入端子（如"开始时间"和"时间（Time）"）不进行任何连接，其输入即为默认值。为了实现"绳长 1"的可调节，这里使用了"数值至十进制数字符串转换"和"搜索替换字符串"函数，如图 11-23 和图 11-24 所示。"F（X,t）"表示的是状态方程式（11-5）的右端项，先使用上述两个函数替换"F（X,t）"中第 2 个字符串中的参数"绳长 1"，然后使用"替换数组子集"函数将"F（X,t）"中字符串数组组合更新后与"ODE 库塔四阶方法"函数的对应端子连接起来。

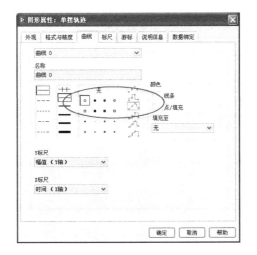

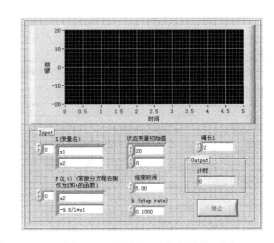

图 11-21　"图形属性：单摆轨迹"对话框中的曲线属性配置　　图 11-22　单摆运动实例的前面板

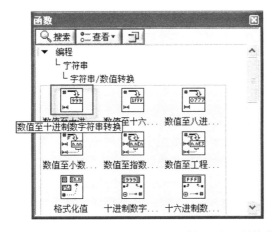

图 11-23　"数值至十进制数字符串转换"函数

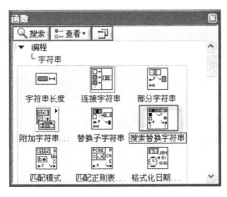

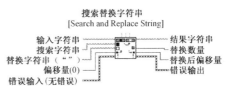

图 11-24　"搜索替换字符串"函数

（4）运算结果的图形化显示设计。"X 值（解）"输出端输出的是二维数组，其第一列存放的是第一个状态变量 x_1 在各个时刻的解，第二列存放的是第二个状态变量 x_2 在各个时刻的解，使用"索引数组"函数获取第一个状态变量 x_1 在不同时刻的值，将这组数据和"时间（times）"输出端子存放的时间数组"捆绑"后在 XY 图控件上画出来。至此，程序框图设计完毕，如

图 11-25 所示。

（5）调试并运行程序。按下"Ctrl+R"快捷键运行程序，查看前面板实例的运行结果，如图 11-26 所示。修改"绳长 1"、"结束时间"等控件中的变量值，观察单摆角度 θ 的曲线变化情况。如果在程序框图中将"索引数组"函数的行索引值 0 改为 1，则可以观察到单摆角速度的变换情况。

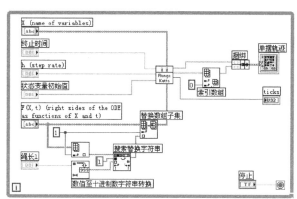

图 11-25　单摆运动实例的程序框图　　　　　　图 11-26　单摆运动实例的运行结果

11.5　【实例 55】线性代数计算器

线性代数是高等学校理工科各专业学生的一门必修的重要基础理论课，广泛应用于科学技术的各个领域。在计算机日益发展和普及的今天，线性代数已成为工科学生所必备的基础理论知识和重要的数学工具，而矩阵理论可当做线性代数的一个分支。

11.5.1　设计目的

本节使用"线性代数"子选板中的"矩阵分解"、"特征值计算"，"求解线性方程"和"矩阵秩"等函数，目的是详细介绍如何使用 LabVIEW 8.2 进行矩阵运算。

11.5.2　程序框图主要功能模块介绍

1. 实数字符串形式输出子 VI

新建一个 VI，分别添加 1 个数组和数值输入控件，创建 1 个一维数值输入数组并命名为"1D Array in"，然后复制这个数组，如图 11-27 所示，将其转换为二维数组并命名为"2D Array in"；然后再添加 2 个数值输入控件，分别命名为"scalar in"和"precision"（默认值设置为 3），并将"precision"控件的数据类型改为长整型（I32）。最后，执行"控件→新式→列表和表格→表格"，添加 1 个名为"Real Table"的表格控件并将其转换为显示控件（如图 11-28 所示），至此，实数字符串形式输出子 VI 的前面板设计完毕，如图 11-29 所示。

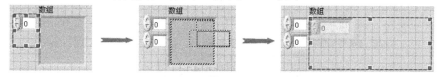

图 11-27　二维数组的创建

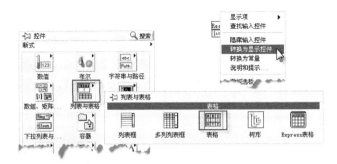

图 11-28   表格控件的创建和转换

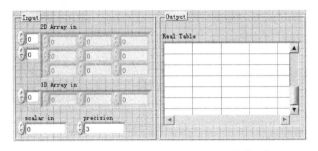

图 11-29   实数字符串形式输出子 VI 的前面板

切换至程序框图，此 VI 的程序框图主要包括 3 个部分，分别是数组输入初始化、数值/字符串格式转换和字符串显示部分，如图 11-30 所示。

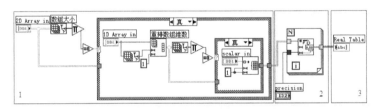

图 11-30   实数字符串形式输出子 VI 的程序框图

下面对程序框图进行编程。首先使用"数组大小"和"数组元素相乘"（如图 11-31 所示）函数对"2D Array in"控件的输出进行判断，如果判断结果"等于 0"，即其为空数组、无输出，则执行外层条件结构中的分支 "真"；然后对"1D Array in"控件的输出进行数组转置，接着

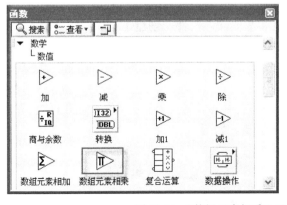

图 11-31   "数组元素相乘"函数

进行判断，同样地，如果判断结果"等于 0"，即其为空数组、无输出，则执行内层条件结构中的分支"真"，用标量"scalar in"控件中的数值，利用"初始化数组"函数对数组进行初始化；如图 11-32 所示，对于 2 个条件结构的分支"假"，只进行数据流传递，不执行其他操作。最后，使用"数值至小数字符串转换"（如图 11-33 所示）函数将数值数组转化为字符串输出。至此，实数字符串形式输出子 VI 的程序框图设计完毕，如图 11-30 所示。

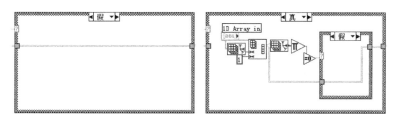

图 11-32　2 个条件结构的分支"假"中的程序框图

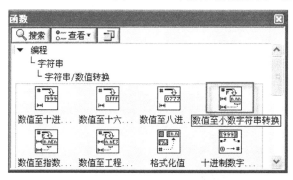

数值至小数字符串转换
[Number To Fractional String]

数字 —————
精度(6) —————————— F-格式字符串

图 11-33　"数值至小数字符串转换"函数

下面创建子 VI，将实数字符串形式输出 VI 转化成子 VI，具体步骤如下。

（1）编辑图标。如图 11-34 所示，在前面板右键单击窗口左上角的 LabVIEW 8.2 图标，选择快捷菜单上的"编辑图标…"，弹出"图标编辑器"对话框，设计的子 VI 图标，如图 11-35 所示。

（2）连线板的设计。同样，右键单击 LabVIEW 8.2 图标，在弹出的快捷菜单中选择"显示连线板"，此时 LabVIEW 8.2 图标变成连线板图标。再用鼠标右键单击该图标，在弹出的快捷菜单共有 36 种连线板"模式"可供选择，如图 11-36 所示。单击连线

图 11-34　编辑图标

板中的接线点，接线点变成实心、黑色，然后单击相应的输入/输出控件，接线点即自动变成输入/输出端子，并变成彩色网络状，如图 11-37 所示。实数字符串形式输出子 VI 的连线板最终图示和端子图也如图 11-37 所示。

2. 复数字符串形式输出子 VI

创建复数字符串形式输出子 VI 可以采用一种快捷的方法，即先复制实数字符串形式输出子 VI，然后进行改动即可，具体实现如下。

（1）复制 Real-Table 文件，更改文件名为"Complex-Table"，改变"Real-Table"表格控件名称为"Complex Table"，并在前面板窗口编辑图标。

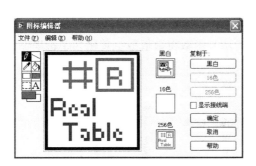

图 11-35　"图标编辑器"对话框

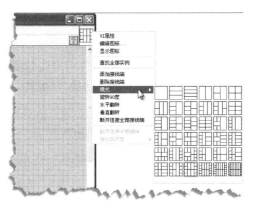

图 11-36　连线板的 36 种"模式"

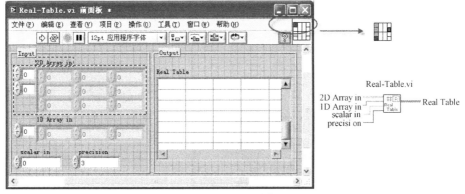

图 11-37　连线板的设计

（2）切换到程序框图，如图 11-38 所示，右键单击"2D Array in"控件节点，在弹出的快捷菜单中选择"表示法→双精度复数→CDB"，变换输入数据类型。对"1D Array in"和"scalar in"控件进行相同的操作。

（3）程序框图中的"数组输入初始化"和"字符串显示"部分保持不变，只需要对"数值至小数字符串转换"部分进行修改即可。如图 11-39 所示，复数数组中的元素通过外层 For 循环单行流入，接着通过内层 For 循环行单个流入，然后使用"复数至实部虚部转换"函数对复数进行处理，直接将其实部转换成小数字符串为止。同时，对其虚部进行判断，使用"选择"函数添加相应的字符串，若虚部值"<0"，则虚部转换为字符串且前面无符号"+"；若虚部值"=0"，则 0 转换为字符串；若虚部值">0"，则虚部转换为字符串且前面添加"+"。至此，复数字符串形式输出子 VI 创建完毕，其输入/输出端子图如图 11-40 所示。

图 11-38　变换输入数据类型

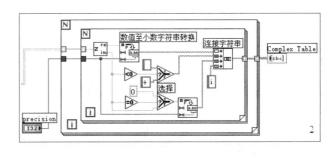

图 11-39　"数值至小数字符串转换"部分的程序框图

3. 布尔字符串输出子 VI

（1）新建 1 个 VI，命名为 Boolean-Table.vi。在前面板上
执行"控件→经典→经典布尔→方形按钮"，添加 1 个按钮控
件并命名为"Boolean in"，用鼠标右键单击该控件，在弹出
的快捷菜单中选择"显示项→布尔文本"，修改布尔文本"开"
和"关"分别为"ON"和"OFF"，然后再右键单击该控件，

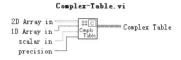

图 11-40　复数字符串形式输出
子 VI 的输入/输出端子图

在弹出的快捷菜单中执行"替换→新式→布尔→确定按钮"即可。最后添加 1 个表格控件并命
名为"Boolean Table"，并将其转换为显示控件。至此，前面板设计完毕，如图 11-41 的左图所
示。

（2）程序框图的设计。切换到程序框图（使用"Ctrl+E"组合键），如图 11-41 的右图所示，
添加 1 个条件结构和"初始化数组"函数，在条件结构的两个分支中分别放置字符串常量
"TRUE"和"FALSE"，并对条件结构的输出进行转换，即初始化数组为 1×1 大小的输入表格，
然后进行相应的连线即可。

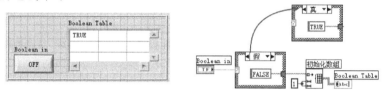

图 11-41　布尔字符串输出子 VI 的前面板和程序框图

（3）创建子 VI。首先编辑图标，然后进行连线板的设计。该子 VI 的端子图、图标和连线
板的最终设计效果如图 11-42 所示。

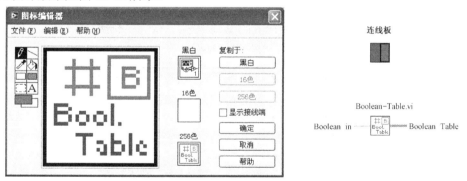

图 11-42　布尔字符串输出子 VI 的图标和连线板的设计

4. "线性代数"子选板介绍

如图 11-43 所示，"线性代数"子选板位于"函数"选板的"数学→线性代数"中，共包
括 34 种常用的线性代数计算。表 11-8 给出了部分常用函数的端子图参数说明。

表 11-8　"线性代数"子选板部分常用函数的端子图参数说明

图　　标	说　　明
Cholesky分解 [NI_AALPro.lvlib: Cholesky Factorization.vi] A —[A=R^T R]— Cholesky 　　　　　　— 错误	对一个对称或者 Hermitian 正定矩阵进行 Cholesky 分解。根据"A"端输入数据类型，确定使用两种多态（实数和复数）实例之一。"Cholesky"端输出包含被分解的上三角矩阵 R

图　标	说　明
矩阵条件数 [Matrix Condition Numbdr.vi] 输入矩阵　——　条件数 范数类型　cond　——　错误	计算输入矩阵的条件数目。根据"输入矩阵"端的数据类型，确定使用两种多态（实数和复数）实例之一。当范数为2-norm时，"输入矩阵"可以是长方阵；否则"输入矩阵"必须是方阵。范数类型包括0（2-norm，默认）、1（1-norm）、2（F-norm）和3（inf-norm）。"条件数"端输出指定范数下所计算的条件数目。对于范数2来说，"条件数"是"输入矩阵"奇异值的最大与最小值之比
行列式求值 [NI_AALBase.lvlib: Determinant.vi] 输入矩阵　——　行列式 范数类型　|=|　——　错误	计算输入矩阵的行列式。根据"输入矩阵"端的数据类型，确定使用两种多态（实数和复数）实例之一。"输入矩阵"必须是方阵。"矩阵类型"包括0（General，默认）、1（Positive definite）、2（Lower triangular）和3（Upper triangular）。已知矩阵类型有利于提高计算效率，避免引入导致数值误差的不必要计算
特征值和特征向量 [NI_AALPro.lvlib: EigenValues and Vectors.vi] 输入矩阵　——　特征值 矩阵类型　Ax=λx　——　特征向量 输出选项　——　错误	计算输入方阵的特征值和特征向量。根据"输入矩阵"端的数据类型，确定使用两种多态（实数和复数）实例之一。"矩阵类型"包括0（General，默认）和1（Symmetric），"输出选项"决定是否计算矩阵的特征向量，即0（Eigenvalues）和1（Eigenvalues & Vectors，默认）
逆矩阵 [NI_AALBase.lvlib: Inverse matrix.vi] 输入矩阵　——　逆矩阵 矩阵类型　[ ]⁻¹　——　错误	如果输入矩阵存在逆矩阵，则计算之。根据"输入矩阵"端的数据类型，确定使用两种多态（实数和复数）实例之一。"输入矩阵"必须是非奇异方阵，否则"逆矩阵"返回一个空矩阵和错误。由于此VI可以识别奇异矩阵并返回一个错误，所以用户不用事先确认输入是否满足要求。"矩阵类型"包括0（General，默认）、1（Positive definite）、2（Lower triangular）和3（Upper triangular）。已知矩阵类型有利于提高计算效率，避免引入导致数值误差的不必要计算
LU分解 [LU Factorization.vi] A　——　L A=LU　——　U ——　P ——　错误	对"A"进行LU分解。根据"输入矩阵"端（图中未显示出来）的数据类型，确定使用两种多态（实数和复数）实例之一。"A"是一个方阵，"L"指下三角矩阵，"U"指上三角矩阵，"P"指置换矩阵
矩阵范数 [NI_AALPro.lvlib: matrix Norm.vi] 输入矩阵　——　范数 范数类型　||||　——　错误	计算输入矩阵的范数。根据"输入矩阵"端的数据类型，确定使用两种多态（实数和复数）实例之一。"输入矩阵"可以是方阵或者长方阵。"范数类型"包括0（2-norm，默认）、1（1-norm）、2（2-norm）和3（inf-norm），用于指定用哪种范数去计算范数。"范数"端输出一个标量，是对矩阵中元素幅值大小的一种测度
伪逆矩阵 [NI_AALPro.lvlib: PseudoInverse matrix.vi] 输入矩阵　——　伪逆矩阵 容忍度　pinv　——　错误	计算出"输入矩阵"的逆矩阵。根据"输入矩阵"端的数据类型，确定使用两种多态（实数和复数）实例之一。"输入矩阵"可以是长方阵，当矩阵的逆矩阵不存在时，可以用伪逆矩阵予以代替。"容忍度"默认值为−1，如果矩阵的奇异值数目大于容忍度，则此数目即是"输入矩阵"的秩。当"输入矩阵"是非奇异方阵时，"伪逆矩阵"输出与逆阵相同
QR分解 [QR Decomposition.vi] A　——　Q 选主列？　A=Q.R　——　R Q选项　——　P ——　错误	对"A"进行QR分解。根据"输入矩阵"端（图中未显示出来）的数据类型，确定使用两种多态（实数和复数）实例之一。A是一个$m×n$矩阵，可以是长方阵。"选主列？"默认是FALSE，此时，分解依据$A=QR$进行；当为TRUE时，依据$AP=QR$进行矩阵分解。"Q选项"指定是否产生Q，必须选择下列值之一：0（Full size Q，默认）、1（Economy size Q）和2（No Q）。"Q"输出为正交矩阵；"R"输出为上三角矩阵；只有当"选主列？"为TRUE时，"P"输出才是非空，为$n×n$置换矩阵，其中n指A的列数

续表

图 标	说 明
矩阵秩 [■atrix Bank.vi] 输入矩阵 ——— 秩 容忍度 ——— 错误	计算输入矩阵的秩。根据"输入矩阵"端的数据类型，确定使用两种多态（实数和复数）实例之一。"输入矩阵"可以是方阵或者长方阵。"容忍度"默认值为-1，如果矩阵的奇异值数目大于容忍度，则此数目即是"输入矩阵"的秩
求解线性方程 [NI_AALPro.lvlib: Solve Linear Equations.vi] 输入矩阵 ——— 向量解 右端项 ——— 错误 矩阵类型	求解线性方程 $AX=Y$。根据"输入矩阵"端的数据类型，确定使用两种多态（实数和复数）实例之一。"输入矩阵"可以是方阵或者长方阵，"右端项"中矢量的数目必须等于"输入矩阵"的行数，否则 VI 置"向量解"为空矩阵并返回一个错误；如果输入矩阵是奇异的，且"矩阵类型"是 General，函数 VI 求解其最小方阵解。"矩阵类型"包括 0（General，默认）、1（Positive definite）、2（Lower triangular）和 3（Upper triangular）。已知矩阵类型有利于提高计算效率，避免引入导致数值误差的不必要计算
SVD分解 [SVD Decomposition.vi] A ——— 向量S 仅计算奇异值？ ——— 矩阵U SVD选项 ——— 矩阵S ——— 矩阵V ——— 错误	对 $m×n$ 矩阵"A"进行奇异值分解（SVD）。根据"A"端的数据类型，确定使用两种多态（实数和复数）实例之一。"SVD选项"指定 VI 如何进行分解，即 0（Thin，默认）和 1（Full）。"向量 S"输出"A"的奇异值，为"矩阵 S"的对角线元素。"矩阵 U"、"矩阵 S"和"矩阵 V"分别是 SVD 的计算结果，其中"矩阵 S"是一个对角矩阵
检验正定矩阵 [NI_AALPro.lvlib: Test Positive Definite.vi] 输入矩阵 ——— 正定？ ——— 错误	检测"输入矩阵"是否是一个复共轭对称正定矩阵。根据"输入矩阵"端的数据类型，确定使用两种多态（实数和复数）实例之一。"输入矩阵"必须是方阵，"正定？"输出检测结果，TRUE 表示为正定矩阵，FALSE 表示不是正定矩阵
迹 [NI_AALPro.lvlib: Trace.vi] 输入矩阵 ——— 迹 ——— 错误	求解"输入矩阵"的迹。根据输入矩阵的数据类型，确定使用两种多态（实数和复数）实例之一。"输入矩阵"必须是维数大于 0 的方阵，否则 VI 置"迹"输出为 NaN，并返回一个错误。"迹"输出为"输入矩阵"主对角线元素之和

图 11-43 "线性代数"子选板

11.5.3 详细设计步骤

利用线性代数子选板中的"矩阵分解"、"特征值计算"，"求解线性方程"和"矩阵秩"等函数设计一个线性代数计算器，并将计算结果显示出来。详细设计步骤如下。

（1）新建一个 VI，命名为 LinearEquation-Solver.vi。

（2）前面板的设计。

① 创建 1 个二维和 2 个一维列数值输入数组控件，分别命名为"A"、"x"和"b"；接着

添加 2 个枚举控件 "data mode" 和 "norm type"，其编辑项如图 11-44 所示，并对 "data mode" 控件勾选 "显示项→标签"；执行 "控件→新式→列表和表格→列表框"，创建 1 个列表框控件并命名为 "Operations"，添加项值依次为 Cholesky Factorization，Condition，Determinant，Evigenvaules，Inverse，LU Decomposition（Lower），LU Decomposition（Upper），Norm，Product，PseudoInverse，QR Factorization（Q），QR Factorization（R），Rank，Solve Linear Equations，Singular Value Decomp. – S，Singular Value Decomp. – U，Singular Value Decomp. - V 和 Sum，共 18 项，然后用鼠标右键单击控件，在弹出的快捷菜单中执行 "选择模式→高亮显示整行"，如图 11-45 所示。

图 11-44　枚举属性的 "编辑项"

②　创建 1 个字符串显示控件和 1 个表格控件，取消勾选两者的 "显示项→标签"，并将表格控件转换为显示控件；再添加 1 个 "停止按钮" 控件。至此，前面板设计完毕，进行美化和修饰后如图 11-46 所示。

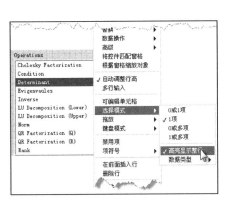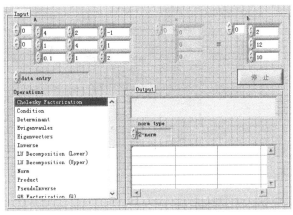

图 11-45　列表框的 "选择模式"　　　　图 11-46　线性代数计算器的前面板

（3）程序框图的设计。

①　数据输入/输出部分。首先添加 1 个 While 循环，所有程序均在 While 结构中实现。接着如图 11-47 所示，创建 1 个条件结构，用于判断使用 "data mode" 控件指定的输入/输出方式。执行 "为每个值添加分支"，默认方式为 "data entry"，即直接从 "A" 和 "b" 输入控件中读取

数据。

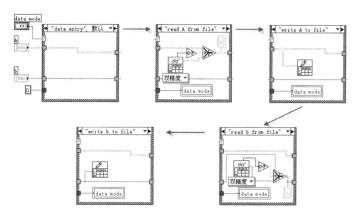

图 11-47　数据的输入/输出方式设计

其中分支 "read A form file" 和 "read b form file" 中用到了 "读取电子表格文件" 函数（如图 11-48 所示），用于读取电子表格中存储的数据，当该函数的输出端 "新建文件路径" 合法时，读取外部电子表格文件，否则读入 "A" 中数据；这里对路径是否有效进行判断时使用了 "非法数字/路径/引用句柄？" 函数（如图 11-49 所示），其调用路径为 "函数→编程→比较→非法数字/路径/引用句柄？"，当数字/路径/引用不是数字 NaN、路径和引用时，函数返回 TRUE，否则返回 FALSE。而在分支 "write A to file" 和 "write b to file" 中用到了 "写入电子表格文件" 函数（仍如图 11-48 所示），用于将计算结果（一维或二维数组）写入电子表格中进行存储。至此，数据输入/输出部分编程完毕。

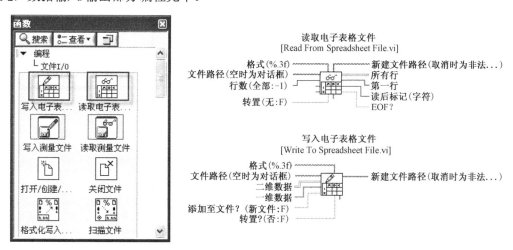

图 11-48　"读取电子表格文件" 函数和 "写入电子表格文件" 函数

非法数字/路径/引用句柄？
[Not A Number/Path/Refnum]

数字/路径/引用句柄 ━━━▷?▷━━━ 非法数字/路径/引用句柄？

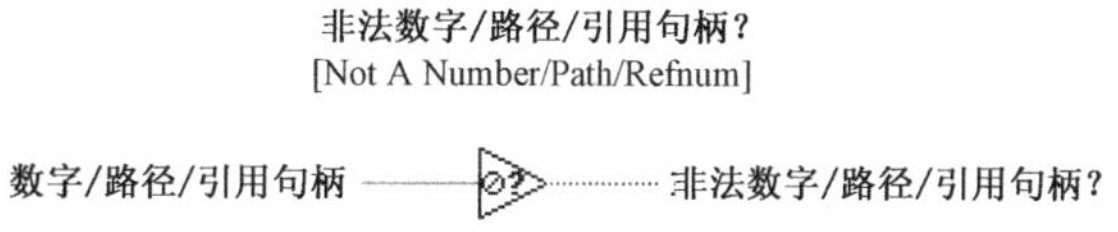

图 11-49　"非法数字/路径/引用句柄？" 函数

② 线性代数各函数计算部分。添加一个条件结构，对 "Operations" 控件中的各种线性代

数计算建立分支进行编程。参照 11.5.2 节中的第 4 部分，将各函数节点与对应的数据输入/输出部分连接起来，另外，根据函数输出的数据类型，与子 VI 进行连接，为下一步计算结果的显示做好准备。线性代数各函数计算部分的程序框图如图 11-50 所示。

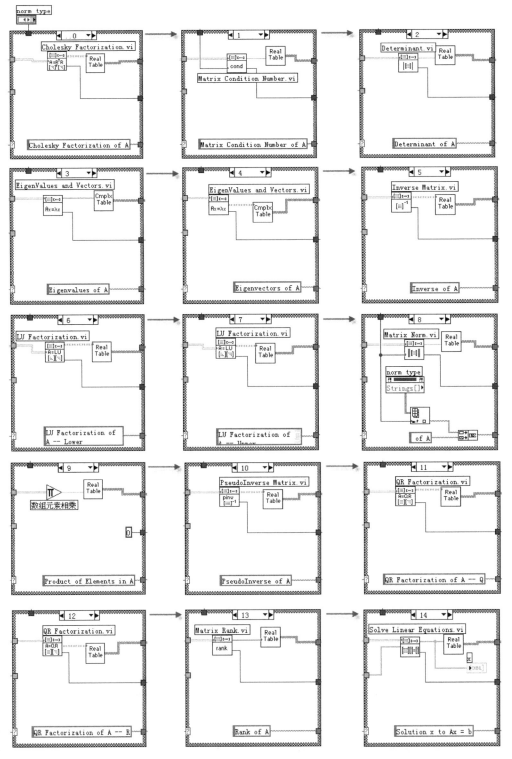

图 11-50 线性代数各函数计算部分的程序框图

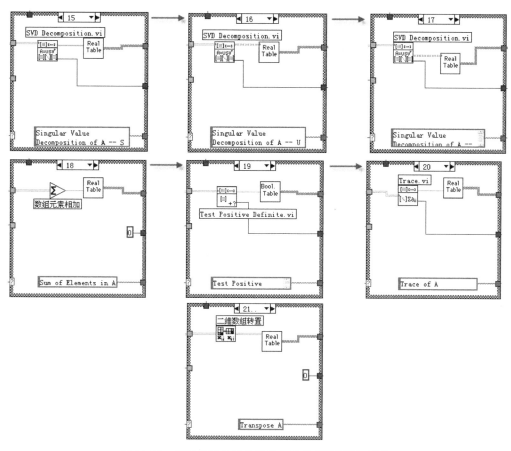

图 11-50　线性代数各函数计算部分的程序框图（续）

③ 计算结果显示部分，用于将上一步相应函数的计算结果显示出来。将经子 VI 格式转换的数据结果与表格控件连接起来。另外，对各函数的输出端"错误"的输出进行"=0"判断，如果为"真"，说明函数执行过程中没有发生错误（默认值为 0（I32）），在字符串显示控件中显示所进行的线性计算类型；若为"假"，则通过"简易错误处理器"函数在字符串显示控件中输出错误类型，如图 11-51 所示。

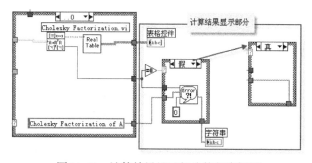

图 11-51　计算结果显示部分的程序框图

④ 附加功能完善部分。因为在对条件结构分支"1"（矩阵条件数）和"8"（矩阵范数）进行计算时，需要使用"norm type"控件，但在其他情况下，这个控件是无用的。鉴于此，如图 11-52 所示，首先在程序框图上隐藏"norm type"控件，然后使用"可见"属性节点实现隐

藏该控件的功能。在实现"norm type"控件可见的功能时，为了有效地利用前面板空间，使用了"字符串"显示控件的"大小（size）"、"高度（Height）"和"宽度（Width）"属性节点，实际上"大小"是后两者的集合，它们实现的功能是一样的，如图 11-53 所示。

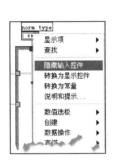

图 11-52　隐藏输入控件

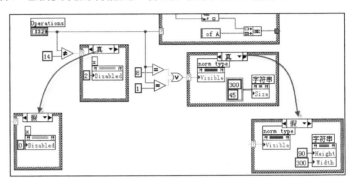

图 11-53　附加功能完善部分的程序框图

另外，因为"x"控件只有在条件结构分支"14"（Solve Linear Equations）中才有意义，所以使用"禁用（Disabled）"属性节点会将它在进行其他线性计算时变灰且不可操作，如图 11-53 所示。

此外，添加 1 个"等待（ms）"函数，等待时间（毫秒）级为 100。全此，程序框图设计完毕，如图 11-54 所示。

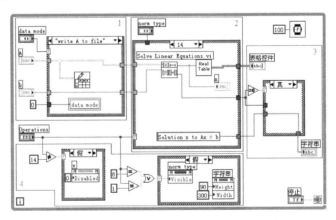

图 11-54　线性代数计算器实例的程序框图

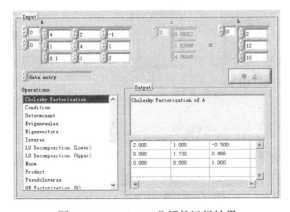

图 11-55　Cholesky 分解的运行结果

⑤ 调试并运行程序。按下"Ctrl+R"快捷键，运行程序，Cholesky 分解运行结果如图 11-55 所示，矩阵条件数计算运行结果如图 11-56 所示，线性方程求解运行结果如图 11-57 所示。观察计算结果是否与预算结果一致，另外观察"x"控件、字符串显示控件和列表控件在 3 个图中的显示效果。

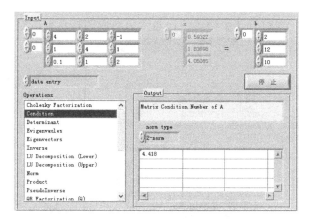

图 11-56　矩阵条件数计算的运行结果

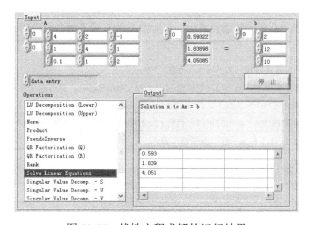

图 11-57　线性方程求解的运行结果

11.6　【实例 56】求解多项式函数零点

对于多项式 $f(x) = a_0 x^n + a_1 x^{n-1} + \cdots + a_n$，其中 $x \in P$，若 P 中的任一个数 a 在 P 中可以确定唯一的 $f(a)$ 与之对应，则称 $f(x)$ 为 P 上的一个多项式函数。如果多项式函数 $f(x)$ 在 $x = a$ 处的值为 0，即 $f(x) = 0$，则称 a 为此多项式函数的一个根或零点。

11.6.1　设计目的

学习 LabVIEW 8.2 中"多项式"选板工具的内容和设计的全过程，了解"多项式"子选板中"多项式求根"函数的具体使用方法和技巧，进一步加深对数组的认识，掌握"多项式求根"函数及其他相关选板的应用。

11.6.2　程序框图主要功能模块介绍

"多项式"选板是"数学"子选板中对多项式进行功能操作的重要工具，包括多项式的加减乘除、最大公因数、最小公倍数、n 次导数、不定积分、定积分、求根和作图等子选板。

图 11-58 展示了多项式选板中的部分函数，以及"多项式求根"和"多项式实零点个数"函数节点的图标和输入/输出端子图。表 11-9 给出了"多项式求根"函数输入/输出端子参数的

详细说明，其中"选项"参数有 4 个待选值，每个值对应的特点和区别如表 11-10 所示。

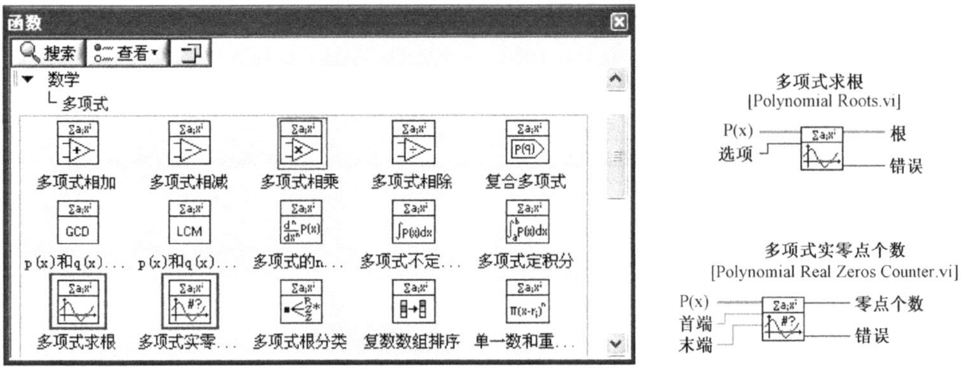

图 11-58   "多项式"选板中的部分函数及"多项式求根"和"多项式实零点个数"函数的输入/输出端子图

表 11-9   "多项式求根"函数输入/输出端子的参数说明

输 入 参 数	说 明
P(x)	包含按升幂排列的多项式实系数，$P(x) \neq 0$
选项（Options）	指定求根方法的选项，默认值为 Simple Classification，共有四个选项共选择：0（General），1（Simple Classification），2（Refinement），3（Advanced Refinement）
根（Roots）	根据 $P(x)$ 输入数据的不同，返回 $P(x)$ 的实部根和复数共轭根（DBL），或者复数根（CBD）
错误（error）	返回 VI 中相应的任一种错误和警告

表 11-10   "多项式求根函数"的"选项"参数的说明

输 入 参 数	说 明
General	设定实多项式 $P(x)$ 是一个复数多项式，此时不能保证获得精确的实数根或者复数共轭根
Simple Classification	基于选项 General 的计算结果，求解的根被分为两部分，即实数部分（去除虚数部分）和复数共轭部分（分别对实数和虚数部分进行均分）
Refinement	基于选项 Simple Classification 的计算结果，分别采用 Newton 方法和 Bairstow 方法对实数根和复数共轭根进行修正。使用该选项可以使根的求解更为精确，但是可能造成数值上的不稳定
Advanced Refinement	最终求解的根是精确的实数根和复数共轭根。尤其是在函数包含重根时，求解的根更为精确和稳定。由于计算的复杂性，使用此选项将会花费更多的时间

图 11-58 也给出了"多项式实零点个数"函数的输入/输出端子示意图，其输入/输出端子的参数说明如表 11- 11 所示。

表 11-11   "多项式实零点个数"函数输入/输出端子的参数说明

输 入 参 数	说 明
P(x)	指定求的多项式的实数组，数组的首元素与 $P(x)$ 的常系数有关
首端（Start）	多项式变量取值区间的最左端，默认值为 0.0
末端（End）	多项式变量取值区间的最右端，默认值为 0.0
零点个数（number of zeros）	区间[Start，End]内的 $P(x)$ 的零点个数
错误（error）	返回 VI 中相应的任一种错误和警告

11.6.3 详细设计步骤

利用"多项式"子选板中的"多项式求根"函数及一些数组操作，对多项式函数的零点进行计算，并将结果显示出来。具体设计步骤如下。

1. 前面板的设计

（1）创建新 VI，命名为 Poly-Zeros. vi。

（2）放置数值输入控件和数组控件。

- 执行"控件→新式→数值→数值输入控件"操作，并将控件标签更名为"幂次"，其默认值为 5。
- 执行"控件→新式→数值→数值输入控件"和"控件→新式→数组、矩阵和簇→数组"操作，将数值输入控件拖入数组控件中，建立一个 1 维数组[1,5,1,2,5,1]，并更改数值输入数组控件标签为"多项式各系数"。

（3）放置数值显示控件和数组控件。

- 执行"控件→新式→数值→数值显示控件"操作，建立两个数值显示控件，并将控件标签命名为"零点数目"和"实零点数目"。
- 执行"控件→新式→数组、矩阵和簇→数组"和"控件→新式→数值→数值显示控件"操作，并将数值显示控件拖入数组控件中，建立一个包括 6 个元素的 1 维数组，并更改数值显示数组控件标签为"根的实部"和"根的虚部"。

设计完毕后的前面板如图 11-59 所示。

2. 程序框图的编辑

（1）打开程序框图编辑窗口。此时，与前面板 6 个控件对应的端子图标已经出现在程序框图编辑窗口中。

（2）放置"多项式求根"、"多项式实零点个数"、"初始化数组"、"替换数组子集"和"数组大小"函数节点，其中"初始化数组"和"替换数组子集"函数节点用于构造多项式的系数矩阵 $P(x)$。

（3）参照"多项式求根"和"多项式实零点个数"函数的端子定义，用连线工具对程序框图中的各个控件进行连接，连接好的程序框图如图 11-60 所示。

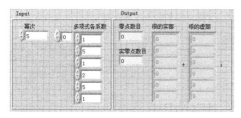

图 11-59　求解多项式函数零点的前面板

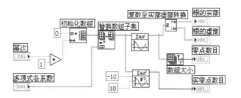

图 11-60　求解多项式函数零点的程序框图

3. 运行程序

单击运行 按钮，可在"零点数目"、"实零点数目"、"根的实部"和"根的虚部"4 个显示控件中观察到运行结果。可以看出，由右边多项式系数构造的多项式的零点数目为 5 个，其中包括 3 个实零点，如图 11-61 所示。

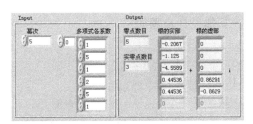

图 11-61　求解多项式函数零点实例的运行结果

11.7　【实例 57】曲线拟合

曲线拟合（curve fitting）是数据分析中常用的一项技术，广泛地应用于各类工程实践当中。曲线拟合是用连续曲线近似地刻画或比拟平面上离散点集合或数组所表示的坐标之间的函数关系的一种数据处理方法，这样就可以利用有限的数据画出一条连续的曲线，找出数据的分布规律，应用于趋势分析等场合。

11.7.1　设计目的

学习虚拟仪器中"拟合"子选板工具的内容和设计全过程，了解"拟合"子选板中"曲线拟合"函数的具体使用方法和技巧，进一步加深对数组的认识，掌握"曲线拟合"函数及其他相关选板的应用。

11.7.2　程序框图主要功能模块介绍

如图 11-62 所示，"拟合"选板是"数学"子选板中对离散点集合进行拟合操作的重要工具，包括对离散点集合的 11 种不同的拟合方法，如线性拟合、指数拟合、幂函数曲线拟合、高斯曲线拟合、广义多项式拟合和曲线拟合等。

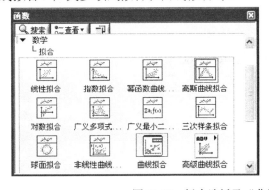

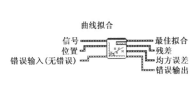

图 11-62　拟合选板及"曲线拟合"函数

本实例中要用到的函数选板为"曲线拟合"，其调用路径为"函数→数学→拟合→曲线拟合"。当把函数选板中的曲线拟合图标拖入程序框图中时，会自动弹出其属性对话框（如图 11-63 所示的"配置曲线拟合[曲线拟合]"对话框），该对话框包含 4 部分：模型类型、数据图、残差图和结果。配置界面各部分的介绍如下。

（1）模型类型（Model Type）部分。

（2）结果：显示根据用户选择的选项和输入值生成的参数值。

（3）数据图：显示原始数据和最佳拟合。

（4）残差图：显示原始数据和最佳拟合之间的差异。

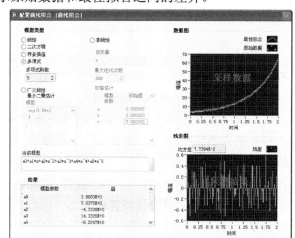

图 11-63　"配置曲线拟合[曲线拟合]"对话框

表 11-12 和表 11-13 给出了对"曲线拟合"函数节点的输入/输出参数的简要介绍。

表 11-12　"曲线拟合"函数节点的输入端子汇总

输 入 参 数	说　　明
信号	指定因变量的观测值
位置	指定自变量的值
错误输入（无错误）	描述该 VI 或函数运行前发生的错误情况

表 11-13　"曲线拟合"函数节点的输出端子汇总表（图 11-62 中未完全显示出来）

输 出 参 数	说　　明
a0	返回最佳二次拟合的常量
a1	返回一阶项系数
a2	返回二阶项系数
残差	返回原始数据和最佳拟合之间的差异
错误输出	包含错误信息。例如，错误输入表明在该 VI 或函数运行前已出现错误，则错误输出将包含相同错误信息，否则将表示 VI 或函数中出现的错误状态
多项式系数	返回最佳拟合多项式的系数。多项式系数中元素的总量为 $m+1$，其中 m 是多项式阶数
非线性系数	返回最能代表输入数据的非线性模型系数集合（按照最小二乘法）
广义最小二乘估计系数	返回最能代表输入数据的系数集合（按照最小二乘法）
均方误差	返回最佳拟合的均方误差
截距	返回最佳线性拟合的截距
斜率	返回最佳线性拟合的斜率
样条插值	返回插值函数 $g(x)$ 的二阶导数。样条插值是插值函数 $g(x)$ 在 $i = 0, 1, \cdots, n - 1$ 处的二阶导数
最佳拟合	返回拟合数据。VI 使用下列方程计算最佳拟合。 $z_i = f(x_i) \times A$ 式中，A 为最佳拟合系数

11.7.3　详细设计步骤

　　使用"曲线拟合"函数，用控件本身包含的 3 种不同的拟合模型，即线性、多项式和样条插值，对一组 2D 数组（离散点集）输入进行拟合，观察不同拟合方法的差异和特点。

曲线拟合实例的详细设计步骤如下。

1. 前面板的设计

（1）创建新 VI，命名为 Curve-Fitting.vi。其操作路径为"文件→新建 VI"。

（2）放置数组控件、枚举控件、数值控件和图形控件。

- 执行"控件→新式→数组、矩阵和簇→数组"和"控件→新式→数值→数值输入控件"操作，将数值输入控件拖入数组控件中，建立一个二维数组，并更改数值输入数组控件标签为"原始数据"。

- 执行"控件→新式→数组、矩阵和簇→数组"和"控件→新式→数值→数值显示控件"操作，建立 4 个二维数组，并依次将控件标签命名为"拟合数据"、"项系数"、"样条插值"和"截距和斜率"。

- 执行"控件→新式→下拉列表和枚举→枚举"操作，并将控件标签更名为"拟合模型"。如图 11-64 所示，用鼠标右键单击枚举控件，在弹出的快捷菜单中单击"编辑项…"，弹出"枚举属性：拟合模型"对话框，添加项值 Linear，Polynomial 和 Spline，如图 11-65 所示。

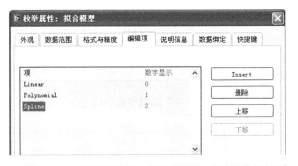

图 11-64　枚举控件的快捷菜单　　　　图 11-65　"枚举属性：拟合模型"对话框的编辑项

- 执行"控件→新式→数值→数值显示控件"操作，并将控件标签命名为"MSE"。

- 执行"控件→新式→图形→波形图"操作，添加 2 个波形图控件，并将控件标签更改为"原始数据和拟合数据"和"残差图"，然后用鼠标右键单击波形图控件的图例，在弹出的快捷菜单中设置前者的图例"原始数据"的线条颜色为绿色（如图 11-66 所示），点样式为 ×（如图 11-67 所示）。类似地，设置"拟合数据"的线条颜色为红色，点样式为 □；设置后者的图例"残差"的线条颜色为蓝色，点样式为 ■。

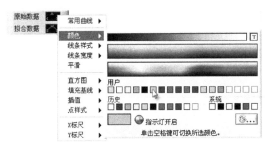
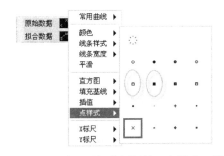

图 11-66　波形图控件图例的"颜色"设置　　　图 11-67　波形图控件图例的"点样式"设置

至此，曲线拟合实例的前面板设计完毕，如图 11-68 所示。

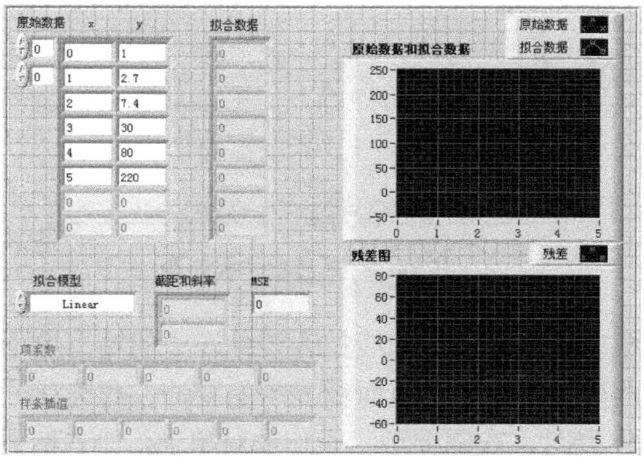

图 11-68　曲线拟合实例的前面板

2. 程序框图的编辑

（1）打开程序框图编辑窗口，相应的控件图标已经显示出来。其操作路径为"窗口→显示程序框图"。

（2）放置条件结构、索引数组、曲线拟合控件，创建数组节点。

- 执行"函数→编程→结构→条件结构"操作，将拟合模型节点与条件结构的选择器终端相连，此时条件结构包括 3 个分支，即 Linear，Polynomial 和 Spline。在以下的步骤中将在不同的分支中添加程序框图，以实现相应的拟合功能。

- 在如图 11-63 所示的对话框中对线性（Linear）、多项式（Polynomial）和样条插值（Spline）这 3 种不同拟合模型的"曲线拟合"函数节点进行配置，配置完成后函数节点的输入/输出端子情况如图 11-69 所示。

（a）线性　　　　　　（b）多项式　　　　　　（c）样条插值

图 11-69　曲线拟合函数不同拟合方式的配置

- 当对多维数组进行创建操作时，由于"曲线拟合"函数节点的输入/输出端子数据类型为动态数据，故将索引数组节点的输出端子与"曲线拟合"函数节点的输入端子相连时，会自动在两者端子中间生成"转换至动态数据"函数节点，同样地，当"曲线拟合"函数节点的输出端子与创建数组节点相连时，需要使用从动态数据转换函数节点。这两种函数节点的调用路径为"函数→ Express→信号操作→从动态数据转换/转换至动态数据"，如图 11-70 所示。

图 11-70　动态数据转换函数

- 由于采用的拟合模型不同，所以曲线拟合控件端子的输出也不尽相同。为了实时显示不同模型的输出参数，同时保证前面板显示的整洁性和美观，在这里使用了属性节点的禁用（Disabled）特性。在需要进行操作的对象上，如本例中的截距和斜率节点上右键单击鼠标，弹出如图 11-71 所示的快捷菜单，选中"禁用（Disabled）"属性节点后将其放置在绘图区，然后右键单击节点，在弹出的快捷菜单上根据需要选择"全部转换为写入"或"全部转换为读取"，这里使用其写入状态。其中禁用（属性节点）有三种状态：0 为使用，1 为禁用，2 为禁用并变灰。图 11-71 中也给出了禁用（属性节点）的示意图。重复进行此操作，建立"项系数"和"样条插值"控件的禁用（属性节点）。

图 11-71　禁用（属性节点）的创建

（3）参照曲线拟合的端子定义，用连线工具将程序框图中的各个控件连接起来，连接好的程序框图如图 11-72 所示。

3. 运行程序

单击连续运行 按钮，如图 11-73 所示，可在数值和图形显示控件中观察到运行结果。切换"拟合模型"的项值，可以分别显示 Linear（如图 11-73 所示）、Polynomial（如图 11-74 所示）和 Spline（如图 11-75 所示）3 种不同模型的曲线拟合结果。观察"截距和斜率"、"项系数"和"样条插值"控件的变化情况，就可以领会禁用（属性节点）的功能和妙用了。单击中止执行 按钮即可使程序停止运行。

另外，如图 11-76 所示，还可以通过右键单击"曲线拟合"函数节点，在弹出的快捷菜单中单击"属性"，对图 11-63 中的模型类型进行切换，以观察数据图和残差图的变化。

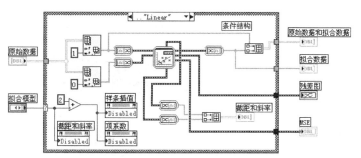

（a）case 1：曲线拟合——线性模型的程序框图

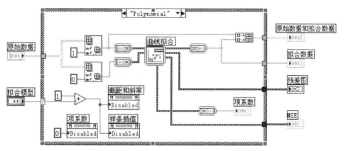

（b）case 2：曲线拟合——多项式模型的程序框图

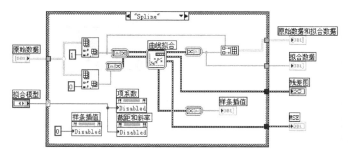

（c）case 3：曲线拟合——样条插值模型的程序框图

图 11-72　曲线拟合实例的程序框图

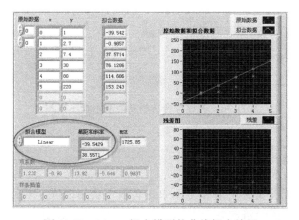

图 11-73　Linear 拟合模型的曲线拟合结果

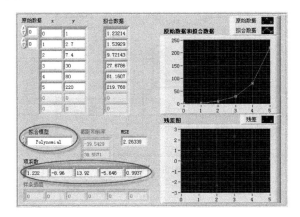

图 11-74　Polynomial 拟合模型的曲线拟合结果

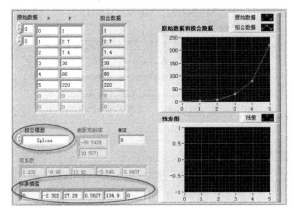

图 11-75　Spline 拟合模型的曲线拟合结果

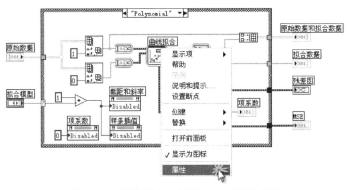

图 11-76　曲线拟合选板功能演示程序框图

11.8　【实例 58】概率与统计

概率统计知识在我们的实际生活和工作中占有很重要的地位，其应用几乎遍及所有科学技术领域、工农业生产和国民经济的各个部门。例如，使用概率统计方法可以进行气象预报、水文预报及地震预报；在可靠性工程中可给出元件或系统的使用可靠性和平均寿命的估计；在通信工程中可用以提高信号的抗干扰性和分辨率等。

11.8.1　设计目的

学习 LabVIEW 8.2 中"概率与统计"子选板的内容和设计的全过程，了解各个子选板的具体使用方法和技巧，进一步加深对概率统计重要作用的认识，掌握统计、均值、均方差、均值趋势等相关选板的使用方法。

11.8.2　程序框图主要功能模块介绍

"概率与统计"子选板是"数学"选板中对大量数据进行概率分布分析和统计分析等操作的重要工具，包括对连续数据或离散数据的均值、均值趋势、分布测度、百分点、均方根、均方差、中心矩、众数和中值的计算，相关系数的计算、方差分析，以及假设检验和直方图的绘制等。

"概率与统计"子选板的调用路径是"函数→数学→概率与统计"，如图 11-77 所示。"概率与统计"子选板部分函数节点的功能简介及使用说明如表 11-14 所示。

图 11-77　"概率与统计"子选板

表 11-14　"概率与统计"子选板部分函数节点的功能简介及使用说明

端子输入/输出定义	功能简介及使用说明
X — MEAN — 均值 错误	计算输入序列"X"的平均值
X数组 类型 百分比(取整) — 均值 错误	计算"X 数组"中数值的集中趋势。"类型（Type）"用来指定选择哪种类型的均值输出（共 5 种均值计算方法）
X 权(采样) — σσ² — 均值 标准偏差 方差	计算输入序列"X"的平均值、标准偏差和方差。"权（采样）"用来指定节点作用于全体数据（1-population）还是样本数据（默认 0-sample）
X数组 类型 — 展开值 错误	计算"X 数组"中数值的分布情况。"类型（Type）"用来指定选择哪种类型的分布计算方法（共 3 种）
X数组 P — 百分点 错误	计算"X 数组"中大于"P"值的数据在数组中所占的百分比。"P"的数据类型决定所采用的多态实例
X — RMS — 均方根值 错误	计算输入序列"X"的均方根（RMS）
Y值 X值 — MSE — 均方差 错误	计算输入序列"X 值"和"Y 值"的均方差（MSE）
X 阶数 — σₓᵐ — 矩 错误	计算计算输入序列"X"的中心矩。"阶数（Order）"必须大于 0，否则系统输出矩为 NaN，并返回一个错误

续表

端子输入/输出定义	功能简介及使用说明
X —— [八σμ] —— 协方差矩阵V / 均值向量	计算输入序列 "X" 的协方差矩阵 V 和均值向量
X / 间隔 —— [八σμ MODE] —— 众数 / 错误	找出输入序列 "X" 的众数或估计众数。这个节点有单众数和多众数两种分析状态可供选择。"间隔（intervals）" 用来指定计算估计众数时使用的直方图数目
X —— [八σμ Hi Low] —— 中值 / 错误	通过排序输入序列 "X" 中的数据找出序列的中值
X / 间隔 —— [八σμ] —— 直方图 / 直方图:h(x) / X值 / 错误	获得输入序列 "X" 的离散直方图。"间隔（intervals）" 必须大于 0，"X" 值指的是直方图间隔箱内的 X 的中值。"直方图（Histogram Grape）" 显示直方图的条形图，"直方图：h(x)" 指的是序列的离散直方图
X / 区间 / 最大值 / 最小值 / 区间数量 / 包含 —— [八σμ ADV] —— 直方图 / 直方图 / 区间中心 / 区间外数量 / 错误	获得输入序列 "X" 的给定间隔箱规格的离散直方图。"包含（inclusion）" 指定如何处理每个间隔箱的边界，有 2 种方法供选择。"区间外数量（outer）" 指 VI 成功执行时没有被包含在任一区间中的点信息
X / Y —— [八σμ ρ] —— 相关系数r / r^2	计算输入序列 "X" 和 "Y" 的线性相关系数。"r^2" 指的是相关系数 r 的平方
X / Y —— [八σμ τ Kendall] —— 相关系数r / r^2	计算输入序列 "X" 和 "Y" 的 Kendall' Tau 相关系数。"r^2" 指的是相关系数 r 的平方

11.8.3　详细设计步骤

利用"概率与统计"子选板，使用选板中的"标准偏差和方差"、"中值"和"直方图"函数，对加高斯噪声的正弦信号输入进行统计分析，观察输出波形、直方图和各统计典型值波形的特点。

概率与统计实例的详细设计步骤如下。

1. 前面板的设计

（1）创建新 VI，命名为 Statistics.vi。其操作路径为"文件→新建 VI"。

（2）放置数值控件、簇控件和图形控件。

- 执行"控件→新式→数值→数值输入控件"操作，将控件标签分别命名为"Amplitude"（默认值设置为 1）、"Frequency"（默认值设置为 10）、"Phase"（默认值设置为 0）、"Offset"（默认值设置为 0）和"intervals"（默认值设置为 50）；执行"控件→新式→数值→数值显示控件"操作，更改控件标签为"中值"。

- 执行"控件→新式→数组、矩阵和簇→簇"和"控件→新式→数值→数值输入控件"操作，将数值输入控件拖入簇控件中构造簇数组控件，并将控件标签命名为"Sampling info"，其中数值输入控件分别命名为"Fs"和"#s"，两者的默认值都设置为 1000；执行"控件→新式→数组、矩阵和簇→簇"和"控件→新式→数值→数值显示控件"操作，将数值显示控件拖入簇控件中构造簇数组控件，并将控件标签命名为"标准偏差和方差"，其中数值显示控件分别命名为"均值"、"标准偏差"和"方差"。

- 分别执行"控件→新式→图形→波形图/XY 图/波形图表"操作，将波形图、XY 图和波形图表分别命名为"波形图"、"直方图"和"多波形图表"，并参照以前章节对图形控件的显示项进行选取与去除。

设计完毕的前面板如图 11-78 所示。

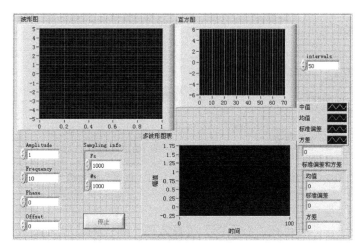

图 11-78　概率与统计实例的前面板

2. 程序框图的编辑

（1）打开程序框图编辑窗口，相应的控件图标已经显示出来。其操作路径为"窗口→显示程序框图"。

（2）放置 While 循环、正弦波形、高斯白噪声波形、直方图、中值、标注偏差和方差、停止及等待（ms）函数节点。

- 执行"函数→编程→结构→While 循环"操作，添加 While 循环，并将所有控件节点拖入 While 循环中。

- 分别执行"函数→信号处理→波形生成→正弦波形/高斯白噪声"操作，在 While 循环中添加正弦波形和高斯白噪声函数节点，两个信号通过加节点相加，用于生成一个包含了高斯白噪声的正弦波形。

- 分别执行"函数→数学→概率与统计→直方图/中值/标准偏差和方差"操作，将直方图、中值、标准偏差和方差函数节点添加到 While 循环中，对波形信号进行相应的分析和计算。

如图 11-79 所示，用鼠标右键单击"intervals"数值输入控件，创建控件的局部变量（如图 11-79（a）所示），并将局部变量"转换为读取"状态（如图 11-79（b）所示）。

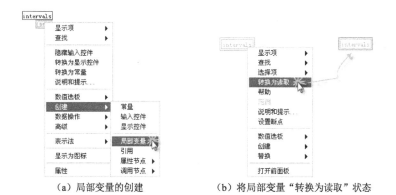

（a）局部变量的创建　　　　　（b）将局部变量"转换为读取"状态

图 11-79　局部变量的创建和读取状态的转换

程序框图设计完毕后如图 11-81 所示。

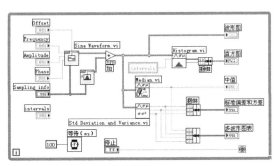

图 11-80 "停止"按钮功能实现的配置   图 11-81 概率与统计选板功能演示程序框图

3. 运行程序

单击运行 ⬧ 按钮，此时可在"波形图"、"直方图"和"多波形图表"等控件中观察到运行结果，如图 11-82 所示，改变"Amplitude"或"Frequency"的值，可以观察到不同的显示结果。注意信号频率"Frequency"值和采样频率"Fs"值的关系，否则会出现错误提示，中断程序的运行。单击"中止执行" ⬛ 按钮或者"停止"按钮即可使程序停止运行。

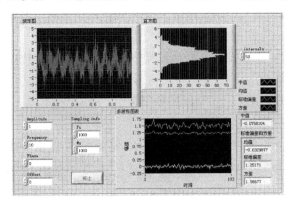

图 11-82 概率与统计实例的运行结果

11.9 【实例 59】取值最优化

最优化是应用数学的一个重要分支，其主要研究的问题是：给定一个目标函数 $f(x)$，在满足约束条件（即可以没有，也可有多个）的情况下，使其在某一指定集合 A 中的评价准则达到最佳（最小或最大）。最优化的主要分支包括线性规划、整数规划、二次规划、非线性规划和动态规划等。它广泛地应用于生产计划、库存管理、运输问题、工程的优化设计、计算机和信息系统等相关的领域，与我们的生活和工作关系极为密切。

11.9.1 设计目的

学习 LabVIEW 8.2 中"最优化"选板的内容和设计的全过程，了解各个子选板的具体使用方法和技巧，进一步加深对最优化理论的认识，掌握线性规划、二次方程式规划、无约束最优化和带约束的非线性最优化等相关函数节点的使用方法。

11.9.2　程序框图主要功能模块介绍

"最优化"选板是"数学"子选板中解决在约束条件制约下目标函数寻找最优值问题的重要工具，包括线性规划单纯形法、二次方程式规划、无约束最优化、带约束的非线性最优化、一元函数局部最（极）小值、多元函数极小值、多维共轭梯度和切比雪夫逼近等数学规划方法。

"最优化"选板的调用路径是"函数→数学→最优化"，其全部函数节点如图 11-83 所示。"最优化"选板函数节点的功能简介及使用说明如表 11-15 所示。

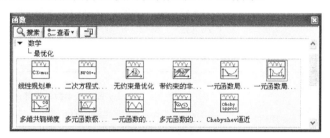

图 11-83　"最优化"选板的函数节点图

表 11-15　"最优化"选板函数节点的功能简介及使用说明

端子输入/输出参数	功能简介及使用说明
 线性规划单纯形法 [Linear Programming Simplex Method.vi] C —— 最大值 M —— X B —— 计时 错误	确定线性规划问题的解决方案（使用方法见本章实例）
 二次方程式编程 [Quadratic Programming.vi] 开始 目标函数 参数界限 —— 最小值 等式约束 —— f(minimum) 错误输入(无错误) —— 拉格朗日乘数 不等式约束 —— 错误输出 停止标准	在等式约束 $A \times x = b$，不等式约束 $I_{min} < D \times x < I_{max}$ 的条件下，解决 $0.5x \times Q \times x + c \times x$ 式子取最小值的问题。函数节点有两种多态实例（IP-内部点，AS-活动集合）可供手动选择。"开始（Start）"表示最优化开始的起点；"参数界限"是输入参数可供选取的最小和最大值；"错误输入（无错误）"描述在 VI 或者函数运行之前发生的错误情况；"停止标准（stopping criteria）"表示最优化过程终止的标准[（function tolerance AND parameter tolerance AND gradient tolerance）OR max iterations OR max function calls]（图中未显示）。"拉格朗日乘数"是相应于等式约束和不等式约束拉格朗日函数的系数。"错误输出（Error out）"是一个传递由 VI 给出的错误和警告的信息簇
 无约束最优化 [Unconstrained Optimization.vi] 函数数据 目标函数 开始 —— 最小值 停止标准 —— f(minimum) 错误输入(无错误) —— 函数估计次数 错误输出	求解随机非线性函数（目标函数）的无约束最优化问题。函数节点包含 3 套算法，每套算法因目标函数形式不同有 2 种实例，即共 6 种多态实例可供手动选择。"函数数据"指由用户定义的函数运行时需要的静态数据；"函数估计次数"表示最优化过程中目标函数被调用的次数
 带约束的非线性最优化 [Constrained Nonlinear Optimization.vi] 函数数据 目标和约束函数 开始 —— 函数调用次数 限制 —— 最小值 —— f(minimum) 开始状态 —— 结束状态 错误输入(无错误) —— 错误输出 约束设置 停止标准	在非线性等式约束和不等式约束下，用序列二次规划方法解决一般的最优化问题。"限制（bounds）"指一个簇，为被优化的参数和不等式约束设置最大和最小数值限制；"开始状态"是指不等式约束、拉格朗日乘子和 hessian 的初值；"约束设置"指为这个算法特设的附加容差和终止设置；"结束状态"是指不等式约束、拉格朗日乘子和 hessian 的终值

续表

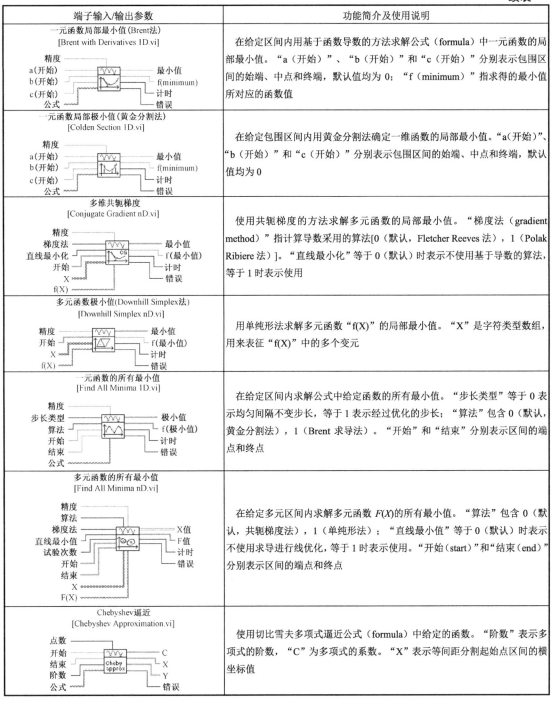

端子输入/输出参数	功能简介及使用说明
一元函数局部最小值(Brent法) [Brent with Derivatives 1D.vi] 精度 a(开始)　　最小值 b(开始)　　f(minimum) c(开始)　　计时 公式　　错误	在给定区间内用基于函数导数的方法求解公式（formula）中一元函数的局部最小值。"a（开始）"、"b（开始）"和"c（开始）"分别表示包围区间的始端、中点和终端，默认值均为 0；"f（minimum）"指求得的最小值所对应的函数值
一元函数局部极小值(黄金分割法) [Colden Section 1D.vi] 精度 a(开始)　　最小值 b(开始)　　f(minimum) c(开始)　　计时 公式　　错误	在给定包围区间内用黄金分割法确定一维函数的局部最小值。"a（开始）"、"b（开始）"和"c（开始）"分别表示包围区间的始端、中点和终端，默认值均为 0
多维共轭梯度 [Conjugate Gradient nD.vi] 精度 梯度法　　最小值 直线最小化　　f(最小值) 开始　　计时 X　　错误 f(X)	使用共轭梯度的方法求解多元函数的局部最小值。"梯度法（gradient method）"指计算导数采用的算法[0（默认，Fletcher Reeves 法），1（Polak Ribiere 法）]。"直线最小化"等于 0（默认）时表示不使用基于导数的算法，等于 1 时表示使用
多元函数极小值(Downhill Simplex法) [Downhill Simplex nD.vi] 精度　　最小值 开始　　f(最小值) X　　计时 f(X)　　错误	用单纯形法求解多元函数"f(X)"的局部最小值。"X"是字符类型数组，用来表征"f(X)"中的多个变元
一元函数的所有最小值 [Find All Minima 1D.vi] 精度 步长类型　　极小值 算法　　f(极小值) 开始　　计时 结束　　错误 公式	在给定区间内求解公式中给定函数的所有最小值。"步长类型"等于 0 表示均匀间隔不变步长，等于 1 表示经过优化的步长；"算法"包含 0（默认，黄金分割法），1（Brent 求导法）。"开始"和"结束"分别表示区间的端点和终点
多元函数的所有最小值 [Find All Minima nD.vi] 精度 算法 梯度法 直线最小值　　X值 试验次数　　F值 开始　　计时 结束　　错误 X F(X)	在给定多元区间内求解多元函数 $F(X)$ 的所有最小值。"算法"包含 0（默认，共轭梯度法），1（单纯形法）；"直线最小值"等于 0（默认）时表示不使用求导进行线优化，等于 1 时表示使用。"开始（start）"和"结束（end）"分别表示区间的端点和终点
Chebyshev逼近 [Chebyshev Approximation.vi] 点数 开始　　C 结束　　X 阶数　　Y 公式　　错误	使用切比雪夫多项式逼近公式（formula）中给定的函数。"阶数"表示多项式的阶数，"C"为多项式的系数。"X"表示等间距分割起始点区间的横坐标值

注：除特殊说明外，表中函数节点端子名称相同的含义均相同。

11.9.3 详细设计步骤

利用"最优化"子选板，使用选板中的线性规划单纯形法函数节点，对 1 个二维线性问题进行最优化分析，要求得到目标函数的最大值，并在坐标系中用几何法表示出来。验证之。

线性规划单纯形法解决的数学问题可以表示为

$$C \cdot X = \max!$$

约束条件是

$$\begin{cases} X \geqslant 0 \\ M \cdot X \geqslant B \end{cases}$$

式中，$X = (x_1, x_2, \cdots, x_{n-1}, x_n)^{\mathrm{T}}$；$C = (c_1, c_2, \cdots, c_{n-1}, c_n)$；$B = (b_1, b_2, \cdots, b_{k-1}, b_k)$；$M$ 是一个 $k \times n$ 的矩阵。

取值最优化实例的详细设计步骤如下。

1. 前面板的设计

（1）创建新 VI，命名为 Optimization.vi。其操作路径为"文件→新建 VI"。

（2）放置数值控件、簇控件和图形控件。

- 执行"控件→新式→数组、矩阵和簇→数组"和"控件→新式→数值→数值输入控件"操作，并将数值输入控件拖入数组控件中，分别创建一个列数组、行数组和二维数组控件，其中列数组控件标签更名为"B"（其默认值设置为$[-0.6, -0.7, -0.8, -1]^{\mathrm{T}}$），行数组控件标签更名为"C"（其默认值设置为$[1, -1]$），二维数组控件标签更名为"M"（其默认值设置为$[-1, -1, -1, -1; -1, -2, -3, -4]$）。

- 执行"控件→新式→数组、矩阵和簇→数组"和"控件→新式→数值→数值显示控件"操作，创建一个列数组，并将控件标签命名为"Solution X"，将数值显示控件命名为"Max"和"Error"。

- 执行"控件→新式→图形→ XY 图"操作，创建一个 XY 图形控件，并命名为"最大值几何示意图"，并参照以前章节对图形控件的显示项进行选取、去除及修改。

设计完毕后前面板如图 11-84 所示。

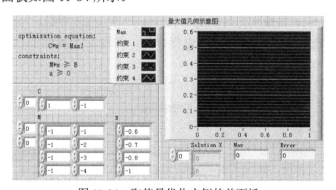

图 11-84　取值最优化实例的前面板

2. 程序框图的编辑

（1）打开程序框图编辑窗口，相应的控件图标已经显示出来。其操作路径为"窗口→显示程序框图"。

（2）放置线性规划单纯形法、构建数组、索引数组、for 循环，捆绑和 $y = f(a, x)$ 求值等函数节点。

- 执行"函数→数学→最优化→线性规划单纯形法"操作，将函数节点放置在程序框图编程区，此函数有 4 个输出参数：① 最大值（maximum），表示在约束条件求得的矢量 X 中元素的最大值；② X，表示最优值解矢量；③ 计时（ticks），表示整个计算过程花费的时间（ms）；④ 错误（error），返回 VI 中出现的任一类型的错误和警告情况，当矢量 X 解不存在时将会产生一个错误。将线性规划单纯形法函数节点的端子与数据输入/输出部分连接起来，如图 11-86 左下角所示。

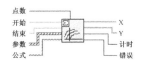

图 11-85 "y = f（a，x）求值"
函数输入/输出端子的示意图

- 执行"函数→编程→结构→for 循环"操作。在程序框图中放置 for 循环，使用 for 循环是为了实现用作图的方式求得最优值的功能。

- "y = f（a，x）"求值函数的调用路径是"函数→数学→脚本和公式→一维和二维→y = f（a，x）求值"，图 11-85 是其输入/输出端子的示意图，用于显示四个约束条件的等式形式在指定区间内的图形，其输入/输出参数简介如表 11-16 所示。

表 11-16 "y = f（a, x）"求值函数输入/输出参数的说明

参 数 名 称	说 明
点数（number of points）	指被用来计算的点的数量，自变量区间被点数平分，默认值为 10
开始（start）和结束（end）	分别指计算区间的端点（默认值为 0.0）和终点（默认值为 1.0）
参数（parameters）	是一个数组簇，由字符类型的参数名（name）和双精度类型的参数值（value）组成
公式（formula）	描述目标函数的字符串
X	是端点和终点间的等距点数组
Y	是对应于 X 点的函数值
计时（ticks）	是指得出分解公式和计算出 X 和 Y 数组所需要的时间（ms）
错误（error）	运行失败时返回系统给出的错误和警告信息

- 如图 11-86 所示，将最优化问题的最优解矢量捆绑成簇数组，与约束条件的边界值构成的簇数组通过创建数组函数节点进行合并，并输入"最大值几何示意图"图形显示控件节点中。

设计完毕的取值最优化实例的程序框图如图 11-86 所示。

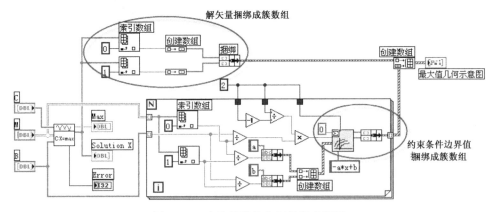

图 11-86 取值最优化实例的程序框图

3. 运行程序

单击连续运行按钮，此时可在数值和图形显示控件中观察到运行结果，如图 11-87 所示。改变"C"、约束条件"M"和"B"的值，可观察目标函数最大值的变化。单击中止执行按钮可使程序停止运行。

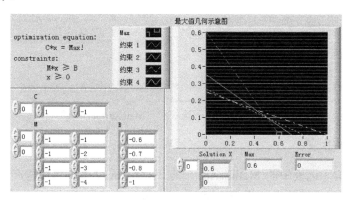

图 11-87　取值最优化实例的运行结果

11.10　【实例 60】MathScript 节点实现信号分析

LabVIEW 8.2 MathScript 是一款面向数学、基于文本的编程语言，包括 600 多种常用的数学运算、信号处理和分析函数。MathScript 节点是 LabVIEW 8.2 的新增功能节点，可以方便地实现 m 文本化语言编程与 LabVIEW 8.2 图形化语言编程的成功结合。

使用 MathScript 节点的一个好处是可以方便地执行用户的数学算法，并充分利用虚拟仪器技术的便利，通过将用户的 m 文件脚本代码的变量和 LabVIEW 8.2 控件和指示件（如旋钮、滑杆、按钮和二维、三维图表）相连接，为 m 文件脚本算法创建自定义、交互式的用户界面。

使用 MathScript 节点的另一个好处是简化数据采集、信号生成和仪器控制任务。在 MathScript 节点中执行的 m 文件脚本可以使用在 LabVIEW 8.2 开发环境中普遍应用的硬件控制功能、图形化环境来自动管理连续数据采集操作，为开发者节省了大量时间。

11.10.1　设计目的

首先基于 LabVIEW 8.2 虚拟平台，使用图形语言编程，利用"编程→结构"子选板中的 MathScript 节点，使用 m 文本脚本进行编程，生成两个相位不同的正弦波，然后计算两者的相关性和相位差，并用波形图表显示两个波形，以实时观察波形变化情况。另外，还可以实现对输出波形的采样点数、幅值、周期和相位等进行改变的功能。

11.10.2　程序框图主要功能模块介绍

如图 11-88 所示，"MathScript 节点"位于"函数"选板的"编程→结构"中。MathScript 节点的语法和 MATLAB（R）语言的语法相似，使用此节点可以执行用户编写的脚本。

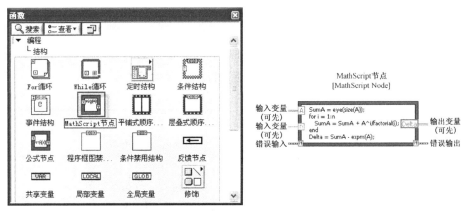

图 11-88　　"结构"子选板和"MathScript 节点"

11.10.3　详细设计步骤

首先利用"结构"选板中的 MathScript 节点，使用 m 文本脚本编程产生两个相位不同的正弦波，然后在程序中计算两者的相关性和相位差，最后由波形图表显示两个波形的变化情况。具体设计步骤如下所示。

1. 前面板的设计

（1）创建新 VI，命名为 MathScript-SignalAnalysis.vi。其操作路径为"文件→新建 VI"。

（2）放置布尔控件、数值控件和图形控件。

- 执行"控件→新式→数值→数值输入控件"操作，放置 4 个数值输入控件，并将其标签分别命名为"采样"（默认值设置为 5120）、"周期"（默认值设置为 2.00）、"幅值"（默认值设置为 1.00）和"相位（度）"（默认值设置为 15.00）；执行"控件→新式→数值→数值显示控件"操作，放置 3 个控件并分别命名为"延迟点数"、"延迟相位（度）"和"time"。

- 执行"控件→新式→图形→波形图"操作，放置 2 个波形图控件并分别命名为"比较信号"和"互相关结果"。

- 执行"控件→新式→布尔→停止按钮"操作，用于用户随时中止程序的运行。

前面板设计完毕后如图 11-89 所示。

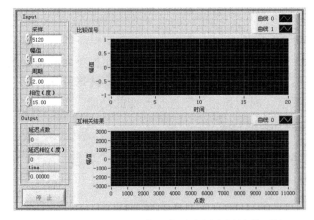

图 11-89　MathScript 实现信号分析实例的前面板

2. 程序框图的编辑

（1）打开程序框图编辑窗口，相应的控件图标已经显示出来。其操作路径为"窗口→显示程序框图"。

（2）放置 While 循环、MathScript 节点等。

- 执行"函数→编程→结构→While 循环"，所有程序在 While 循环中进行。
- 执行"函数→编程→结构→MathScript 节点"，如图 11-90 所示，创建 MathScript 节点。

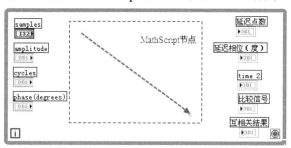

图 11-90　MathScript 节点的创建

接着，用鼠标右键单击节点的左边框，在弹出的快捷菜单中选择"添加输入"，添加 4 个输入变量（如图 11-91 所示），将其分别命名为"ss"、"A"、"c"和"p"，如图 11-92 所示。

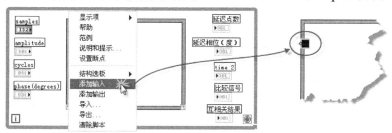

图 11-91　"添加输入"变量到 MathScript 节点（一）

类似地，用鼠标右键单击节点的右边框，在弹出的快捷菜单中选择"添加输出"，添加 7 个输出变量（如图 11-93 所示），分别将其命名为"sampledelay"，"delay"，"time"，"dx"，"y1"，"y2"和"y"，并对其中的"y1"、"y2"和"y"3 个变量进行数据类型的设置，如图 11-93 所示。具体设置步骤为：用鼠标右键单击变量，在弹出的快捷菜单中选择"选择数据类型→一维数组→DBL 1D"，改变变量数据类型，然后将输入/输出变量与对应的控件节点连接起来。

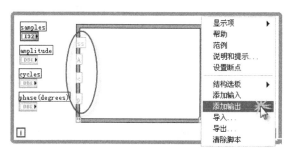

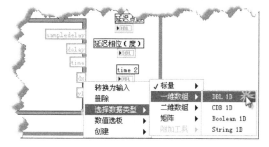

图 11-92　"添加输出"变量到 MathScript 节点（二）　　　图 11-93　输出变量"数据类型"的选择

最后，在 MathScript 节点框内编辑 m 文件脚本，如下所示。

```
tic
x=linspace(0,6*pi,ss)
cta=p/180*pi;
dx=6*pi/ss;
y1=A*sin(x*c);
y2=A*sin(x*c-cta);
y=xcorr(y2,y1);

%找出 y 的最大值及对应的 t_max
[y_max,t_max]=max(y);
%计算与中心点相差的样点数
sampledelay=t_max-ss;
%求信号一个周期的样点数,一个周期相对应于 2*pi
T_sig=ss/(3*c);
%计算与中心点相差的样点数所对应的弧度值
delay=2*sampledelay/T_sig*180;

time=toc
```

这里用到了 MathScript 函数 "linspacc", "sin", "xcorr", "max" 和 "tic/toc", 表 11-17 给出了这些函数的语法规范和说明。

表 11-17   MathScript 函数的语法规范和说明

语　　法	名　　称	说　　明
c = linspace (a, b) c = linspace (a, b, n)	linspace	属于 waveform generation 类成员, 用于生成区间[a, b]之间的均分点矢量, 其中 a 和 b 都是标量, n 是一个整数, 指定生成点的数目, 默认值为 100
c = sin (a)	sin	属于 trigonometric 类成员, 可以计算输入元素的 sine 值, 其中 a 是实数或者复数数组
c = xcorr (a) c = xcorr (a, b) c = xcorr (a, b, option) [c, d] = xcorr (a, b, option)等	xcorr	属于 spectral analysis 和 statistics 类成员, 用于对输入值的相关计算。其中 a 指定一个矢量或者数组, b 指定一个矢量, c 返回输入数组的互相关计算结果, option 指定进行相关计算式采用的归一化方法, 在编程中可以用字符串的形式指定, 包括 biased、coeff、none(默认)和 unbiased
c = max (a) c = max (a, b) [c, d] = max (a)	max	属于基本类成员, 可以确定最大输入元素, 如果输入为复数, 则只对其幅度值进行比较。其中 a 指定一个矢量或者数组, b 指定一个与 a 同样尺度的矢量或者数组, c 返回输入矢量 a 的最大元素, d 指输入 a 中最大元素的索引
tic/toc	tic/toc	属于 timing 类成员, 两者配合使用以确定指定代码段的计算时间。其中 tic 用于启动秒表计时器, toc 用于停止计时器, 并输出经过时间(s)

实例的程序框图连线完毕后如图 11-94 所示。

图 11-94   MathScript 节点实现信号分析实例的程序框图

3. 运行程序

单击运行按钮⬚，如图 11-95 所示，在
"比较信号"图形控件中可以观察到两个输入
信号，而"互相关结果"控件展示了输入信
号的互相关计算结果。改变"相位（度）"或
"周期"等输入控件的值，两个输入信号的相
对位置和互相关结果会发生相应的变化，可
以在"延迟点数"和"延迟相位（度）"显示
控件中观察到详细的变化情况。"time"控件
中记录了执行完一次计算花费的时间。单击
中止执行按钮⬚可使程序停止运行。

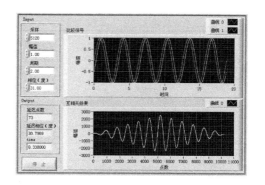

图 11-95　MathScript 节点实现信号分析实例的结果

11.11　【实例 61】信号生成

11.11.1　设计目的

基于 LabVIEW 8.2 虚拟平台，使用图形语言编程，利用"信号生成"选板，使用选板中的
基于持续时间的信号发生器、Gamma 噪声和二进制 MLS 节点等，设计出可以显示多种基本波形
的信号发生器，同时可对基本信号加载 Gamma 噪声和二进制 MLS 噪声，并且可以实时观察波
形变化情况。另外，还可以实现对输出波形的类型、幅值、频率、采样点数和相位等进行改变的
功能。

11.11.2　程序框图主要功能模块介绍

"信号生成"选板是"信号处理"子选板下产生多种仿真信号的重要工具，可以产生各种
基本和复杂的任意信号，如方波、三角波、正弦波、脉冲信号、坡形信号和 chirp 信号等，而
且还可以向基本信号中加载噪声，如均匀白噪声、高斯白噪声、Gamma 噪声、泊松噪声和
Bernoulli 噪声等。另外，选板中还包含本身混有噪声的信号，如混合单频和噪声及高斯调制正
弦波。

"信号生成"选板的调用路径是"函数→信号处理→信号生成"，其函数节点如图 11-96 所
示。"信号生成"选板部分函数节点的功能简介及使用说明如表 11-18 所示。

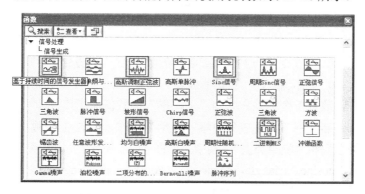

图 11-96　"信号生成"选板的函数节点

表 11-18　　"信号生成"子选板部分函数节点的功能简介及使用说明

端子输入/输出定义	功能简介及使用说明
基于持续时间的信号发生器 [Signal Generator by Duration.vi] 持续时间 信号类型　　　　信号 采样点数 频率　　　　　　错误 幅值 直流偏移量 相位输入	产生一种由信号类型给定的波形。"信号类型"提供 7 种波形可供选择[0（默认）为正弦、1 为余弦、2 为三角、3 为方波、4 为锯齿、5 为上升坡形、6 为下降坡形]；"相位输入"表示重置相位为 TRUE 时输出信号的初始相位；"采样点数"、"频率"和"幅值"默认值分别为 100、10 和 1.0；"直流偏移量"和"相位输入"默认值都为 0；"占空比"只有在方波输出时才有效；"采样率"等于持续时间/采样点数；"相位输出"表示信号下一个采样的相位（有些在图中未显示出来）
高斯调制正弦波 [Gaussian Modulated Sine Pattern.vi] 衰减(dB) 中心频率(Hz) 采样　　　　高斯调制正弦波 幅值 延迟(s)　　　　错误 Δt(s) 归一化带宽	产生高斯调制正弦波图形。"衰减（dB）"与中心频率两侧波能量的消减有关，默认为 6；"中心频率（Hz）"、"采样"和"幅值"的默认值分别为 1、128 和 1；"延迟（s）"（默认为 0）指定波形峰值的偏移；"Δt（s）"（默认为 0.1）表示采样间隔；"归一化带宽"（默认为 1.5）表示功率谱中衰减处的带宽与中心频率的乘积
周期Sinc信号 [Periodec Sinc Pattern.vi] 延迟(s) 采样　　　　周期Sinc信号 幅值 阶数　　　　　错误 Δt(s)	产生周期 Sinc 波图形。"延迟（s）"、"采样"、"幅值"和"Δt（s）"的默认值分别为 0、128、1 和 0.1；"阶数"（默认为 9）用来指定两相邻波峰之间的过零点数目（等于阶数－1）
二进制MLS [Binary MLS.vi] 采样　　　　mls顺序 多项式阶数 种子　　　　错误代码	用指定多项式阶数（默认为 31）的模 - 2 初级多项式产生一个长度最大的二进制序列。"种子（seed）"（默认为 - 1）大于 0 时表示噪声发生器进行补播，否则不进行补播
Gamma噪声 [Gamma Noise.vi] 采样　　　　Gamma噪声 阶数 种子　　　　错误	在由"阶数"（默认为 1）指定的单位平均泊松过程中，产生事件发生次数的等待时间值（伪随机模式）

注：除特殊说明外，表中节点端子名称相同的含义均相同。

11.11.3　详细设计步骤

1. 前面板的设计

（1）创建新 VI，命名为 Signal-generator.vi。其操作路径为"文件→新建 VI"。

（2）放置布尔控件、数值控件、枚举控件和图形控件。

● 执行"控件→新式→数值→数值输入控件"操作，放置 9 个数值输入控件，并将其标签分别命名为"持续时间"（默认值设置为 1）、"采样点数"（默认值设置为 128）、"频率"（默认值设置为 10）、"幅值"（默认值设置为 1）、"直流偏移量"（默认值设置为 0）、"阶数"（默认值设置为 3）、"多项式阶数"（默认值设置为 2）、"占空比"（默认值设置为 50）和"相位输入"（默认值设置为 0）；执行"控件→新式→数值→数值显示控件"操作，放置 1 个标签命名为"采样率"的数值输出控件。

● 执行"控件→新式→下拉列表和枚举→枚举"操作，放置 2 个枚举控件，并分别命名为"信号类型"和"噪声类型"。其中，如图 11-97 所示，"信号类型"的项基于索引 0 依次为 sina、cosine、triangle、square、sawtooth、increasing ramp 和 decreasing ramp；"噪声类型"的项依次为无、Gamma 和 mls，仍如图 11-97 所示。

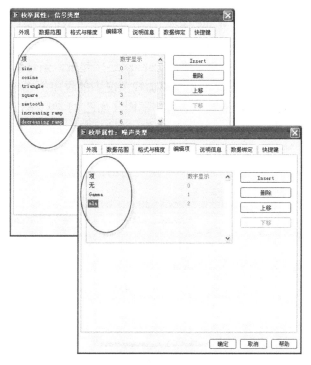

图 11-97　"信号类型"和"噪声类型"枚举控件的项

- 执行"控件→新式→布尔→滑动开关"操作，将开关控件命名为"重置相位"，并将其显示项中的布尔文本"开"改为"True"，"关"改为"False"。
- 执行"控件→新式→图形→波形图"操作，放置 1 个波形图控件。

前面板设计完毕后如图 11-98 所示。

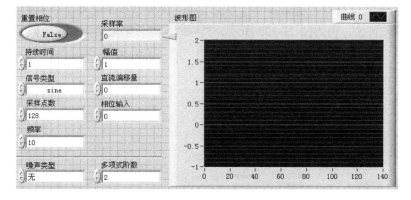

图 11-98　信号生成实例的前面板

2. 程序框图的编辑

（1）打开程序框图编辑窗口，相应的控件图标已经显示出来。其操作路径为"窗口→显示程序框图"。

（2）放置 While 循环、条件结构、基于持续时间的信号发生器、Gamma 噪声、二进制 MLS、逻辑或及等于等节点图标。

● 执行"函数→编程→结构→While 循环"，所有程序在 While 循环中进行。

● 执行"函数→编程→结构→条件结构"，加载不同噪声信号的功能由条件结构完成，将
噪声类型节点的输出与条件结构的选择器终端连接起来，条件结构即出现 3 个分支，
如图 11-99 所示。其中，分支 0 是无噪声加载情况下的程序框图（如图 11-99（a）所示）；
分支 1 是加载 Gamma 噪声情况下的程序框图（如图 11-99（b）所示），执行"函数→
信号处理→信号生成→Gamma 噪声"操作，添加一个 Gamma 噪声函数节点即可；分
支 2 是加载二进制 MLS 噪声情况下的程序框图（如图 11-99（c）所示），执行"函数
→信号处理→信号生成→二进制 MLS 噪声"操作，添加一个二进制 MLS 噪声函数节
点即可。

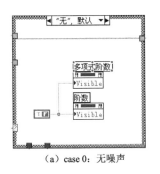 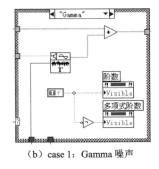 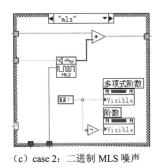

（a）case 0：无噪声　　　　　（b）case 1：Gamma 噪声　　　　（c）case 2：二进制 MLS 噪声

图 11-99　不同噪声情况下的程序框图

　　While 循环和条件结构中都使用了控件的属性节点的可见（Visible）特性，其使用方法可
以参照 11.7 节中的禁用（disabled）属性节点，不同的是可见（属性节点）的输入为布尔量，
True 表示可见，False 表示不可见。以"占空比"节点的可见（属性节点）为例，用鼠标右键
单击"占空比"节点，在弹出的快捷菜单上选择"创建→属性节点→可见"，即可创建之，如
图 11-100 所示；然后用鼠标右键单击"占空比"可见属性节点，选择"全部转换为写入"，完
成属性节点的状态转换，仍如图 11-100 所示。类似地，可以创建"多项式阶数"和"阶数"的
可见属性节点。

图 11-100　可见（属性节点）的创建和读写状态的转换

● 参照 11.11.2 节中的介绍，将基于持续时间的信号发生器的端子与参数输入和波形显示
或噪声加载部分连接起来。

实例的程序框图连线完毕后如图 11-101 所示。

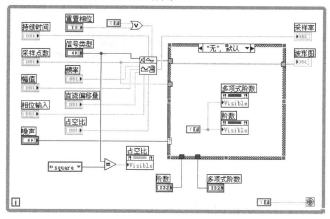

图 11-101 信号生成实例的程序框图

3. 运行程序

单击运行按钮 ⟳，在"采样率"控件和波形图控件中可观察到运行结果。改变"幅值"或"频率"等输入控件的值，波形图的图形显示会发生相应变化。图 11-102 展示了 sine 信号+Gamma 噪声的输入/输出参数和波形显示，注意"阶数"在噪声类型为"Gamma"时才是可见的；图 11-103 展示了 sine 信号+二进制 MLS 噪声的输入/输出参数和波形显示，注意当噪声类型为"mls"时"多项式阶数"才是可见的；图 11-104 展示了 Square 信号的输入/输出参数和波形显示，只有当信号类型为"Square"时"占空比"才会出现。

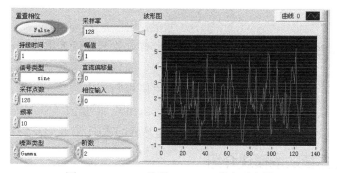

图 11-102 sine 信号+Gamma 噪声示意图

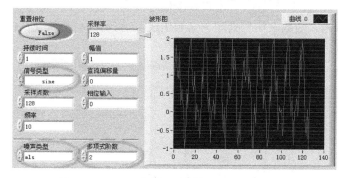

图 11-103 sine 信号+二进制 MLS 噪声示意图

另外，注意信号的"频率"值和"采样点数"值的关系，否则会出现错误提示。单击中止执行按钮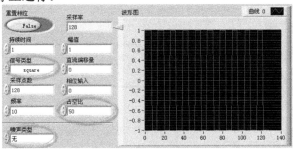可使程序停止运行。

图 11-104　Square 信号示意图

11.12　【实例 62】计算信号归一化频率

在数字信号领域中，经常采用归一化频率 f'（或称为数字频率）作为频率标度，即

$$f'=\text{模拟频率 } f / \text{采样频率 } f_s$$

通常情况下，模拟频率以 Hz（或每秒周期数）为单位，而采样频率的单位为每秒采样数，那么归一化频率的单位就是周期数/每采样（cycles/sample）。规定区间（0.0，1.0）的归一化频率对应于区间（0.0，f_s）的采样频率，那么归一化频率就被约束在 1.0 之内，因此 1.4 的归一化频率就等于 0.4。例如，对于某频率为 10Hz 信号的采样频率是 128，即每个周期的采样点数为 128，那么每个点对应的周期数就是 10/128，则这个信号的归一化频率就是 0.078cycles/sample。可以发现，采样点数的倒数即是采样频率，因此采样频率的单位也可以用 Hz 来表示。

11.12.1　设计目的

在 LabVIEW 8.2 虚拟仪器中，有 6 个信号发生节点的参数输入需要采用归一化频率，因此正确地理解和计算归一化频率对我们使用这些节点生成预期的信号至关重要。本实例将会对这一问题进行详细的讲解，以帮助读者掌握如何使用信号归一化频率，完善对信号生成的理解。

6 个信号发生节点分别为 Chirp 信号（Chirp Pattern），正弦波（Sine Wave），方波（Square Wave），锯齿波（Sawtooth Wave），三角波（Triangle Wave）和任意波形发生器（Arbitrary Wave）。

11.12.2　程序框图主要功能模块介绍

如图 11-105 所示，11.12.1 节中所述的 6 个信号发生节点位于"信号生成"子选板中的虚线框内，其调用路径为"函数→信号处理→信号生成"，它们的功能简介及使用说明如表 11-19 所示。

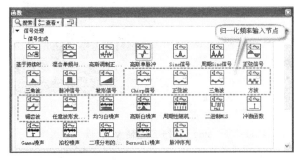

图 11-105　"信号生成"子选板节点图

表 11-19　归一化频率输入节点的功能简介及使用说明

端子输入/输出定义	名　称	功能简介及使用说明
采样 幅值 f1 f2　——Chirp信号 ——错误	Chirp 信号	生成一个 Chirp 信号波数组。"采样"（默认值为 128）表示 Chirp 信号的采样点数；"f1"和"f2"分别指 Chirp 信号开始和结束的归一化频率；"Chirp 信号"是一个频率从 f_1/f_s 斜坡到 f_2/f_s 的输出，f_s 是采样频率
重置相位 采样 幅值 频率 相位输入　——正弦波 ——相位输出 ——错误	正弦波	生成一个正弦波数组。"重置相位（reset Phase）"（默认为 TRUE）用来设置 sine 波的初始相位；"采样"、"幅值"的默认值分别为 128 和 1.0。"频率"[（默认为 1 cycle/128 samples 或 7.8125E–3 cycles/sample）]指 sine 波在归一化单位 cycles/sample 下的频率；"相位输入"表示重置相位为 TRUE（默认）时输出信号的初始相位
重置相位 采样 幅值 频率 相位输入　——三角波 ——相位输出 ——错误	三角波	生成一个三角波数组。"采样"、"幅值"和"频率"的默认值分别为 128、1.0 和 7.8125E–3。"相位输出"表示信号下一个采样点的相位
重置相位 采样 幅值 频率 相位输入 占空比(%)　——方波 ——相位输出 ——错误	方波	生成一个方波数组。"采样"、"幅值"和"频率"的默认值分别为 128、1.0 和 7.8125E–3；"占空比（%）"（默认为 50）表示方波高值对低值在一个周期内所占的百分数
重置相位 采样 幅值 频率 相位输入　——锯齿波 ——相位输出 ——错误	锯齿波	生成一个锯齿波数组。"采样"、"幅值"和"频率"的默认值分别为 128、1.0 和 7.8125E–3
波形表 采样 幅值 频率 相位输入 重置相位 插值　——任意波形 ——相位输出 ——错误	任意波形发生器	生成一种由"波形表（Wave Table）"一个整周期内离散值所给定的任意波形数组。"采样"、"幅值"和"频率"的默认值分别为 128、1 和 7.8125E–3；"插值（interpolation）"用来指定产生任意波形的插值类型，0（默认）为不插值，1 为线性插值

注：除特殊说明外，表中节点端子名称相同的含义均相同。

11.12.3　详细设计步骤

1. 前面板的设计

（1）创建新 VI，命名为 Normalized-Freq.vi。其操作路径为"文件→新建 VI"。

（2）放置布尔控件、数值控件、枚举控件和下拉列表控件及图形控件。

- 执行"控件→新式→数值→数值输入控件"操作，放置 5 个数值输入控件，并将控件分别命名为"采样点数"（默认值设置为 50）、"幅值"（默认值设置为 1）、"频率"（默认值设置为 2.05）、"采样率（Hz）"（默认值设置为 1000）和"相位输入"（默认值设置为 0）。

- 执行"控件→新式→数组、矩阵和簇→数组"和"控件→新式→数值→数值输入控件"操作，并将数值输入控件拖入数组控件中，建立一个默认值为[0，1，0，–1，–0.5]的 1 维 5 元素数组，并更改控件标签为"Wave Table"。

- 执行"控件→新式→数值→数值显示控件"操作，并将控件标签命名为"相位输出"

和"归一化频率"。

- 执行"控件→新式→下拉列表和枚举→枚举"操作，将控件命名为"频率单位"，编辑项基于索引 0 依次为 Hz 和 cycles；执行"控件→新式→下拉列表和枚举→文本下拉列表"操作，并将其命名为"插值（interpretation）"，编辑项基于索引 0 依次为"无"和"线性"。
- 执行"控件→新式→布尔→滑动开关"操作，将开关控件命名为"重置相位"，并将其显示项中的布尔文本"开"改为"是"，"关"改为"否"。
- 执行"控件→新式→图形→波形图"操作，放置 2 个波形图控件，分别命名为"任意波形波形图"和"Wave Table 波形"。用鼠标右键单击波形图的主窗体，在弹出的快捷菜单中选择"显示项→图例"，将其图例项去选，如图 11-106 所示。

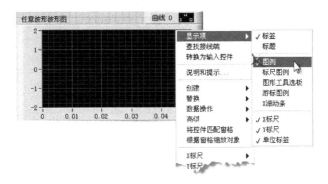

图 11-106 "任意波形波形图"对话框的"图例"设置

- 执行"控件→新式→布尔→停止按钮"操作，添加一个"停止"按钮，用于中断运行中的 VI 程序。

设计完毕后的前面板如图 11-107 所示。

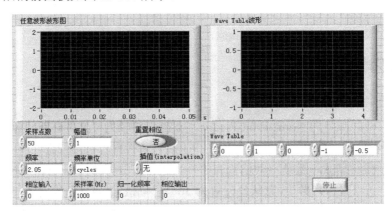

图 11-107 计算信号归一化频率实例的前面板

2. 程序框图的编辑

（1）打开程序框图编辑窗口，相应的控件图标已经显示出来。其操作路径为"窗口→显示程序框图"。

（2）放置 While 循环、条件结构、任意波形发生器、捆绑簇（Bundle）、等待（ms）、单位转换及倒数等节点图标。

- 分别执行"函数→编程→结构→While 循环/条件结构"操作，程序的所有功能在 While 循环中实现，"频率单位"转换功能在内层的条件结构中实现。将"频率单位"节点与条件结构的选择器终端连接起来。条件结构中出现两个分支，分支 0 用来实现单位为"Hz"情况时的转换，即归一化频率为频率/采样率；分支 1 用来实现单位为"cycles/sample"情况时的转换，即归一化频率为频率/采样点数，这里的采样点数使用了局部变量（如图 11-108（b）所示）。

- 在 While 循环中使用了单位变换函数节点，其调用路径为"函数→数值→转换→单位转换（Cast Unit Bases）"，其输入/输出参数示意图如图 11-109 所示。其中，"单位（无）"为单位输入端，用鼠标右键单击"单位（无）"端子，在弹出的快捷菜单中选择"创建→常量"，然后用鼠标右键单击常量节点，在弹出的快捷菜单中选择"显示项"，再在"显示项"中勾选"单位标签"，在"单位标签"框中输入单位即可，如图 11-110 所示。如果需要更改，用鼠标右键单击单位标签，在弹出的快捷菜单上单击"创建单位字符串…"，即弹出"创建单位字符串"对话框（如图 11-111 所示）。

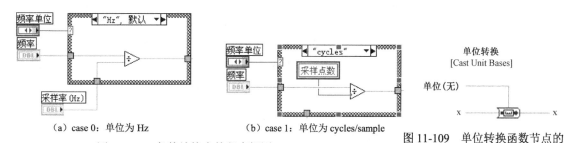

（a）case 0：单位为 Hz　　　　（b）case 1：单位为 cycles/sample

图 11-108　条件结构中的程序框图

图 11-109　单位转换函数节点的输入/输出参数示意图

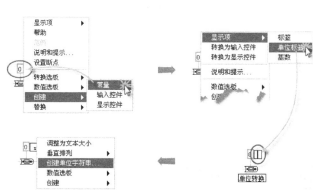

图 11-110　常量及其单位标签和字符串的创建

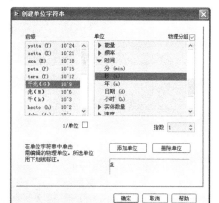

图 11-111　"创建单位字符串"对话框

- 图 11-112 给出了捆绑数据到波形图的示意图，其中"x0"表示波形显示的起始端，"Δx"表示波形显示的步长，"数组"可以是一维的，也可以是二维的，一维数组用于显示单条曲线，二维数组用于显示多条曲线。这里要使用捆绑节点对输入波形图的数据进行组合。

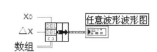

图 11-112　捆绑数据到波形图的示意图

● 参照 11.12.2 节，将任意波形发生器函数的端子与参数输入和波形显示部分连接起来。计算信号归一化频率实例的程序框图如图 11-113 所示。

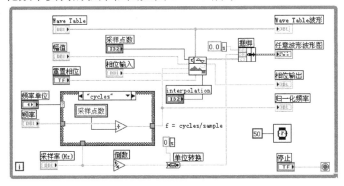

图 11-113　计算信号归一化频率实例的程序框图

3. 运行程序

单击运行按钮⬚，如图 11-114 所示，任意波形发生器节点的输入参数"波形表"数组的示意波形出现在"Wave Table 波形"控件中，当频率为 41Hz 时，"任意波形波形图"控件重现了"波形表"中的波形，此时"归一化频率"为 0.041；改变"频率单位"和"频率"等控件的值，如设置"频率"为 2.05，"频率单位"为 cycles，可以观察到波形的显示与图 11-114 相同，此时的"归一化频率"保持不变，如图 11-115 所示。单击中止执行按钮⬚或者"停止"按钮 停止 可使程序停止运行。

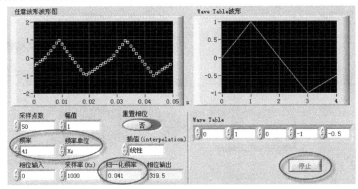

图 11-114　频率单位为"Hz"的运行结果

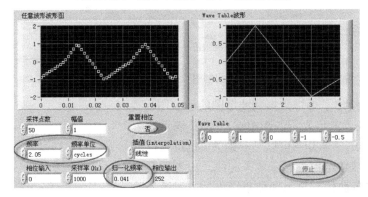

图 11-115　频率单位为"cycles"的运行结果

11.13　【实例 63】测量信号幅值和电平

信号特征值以一个数值表示信号的某些时域特征，是对测试信号最简单、直观的时域描述。在测试系统中往往用一些模拟仪器来指示信号的特征值。将测试信号采集到计算机后，可以在测试虚拟仪器中进行信号特征值处理，并在其前面板上直观地表示出信号的特征值，以便给虚拟仪器的使用者提供一个了解测试信号变化的快速途径。现基于 LabVIEW 8.2 对周期信号及随机信号的幅值特征值求取系统进行设计。

11.13.1　设计目的

基于 LabVIEW 8.2 虚拟平台，使用图形语言编程，利用"波形生成"和"波形测量"子选板，使用选板中的"基本波形发生器"和"幅值和电平"函数节点，设计出可以显示多种基本波形的信号发生器，同时测量出信号的幅值和电平，观察波形变化情况。另外，还可以实现对输出波形的类型、幅值、频率、采样点数和相位等参数进行改变的功能。

11.13.2　程序框图主要功能模块介绍

如图 11-116 所示，"波形测量"子选板位于"函数"选板的"信号处理→波形测量"中。其调用路径是"函数→信号处理→波形测量→幅值和电平"。如表 11-20 所示是"幅值和电平"函数的输入/输出节点参数说明表。

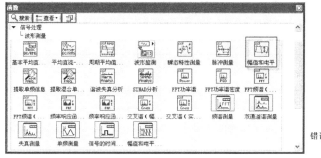
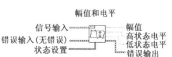

图 11-116　"波形测量"子选板和"幅值和电平"函数

表 11-20　"幅值和电平"函数的输入/输出节点参数说明

参　数　名　称	说　　明
信号输入（signal in）	指要测量的波形或一个波形数组
状态设置（state setting）	指采用何种方式来确定波形的高、低电平。输入为一个簇数组，包含以下 4 项 method：指定如何计算波形的高、低电平，0 为 Histogram，1 为 Peak，2（默认）为 Auto select histogram size：指定用来计算波形高、低电平的直方图的间隔箱数，method 为 Peak 时无效 histogram method：指定如何计算波形的高、低电平，当前只有 0-mode 状态 reserved：保留为将来扩展
错误输入（无错误）（error in（no error））	描述 VI 或函数运行前发生的错误情况
幅值（amplitude）	表示输入波形或波形数组高、低电平之间的差值
高状态电平（high state level）	是指脉冲或过渡波形的最高状态等级，或者是由信号输入中每个波形的高电平组成的数组
低状态电平（low state level）	是指脉冲或过渡波形的最低状态等级，或者是由信号输入中每个波形的低电平组成的数组
错误输出（error out）	包含所发生的错误信息

另外，实例中还需要用到一个波形生成模块，在此选用"波形生成"子选板中的"基本波形发生器"函数，如图 11-117 所示，此函数可以生成幅值、频率和初始相位自定义的基本波形，其调用路径为"函数→信号处理→波形生成→基本函数发生器"。如表 11-21 所示是其输入/输出节点的参数说明。

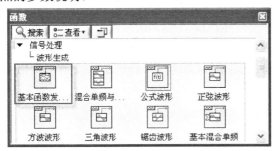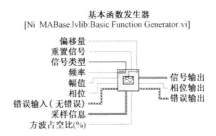

图 11-117   "波形生成"子选板和"基本函数发生器"函数

表 11-21   "基本波形发生器"函数的输入/输出节点参数说明

参 数 名 称	说 明
偏移量（offset）	指信号的直流偏移量，默认值为 0.0
重置信号（reset signal）	如果是 TRUE，以相位值重置初始相位，且时间轴刻度清零，默认值为 FALSE
信号类型（signal type）	指生成波形类型，0（默认）为 Sine Wave，1 为 Triangle Wave，2 为 Square Wave，3 为 Sawtooth Wave
频率（frequency）	指输出波形的频率，单位为 Hz，默认值为 10
幅值（amplitude）	指输出波形的幅值，也可以是峰值电压，默认值为 1.0
相位（phase）	指输出波形的初始相位，当重置信号为 FALSE 时无效，默认为 0
采样信息（sampling info）	Fs 指采样率，单位是采样点/每秒，默认值为 1000 #s 指波形中的采样点数，默认值为 1000
方波占空比（%）	表示方波高电平对低电平在一个周期内所占的百分数，只有在方波输出时才有效，默认值为 50
信号输出（signal out）	指生成的波形
相位输出（phase out）	指波形的相位，单位是度（°）

11.13.3   详细设计步骤

利用"波形生成"和"波形测量"子选板中的"基本波形发生器"和"幅值和电平"函数，创建一个多种基本波形的信号发生器，同时对信号的幅值和电平进行测量。详细设计步骤如下。

1. 前面板的设计

（1）创建新 VI，命名为 Amplitude_Level.vi。其操作路径为"文件→新建 VI"。

（2）放置布尔控件、数值控件、枚举控件、簇控件及图形控件。

● 执行"控件→新式→数值→数值输入控件"操作，添加 5 个数值输入控件并分别命名为"frequency"（默认值设置为 5.10）、"amplitude"（默认值设置为 1.00）、"offset"（默认值设置为 0.00）、"phase"（默认值设置为 0.00）和"duty cycle（%）"（默认值设置为 50.00）。

● 执行"控件→新式→数值→数值显示控件"操作，添加 3 个数值显示控件并分别命名为"high state level"、"low state level"和"Amplitude Display"。

- 执行"控件→新式→下拉列表和枚举→枚举"操作，添加 1 个枚举控件并命名为"signal type"，编辑项基于索引 0 依次为 Sine Wave，Triangle Wave，Square Wave 和 Sawtooth Wave，如图 11-118 所示。

- 执行"控件→新式→数组、矩阵和簇→簇"和"控件→新式→数值→数值输入控件"操作，将 2 个数值输入控件拖入簇控件中构造簇数组控件，并将标签命名为"采样信息"，其中的数值输入控件分别命名为"Fs"和"采样数"，两者的默认值都设置为 1000。

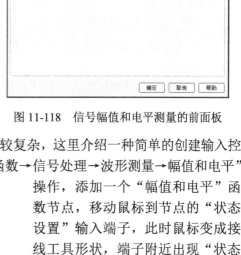

图 11-118　信号幅值和电平测量的前面板

- 考虑到"幅值和电平"函数节点的输入参数"状态设置（state settings）"的数据结构比较复杂，这里介绍一种简单的创建输入控件方法。切换到程序框图编辑界面，执行"函数→信号处理→波形测量→幅值和电平"

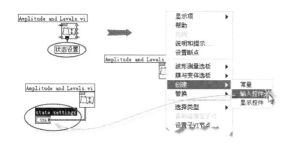

图 11-119　"幅值和电平"函数输入节点的快捷创建

操作，添加一个"幅值和电平"函数节点，移动鼠标到节点的"状态设置"输入端子，此时鼠标变成接线工具形状，端子附近出现"状态设置"字样，此时右键单击，在弹出的快捷菜单中选择"创建→输入控件"，编程区中即出现"state settings（状态设置）"输入控件节点，如图 11-119 所示。

- 切换回前面板界面，执行"控件→新式→布尔→垂直摇杆开关"操作，将控件命名为"reset signal"，并将其显示项中的布尔文本"开"改为"ON"，"关"改为"OFF"。

- 执行"控件→新式→布尔→停止按钮"操作，添加一个"停止"按钮，用于中断运行中的 VI 程序。

- 放置波形图控件并命名为"WaveForm"，其操作路径是"控件→新式→图形→波形图"。前面板设计完毕后如图 11-120 所示。

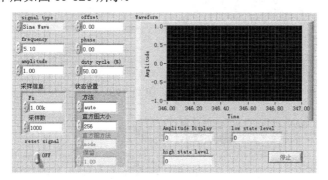

图 11-120　测量信号幅值和电平实例的前面板

2. 程序框图的编辑

（1）打开程序框图编辑窗口，相应的控件图标已经显示出来。其操作路径为"窗口→显示程序框图"。

（2）放置 While 循环、基本波形发生器、幅值和电平、捆绑簇（Bundle）、等待（ms）、单位转换及倒数等节点图标。

- 执行"函数→编程→结构→While 循环"操作，将所有节点拖入 While 循环中。
- 执行"函数→信号处理→波形生成→基本函数发生器"操作，添加基本函数发生器节点，参照 11.13.2 节中的介绍，将"基本波形发生器"与"幅值和电平"节点的端子与参数输入和波形显示部分连接起来。将"停止"按钮的节点和 While 循环的条件终端相连接。

信号幅值和电平测量实例的程序框图设计完毕后如图 11-121 所示。

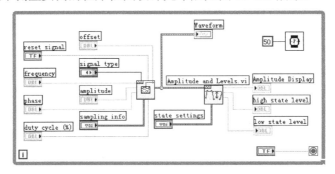

图 11-121　信号幅值和电平测量实例的程序框图

3. 运行程序

单击运行按钮，如图 11-122 所示，可在波形图控件中观察到"signal type"是"Sine Wave"的运行结果，下方的显示控件给出了输入信号的幅值和电平信息；改变"signal type"、"amplitude"和"frequency"等输入控件的值，波形图显示会发生相应的变化。图 11-123 展示了"signal type"是"Triangle Wave"的波形和电平信息。单击中止执行按钮或"停止"按钮，程序将停止运行。

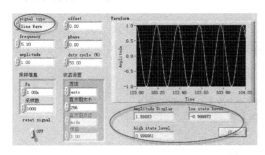
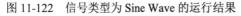

图 11-122　信号类型为 Sine Wave 的运行结果

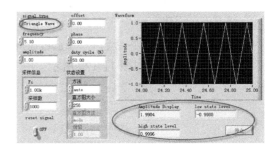

图 11-123　信号类型为 Triangle Wave 的运行结果

11.14 【实例64】信号的瞬态特性测量

信号的瞬态过程又称过渡过程或动态过程，指系统在典型输入信号作用下，系统输出量从初始状态到最终状态的响应过程。通常通过对信号的瞬态特性进行测量来评估系统的瞬态性能，瞬态特性一般包括边沿斜率、超调量、前冲量和持续时间等。

11.14.1 设计目的

基于 LabVIEW 8.2 虚拟平台，使用图形语言编程，利用"波形生成"和"波形测量"选板，使用选板中的基本波形发生器、高斯白噪声和瞬态特性测量节点，设计出一个多种加载噪声的基本波形的瞬态特性测量仪表，而且可以同步显示信号的波形。另外，还可以实现对基本波形的类型、幅值、频率和相位，瞬态特性测量参数及噪声的标准差等参数进行设置的功能。

11.14.2 程序框图主要功能模块介绍

如图 11-124 所示，"波形测量"子选板位于"函数"选板的"信号处理→波形测量"中。其调用路径是"函数→信号处理→波形测量→瞬态特性测量"。如表 11-22 所示是其输入/输出参数说明。

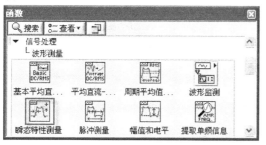

图 11-124 "波形测量"子选板和"瞬态特性测量"函数

表 11-22 "瞬态特性测量"函数的输入/输出参数说明

参 数 名 称	说 明
边沿数量（1）[edge number（1）]	指定要测量的波形边沿数量，VI 对第 i 个和指定极性（上升或下降）的波形瞬态过程进行测量
信号输入（signal in）	指要测量的波形或一个波形数组，波形至少包括"边沿数量"的 n 个极性（上升或下降）波形瞬态过程
极性（上升）[polarity（rising）]	指要测量信号的波形瞬态过程中的上升（默认）或者下降方向
参考电平（reference levels）	指定高、低参考电平以确定波形瞬态过程的区间。该簇类型包含 4 个子项，为 high ref level、low ref level、mid ref level 和 ref units
百分比电平设置（percent level settings）	指采用何种方式来计算波形的高、低电平，当选择 ref units（默认）时才有效，否则无效。输入为一个簇数组，包含以下 4 项 method：指定如何计算波形的高、低电平，0 为 Histogram，1 为 Peak，2（默认）为 Auto select histogram size：指定用来计算波形高、低电平的直方图的间隔箱数，method 为 Peak 时无效 histogram method：指定如何计算波形的高、低电平，当前只有 mode 状态 reserved：保留为将来扩展
边沿斜率（slew rate）	表示处于高、低参考电平之间的波形瞬态区间信号的斜率
持续期（duration）	对于一个上升瞬态过程来说，指从波形与低参考电平交点到与高参考电平交点的时间段
前冲量（%）（preshoot）	指波形上升（下降）瞬态过程前紧邻的局部最小（大）值和低（高）电平之差与振幅之比的百分数
超调量（%）（overshoot）	指波形上升（下降）瞬态过程后紧邻的局部最小（大）值和低（高）电平之差与振幅之比的百分数
测量信息（mearsurement info）	返回瞬态区间端点和用来确定瞬态区间的绝对参考电压，包括 3 个大项：开始时刻（start time）、结束时刻（end time）和参考电平（ref levels），其中，参考电平又分为 4 个小项：高参考电平（high ref level）、中参考电平（mid ref level）、低电平（low ref level）、参考单位（ref units）

下面再介绍一种产生噪声波形的函数节点——高斯白噪声波形，可以产生统计特征为（0，s）高斯分布伪随机模式的噪声波形，其中 s 是指定输入的标准差绝对值；其调用路径为"函数→信号处理→波形生成→高斯白噪声波形"，如图 11-125 所示。如表 11-23 所示是其输入/输

出参数说明。

表 11- 23 "高斯白噪声波形（Gaussian White Noise Waveform. vi）"函数的输入/输出参数说明

参 数 名 称	说　明
重置信号（reset signal）	如果是 TRUE，以相位值重置初始相位，且时间轴刻度清零，默认为 FALSE
标准偏差（standard deviation）	指生成噪声波形的标准差，默认为 1.0
种子（seed）	当种子>0 时，噪声发生器进行补播，默认为 - 1
采样信息（sampling info）	Fs 指采样率，单位是采样点/每秒，默认是 1000 #s 指波形中的采样点数，默认为 1000
信号输出（signal out）	指生成的波形

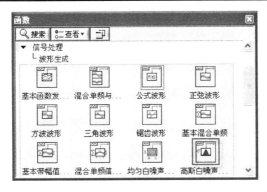
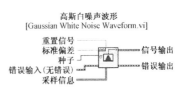

图 11-125   "波形生成"子选板和"高斯白噪声波形"函数

11.14.3   详细设计步骤

在 11.14.2 节中，可以看到"瞬态特性测量"函数的输入/输出数据类型比较繁多，构建前面板的工作量较大，在设计过程中必须一丝不苟，否则很容易出错。那么有没有捷径避开这种烦琐，从而快速开发出自己设计的系统呢？下面就来介绍一种比较快捷的方式，可以事半功倍、高效无误地完成系统的设计和实现。

1. 程序框图的编辑

（1）创建新 VI，命名为 Transient-Measurement.vi。其操作路径为"文件→新建 VI"。

（2）打开程序框图编辑窗口，放置 While 循环、基本波形发生器、高斯白噪声、瞬态特性测量、等待（ms）及加等节点图标。

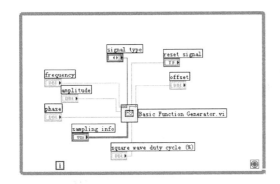

图 11-126   基本函数发生器输入控件的快捷创建

- 执行"函数→编程→结构→While 循环"操作，将所有节点拖入 While 循环中。
- 参照 11.13.2 节中的程序主要功能模块介绍和 11.13.3 节中输入节点的快捷创建方法，将鼠标移至"基本波形发生器"节点图标的 offset 输入端子上，创建输入控件，此时在图中出现 offset 控件节点，且已经与函数节点连线。类似地，可完成基本波形发生器与外围节点的连线，如图 11-126 所示。

- 对于"高斯白噪声波形"和"瞬态特性测量"节点也可采用这种方式，这样程序框图的绘制基本结束，稍加补充即可完成程序框图的设计了，如图 11-127 所示。

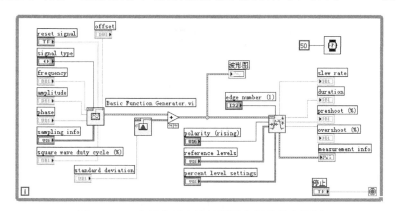

图 11-127　信号的瞬态特性测量实例的程序框图

2. 前面板的设计

（1）在程序框图菜单栏上执行"窗口→显示前面板"，可以发现对应的数值输入显示控件已经放置完毕，只需要进行简单的排列、布置和美化即可。

- 执行"控件→新式→布尔→停止按钮"操作，添加一个"停止"按钮，用于中断运行中的 VI 程序。
- 执行"控件→新式→图形→波形图"操作，添加一个"波形图"控件。

（2）在前面板菜单栏上执行"窗口→显示程序框图"，对"停止"节点和"波形图"节点进行相应的连接。

信号的瞬态特性测量实例的程序框图和前面板设计完毕后分别如图 11-127 和图 11-128 所示。

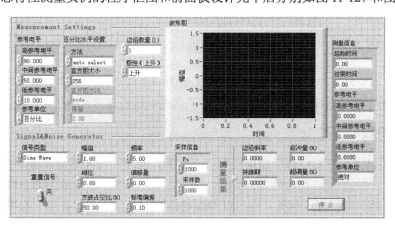

图 11-128　信号的瞬态特性测量实例的前面板

3. 运行程序

单击运行按钮 ，如图 11-129 所示，可以在波形图控件中观察到合成的波形。在测量结果一栏中，在"边沿斜率"、"持续期"、"前冲量（%）"、"超调量（%）"和"测量信息"数值显示控件中给出了 Sine Wave+高斯白噪声信号的瞬态特性测量结果；改变"信号类型"、"边沿数量"和"极性"等输入控件的值，可观察显示控件中的数据变化情况。如图 11-130 所示是

Sawtooth Wave+高斯白噪声信号的瞬态特性测量示意图。单击中止执行按钮◙或者"停止"按钮可使程序停止运行。

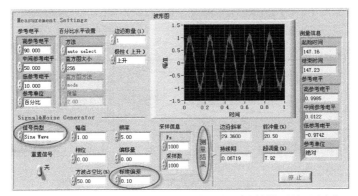

图 11-129   Sine Wave+高斯白噪声信号的瞬态特性测量示意图

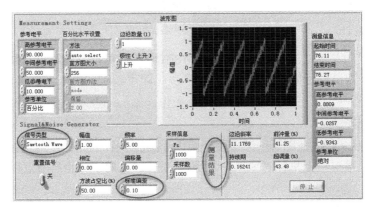

图 11-130   Sawtooth Wave+高斯白噪声信号的瞬态特性测量示意图

11.15 【实例 65】单边傅里叶变换

众所周知,将离散采样信号由时域变换到频域的一种常用算法是离散傅里叶变换(DFT),由于直接采用 DFT 算法效率比较低,所以采用了它的一种快速算法,即 FFT 算法。

11.15.1 设计目的

基于 LabVIEW 8.2 虚拟平台,使用图形语言编程,利用"波形生成"和"变换"子选板,使用选板中的"正弦波"和"FFT"函数节点,对生成的正弦波进行单边傅里叶变换,并显示出信号在频域中的具体位置。另外,还可以实现对正弦波幅值、采样点数、频率和采样频率及 FFT 节点参数等进行设置的功能。

单边傅里叶变换是指仅对经过 FFT 变换信号的处于 $0 \sim f_s / 2$ 频段之间的正频率信息进行计算、分析和显示。

11.15.2 程序框图主要功能模块介绍

如图 11-131 所示是"变换"子选板及"FFT"函数节点,"FFT"函数节点用来计算输入序列的傅里叶变换。其调用路径为"函数→信号处理→变换→FFT"。如表 11-24 所示是其输入/

输出参数说明。

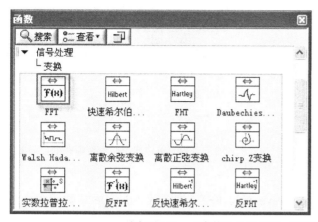

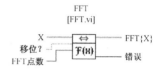

图 11-131　"变换"子选板及"FFT"函数节点

表 11-24　"FFT"函数（FFT. vi）的输入/输出参数说明

参 数 名 称	说　　明
X	指输入的实数或者复数序列
移位？（shift）	指定此函数节点是否将直流分量移位到 FFT{X} 频谱的中间，FALSE 为默认选项
FFT 点数（FFT size）	表示将要进行 FFT 分析的数据个数 n，当 n 大于序列"X"中的数据数目时，函数自动在序列"X"后添加 0，以使两者数据元素个数匹配；当 n 小于序列"X"中的数据数目时，函数只取序列"X"的前 n 个数据进行分析；当 FFT 点数小于等于零时，函数对序列"X"中的所有数据进行分析
FFT{X}	返回对序列"X"进行 FFT 分析的结果。如果输入是电压信号（V），则 FFT{X} 的单位也是伏特（V）；否则 FFT{X} 的单位与输入信号一致。此函数相位的单位是度（°）
错误	返回 VI 中相应的任一种错误和警告

11.15.3　详细设计步骤

利用"波形生成"和"变换"子选板，分别使用其中的"正弦波"和"FFT"函数节点，生成一个正弦波，并对其进行单边傅里叶变换，以显示出信号在频域中的具体位置。详细设计步骤如下。

1. 前面板的设计

（1）创建新 VI，命名为 Single-SideFFT.vi。其操作路径为"文件→新建 VI"。

（2）放置数值控件、布尔控件、数组控件及图形控件。

● 执行"控件→新式→数值→数值输入控件"操作，添加 5 个数值输入控件并分别命名为"频率（Hz）"（默认值设置为 5.0000）、"幅值"（默认值设置为 1.00）、"采样频率"（默认值设置为 100）、"采样点数"（默认值设置为 100）和"FFT 点数"（默认值设置为–1）。

● 执行"控件→新式→数值→数值显示控件"操作，添加控件并将标签更名为"最大幅值"；执行"控件→新式→数组、矩阵和簇→数组"和"控件→新式→数值→数值显示控件"操作，并将数组显示控件命名为"频谱索引"。

● 执行"控件→新式→布尔→开关按钮"操作，将布尔开关控件命名为"移位"。

● 执行"控件→新式→图形→波形图"操作，添加 2 个波形图控件并分别命名为"信号波形"和"单边 FFT 变换"。

- 执行"控件→新式→布尔→停止按钮"操作，添加一个"停止"按钮，用于停止运行中的 VI 程序。

设计完毕后的前面板如图 11-132 所示。

2. 程序框图的编辑

（1）打开程序框图编辑窗口，相应的控件图标已经显示出来。其操作路径为"窗口→显示程序框图"。

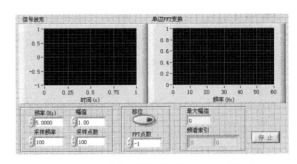

图 11-132　单边傅里叶变换实例的前面板

（2）放置 While 循环、正弦波（Sine Wave.vi）、FFT、捆绑簇（Bundle）、数组大小（Array Size）、数组子集（Array Subset）、数组最大值和最小值（Array Max&Min）、搜索一维数组（Search 1D Array）、单位转换及倒数等节点图标。

- 执行"函数→编程→结构→While 循环"操作，将所有节点拖入 While 循环中。
- 执行"函数→信号处理→信号生成→正弦波"操作，添加一个"正弦波"函数节点。需要注意的是"正弦波"函数使用的输入参数"频率"是归一化频率，其单位为 cycles/sample；执行"函数→信号处理→变换→FFT"操作，添加一个"FFT"函数节点；参照 11.12 节和 11.15.2 节中的介绍，将"正弦波"函数和"FFT"函数的端子与参数输入和数组变换部分连接起来。
- 对于数组大小、数组子集、数组最大值和最小值及搜索一维数组等函数节点的使用方法和端子连线，请参考第 3 章的内容。"单位转换"节点的使用方法见 11.12 节中的实例。
- 本实例以采样频率 f_s 采集了 N 个采样点，频率分辨率可以用 $\Delta f = f_s / N$ 计算。
- 本例中还使用了"复数到极坐标转换（Complex to Polar）"函数节点，执行"函数→数学→数值→复数→复数至极坐标转换"操作，添加此函数节点，用 $P（r, theta）$ 表示极坐标系，其中 r 为极径，theta 为极角，$r×e^（i×theta）$ 为复数的极坐标形式，其图标和输入/输出端子如图 11-133 所示。

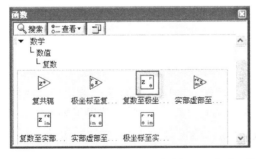

图 11-133　复数选板和"复数至极坐标转换"函数

- 执行"函数→编程→应用程序控制→停止"操作，添加一个"停止"函数节点，如图 11-134 所示，此节点可以实现关闭正在运行的 VI 的功能。在调用输入为 TRUE 的"停止"函数前，必须先确保 VI 已完成最终任务，如关闭文件和设置被控设备的保存值等。将"停止"按钮节点与"停止"函数节点连接起来，并与 While 循环的条件终端相连，如图 11-134 的右侧所示。

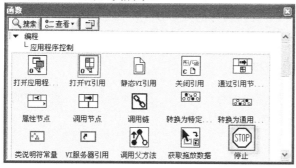

图 11-134　应用程序控制选板和"停止"函数

程序框图设计完毕后如图 11-135 所示。

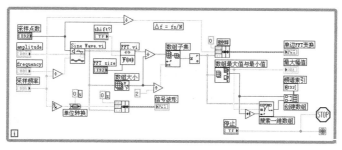

图 11-135　单边傅里叶变换实例的程序框图

3. 运行程序

单击运行按钮，如图 11-136 所示，在单边 FFT 变换频谱图中观察到，频率为 5Hz 的正弦波经过傅里叶变换后，完成从时域到频谱的映射，频谱的最大幅值处正好对应 5Hz。改变"频率（Hz）"等输入控件的值，可观察单边 FFT 变换频谱图最大幅值的位置变化情况。单击中止执行按钮或"停止"按钮，程序将停止运行。

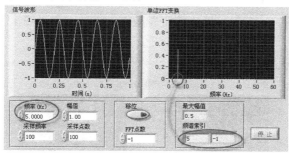

图 11-136　单边傅里叶变换实例的运行结果

11.16　【实例 66】双边傅里叶变换

11.16.1　设计目的

基于 LabVIEW 8.2 虚拟平台，使用图形语言编程，利用"波形生成"和"变换"子选板，使用选板中的"正弦波"和"FFT"函数节点，对生成的正弦波进行双边傅里叶变换，并显示出信号在频域中的具体位置。另外，还可以实现对正弦波幅值、采样点数、频率和采样频率，以及 FFT 节点参数等进行设置的功能。

双边傅里叶变换是指对经过 FFT 变换信号的处于 $0 \sim f_s$ 频段之间的正、负频率信息都进行计算、分析和显示。

11.16.2 程序框图主要功能模块介绍

本实例使用的函数已在 11.15.2 节中进行了介绍，这里不再赘述。例子中的功能模块包括信号生成、FFT 分析及信号波形和分析结果显示等。

11.16.3 详细设计步骤

利用"波形生成"和"变换"子选板，分别使用其中的"正弦波"和"FFT"函数节点，生成一个正弦波，并对其进行双边傅里叶变换，以显示出信号在频域中的对称位置。详细设计步骤如下所示。

1. 前面板的设计

（1）创建新 VI，命名为 Dual_SideFFT.vi。其操作路径为"文件→新建 VI"。

（2）放置数值控件、布尔控件、数组控件及图形控件。

- 执行"控件→新式→数值→数值输入控件"操作，添加 5 个数值输入控件并分别命名为"频率（Hz）"（默认值设置为 5.00）、"幅值"（默认值设置为 1.00）、"采样频率"（默认值设置为100）、"采样点数"（默认值设置为100）和"FFT 点数"（默认值设置为–1）。
- 执行"控件→新式→数值→数值显示控件"操作，添加控件并将标签更名为"最大幅值"；执行"控件→新式→数组、矩阵和簇→数组"和"控件→新式→数值→数值显示控件"操作，并将数组显示控件命名为"频谱索引"。
- 执行"控件→新式→布尔→开关按钮"操作，将布尔开关控件命名为"移位"。
- 执行"控件→新式→图形→波形图"操作，添加 2 个波形图控件并分别命名为"信号波形"和"双边 FFT 变换"。
- 执行"控件→新式→布尔→停止按钮"操作，添加一个"停止"按钮，用于停止运行中的 VI 程序。

设计完毕后的前面板如图 11-137 所示。

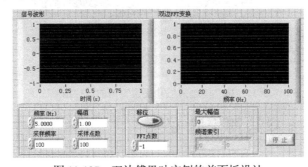

图 11-137 双边傅里叶实例的前面板设计

2. 程序框图的编辑

（1）打开程序框图编辑窗口，相应的控件图标已经显示出来。其路径为"窗口→显示程序框图"。

（2）放置 While 循环、正弦波（Sine Wave. vi）、FFT、捆绑簇（Bundle）、数组大小（Array Size）、数组子集（Array Subset）、数组最大值和最小值（Array Max&Min）、搜索一维数组（Search 1D Array）、单位转换及倒数等节点图标。

- 所有程序在 While 循环中进行，参照 11.12 节和 11.16.2 节的介绍，将"正弦波"函数和"FFT"函数的端子与参数输入和数组变换部分连接起来。
- 对于数组节点的端子连线，请参考第 3 章的内容。"单位转换"节点和"复数至极坐标转换"节点的使用方法详见 11.12 节和 11.15 节中的实例。
- 本实例以采样频率 f_s 采集了 N 个采样点，频率分辨率可以用 $\Delta f = f_s / N$ 计算。

连接好的程序框图如图 11-138 所示。

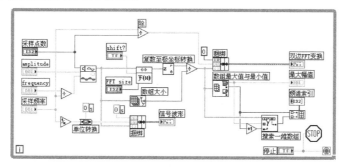

图 11-138　双边傅里叶实例的程序框图

3. 运行程序

单击运行按钮，如图 11-139 所示，在双边 FFT 变换频谱图中可观察到，频率为 5Hz 的正弦波经过傅里叶变换后，完成从时域到频谱的映射，频谱的最大幅值正好对应 5Hz 和 95Hz。改变"频率（Hz）"等输入控件的值，可观察双边 FFT 变换频谱图最大幅值的位置变化情况。单击中止执行按钮或者"停止"按钮，程序将停止运行。

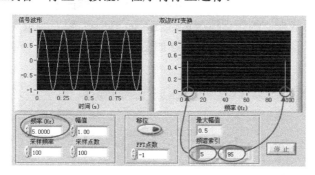

图 11-139　双边傅里叶变换实例的运行结果

11.17 【实例 67】平滑窗

数字信号处理的主要数学工具是傅里叶变换。应注意到傅里叶变换是研究整个时间域到频率域的关系。然而，当运用计算机实现信号处理时，不可能对无限长的信号进行测量和运算，而要对有限时间段内的采样信号进行分析。具体做法是先截取某一个时间段内的采样信号，然后对其进行周期延拓处理，得到虚拟的无限长的信号，接着就可以对信号进行傅里叶变换、相关分析等数学处理了。

周期延拓后的信号与真实信号是不同的，这是因为信号截断以后产生的能量泄漏现象是必然的。为了减少频谱能量泄漏，可采用不同的截取函数对信号进行截断，截断函数称为窗函数（简称窗）。泄漏与窗函数频谱的两侧旁瓣有关，如果两侧旁瓣的高度趋于零，而使能量相对集中在主瓣，则可以较为接近真实的频谱，因此，在时间域中可采用不同的窗函数来截断信号。常用窗函数有矩形窗、三角窗、汉宁窗（Hanning）、汉明窗（Hammig）、Kaiser-Bessel 窗和高斯窗（Gauss）等。

其中 Kaiser-Bessel 窗函数由 J.F. Kaiser 提出。γ 表示加窗后的信号序列元素，由下式给出：

$$\gamma_i = x_i \frac{\mathrm{I}_0\left(\beta\sqrt{1.0 - a^2}\right)}{\mathrm{I}_0\beta} \qquad i = 0, 1, 2, \cdots, n-1$$

式中，$a = \dfrac{i-k}{k}$，而 $k = \dfrac{n-1}{2}$；n 是序列 X 中的元素个数；$\mathrm{I}_0(\ )$ 是修正过的零阶 Bessel 函数。

Kaiser-Bessel 窗函数全面反映了这种主瓣和旁瓣衰减之间的交换关系，它定义了一组可调的由零阶 Kaiser-Bessel 函数构成的窗函数。通过调整参数 β 可以在主瓣宽度和旁瓣衰减之间自由选择它们的比重。对于某一长度的 Kaiser-Bessel 窗，给定 β，则旁瓣高度也就固定了。

11.17.1　设计目的

基于 LabVIEW 8.2 虚拟平台，使用图形语言编程，利用信号处理选板中的"窗"子选板，使用选板中的"正弦波形"节点，对生成的正弦波进行不加窗和加 Kaiser-Bessel 窗处理后，分别进行幅度谱和相位谱分析，观察并比较原始信号和加窗后信号的不同，以及两者的幅度谱和相位谱分析结果。

11.17.2　程序框图主要功能模块介绍

LabVIEW 8.2 的窗子选板位于函数选板的"信号处理→窗"中，如图 11-140 所示。其中"Kaiser-Bessel 窗"是一个灵活的平滑窗，可通过调整输入修改窗口形状。因此，可根据不同的应用程序修改窗口形状来控制频谱泄漏量。"Kaiser-Bessel 窗"函数对于检测频率相近但振幅相差很大的两个信号非常有效，它的接线端如图 11-140 所示，表 11-25 给出了其输入/输出参数说明。

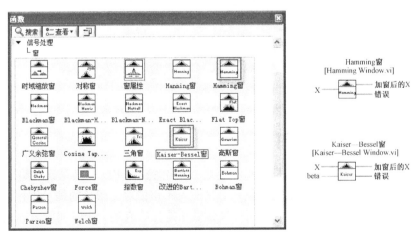

图 11-140　"窗"子选板和"Hamming 窗"函数、"Kaiser-Bessel 窗"函数

表 11-25　"Kaiser-Bessel 窗"函数（Kaiser-Bessel Window. vi）的输入/输出参数说明

参 数 名 称	说　　明
X	指输入的实数或者复数值序列
beta	β 与旁瓣衰减成正比，即 β 越大，旁瓣衰减越大。默认值为 0
加窗后的 X（windowed X）	表示经过加窗处理后的输入信号
错误	返回 VI 中相应的任一种错误和警告

11.17.3　详细设计步骤

利用"信号处理→窗"子选板，并使用"波形生成"子选板中的"正弦波形"函数，对生成的正弦波进行不加窗和加 Kaiser-Bessel 窗处理，然后分别进行幅度谱和相位谱分析。详细设计步骤如下。

1. 前面板的设计

（1）创建新 VI，命名为 Smoothing-Window.vi。其操作路径为"文件→新建 VI"。

（2）放置数值控件、布尔控件、数组控件及图形控件。

- 执行"控件→新式→数值→数值输入控件"操作，添加 5 个数值输入控件并分别命名为"幅值 1"（默认值设置为 0.0100）、"周期 1"（默认值设置为 75.00）、"幅值 2"（默认值设置为 1.0000）、"周期 2"（默认值设置为 60.00）和"beta"（默认值设置为 0.0100）。
- 执行"控件→新式→下拉列表和枚举→枚举"操作，并将控件命名为"窗"，其编辑项基于索引 0 依次为 None，Hanning，Hamming，Triangle，Blackman，Exact Blackman，Blackman-Harris，Kaiser，Flat Top，Bartlett-Hanning，Bohman，Parzen 和 Welch，共 13 项，如图 11-141 所示。
- 执行"控件→新式→图形→波形图"操作，添加 2 个波形图控件并分别命名为"时域信号"和"频域信号"。用鼠标右键单击"时域信号"，在弹出的快捷菜单中对其属性进行设置，在打开的"图形属性：时域信号"对话框的曲线选项卡上将常用曲线更改成单独的点，将"填充至"项更改为"零"，单击"确定"按钮后如图 11-142 所示。

图 11-141　"窗"枚举控件的项

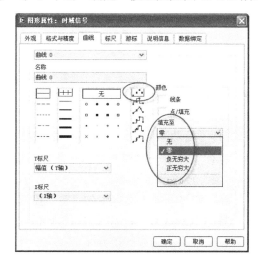

图 11-142　"时域信号"控件的曲线设置

● 执行"控件→新式→布尔→停止按钮"操作，添加一个"停止"按钮，用于停止运行中的 VI 程序。

平滑窗实例的前面板设计完毕后如图 11-143 所示。

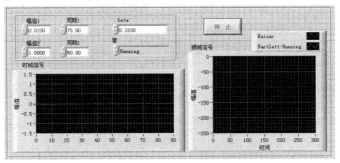

图 11-143　平滑窗实例的前面板

2. 程序框图的编辑

（1）打开程序框图编辑窗口，相应的控件图标已经显示出来。其操作路径为"窗口→显示程序框图"。

（2）放置 While 循环、条件结构、正弦信号（Sine Pattern）、Kaiser-Bessel 窗、捆绑（Bundle）、创建数组、底数为 10 的对数和自功率谱（Auto Power Spectrum）等函数节点图标。

● 执行"函数→信号处理→信号生成→正弦信号"操作，添加 2 个"正弦信号"函数（如图 11-144 所示），将其输入端的"幅值 1"和"周期 1"、"幅值 2"和"周期 2"与相应的控件连接起来，构成信号生成部分。

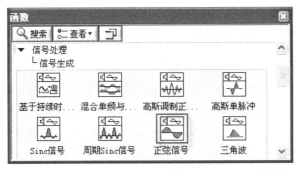
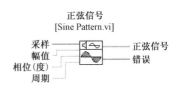

图 11-144　"正弦信号"函数

● 执行"函数→信号处理→窗→Kaiser-Bessel 窗"操作，添加函数节点，先与信号生成部分产生的正弦信号相连接，然后将加窗后的信号传入自功率谱函数节点进行频谱分析。"自功率谱"函数的调用路径为"函数→信号处理→谱分析→自功率谱"。

● 执行"函数→编程→结构→条件结构"操作，添加一个条件结构，将其选择器终端与"窗"控件节点连接起来，在对应分支内添加相应的函数节点，如图 11-145 所示。这样，通过选择前面板中的"窗"控件中的窗函数类型，就可以与"Kaiser-Bessel 窗"函数加 Kaiser-Bessel 窗处理后的信号进行比较，从而观察各种窗函数对输入信号实施加窗处理后的结果的差异了。

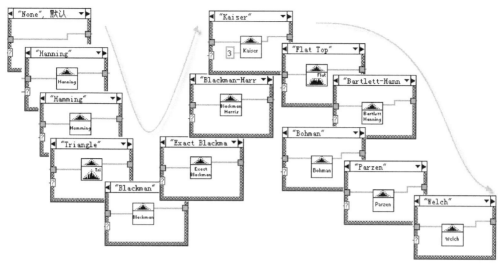

图 11-145　条件结构各分支的程序框图

- 执行"函数→编程→数组→创建数组"操作，对经过频域分析后的信号序列组合后进行对数坐标变换，并在波形图中显示出来。这里用到了底数为 10 的对数节点，如果 $x=0$，则 $\log(x)$ 为负无穷大；如果 x 小于 0 且不是复数，则 $\log(x)$ 为 NaN。其调用路径为"函数→数学→基本与特殊函数→指数函数→底数为 10 的对数"，如图 11-146 所示。

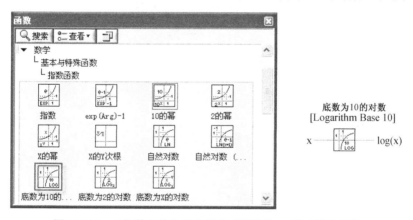

图 11-146　"指数函数"子选板和"底数为 10 的对数"函数

- 这里要用到控件的属性节点："字符串[]（string[]）"、"活动曲线（ActPlot）"和"曲线→曲线名（Plot.Name）"。用鼠标右键单击"Window"枚举控件，在弹出的快捷菜单中选择"创建→属性节点→字符串[]"。如图 11-147 所示，创建"字符串[]"属性节点，它包含由数值控件中所有项构成的数组。对于枚举控件而言，这个属性节点中每项的索引值与其枚举控件中的完全相同。用鼠标右键单击"频域信号"控件，在弹出的快捷菜单中选择"创建→属性节点→活动曲线"，如图 11-148 所示，创建"活动曲线"属性节点，用于指定哪条曲线是活动的（第一条曲线的索引值是 0）；然后拖动节点的下边框（如图 11-148 右下角所示），添加一个属性节点，将鼠标放在新添加的节点名称上，等鼠标变成"小手"型后，选择"曲线→曲线名"，即创建曲线名（Plot.Name）属性节点，如图 11-149 所示；最后用鼠标右键单击"频域信号"的属性节点，在弹出的快捷菜单中选择"全部转换为写入"（如图 11-149 的右图所示）。

图 11-147　"字符串[ ]"属性节点的创建

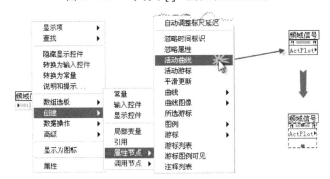

图 11-148　"活动曲线"属性节点的创建

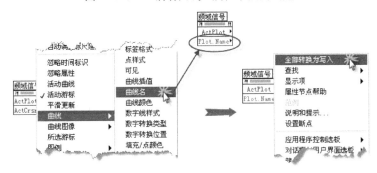

图 11-149　"曲线→曲线名"属性节点的创建

- 再添加一个条件结构，将"Window"控件的输出值与移位寄存器（初始化为–1）中的值进行比较，比较的结果与条件结构的选择器终端相连接。根据上一步介绍的方法创建"字符串[]（string[]）"、"活动曲线（ActPlot）"和"曲线→曲线名（Plot.Name）"属性节点，并添加到分支"真"中，由此就可以实现对前面板中"频域信号"控件的图例名称进行相应变化的功能了。
- 连接"停止"按钮的节点与 While 循环的条件终端。

平滑窗实例的程序框图设计完毕后如图 11-150 所示。

3. 运行程序

单击运行按钮，如图 11-151 所示，"时域信号"控件中显示了输入的合成信号，"频域信号"控件中显示了经过加窗处理的信号的自功率谱。通过改变"窗"输入控件中的窗函数，可以对比 Kaiser-Bessel 窗与其他窗函数的区别，从而会发现 Kaiser-Bessel 窗在检测频率相近但振幅相差很大的两个信号方面的优势。单击中止执行按钮 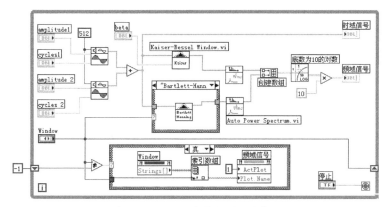 或者"停止"按钮，程序将停止运行。

图 11-150　平滑窗实例的程序框图

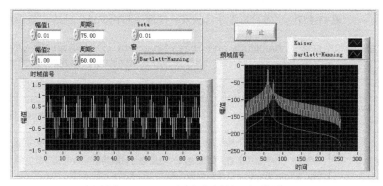

图 11-151　平滑窗实例的运行结果

11.18 【实例 68】汉明（Hamming）窗

本节使用汉明窗（Hammig）对有限时间段内的采样信号进行分析，即对某一个时间段内的采样信号进行截取，然后进行周期延拓处理，对获得的虚拟的无限长信号进行傅里叶变换、相关分析等数学处理。

11.18.1　设计目的

基于 LabVIEW 8.2 虚拟平台，使用图形语言编程，利用信号处理选板中的"窗"子选板，使用选板中的"正弦波形"函数节点，对生成的正弦波进行不加窗和加汉明窗处理，然后分别进行幅度谱和相位谱分析。观察并比较原始信号和加窗后信号的不同，以及两者的幅度谱和相位谱分析结果。

11.18.2　程序框图主要功能模块介绍

"汉明（Hamming）窗"函数节点用来对输入信号 X 进行汉明窗加窗处理，输出为加窗后的信号输入信号。对正弦信号来说，加窗后的信号在端点处逐渐减小为 0。根据输入数据类型的不同，共有 2 个多态实例（实数、复数）可供选用。其调用路径为"函数→信号处理→窗→Hamming 窗"，如图 11-140 所示。

"幅度谱和相位谱"函数节点用于计算实数型时域信号的单边缩放幅度谱,其调用路径为"函数→信号处理→谱分析→幅度谱和相位谱",如图 11-152 所示。如表 11-26 所示是其输入/输出参数说明。

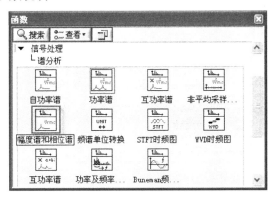

图 11-152   "谱分析"子选板及"幅度谱和相位谱"函数

表 11- 26   "幅度谱和相位谱 (Amplitude and Phase Spectrum. vi)"函数的输入/输出参数说明

参 数 名 称	说 明
信号(V)(signal)	指输入的时域信号,通常是电压信号,必须包含至少 3 个周期的信号以便获得有效评估
展开相位(T)(unwrap phase)	当为 TRUE(默认)时,在幅度谱相位上展开相位;为 FALSE 时则不展开
dt	表示时域信号的采样周期,单位为秒,一般为 $1/f_s$,其中 f_s 是时域信号的采样频率
幅度谱大小(Vrms)(Amp Spectrum Mag)	返回一个单边功率谱。如果输入为电压信号,则其单位为电压有效值的单位;否则其单位为输入信号的有效值单位的平方
幅度谱相位(度)(Amp Spectrum Phase)	表示单边幅度谱相位,单位为弧度(radians)
df	表示功率谱的频率间隔,当"dt"的单位是秒时,"df"的单位是 Hz

11.18.3 详细设计步骤

利用"信号处理→窗"子选板,并使用"波形生成"子选板中的"正弦波形"函数,对生成的正弦波进行不加窗和加 Hamming 窗处理,然后分别进行幅度谱和相位谱分析。详细设计步骤如下所示。

1. 前面板的设计

(1)创建新 VI,命名为 Hammming-Window.vi。其操作路径为"文件→新建 VI"。

(2)放置数值控件、布尔控件、数组控件及图形控件。

- 执行"控件→新式→数值→数值输入控件"操作,添加 2 个数值输入控件并分别命名为"周期"(默认值设置为 6.00)和"采样点"(默认值设置为 128)。
- 执行"控件→新式→数组、矩阵和簇→簇"和"控件→新式→数值→数值显示控件"操作,并将簇数组显示控件命名为"原始频谱信息",将两个元素分别命名为"最大值"和"频率"。
- 执行"控件→新式→图形→波形图"操作,添加 4 个波形图控件并分别命名为"原始信号"、"加窗信号"、"原始信号频谱"和"加窗信号频谱"。

汉明窗实例的前面板设计完毕后如图 11-153 所示。

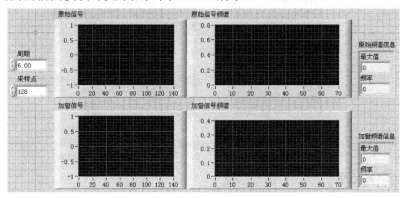

图 11-153　汉明窗实例的前面板

2. 程序框图的编辑

（1）打开程序框图编辑窗口，相应的控件图标已经显示出来。其操作路径为"窗口→显示程序框图"。

（2）放置正弦信号（Sine Pattern）、汉明窗（Hamming Window）、捆绑（Bundle）、数组最大值与最小值及幅度谱和相位谱（Amplitude and Phase Spectrum）等节点图标。

- 执行"函数→信号处理→信号生成→正弦信号"操作，添加"正弦信号"函数节点，将其输入端"幅值"和"周期"与相应的控件连接起来，构成信号生成部分。
- 执行"函数→信号处理→窗→Hamming 窗"操作，添加函数节点，与信号生成部分产生的正弦信号相连接，然后将加窗后的信号传入"幅度谱和相位谱"函数节点进行频谱分析。"幅度谱和相位谱"函数的调用路径为"函数→信号处理→谱分析→幅度谱和相位谱函数"。
- 执行"函数→编程→数组→数组最大值与最小值"操作，对经过频域分析后的信号序列进行最大值求解，搜索出信号的频率值和最大幅度谱能量。

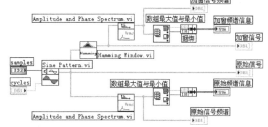

图 11-154　汉明窗实例的程序框图

汉明窗实例的程序框图设计完毕后如图 11-154 所示。

3. 运行程序

单击连续运行按钮，如图 11-155 所示，通过对比，发现"原始信号"和"加窗信号"控件中的波形有很大不同，即经过加窗处理的信号在始端和末端变化更为平缓，防止了能量泄漏情况的发生；另外，加窗后的信号与原始信号的频谱分析结果显示两者的频率一致，加窗并没有改变信号本身的特性，只是幅度谱发生了变化，这一点需要读者加以注意。单击中止执行按钮。程序将停止运行。

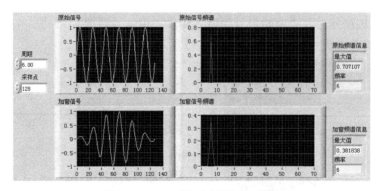

图 11-155   汉明窗实例的运行结果

11.19 【实例 69】提取正弦波

从有限采样样本中提取正弦信号参数（包括频率、幅度、相位等）是信号处理中一类重要的估计问题。

11.19.1 设计目的

用数字滤波器从含有高频噪声的采样数据中提取正弦信号。

基于 LabVIEW 8.2 虚拟平台，使用图形语言编程设计一个系统，使输入信号为正弦波，并加载一个高频均匀白噪声作为模拟信号传输中的随机干扰信号，以及采用一个切比雪夫低通滤波器，以滤除信号中的噪声分量，提取出频率为 5Hz 的正弦信号。

11.19.2 程序框图主要功能模块介绍

"滤波器"子选板位于"函数"选板的"信号处理→滤波器"中，如图 11-156 所示。其中"Chebyshev 滤波器"函数节点用于对含有噪声的输入信号进行切比雪夫滤波处理。根据输入数据类型的不同，它有 2 个多态实例（实数、复数）可供选用，其调用路径为"函数→信号处理→滤波器→Chebyshev 滤波器"。如表 11-27 所示是其输入/输出参数说明。

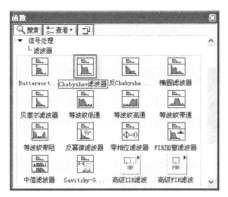 

图 11-156   "滤波器"子选板及"Chebyshev 滤波器"函数

表 11-27   "Chebyshev 滤波器"函数的输入/输出参数说明

参 数 名 称	说　　明
滤波器类型（filter type）	指定滤波器的通频带，有 4 类可选：0（默认）为低通，2 为高通，3 为带通，4 为带阻
X	指待滤波的输入信号

续表

参 数 名 称	说　　明
采样频率：fs（sampling freq：fs）	表示采样频率，必须大于 0，默认为 1.0
高截止频率：fh（high cutoff freq）	表示高截止频率，在滤波器类型为 0（高通）或 1（低通）时被忽略，为 2（带通）和 3（带阻）时必须大于低截止频率，且符合奈奎斯特采样定律
低截止频率：fl（low cutoff freq）	表示低截止频率，必须符合奈奎斯特采样定律，默认值为 0.125。如果低截止频率≤0 或者大于采样频率的一半，系统置滤波后信号为空数组，并返回一个错误；滤波器类型为 2（带通）和 3（带阻）时必须大于低截止频率
波纹：(dB)（ripple（dB））	表示通带内的波纹，必须大于 0，单位是 dB，默认为 0.1
阶数（order）	指定大于 0 的滤波器阶数，默认为 2
初始化/连续（初始化：F）（init/cont）	用来控制内部状态的初始化，默认为 FALSE，此时初始化全部内部状态为 0。当为 TRUE 时，LabVIEW 8.2 使用上次调用此节点的多态实例的最终内部状态进行初始化。如果要处理一个包含较小的块数据的大量数据序列，可以将对第 1 个数据块设置 FALSE，对其他数据块设置 TRUE
滤波后 X（filtered X）	生成经过滤波后的输出信号数组
错误（error）	返回一个来自 VI 的错误或警告信息

11.19.3　详细设计步骤

利用"信号生成"子选板上的"正弦波"函数，加载一个高频均匀白噪声作为模拟信号传输中的随机干扰信号，并对此信号进行切比雪夫低通滤波，以滤除信号中的噪声分量，提取出基频频率的正弦信号。具体设计步骤如下所示。

1. 前面板的设计

（1）创建新 VI，命名为 Extract_Sine.vi。其操作路径为"文件→新建 VI"。

（2）放置数值控件、布尔控件及图形控件。

- 将数值输入控件分别命名为"频率（Hz）"（默认值设置为 5）、"采样"（默认值设置为 1024）、"幅值"（默认值设置为 1.00）、"采样频率（Hz）"（默认值设置为 1024）和"波纹（dB）"（默认值设置为 0.10）。
- 执行"控件→新式→数值→垂直指针滑动杆"操作，将垂直指针滑动杆控件分别命名为"低通截止频率：fl"和"阶数"，前者的默认值为 20Hz，后者的默认值为 5。
- 执行"控件→新式→布尔→停止按钮"操作，放置一个"停止"按钮控件。
- 执行"控件→新式→图形→波形图"操作，放置 3 个波形图控件，分别命名为"input signal"、"filtered signal"和"滤波后 fft 频谱图"。

提取正弦波实例的前面板设计完毕后如图 11-157 所示。

2. 程序框图的编辑

（1）打开程序框图编辑窗口，相应的控件图标已经显示出来。其操作路径为"窗口→显示程序框图"。

（2）放置 While 循环、正弦波（Sine Pattern. vi）、均匀白噪声（Uniform White Noise. vi）、切比雪夫滤波器（Chebyshev filtered. vi）、FFT、捆绑（Bundle）、数组大小（Array Size）、复数至极坐标转换及倒数等节点图标。

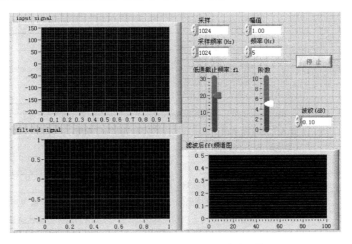

图 11-157　提取正弦波实例的前面板

- 执行"函数→编程→结构→While 循环"操作，将所有节点拖入 While 循环中，而且所有程序在 While 循环中进行。

- 执行"函数→信号处理→信号生成→正弦信号"操作，如 11.17.3 节中的图 11-144 所示，添加 1 个"正弦信号"函数节点；执行"函数→信号处理→信号生成 ▸均匀白噪声"操作，如 11.11.2 节中的图 11-96 所示，添加 1 个"均匀白噪声"函数节点，将它与正弦信号相加合成测试信号。其中，如图 11-158 所示，"均匀白噪声"函数节点可以产生幅值位于区间[- a，a]的均匀分布的伪随机波形，a 表示幅值的绝对值，此处 a = 100。最后，将"正弦波"和"均匀白噪声"函数节点与参数输入和滤波器部分连接起来。

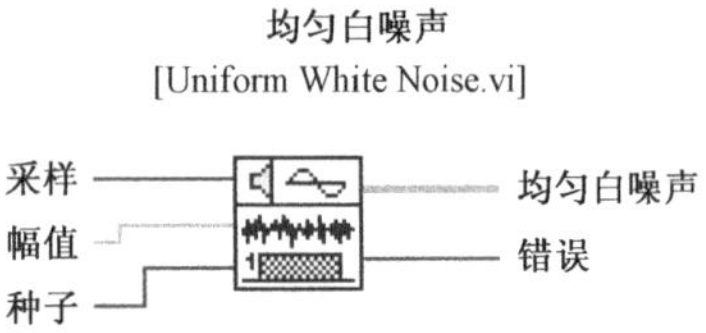

均匀白噪声
[Uniform White Noise.vi]

采样
幅值
种子
均匀白噪声
错误

图 11-158　"均匀白噪声"函数

- "复数至极坐标转换"函数节点的使用方法详见 11.15 节中的实例。

- 执行"函数→信号处理→滤波器→Chebyshev 滤波器"操作，添加一个"Chebyshev 滤波器"函数。"Chebyshev 滤波器"函数节点与波形输入和信号分析部分的连线请参考 11.19.2 节的程序框图主要功能模块介绍。在此实例中，用切比雪夫滤波器对均匀白噪声信号进行高通滤波，用于产生高频噪声（f> 150Hz）。滤波器阶数为 5，波纹为 0.1dB。然后使用切比雪夫低通滤波器对合成的信号进行处理，截止频率、阶数和波纹的设置可在前面板中完成和更改。

- 执行"函数→信号处理→变换→FFT"操作。"FFT"函数节点的连线请参考 11.15.2 节，注意在前面板的"滤波后 fft 频谱图"控件上，先将波形图的横坐标范围更改为 0～100，然后用鼠标右键单击控件，弹出如图 11-159 所示的快捷菜单。在 X 标尺项中取消"自动调整 X 标尺"，这样就可以只显示信号经 FFT 变换后的正频率信息了。

图 11-159　自动调整 X 标尺

- "捆绑数据到波形图"函数节点的用法请参考 11.12.3 节中的介绍和图 11-112。
提取正弦波实例的程序框图设计完毕后如图 11-160 所示。

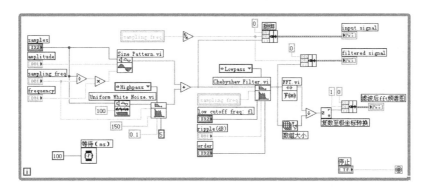

图 11-160 提取正弦波实例的程序框图

3. 运行程序

在前面板上单击运行按钮 ，如图 11-161 所示，此时可在 "input signal" 控件中观察到频率为 5Hz，含有噪声的正弦信号。合成信号经过滤波后，在 "filtered signal" 中可观察到提取出来的正弦波经过 FFT 后在频谱上正好对应 5Hz。改变 "频率（Hz）" 和 "阶数" 等输入控件的值，观察 3 个波形图中的变化情况。单击中止执行按钮 或者 "停止" 按钮，程序将停止运行。

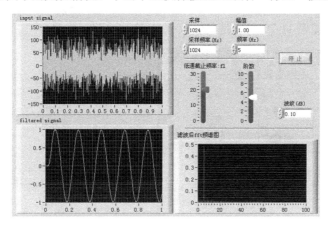

图 11-161 提取正弦波实例的运行结果

11.20 【实例 70】逐点分析滤波器

在进行信号分析和处理时，分析数据的一般过程是先初始化缓冲区、数据分析、数据输出，再根据缓冲区中的数据块进行分析。这种基于数据块的分析方法难以实现高速实时分析。LabVIEW 8.2 提供了一类逐点分析节点，可以一个数据点一个数据点分析，此时数据分析是基于数据点的，可以实现实时处理。使用逐点分析信号同步，数据丢失的可能性更小，对硬件采样率的要求更低。

11.20.1 设计目的

基于 LabVIEW 8.2 虚拟平台，使用图形语言编程设计一个系统，使输入信号为点对点式正弦波，并加载一个标准方差为 0.08 的高斯白噪声作为模拟信号传输中的随机干扰信号，以及采用一个 Butterworth 点对点滤波器对信号进行处理，并对此信号进行数组波形的 Butterworth 滤波器分析。体会两种不同滤波方法的区别。

11.20.2　程序框图主要功能模块介绍

　　"逐点"选板的调用路径是"函数→信号处理→逐点"。它包括信号产生（逐点）、信号运算（逐点）、滤波器（逐点）、谱分析（逐点）、变换（逐点）、拟合（逐点）、线性代数（逐点）、

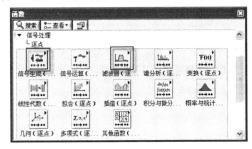

插值（逐点）、积分与微分（逐点）、概率与统计（逐点）、几何（逐点）、多项式（逐点）和其他函数（逐点）选板，这些选板中的函数节点与对应的普通分析选板使用类似，如图 11-162 所示。

　　如图 11-163 所示是"信号生成（逐点）"子选板，其中"正弦波（逐点）"函数用于生成一段点对点式正弦波波形，与生成正弦波（Sine Wave. vi）很相似，其调用路径为"函数→信号

图 11-162　　"逐点"子选板

处理→逐点→信号生成（逐点）→正弦波（逐点）"，如表 11-28 所示是其输入/输出参数说明。同样，"高斯白噪声（逐点）"函数与"高斯白噪声（Gauss White Noise. vi）"函数相似，用于生成高斯分布的伪随机波形，其调用路径为"函数→信号处理→逐点→信号生成（逐点）→高斯白噪声（逐点）"，如表 11-29 所示是其输入/输出参数说明。

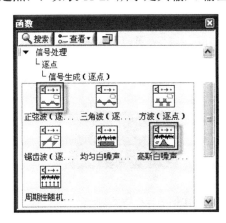
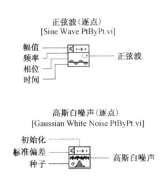

图 11-163　　"信号生成（逐点）"子选板及"正弦波（逐点）"函数、"高斯白噪声（逐点）"函数

表 11- 28　"正弦波（逐点）（Sine Wave PtByPt. vi）"函数的输入/输出参数说明

参 数 名 称	说　　　明
幅值（amplitude）	表示正弦波的幅值，默认为 1.0
频率（frequency）	表示正弦波的频率（单位为 Hz），默认为 1
相位（phase）	表示正弦波形的初始相位，单位是度（°）
时间（time）	表示正弦波自变量，即 sine wave（time）= amplitude×sin（frequency×time + phase）
正弦波（sine wave）	表示输出的正弦波

　　如图 11-164 所示是"滤波器（逐点）"子选板，其中"Butterworth 滤波器（逐点）"函数用于对含有噪声的输入信号进行点对点滤波处理。根据输入数据类型的不同，它共有 2 个多态实例（实数、复数）可供选用，其调用路径为"函数→信号处理→逐点→滤波器（逐点）→Butterworth 滤波器（逐点）"，如表 11-30 所示是其输入/输出参数说明。

表 11-29　"高斯白噪声（逐点）（Gauss White Noise PtByPt. vi）"函数的输入/输出参数说明

参 数 名 称	说　　明
初始化（initialize）	如果为 TRUE，则初始化节点的内部状态
标准偏差（standard deviation）	表示正弦波的频率（单位为 Hz），默认为 1
种子（seed）	当大于 0 时，噪声样本发生器进行补播，默认为 −1
高斯白噪声（Gauss white noise）	生成包含高斯白噪声特征的数据点集

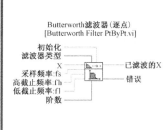

图 11-164　"滤波器（逐点）"子选板及"Butterworth 滤波器（逐点）"函数

表 11-30　"Butterworth 滤波器（逐点）"函数的输入/输出参数说明

参 数 名 称	说　　明
初始化（initialize）	如果为 TRUE，则初始化节点的内部状态
滤波器类型（filter type）	指定滤波器的通频带，有 4 类可选：0（默认）为低通，2 为高通，3 为带通，4 为带阻
X	待滤波的输入信号
采样频率:fs（sampling freq:fs）	表示采样频率，必须大于 0，默认为 1.0
高截止频率:fh（high cutoff freq）	表示高截止频率（f_h），默认为 0.45，在滤波器类型为 0（高通）或 1（低通）时被忽略，为 2（带通）和 3（带阻）时必须大于低截止频率，且符合奈奎斯特采样定律：$0 < f_h < 0.5 f_s$
低截止频率:fl（low cutoff freq）	表示低截止频率（f_l），必须符合奈奎斯特采样定律：$0 < f_l < 0.5 f_s$，默认值为 0.125。如果低截止频率≤0 或者大于采样频率的一半，系统置滤波后信号为空数组，并返回一个错误
阶数（order）	指定大于 0 的滤波器阶数，默认为 2
已滤波的 X（filtered X）	生成经过滤波后的输出信号数组
错误（error）	返回一个来自 VI 的错误或警告信息

11.20.3　详细设计步骤

利用"逐点"选板上的函数集，首先产生一个点对点式正弦波，并加载一个标准方差为 0.08 的高斯白噪声作为模拟信号传输中的随机干扰信号，然后使用 Butterworth 点对点滤波器对信号进行处理，同时对此信号进行数组波形的 Butterworth 滤波器分析。此实例的详细设计步骤如下所示。

1. 前面板的设计

（1）创建新 VI，命名为 Filter Analysis_PtByPt.vi。其操作路径为"文件→新建 VI"。

（2）放置布尔控件及图形控件。

● 执行"控件→新式→图形→波形图表"操作，添加 2 个波形图表控件并分别命名为"信号（正弦&噪声）"和"点对点滤波后信号"，接着分别右键单击两控件，在弹出的快捷菜单中选择"高级→刷新模式→扫描图"，如图 11-165 所示；接着同样右键单击两控件，在弹出的快捷菜单中选择"X 标尺→自动调整 X 标尺"，取消 X 标尺的自动调整功能，如图 11-166 所示；执行"控件→新式→图形→波形图"操作，添加 1 个波形图控件并命名为"数组波形滤波"。

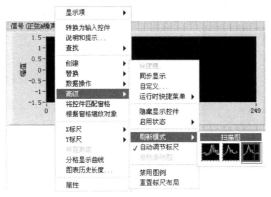
图 11-165　波形图表控件的刷新模式配置

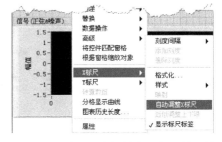
图 11-166　波形图表控件的 X 标尺的调整配置

- 执行"控件→新式→布尔→停止按钮"操作，添加 1 个"确定"按钮，并用鼠标右键单击控件，在弹出的快捷菜单上选择"属性"，在弹出的"布尔属性：确定按钮"对话框（如图 11-167 所示）中的外观选项卡上选择标签项的"可见"复选框，并将显示布尔文本项的"关时文本"改为"初始化"；在对话框的操作选项卡上，将"按钮动作"设置为"单击时转换"，如图 11-168 所示。
- 执行"控件→新式→布尔→确定按钮"操作，添加一个"停止"按钮。

图 11-167　"布尔属性：确定按钮"对话框

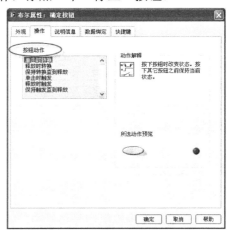
图 11-168　"按钮动作"的设置

逐点分析滤波器实例的前面板设计完毕后如图 11-169 所示。

2. 程序框图的编辑

（1）打开程序框图编辑窗口，相应的控件图标已经显示出来。其操作路径为"窗口→显示程序框图"。

（2）放置 While 循环、for 循环、层叠式顺序结构、正弦波（逐点）、高斯白噪声（逐点）、

巴特沃斯滤波器（逐点）及巴特沃斯滤波器等节点
图标。

- 执行"函数→编程→结构→While 循环"操
  作，将所有节点拖入 While 循环中。

- 执行"函数→编程→结构→for 循环"操作，
  将 for 循环图标放入 While 循环中，在 for 循
  环中生成点对点型、夹杂了噪声的正弦波信
  号，合成信号的直流偏置为 0，并对此信号
  进行巴特沃斯低通滤波。本例设定将要进行
  分析的点数为 250。将"正弦波"和"高斯
  白噪声"函数节点与参数输入和滤波器部分
  连接起来。

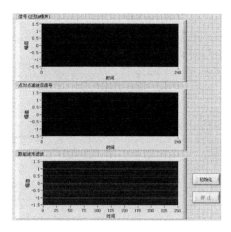

图 11-169　逐点分析滤波器实例的前面板

- 执行"函数→信号处理→逐点→滤波器（逐点）→Butterworth 滤波器（逐点）"操作，
  在 for 循环中加入一个"Butterworth 滤波器（逐点）"函数节点，对进行了直流偏置的
  合成信号进行逐点滤波。

- 执行"函数→信号处理→滤波器→Butterworth 滤波器"操作，在 While 循环中的 for
  循环外添加一个"Butterworth 滤波器"函数节点，对进行了直流偏置的合成离散信号
  进行滤波。

- 本例中使用了波形图控件的属性节点："历史数据（history）"和"值（value）"。右键
  单击"信号（正弦&噪声）"控件节点，在弹出的右键快捷菜单（如图 11-170 所示）中
  选择"创建→属性节点→历史数据"，即可创建这个属性节点。类似地，对"点对点滤
  波后信号"进行相同的操作，创建它的"历史数据（history）"属性节点；"历史数据
  （history）"属性节点中记录了波形图的历史数据，把它和一个空数组相连，可以初始化
  波形图表控件的历史数据；"值 value"属性节点记录了控件中保存的数值。

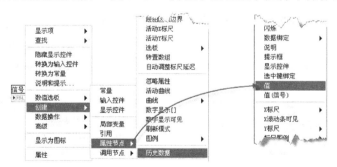

图 11-170　"历史数据"和"值"属性节点的创建

- 执行"函数→编程→结构→层叠式顺序结构"操作。层叠式顺序结构共包括 2 帧：第

图 11-171　层叠式顺序结构的程序框图

一帧实现每进行 250 个点的处理之后停顿 2s
的功能；第二帧保证在每 250 个点的处理周期
内，单击"停止"按钮滤波过程不中断，直到
处理完此次循环以后才响应，响应后 While 循
环中的"i"值清零，如图 11-171 所示。

逐点分析滤波器实例的程序框图设计完毕后如图 11-172 所示。

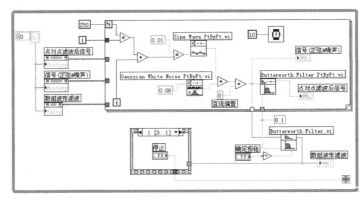

图 11-172　逐点分析滤波器实例的程序框图

3. 运行程序

在前面板上单击运行按钮，如图 11-173 所示，在"信号（正弦&噪声）"波形图表控件中可观察到含有噪声的正弦信号波形，同时在"点对点滤波后信号"图表控件中可以观察到信号经过点对点滤波后的波形。将在"数组波形滤波"波形图控件中观察到的波形与之对比，肉眼发现两者没什么差别。

在程序执行过程中，单击"停止"按钮，发现只有当系统对输入信号滤波完成后才会停止，这正是层叠式顺序结构中程序的功用。单击中止执行按钮或者"停止"按钮，程序将停止运行。

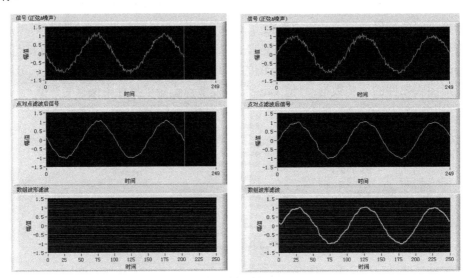

图 11-173　逐点分析滤波器实例的运行结果

11.21　本章小结

本章主要介绍了 LabVIEW 8.2 中的数学和信号处理选板，其中数学选板包括线性代数、拟合、积分与微分、概率与统计、最优化和多项式子选板等，信号处理选板包括测试信号的生成、频域分析、时域分析和数字滤波等。

　　对于数学分析而言，本章从最简单的商和余数的数值计算，到数值的微积分、曲线积分、微分方程求解，一直到对多项式函数进行求解，以及对离散数组中的数据进行概率统计和对有约束条件的目标函数进行取值最优化求解，步步深入地进行了介绍。

　　接着，本章首先介绍了测试信号的生成，然后对信号本身的特性进行了分析，包括幅值和电平、傅里叶分析等；另外，结合信号采样中出现的频谱能量泄漏问题，本章还对加窗函数进行了说明，最后讲解了信号的逐点滤波，即巴特沃斯滤波。

　　基于对两个选板中函数节点的介绍，结合 20 个实例的讲解，相信读者会对两个选板上的常用函数有一个比较全面深刻的理解。

第 12 章　数据采集和仪器控制

数据采集（Data Acquisition）和仪器控制是 LabVIEW 8.2 虚拟仪器软件的核心技术之一。要想实现仪器功能，首要的任务是获取被测对象的采样数据，这就是通俗意义上的数据采集；在编写的测试和处理系统中，虚拟仪器并不能完全取代传统仪器，因此需要实现虚拟仪器与传统仪器的通信，以实现对这些仪器的控制，完成用户期望的系统功能。

LabVIEW 8.2 提供了与 NI 公司各种数据采集硬件的接口，可以极为方便地将各种物理数据采集到计算机中进行信号处理和分析。本章将介绍如何使用 LabVIEW 8.2 进行数据采集系统的设计和编程，其中包括数据采集基础和模拟输入/输出等方面的内容。另外，本章还将讲解仪器总线技术、仪器驱动程序和控制等相关知识，以及 LabVIEW 8.2 中仪器控制的实现等。

12.1 【实例 71】单通道单点采样

单通道单点采样也称单通道单点模拟输入，是指从指定的单个输入通道中读入一个采样数值点并立即将其返回到 VI 中。此种类型的数据采集主要用于确定所测模拟直流信号的幅度，典型的实例就是周期性地监测室内温度。用户可以将产生电压（对应于当前温度）的温度转换器连接到 DAQ 设备的单个通道上，当需要采集室内的实时温度时，就可以通过软件初始化单点模拟输入函数进行数据采集。

12.1.1　设计目的

本节的目的是使用 DAQ 卡在单通道中获取单点模拟信号。本节将构造一个用于测量温度传感器输出电压的 VI。需要说明的是，温度传感器的输出电压与实测温度成正比例关系，温度传感器通过电缆与 DAQ 卡的通道 0 相连。

12.1.2　程序框图主要功能模块介绍

如图 12-1 所示，"Analog Input"选板位于"函数→测量 I/O→Data Acquisition"子选板中，包含了可以实现单点采集及其他实现模数转换的函数。其选择路径为"函数→测量 I/O→Data Acquisition→Analog Input→ AI Sample Channel.vi"，该函数的输入/输出参数如表 12-1 所示。

表 12-1　"AI Sample Channel.vi"函数的输入/输出参数说明

参　　数	说　　明
device	配置过程中分配给 DAQ 卡的设备号。当使用由 MAX 配置的通道名称时，不需要使用设备值。如果用户使用的是仿真的 DAQ VI，则必须将该值与 device 相连
Channel（0）	指明了模拟输入通道号或由 MAX 配置的通道名称，默认值为 0
high limit（0.0）	表示测量信号的最高期望电平，默认值为 0。此时，系统使用 MAX 确定此信号的电平范围
low limit（0.0）	表示测量信号的最低期望电平，默认值为 0。此时，系统使用 MIN 确定此信号的电平范围
sample	返回指定通道的与测量物理量成比例的模拟输入数据

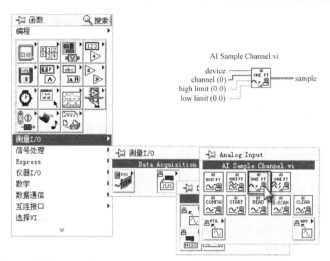

图 12-1　"AI Sample Channel.vi" 函数的选择路径

12.1.3　详细设计步骤

下面对实例的设计步骤进行详细的介绍。

首先新建一个 VI，命名为 AI Single Point.vi。在前面板窗口中，执行"控件→新式→数值→数值输入控件"操作，添加 2 个输入控件，依次命名为"high limit(0.0)"和"low limit(0.0)"；同样地，执行"控件→新式→字符串与路径→字符串输入控件"操作，添加 1 个"Channel"控件；执行"控件→新式→数值→温度计"操作，添加 1 个更名为"Temperature"的控件，如图 12-2 所示。

然后进行程序框图的设计。在菜单栏中选择"窗口→显示程序框图"，切换到程序框图，添加 1 个"AI Sample Channel.vi"函数，该函数读取模拟输入通道中的采样值并返回测量电压。需要注意的是，当使用真实的 DAQ VI 或者 DAQ Channel Wizard 时，没有必要连接 device 端；但是当使用仿真 DAQ VI 时就需要为 device 端连线，这里使用后者，device 端口连接数值 1。实例的程序框图设计完后如图 12-2 所示。

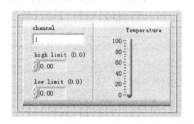
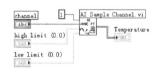

图 12-2　单通道单点采样实例的程序框图与前面板

单击工具栏中的运行按钮 🗘，运行实例时，前面板上的温度计将会以摄氏度显示所测温度。如果在数据采集的过程中出现错误，LabVIEW 8.2 会自动弹出一个对话框显示错误代码及其描述。

12.2　【实例 72】采集波形

在某些应用中，每次采集一个点显得不够快，同时也不能满足系统高速的要求。此外，在单点采集中很难确保各点间保持固定的采样间隔，因为间隔依赖于一些难以控制的因素（如循环的执行速度和软件运行内存开销等）。因此，LabVIEW 8.2 提供了采集波形函数来实现多点连续采样。

12.2.1　设计目的

本节的目的是对输入信号进行波形采样并显示模拟波形。本节需要使用 MAX 配置名称为 Monosignal 的系统输入。此 VI 实例将使用 DAQ VI 采集信号并将其绘制在波形图中。

12.2.2　程序框图主要功能模块介绍

如图 12-3 所示，"Analog Input"子选板还包括可以实现波形采集的函数。其中，"AI Acquire Waveform. vi"用于采集波形，即该函数以指定的采样率从某个输入通道中获得指定数目的采样并输出采样数据，其选择路径为"函数→测量 I/O→Data Acquisition→Analog Input→AI Acquire Waveform.vi"，该函数是一个多态 VI，它的输入/输出参数说明如 12-2 所示。

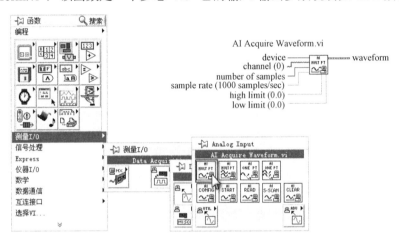

图 12-3　"AI Acquire Waveform.vi"函数的选择路径

表 12-2　"AI Acquire Waveform.vi"函数的输入/输出参数说明

参　　数	说　　明
device	配置过程中分配给 DAQ 卡的设备号。当使用由 MAX 配置的通道名称时，不需要使用设备值。如果用户使用的是仿真的 DAQ VI，则必须将该值与 device 相连
channel（0）	指明了模拟输入通道号或由 MAX 配置的通道名称，默认值为 0
number of samples	指采样过程完成后获得的单通道的采样数，默认值为 1000
sample rate（1000 samples/sec）	表示指定通道中的数据采样率，默认值为 1000
high limit（0.0）	表示测量信号的最高期望电平，默认值为 0。此时，系统使用 MAX 确定此信号的电平范围
low limit（0.0）	表示测量信号的最低期望电平，默认值为 0。此时，系统使用 MIN 确定此信号的电平范围
waveform	返回指定通道的与测量物理量成比例的模拟输入数组或波形

"AI Acquire Waveforms. vi"（如图 12-4 所示）用于采集多个波形，该函数以指定的扫描率对多个输入通道中的输入量进行采样，以获得指定通道的采样数据，其选择路径为"函数→测量 I/O→Data Acquisition→Analog Input→ AI Acquire Waveforms.vi"。该函数是一个多态 VI，它的输入/输出参数说明如表 12-3 所示。

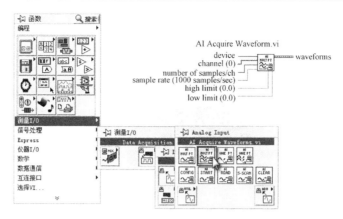

图 12-4　"AI Acquire Waveforms.vi"函数的选择路径

表 12-3　"AI Acquire Waveforms.vi"函数的输入/输出参数说明表

参　　数	说　　明
device	配置过程中分配给 DAQ 卡的设备号。当使用由 MAX 配置的通道名称时，不需要使用设备值。如果用户使用的是仿真的 DAQ VI，则必须将该值与 device 相连
channel（0）	指明了模拟输入通道号或由 MAX 配置的通道名称，默认值为 0
number of samples/ch	指采样过程完成后获得的每个通道的采样数，默认值为 1000
sample rate（1000 sample/sec）	表示期望的扫描率，默认值为 1000。每 1 次扫描指每 1 个通道进行 1 次采样
high limit（0.0）	表示测量信号的最高期望电平，默认值为 0。此时，系统使用 MAX 确定此信号的电平范围
low limit（0.0）	表示测量信号的最低期望电平，默认值为 0。此时，系统使用 MIN 确定此信号的电平范围
waveforms	返回与测量物理量成比例的 2 维模拟输入数组或 1 维波形。由于数组的每列代表 1 个通道的采样数据，故绘制图形时需要对数组进行置换变位

12.2.3　详细设计步骤

打开一个新的 VI，保存为 AI Waveform.vi。

首先进行前面板的设计。执行"控件→新式→I/O→传统 DAQ 通道"操作（如图 12-5 所示），添加 1 个输入控件，如图 12-6 所示，命名为"channel(0)"，并将其默认值更改为"MonoSignal"；执行"控件→新式→数值→数值输入控件"操作，添加 4 个输入控件，依次命名为"number of samples"（采样点数）、"sample rate（1000 sample/sec）"（采样率）、"high limit（0.0）"和"low limit（0.0）"；执行"控件→新式→图形→波形图"操作，添加 1 个"波形图"控件并命名为"waveform"。

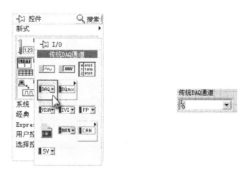

图 12-5　传统 DAQ 通道的选择路径

设计好的前面板如图 12-6 所示。当启动运行 VI 后，可以改变这些输入控件中的参数值并观察波形图中的显示结果。

前面板设计完之后，切换到程序框图，按照图 12-6 右图所示连接 AI Acquire Waveform 和各输入/输出控件。

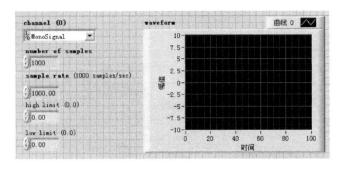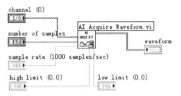

图 12-6　采集波形的前面板和程序框图

在采集模拟信号之前，需要配置 DAQ 系统。如图 12-7 所示，打开 MAX 程序，然后在 MAX 窗口中的通道配置中添加另一个分配给通道 1 的、名称为"MonoSignal"的模拟输入。当 MAX 程序窗口出现时，在"数据邻居"上单击鼠标右键，在弹出的快捷菜单上选择"新建…，"开始添加新通道的配置。需要注意的是，配置的输入量为一个模拟输入。

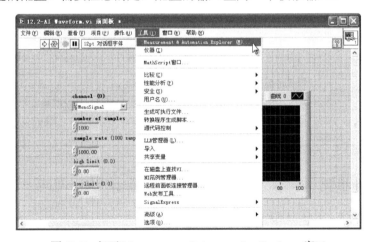

图 12-7　打开 Measurement & Automation Explorer 窗口

MAX 窗口中的某些选项已经具有可以接受的默认值。如果需要，可根据实际情况输入合适的信息回答有关问题。完成数据输入并确定后，更新后的 DAQ 通道配置将包括通道 1 上的 MonoSignal。

返回到前面板，为各控件输入合适的值，单击工具栏中的运行按钮 ，运行 VI 即可在波形图中看到模拟波形。可以分别使用不同的采样率和采样数，观察模拟波形的变换情况。如果在数据采集的过程中出现错误，LabVIEW 8.2 会自动弹出一个对话框来显示错误代码及其描述。

12.3 【实例 73】单通道单点输出

在 LabVIEW 8.2 中有两种常用的模拟输出方式，即每次一点或每次多点。与模拟输入类似，用户可以通过模拟输出在模拟输出通道上实现单点更新（不需要使用硬件时钟）；通过缓存和自带的计数器控制更新频率，用户可以用更高、更精确的速率更新通道。

12.3.1　设计目的

本节的目的是使用模拟输出中的 VI 函数进行单通道单点输出的实例演示，并使用 MAX 对 Motor Speed 通道号进行系统配置。

12.3.2　程序框图主要功能模块介绍

本节将讨论模拟输出及在其实现过程中，子选板中 VI 函数的角色。控制模拟输出操作的 VI 有以下几个。

（1）Easy Analog Output VI：如图 12-8 所示，这些 VI 包括 AO Generate Waveform .vi，AO Generate Waveforms .vi，AO Update Channel .vi 和 AO Update Channels .vi，适用于简单的模拟输出，具有内建的错误处理能力。同一个信号幅度范围集合对于所有输出通道都有效。

（2）Analog Output Utility VI：如图 12-9 所示，包括 AO Write One Update. vi、AO Waveform Gen. vi 和 AO Continuous Gen. vi，是一组 Intermediate VI 的组合，可以实现单点、波形以及连续的模拟输出。这些 VI 将 Intermediate VI 中允许用户自定义错误处理的灵活性与每次操作仅需调用一个 VI 的方便性结合了起来。

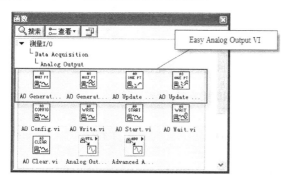

图 12-8　Easy Analog Output VI

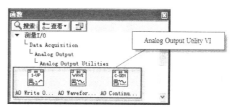

图 12-9　Analog Output Utility VI

（3）Advanced Analog Output VI：如图 12-10 所示，包括 AO Group Config. Vi，AO Buffer Config. Vi，AO Hardware Config. Vi，AO Clock Config. Vi，AO Buffer Write. Vi，AO Control. Vi，AO Parameter. vi 和 AO Signal Update. vi，是构造其他 Analog Output VI 的构件。但是因为 Intermediate VI 以更简单的形式提供了大多数相同功能，所以很少使用它们。

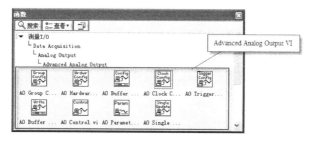

图 12-10　Advanced Analog Output VI

与模拟输入 VI 类似，在学习使用模拟输出 VI 时，仅考虑使用 Easy Analog Output VI 实现模拟输出功能。下面讨论的许多内容都与模拟输入的内容具有很大的相似性，如配置通道的过程及相关 VI 的功能。

模拟输出（Analog Output）选板包括可以实现数模转换（D/A）的众多 VI 函数，位于"函数→测量 I/O→Data Acquisition→Analog Output"子选板上。其中"AO Update Channel .vi"（如图 12-11 所示）可以将指定的值写入模拟输出通道。该函数是一个多态 VI，它的输入/输出参数说明如表 12-4 所示。

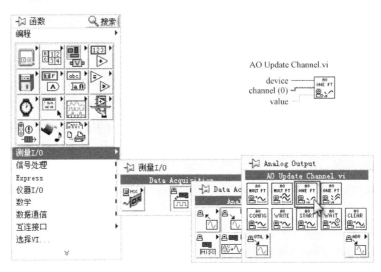

图 12-11　"AO Update Channel.vi"函数的选择路径

表 12-4　"AO Update Channel.vi"函数的输入/输出参数说明

参　　　数	说　　　明
device	配置过程中分配给 DAQ 卡的设备号。当使用由 MAX 配置的通道名称时，不需要使用设备值。如果用户使用的是仿真的 DAQ VI，则必须将该值与 device 相连
channel（0）	指明了模拟输入通道号或由 MAX 配置的通道名称，默认值为 0
value	指写入指定模拟输出通道的值，表示即将输出的信号

12.3.3　详细设计步骤

打开一个新的 VI，命名为 AO Single Ch Pt.vi。

首先进行前面板的设计。输入控件"channel(0)"是"传统 DAQ 通道"控件，输入控件"value"中的值由用户在前面板上进行输入，作为输出数据值。由于 Motor Speed 是模拟输出通道，所以在使用 MAX 配置完通道后，需要为"传统 DAQ 通道"控件配置"Select DAQ Class"，然后选择"Analog Output"。此时，此模拟输出通道将出现在"DAQ Channel Name"菜单中供用户选择。前面板设计完毕后，切换到程序框图，按照图 12-12 右图所示连接 AO ONE PT. vi。

图 12-12　单通道单点输出实例的前面板和程序框图

模拟输出中 MAX 的配置和操作步骤和模拟输入中 MAX 的配置和操作步骤基本相同。配置 MAX 的目的是在通道配置中添加另一个分配给通道 0 的、名称为"Motor Speed"的模拟输

出。添加并配置新通道，使其为一个模拟输出通道。当
然这里也可以采用另一种方式添加新通道，如图 12-13
所示，在"channel(0)"控件上单击鼠标右键，在弹出
的快捷菜单上选择"新通道..."，即弹出"Create New
Channel"向导，根据实际需要，按照提示进行配置即
可，如图 12-14～图 12-19 所示。

　　要想修改实例，把"单通道单点输出"变为"多
通道单点输出"则非常简单，只要用 AO Update
Channels 代替 AO Update Channel 即可，当然所指定的
通道数目必须与所需的输出通道数目保持一致。

图 12-13　创建新通道

图 12-14　"Create New Channel"

图 12-15　"Enter Channel Name and Description"

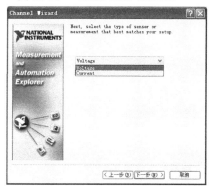

图 12-16　"Channel Wizard"步骤 1

图 12-17　"Channel Wizard"步骤 2

图 12-18　"Channel Wizard"步骤 3

图 12-19　"Channel Wizard"步骤 4

12.4 【实例 74】生成波形

产生模拟输出信号时，在很多情况下输出速率是需要关心的对象。例如，将 DAQ 系统作为一个信号发生器使用时，需要知道控制信号的输出速率及输出点之间的间隔。每次生成一个点显然速率太慢，很多时候不能满足系统的要求，而且各点间要保持固定的采样间隔比较困难，因为间隔依赖于一些与控制相关的其他因素。

12.4.1 设计目的

本节的目的是使用"AO Generate Waveform.vi"函数生成模拟波形输出，并使用 MAX 程序对实例中使用的 Sine Wave 通道号进行系统配置。

12.4.2 程序框图主要功能模块介绍

如图 12-20 所示，"Analog Output"选板位于"函数→测量 I/O→Data Acquisition"子选板中。其选择路径为"函数→测量 I/O→Data Acquisition→Analog Output→AO Generate Waveform.vi"，该函数的输入/输出参数如表 12-5 所示。

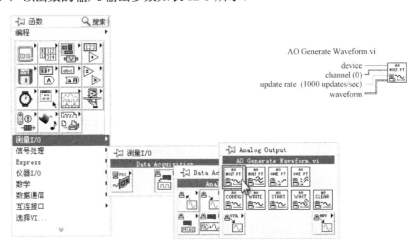

图 12-20 "AO Generate Waveform.vi"函数的选择路径

表 12-5 "AO Generate Waveform.vi"函数的输入/输出参数说明

参　　数	说　　明
device	配置输出过程中分配给 DAQ 卡的设备号。当使用由 MAX 配置的通道名称时，不需要使用设备值。如果用户使用的是仿真的 DAQ VI，则必须将该值与 device 相连
Channel（0）	指明了用户希望使用的模拟输出通道号，默认值为 0
update rate（1000 updates/sec）	表示每秒钟生成的更新数，默认值为 1000
waveform	指定模拟输出通道将要输出的波形或者 1 维数组。用户必须提供这个数组或波形

12.4.3 详细设计步骤

打开一个新的 VI，命名为 AO Waveform.vi。

首先进行前面板的设计，如图 12-21 所示。输入控件"channel（0）"是"传统 DAQ 通道"

控件，指明了使用 MAX 配置的模拟输出通道；由于 Sine Wave 是模拟输出通道，所以在使用 MAX 配置完通道后，需要首先为"传统 DAQ 通道"控件配置"Select DAQ Class"，然后选择 "Analog Output"。此时，此模拟输出通道将出现在"DAQ Channel Name"菜单中供用户选择。此外，还需要添加输出信号的参数输入控件，即 1 个枚举控件，并命名为"信号类型"，其项包括 Sine、Cosine，Triangle，Square，Sawtooth，Increasing Ramp 和 Decreasing Ramp；添加 4 个数值输入控件，分别命名为"采样点数"、"幅值"、"直流偏移量"和"频率"。

前面板设计完毕后，切换到程序框图。为了输出指定的波形，此处还需要使用 1 个"基于持续时间的信号发生器（Single Generator by Duration）"函数，其选择路径为"函数→信号处理→信号生成→基于持续时间的信号发生器"，如图 12-22 所示，图 12-23 给出了该函数的端子图。然后，按照图 12-24 所示连接好 Single Generator by Duration . vi 和 AO Generate Waveform.vi 与控件节点的连线。最后，打开 MAX，修改 DAQ 通道配置，使通道 1 中包含 Sine Wave。

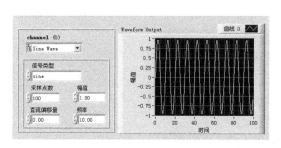

图 12-21 生成波形实例的前面板   图 12-22 "基于持续时间的信号发生器"函数的选择路径

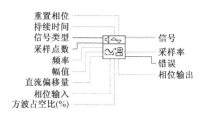

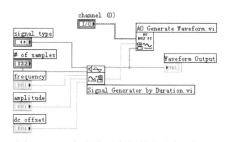

图 12-23 "基于持续时间的信号发生器"函数的端子图   图 12-24 生成波形实例的程序框图

12.5 【实例 75】VISA 函数

LabVIEW 8.2 提供了丰富的仪器控制功能，支持虚拟仪器架构 VISA（Virtual Instrument Software Architecture），目前 VISA 已完整地集成了与 GPIB、VXI、RS-232、RS-485 和内插式数据采集卡等硬件的通信，它的调用流程如图 12-25 所示。

LabVIEW 8.2 的上述优点，为虚拟仪器的组建提供了极大的方便。

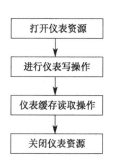

图 12- 25 VISA 的调用流程图

12.5.1 设计目的

设计一个应用高寄存器访问函数的实例，通过对本例的学习，以帮助读者了解虚拟仪器架构 VISA 的使用机制和方法。

高级寄存器访问函数（High Level Register Access Functions）用于访问 VXI/VME 仪器。相比较而言，它们比初级寄存器访问函数（Low Level Register Access Functions）易用。

首先，本实例读入相对于地址空间的指定偏移量的 16 位寄存器数据，偏移量是相对于"资源名称"控件中指定的 VXI 或者 VME 设备的内存集基址。一般来说，VISA 不使用绝对地址，除非用户使用了一个与 MEMACC 资源的会话。

本实例也读入了从指定的相同的偏移量开始的 4 个 16 位的单词。相应地，本实例还包括 8 位和 32 位的访问函数。有些仪器只允许指定宽度（位数）的寄存器访问，否则将产生总线错误。

如果设备支持 VME 块移动，则可以使用属性节点的固有属性集作为源存取优先或者目标存取优先。连线数值 4 或 5 将执行 VME 块移动，导致快速移动。注意，当执行 VME 块移动时，如果出现总线错误，说明这个设备并不支持块移动。

可用于表示源/目标存取优先属性的数值如下所列。

0　优先数据存取（Privileged Data access）

1　非优先数据存取（Non-Privileged Data access）

2　优先程序存取（Privileged Program access）

3　非优先程序存取（Non-Privileged Program access）

4　优先块移动存取（Privileged Block Move access）

5　非优先块移动存取（Non-Privileged Block Move access）

6　优先 D64 存取（Privileged D64 access）

7　非优先 D64 存取（Non-Privileged D64 access）

12.5.2 程序框图主要功能模块介绍

如图 12-26 所示，"仪器 I/O→VISA→高级 VISA"子选板中的函数包括"VISA 打开"、"VISA 关闭"、"VISA 查找资源"、"VISA 读取文件并写入设备"、"VISA 读取设备并写入文件"、"VISA 解锁"和"寄存器访问"等。其中"VISA 打开"函数可以打开其端子"VISA 资源名称"指定设备的会话句柄并返回一个会话句柄标识符，该标识符可用于调用该设备的其他操作，其端子图如图 12-27 的左图所示；而"VISA 关闭"函数则用于关闭其端子"VISA 资源名称"指定的设备会话句柄或事件对象，其端子图如图 12-27 的右图所示。"VISA 打开"函数的输入/输出参数说明如表 12-6 所示。

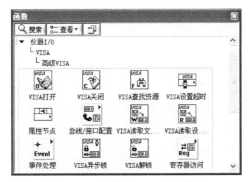

图 12-26　"高级 VISA"子选板

图 12-27　"VISA 打开"和"VISA 关闭"VI 的端子图

表 12-6　"VISA 打开"函数的输入/输出参数说明

参　　数	说　　明
VISA 打开超时（0）	指定"VISA 打开"在返回错误前等待的最大超时周期（毫秒）。该函数不设置 I/O 超时，VISA 设置超时可用于指定 VISA 会话句柄中此后操作的超时
VISA 资源名称	指定了要打开的资源。该控件也指定了会话句柄和类
会话句柄副本（F）	若为 TRUE 且当前存在一个对资源开放的会话句柄，将为资源打开另一个会话句柄。如果会话句柄副本被设置为 FALSE 且存在一个对资源开放的会话句柄，则将使用打开的会话句柄。VISA 会话句柄是 VISA 使用的唯一逻辑标识符，用于与资源进行通信。VISA 会话句柄由 VISA 资源名称控件保持，用户不能看见该控件
访问模式	指定如何访问设备。 0：VISA 默认值（默认）——不使用排它锁定或加载注册信息打开会话句柄 1：排他锁定——打开会话句柄时获取排它锁定。如无法获取锁定，将关闭该会话句柄并返回错误 4：加载已配置设置——通过外部配置工具指定的值配置属性
错误输入（无错误）	表示 VI 或函数运行前发生的错误情况。默认为无错误。如果错误发生在 VI 或函数运行之前，VI 或函数将错误输入值传递至错误输出；如果在 VI 或函数运行前没有发生错误，VI 或函数将正常运行；如果在 VI 或函数运行时发生错误，VI 或函数将正常运行并在错误输出中设置自身的错误状态。简易错误处理器或通用错误处理器 VI 用于显示错误代码的说明。错误输入和错误输出用于检查错误并通过将一个节点的错误输出与另一个节点的错误输入连线指定执行顺序
VISA 资源名称输出	是 VISA 会话句柄打开的资源及其类。类与 VISA 资源名称输入端匹配
错误输出	包含错误信息。如果错误输入表明在 VI 或函数运行前已出现错误，错误输出将包含相同的错误信息，否则它表示 VI 或函数中产生的错误状态。用鼠标右键单击错误输出前面板显示控件，从快捷菜单中选择解释错误可获取关于该错误的更多信息

如图 12-28 所示，"仪器 I/O→VISA→高级 VISA→寄存器访问"子选板中的函数包括"VISA 输入 8"、"VISA 输入 16"、"VISA 输出 16"、"VISA 输出 32"、"VISA 转入 16"、"VISA 转出 16"、"VISA 内存分配"、"VISA 内存释放"、"VISA 转移"和"底层寄存器"等。其中"VISA 输入 16"函数可以根据指定的地址空间和偏移量读取一个 16 位的数据块，其端子图如图 12-29 的左图所示；而"VISA 转入 16"函数则用

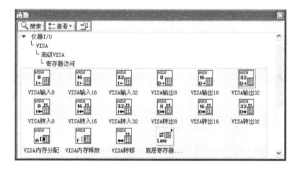

图 12-28　"寄存器访问"子选板

于将一个或多个 16 位数据从设备内存转入本地内存。该函数根据指定的地址空间和偏移量读取计数接线端指定数量的 16 位数据，其端子图如图 12-29 的右图所示。"VISA 输入 16"和"VISA 转入 16"函数的输入/输出参数说明分别如表 12-7 和表 12-8 所示。

图 12-29 "VISA 输入 16"和"VISA 输入 16"VI 的端子图

表 12-7   "VISA 输入 16"函数的输入/输出参数说明

参　　　数	说　　　明		
地址空间（A16:1）	指定了要映射的地址空间。下表列出了用于指定地址空间的有效条目		
	值		说明
	VXI、VME 和 GPIB-VXI		VXI/VME A16（1）
			VXI/VME A24（2）
			VXI/VME A32（3）
			VXI/VME A64（4）
	PXI		PXI 内存分配（9）
			PXI 配置（10）
			PXI BAR0（11）到 PXI BAR5（16）
VISA 资源名称	指定了要打开的资源。该控件也指定了会话句柄和类		
偏移量（0）	是要写入的设备的偏移量（字节）。资源的类型决定了如何指定偏移量		
错误输入（无错误）	表示 VI 或函数运行前发生的错误情况。默认为无错误。如果错误发生在 VI 或函数运行之前，VI 或函数将错误输入值传递至错误输出；如在 VI 或函数运行前没有发生错误，VI 或函数将正常运行；如果在 VI 或函数运行时发生错误，VI 或函数将正常运行并在错误输出中设置自身的错误状态。简易错误处理器或通用错误处理器 VI 用于显示错误代码的说明。错误输入和错误输出用于检查错误并通过将一个节点的错误输出与另一个节点的错误输入连线指定执行顺序		
VISA 资源名称输出	是 VISA 会话句柄打开的资源及其类。类与 VISA 资源名称输入端匹配		
值	包含从地址空间读取的数据		
错误输出	包含错误信息。如果错误输入表明在 VI 或函数运行前已出现错误，错误输出将包含相同的错误信息，否则它表示 VI 或函数中产生的错误状态。用鼠标右键单击错误输出前面板显示控件，从快捷菜单中选择解释错误可获取关于该错误的更多信息		

表 12-8   "VISA 转入 16"函数的部分输入/输出参数说明

参　　　数	说　　　明
计数	是要移动的数据数量
数据	指被移动的元素为 16 位数据的数组

注：该函数的其他输入/输出参数的意义与"VISA 输入 16"函数中同名参数的意义相同。

12.5.3   详细设计步骤

高级寄存器访问实例功能的实现主要包括以下几个步骤。

（1）开启一个与由资源名称控件指定的资源（设备）的会话。

（2）从指定的寄存器读入一个 16 位数值，用户不需要指定绝对地址，只需要指定相对于指定设备基址的偏移量。VISA 记录了每个设备请求的内存地址，通过资源管理器确保记录完整。如果用户使用了一个与 MEMACC 资源的会话，则需要用户指定绝对地址。

（3）将 VXI/VME 总线中指定数量的传输数据移动到内存中，此例中将 VXI 空间中的 4 个配置寄存器数据移入一个本地阵列。

（4）关闭"VISA 打开"函数开启的会话。

（5）如果发生错误，检查并显示错误。

下面开始创建这个实例。

打开一个新的 VI，命名为 High Level Register Access. vi。

首先进行程序框图的设计。依次添加"VISA 打开"、
"VISA 输入 16"、"VISA 转入 16"、"VISA 关闭"和"简易
错误处理器"函数，其中"简易错误处理器"函数的选择路
径为"函数→编程→对话框与用户界面→简易错误处理器"，
如图 12-30 所示。

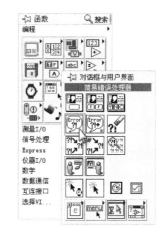

接着，为函数的某些端口添加输入控件或者显示控件。
在"VISA 打开"函数的端口"VISA 资源名称"单击鼠标右
键，在弹出的快捷菜单中选择"创建→输入控件"，即可创
建名为"VISA 资源名称"的控件。类似地，创建"Address
Space"、"偏移量（0）"和"计数"输入控件，以及"值"和
"数据"显示控件。程序框图创建完毕后如图 12-31 所示。

图 12-30　"简易错误处理器"
函数的选择路径

然后，切换前面板，对其上的控件进行排列和布局，如
图 12-32 所示。当用户连接好硬件，并设置好输入端口后，单击运行按钮即可观察到执行情况。

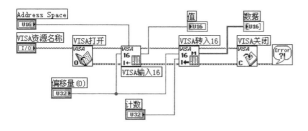

图 12-31　VISA 函数实例的程序框图

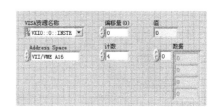

图 12-32　VISA 函数实例的前面板

12.6　【实例 76】LabVIEW 8.2 与 GPIB 通信

LabVIEW 8.2 是 NI（National Instruments）公司具有革命性的图形化虚拟仪器开发环境，
内置信号采集、测量分析与数据显示功能，集开发、调试和运行于一体，充分考虑了测控系统
的网络化要求，提供了丰富的网络化组件。

GPIB（General Purpose Interface Bus）是仪器与各种控制仪器之间的标准接口，许多仪器
都具有此类接口，因此，可以在 LabVIEW 8.2 图形化开发软件中方便、快速地开发 GPIB 应用
程序。本节设计的 LabVIEW 8.2 与 GPIB 通信实例，主要利用 LabVIEW 8.2 开发一个基于 GPIB
总线的虚拟仪器，实现虚拟仪器与外部仪器之间的通信，并实时分析和记录测量仪器的测量结
果，为读者提供了一个 LabVIEW 8.2 与 GPIB 通信的设计范例。

12.6.1　设计目的

在 LabVIEW 8.2 设计开发过程中，其与 GPIB 的通信方式的实现包括两种：一种是利用函
数选板中仪器 I/O 子选板下的 GPIB 相关函数来通信；另一种是利用函数选板中仪器 I/O 子选

板下的 VISA 相关函数来通信。

本节设计的 GPIB 通信实例使用了"函数→仪器 I/O"子选板中的 GPIB 相关函数，其中主要包括"GPIB 写入"和"GPIB 读取"两类函数。

LabVIEW 8.2 与 GPIB 通信实例的功能块设计、程序框图和前面板设计将会在下面进行详细介绍，以帮助读者对利用 LabVIEW 8.2 进行 GPIB 通信的设计过程和方法加深认识。

如图 12-33 所示为 LabVIEW 8.2 与 GPIB 通信实例的前面板。

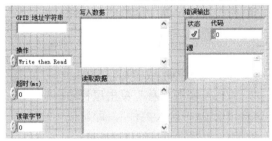

图 12-33　LabVIEW 8.2 与 GPIB 通信实例的前面板

12.6.2　程序框图主要功能模块介绍

如图 12-34 所示，LabVIEW 8.2 与 GPIB 通信实例的程序框图主要包括 3 个功能块，已在图上用线框加以标识以供参考。下面对每个功能块实现的具体处理功能和任务进行一一介绍。

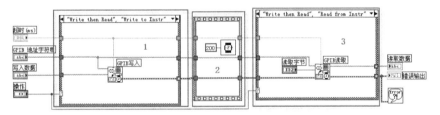

图 12-34　LabVIEW 8.2 与 GPIB 通信实例的程序框图

1. GPIB 写入模块

GPIB 写入模块主要用于将数据写入 GPIB 设备中。"仪器 I/O"子选板如图 12-35 所示，"GPIB 写入"函数节点的调用路径为"函数→仪器 I/O→GPIB→GPIB 写入"。

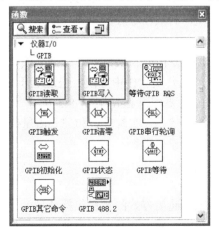

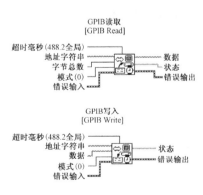

图 12-35　"仪器 I/O"子选板

模式的选择如表 12-9 所示。

2. 延时模块

延时模块可实现利用顺序结构将 GPIB 写入的数据延迟一定时间后读出的功能。"定时"子选板如图 12-36 所示，"等待（ms）"函数的调用路径为"函数→编程→定时→等待（ms）"。

表 12-9　模式的选择

0	用字符串中最后的字符发送 EOI
1	添加 CR 至字符串并用 CR 发生 EOI
2	添加 LF 至字符串并用 LF 发送 EOI
3	添加 CR LF 至字符串并用 LF 发送 EOI
4	添加 CR 至字符串且不发送 EOI
5	添加 LF 至字符串且不发送 EOI
6	添加 CR LF 至字符串且不发送 EOI
7	不发送 EOI

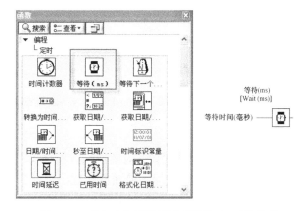

图 12-36　"定时"子选板及"等待（ms）"函数

3. GPIB 读取模块

GPIB 读取模块的主要功能是从 GPIB 设备中读取数据。如图 12-35 所示，"GPIB 读取"函数的调用路径为"函数→仪器 I/O→GPIB→GPIB 读取"。

如表 12-10 所示为模式的有效值及其对应的 EOS 字符。

表 12-10　模式的有效值及其对应的 EOS 字符

0	无 EOS 字符。禁用 EOS 终止模式
1	EOS 字符是 CR。读取终止于 EOI、"字节总数"或 CR
2	EOS 字符是 LF。读取终止于 EOI、"字节总数"或 CR

其余参数的含义可参考"GPIB 写入"函数的参数介绍。

12.6.3　详细设计步骤

LabVIEW 8.2 与 GPIB 通信设计实例主要包括程序框图的设计、前面板的设计，以及界面布局和控件属性设置等。以下对其设计步骤进行具体介绍。

1. 程序框图的设计

创建新 VI，命名为 GPIB.vi。其操作路径为"文件→新建 VI"。当然，在 LabVIEW 8.2 的启动界面直接单击新建栏中的 VI 也可。

（1）切换到程序框图设计窗口，打开"函数→仪器 I/O→GPIB"，分别选择 1 个"GPIB 写入"和"GPIB 读取"函数节点并将其放置到设计区。

（2）移动光标到这两个函数节点的接线端口，单击鼠标右键，从弹出的快捷菜单中执行"创建"命令，创建相应的输入/输出控件，并暂时删除控件与节点端口之间的连线。

（3）打开"函数→结构"子选板，放置 2 个"条件结构"函数节点到设计区，并将步骤（2）创建的两个函数节点分别放到条件结构中。

（4）打开"函数→结构"子选板，选择 1 个"顺序结构"函数节点并放置到设计区，从"定时"子选板中选择 1 个"等待（ms）"函数节点放置到顺序结构节点中，并设置等待常量为"200"。

（5）通过上述步骤的设计，设计功能的基本框架已经初步构建起来，接着把相应的输入/输出控件和函数连接起来，即可实现设计所要求的功能。完整的程序框图如图 12-37 所示。

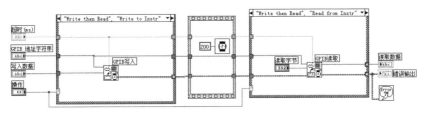

图 12-37　LabVIEW 8.2 与 GPIB 通信实例的程序框图

2. 前面板的设计

切换到前面板设计窗口，对前面通过程序框图创建的控件进行排列布置，并根据实际情况调整相应的属性。移动光标到前面板或程序框图窗口的右上角，用鼠标双击图标，即可弹出"图标编辑器"对话框，如图 12-38 所示。

对图标编辑器进行编辑。编辑完成后，单击"确定"按钮予以确认并关闭该对话框，至此可以看到前面板和程序框图右上角的图标改变为编辑后的图标。

3. 运行结果

单击运行按钮 ，如图 12-39 所示，在 LabVIEW 8.2 与 GPIB 通信实例运行界面上可以进行数据的读/写操作和显示。

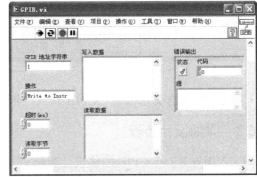

图 12-38　"图标编辑器"对话框　　　　　图 12-39　LabVIEW 8.2 与 GPIB 通信实例的运行结果

12.7 【实例 77】使用 NI–DAQmx VI 创建任务

NI-DAQmx 驱动软件不仅局限于基本的数据采集驱动，在数据采集和控制应用的开发过程中，其效率更快，性能更优。NI-DAQmx 控制着 DAQ 系统（包括 NI 信号调理设备）的各个方面（从数据采集参数配置，到在 NI LabVIEW 8.2 工程中编程，再到低层操作系统和设备控制）。NI-DAQmx 可与 NI LabVIEW，NI LabVIEW Signal Express，NI LabWindows/CVI，C/C++，Visual Basic，Visual Basic .NET 和 C#配合使用。和 LabVIEW 8.2 一样，NI-DAQmx 也是使 National Instruments 公司成为虚拟仪器和基于 PC 的数据采集领域领导者的主要原因之一。

12.7.1　设计目的

使用 MAX 创建一块虚拟的 NI PCI-6230 数据采集卡，并使用 NI-DAQmx 创建一个测量任务，通过热电偶对温度进行测量。该任务的实现需要使用两个虚拟通道，一个为全局虚拟通道，另一个为局部虚拟通道。

热电偶是工业上最常用的温度检测元件之一。其优点有以下几个。

（1）测量精度高。热电偶直接与被测对象接触，可以避免中间介质的影响。

（2）测量范围广。常用热电偶的测量范围是−50～+1600℃，可实现连续测量，某些特殊热电偶甚至最低可测到−269℃（如金铁镍铬），最高可测达+2800℃（如钨−铼）。

（3）构造简单，使用方便。热电偶通常是由两种不同的金属丝组成的，而且不受大小和开头的限制，外有保护套管，使用起来非常方便。

将两种不同材料的导体或半导体 A 和 B 焊接起来，构成一个闭合回路，当导体 A 和 B 的两个对应点 1 和 2 之间存在温差时，两者之间便产生电动势，因而在回路中形成一个大小的电流，这种现象称为热电效应。热电偶就是利用这一效应来工作的。

12.7.2　详细设计步骤

下面对实例的详细设计步骤进行讲解。在本实例中，为了便于读者理解和实际操作，采用直观的图示方式进行讲述。

（1）创建虚拟数据采集卡。打开 MAX 程序，如图 12-40 所示，在窗口左边的"配置"导航栏内，用鼠标右键单击"我的系统→设备和接口"，选择"新建..."，即弹出"新建..."对话框。然后如图 12-41 所示，选择"设备和接口→ NI DAQmx Device → NI-DAQmx Simulated Device"，单击"完成"按钮。此时，弹出"Choose Device"对话框，

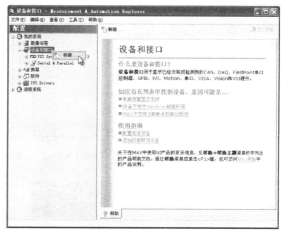

图 12-40　新建虚拟采集卡

这里选择 M 系列的数据采集卡中的 NI PCI-6230（如图 12-42 所示），即可创建 1 个虚拟数据采集卡。

（2）创建全局虚拟通道。在 MAX 左侧 Configuration 配置导航栏"我的系统（My System）"对话框的"数据邻居（Data Neighborhood）"上单击鼠标右键，从弹出的快捷菜单中选择"新建（Create New...）"后，在弹出的对话框中选择"NI-DAQmx Global Virtual Channel"，然后单击"下一步"按钮，如图 12-43 所示。接着，如图 12-44 和图 12-45 所示，根据"新建 NI-DAQmx Global Virtual Channel..."的

图 12-41　新建 NI-DAQmx Simulated Device

向导指示，选择测量类型为 "Acquire Signals→Analog Input→Temperature→Thermocouple"。

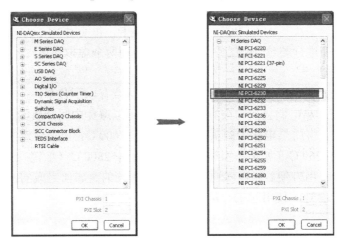

图 12-42　选择 NI PCI-6230 采集卡

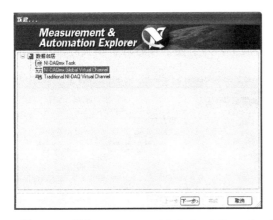

图 12-43　新建 NI-DAQmx Global Virtual Channel

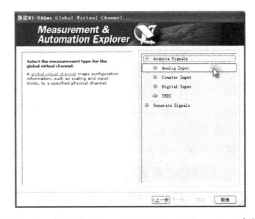

图 12-44　"新建 NI-DAQmx Global Virtual Channel…"向导

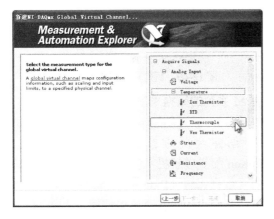

图 12-45　新建 Thermocouple 模拟输入

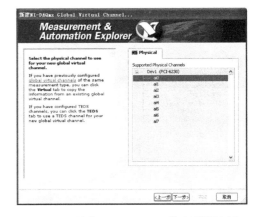

图 12-46　设备（PCI-6230）物理通道选择

　　然后如图 12-46 所示，在弹出的对话框右边的 Physical 选项卡中选择 "Dev1（PCI-6230）" 的 ai0 端口，单击对话框下方的 "下一步" 按钮，在弹出的对话框中为全局虚拟通道输入名称，这里采用默认命名"MyTemperatureChannel"，如图 12-47 所示。全局虚拟通道创建完毕后的主界面如图 12-48 所示。

（3）创建任务。类似的，在 MAX 程序左侧 Configuration 配置导航栏"我的系统（My System）"对话框的"数据邻居（Data Neighborhood）"上单击鼠标右键，从弹出的菜单中选择"新建（Create New…）"后，在弹出的对话框中选择"NI-DAQmx Task"，如图 12-49 所示。接着，单击"下一步（next）"按钮，同样地，出现了要求选择测量类型的对话框，此处选择测量类型为"Acquire Signals → Analog Input → Temperature→Thermocouple"。然后在"新建 NI-DAQmx Task…"对话框内选择 Virtual 选项卡中的"MyTemperatureChannel"，单击"下一步"按钮，如图 12-50 和图 12-51 所示，即可创建默认名称为"MyTemperatureTask"的任务。任务创建完毕后的主界面如图 12-52 所示，注意主界面上方的采集数据显示区可以用两种方式表示，即 Chart 和 Table，如图 12-53 所示。

图 12-47　全局虚拟通道的命名

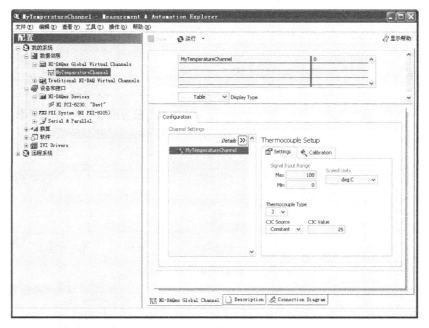

图 12-48　全局虚拟通道创建完毕后的主界面

（4）在任务中创建局部虚拟通道。如图 12-54 所示，在主界面下方的 Configuration 选项卡中添加局部虚拟通道，单击"添加"按钮⊞，选择"Thermocouple"；接着，如图 12-55 所示，在"Add Channel To Task"对话框中选择"Physical"选项卡，再选择"Dev1（PCI-6230）→ai0"即可，此时在"MyTemperatureChannel"项下可见到 1 个 Temperature 局部虚拟通道，如图 12-56 所示。此外，用户可以根据实际需要更改触发和计时信息等。

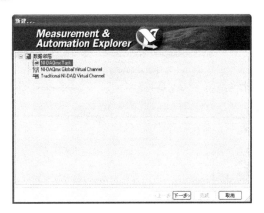

图 12-49　新建 NI-DAQmx Task

图 12-50　设备（PCI-6230）物理通道的选择

图 12-51　命名任务

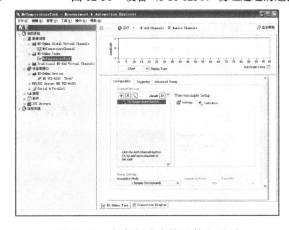

图 12-52　任务创建完毕后的主界面

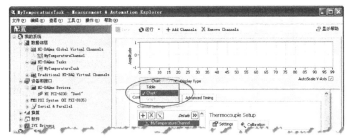

图 12-53　数据采集的显示类型

图 12-54　添加局部虚拟通道

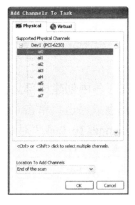

图 12-55　在任务中添加通道

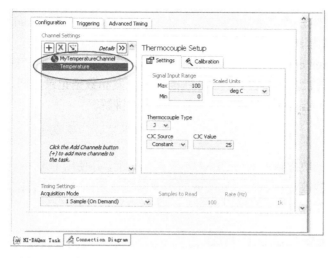

图 12-56　在任务中添加 Temperature 局部虚拟通道的结果

（5）最后运行任务。单击窗口上方的"运行（RUN）"按钮，就可以开始数据采集了。至此一个具有两个虚拟通道（一个为全局通道，一个为虚拟通道）、用于通过热电偶测量温度的任务就创建并配置完毕，如图 12-57 所示。

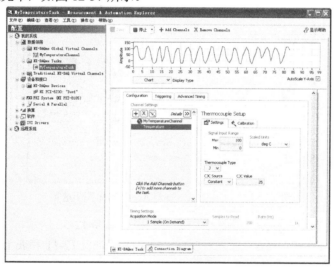

图 12-57　使用 NI-DAQmx Task 创建任务实例的运行界面

12.8　【实例 78】使用 DAQ Assistant 创建任务

NI-DAQmx 测量服务软件除了具备数据采集（DAQ）驱动的基本功能之外，还具备更高的工作效率及更多的性能优势。NI 正是凭借这一点，得以在虚拟仪器技术领域及基于计算机技术的数据采集方面保持行业领先地位！NI-DAQmx 测量服务软件配合所有 NI-DAQmx 支持的 NI DAQ 板卡，可为您提供以下特性。

（1）对所有多功能数据采集（DAQ）硬件，都用统一简单的编程界面，编写模拟输入、模拟输出、数字 I/O 及计数器程序。

（2）使用多线程且经过优化的单点 I/O 功能，运行速度可以提高 1000 倍。

（3）在各种编程环境（如 LabVIEW 8.2，LabWindows/CVI，Visual Studio .NET，and C/C++）中使用的是同样的 VI 程序或函数。

（4）运用 Measurement & Automation Explorer（MAX），数据采集助理（DAQ Assistant），及 VI Logger 数据记录软件，节省大量的系统配置、开发和数据记录时间。

下面对使用 DAQ Assistant 创建一个任务进行实例讲解。

12.8.1　设计目的

使用 MAX 创建一块虚拟的 NI PCI-6230 数据采集卡，并使用 DAQ Assistant 创建一个测量任务，通过热电偶对温度进行测量。该任务的实现需要使用两个虚拟通道，一个为全局虚拟通道，另一个为局部虚拟通道。

12.8.2　程序框图主要功能模块介绍

如图 12-58 所示，"DAQ Assistant"函数位于"函数→测量→DAQmx – Data Acquisition"子选板上，它的功能是使用 NI-DAQmx 创建、编辑和运行任务。当用户将"DAQ Assistant"函数放置在程序框图中时，此 Express VI 即开始创建一个新的任务，创建完成后，还可以通过双击其图标的方式重新对任务进行配置。

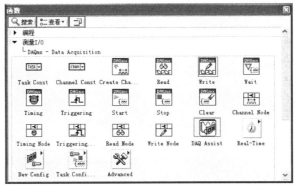

图 12-58　"DAQmx – Data Acquisition"子选板

当然也可以直接在"Express"子选板中进行选择，如图 12-59 所示，"DAQ Assistant"函数的选择路径是"函数→Express→输入→DAQ Assistant"。表 12-11 和表 12-12 分别为"DAQ Assistant"函数的输入/输出参数说明。

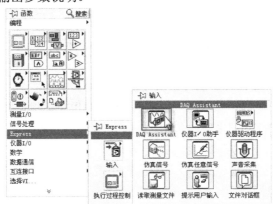

图 12-59　DAQ Assistant 的选择路径

表 12-11　"DAQ Assistant"函数的输入参数说明表

输　入　参　数	说　　明
数据（data）	包含写入任务的采样点。对于测量任务而言，其为输出端口；对于模拟和数字输出任务而言，其为输入端口；在计数器输出任务中，该端口无效
错误（error in）	描述该 Express VI 运行前发生的错误情况
采样点数（number of samples）	指定在一个有限任务中各个通道采集或生成的采样点数。对于连续任务，NI-DAQ 使用这个值确定缓存的大小。注意在所有通道类型和采样时序类型中，此输入不出现
采样率（rate）	指定每个通道的采样点的采样率。在有些通道类型和采样时序类型中，此输入不出现。如果用户使用了外部时钟，此输入设置为此时钟的最大期望频率
停止（stop）	当该 Express VI 执行完成后，确定停止任务并释放设备资源 对于连续任务，该输入默认为 FALSE，表示任务一直运行直到应用结束为止。为了能在相同的应用中重新使用设备，需要将该输入与和 While 循环的条件终端相连的停止控件相连接以结束任务。 对于单点和有限任务，该输入默认为 TRUE，表示所有采样完成后任务即停止。当在循环中使用该 Express VI 时，为了优化单点采样的性能，同样需要将该输入与和 While 循环的条件终端相连的停止控件相连接
超时（timeout）	指定等待该 VI 完成读取或写入所有采样点的时间，如果超时，则 VI 返回 1 个错误。对于输入操作来说，该输入返回未超时前读取的所有采样点。其默认值为 10，如果设置为–1，则等待时间不确定；如果设置为 0，该 VI 尝试读取或写入采样点一次，如果不成功，则返回 1 个错误。只有当 VI 必须等待读取或写入采样点时，NI-DAQmx 才执行超时检查。在所有通道类型和采样时序类型中，此输入不出现

表 12-12　"DAQ Assistant"函数的输出参数说明

输　出　参　数	说　　明
数据（data）	包含从任务中读取的采样点。对于测量任务而言，其为输出端口；对于模拟和数字输出任务而言，其为输入端口；在计数器输出任务中，该端口无效
输出错误（error out）	包含错误信息
停止（stopped）	指示任务是否已停止。如果输入端 stop 为 TRUE 或者有错误发生，任务停止。只有在连续任务和硬件-时间、单点任务时，该输出才出现
任务输出（task out）	当 VI 完成执行后，它包含一个任务的引用。将此输出连接其他 NI-DAQmx VIs 可以执行任务的其他操作

12.8.3　详细设计步骤

这个实例的设计和 12.7 节中的实例相似，其中创建虚拟数据采集卡和全局虚拟通道的方法和内容完全相同。下面就具体设计步骤进行详细的介绍。

（1）创建虚拟数据采集卡。打开 MAX 程序，选择 M 系列的数据采集卡中的 PCI-6320。

（2）创建全局虚拟通道。在 MAX 程序左侧 Configuration 配置导航栏"我的系统（My System）"下的"数据邻居（Data Neighborhood）"上单击鼠标右键，从弹出的快捷菜单中选择"Create New…"，在弹出的对话框中选择"NI-DAQmx Global Virtual Channel"，然后单击"next"按钮，进行测量类型的选择。选择完毕后单击"Next"按钮，根据系统设计要求填入将创建的虚拟通道的名称。

（3）创建任务。下面使用 DAQ Assistant 创建一个测量任务，该任务包含一个局部虚拟通道，通过热电偶来测量温度。具体步骤如下。

- 在程序框图中添加一个 DAQ Assistant Express VI，如图 12-60 所示，产生初始化界面。在弹出的"新建 Express Task…"对话框中选择测量类型，选择"Acquire Signals→Analog Input

图 12-60　DAQ Assistant 配置初始化界面

→Temperature→Thermocouple"(如图 12-61 所示)。然后在对话框中的"Physical"选项卡中选择物理通道,即虚拟数据采集卡的第一个模拟输入通道 ai0,这些选择过程与12.7 节中的例子非常相似。

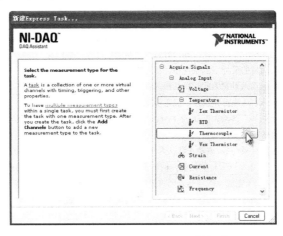

图 12-61   新建 Thermocouple 模拟输入

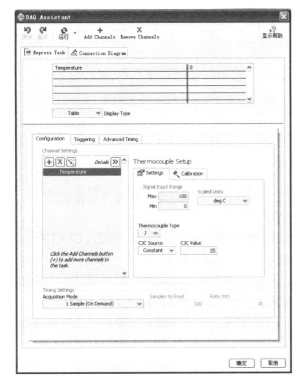

图 12-62   DAQ Assistant 任务配置界面

● 单击"Finish"按钮后,弹出如图 12-62 所示的 DAQ Assistant 任务配置界面,在该界面中可以对该测量任务的所有属性进行配置并测试。这与 12.7 节的例子中使用 MAX 配置任务的界面是很相似的。

● 配置完毕,单击"确定"按钮,就会生成一个 DAQ Assistant 的 Express VI(如图 12-63 所示),用户可以随时双击打开它来重新进行配置。

图 12-63   DAQ Assistant 的 Express VI

12.9　本章小结

　　本章主要介绍了 LabVIEW 8.2 数据采集（Data Acquisition）和仪器控制的应用，这两者是虚拟仪器软件的核心技术之一。其中，数据采集主要包括数字信号、模拟信号的采集和输出。本章着重介绍了单通道单点采样、采集波形、单通道单点输出和输出波形的相关函数应用。此外，本章还介绍了 VISA 函数的功能和使用方法。

　　在编写的测试和处理系统中，虚拟仪器并不能完全取代传统仪器，因此需要实现虚拟仪器与传统仪器的通信，以实现对这些仪器的控制，完成用户期望的系统功能。本章首先讲解了 LabVIEW 8.2 如何与外部设备通过 GPIB 进行通信，而后介绍了如何使用 NI-DAQmx 和 DAQ Assistant 进行任务的创建。通过本章的学习，读者可以获得数据采集和仪器控制的基础知识，对读者进行数据采集和仪器控制方面的设计具有指导意义。

第 13 章　Express VIs

从 LabVIEW 7 开始，LabVIEW 8.2 虚拟仪器软件提供了 Express 技术，以便更加快捷、简单地搭建专业的测试系统，满足用户对系统构建快速性和稳定性的需求。在此后的版本中，Express 技术得到了不断的加强，它将各种基本函数进一步打包为更智能、功能更强大、丰富的函数，并对其中的某些函数提供配置对话框，使得用户可以通过配置对话框对函数进行详细的配置。因此，通过 Express VI 可以使用更少的步骤实现功能完善的测试系统，尤其是对于复杂的系统而言，利用 Express VI 突出了其优势，起到极大的简化作用，减轻了设计人员的工作负担。

本章将使用 Express 中的控件和函数进行程序设计，带领读者进入 Express 程序设计的学习殿堂，使用户领会和理解利用 Express VI 设计的方便和特点。

13.1　【实例 79】利用 Express VI 创建数值比较实例

"函数"选板和"控件"选板中都包含"Express"子选板，其中如图 13-1 所示，"函数"选板的"Express"子选板中包括输入、信号分析、输出、信号操作、执行过程控制和算术与比较等函数集；如图 13-2 所示，"控件"选板的"Express"子选板包括数值输入控件、按钮与开关、文本输入控件、用户控件、数值显示控件、指示灯、文本显示控件和图形显示控件等控件集。

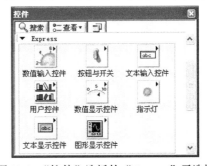

图 13-1　"函数"选板的"Express"子选板　　图 13-2　"控件"选板的"Express"子选板

本节将利用 Express VI 创建数值比较实例，帮助读者初步认识"Express"中的"算术与比较"子选板函数集。

13.1.1　设计目的

基于 LabVIEW 8.2 虚拟平台，使用图形语言编程，利用 Express VI 中的"比较"，首先设置一个比较常量，然后将某一输入数组与这个基准值进行多种比较运算（=、<>或>等），并将比较结果显示出来，以便于对"比较"的概念做出直观的理解。

13.1.2　程序框图主要功能模块介绍

如图 13-3 所示，"比较（Express）"节点位于"函数"选板的"Express→算术与比较→比较"中，用于比较指定的输入项，以确定这些值之间的大于、等于或小于关系。表 13-1 和表 13-2 给出了"比较"节点输入/输出端子的参数说明。

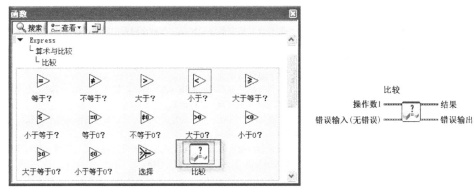

图 13-3　"比较"子选板和"比较"节点

表 13-1　"比较"节点输入端子的参数说明

输入参数	说　明
操作数 1	指定待比较的第一个输入信号
操作数 2	指定另一个输入信号用于比较。只有在配置对话框比较输入项中选择了"信号输入 2"后，才可使用该输入
被比较常量	指定与操作数 1 输入比较的常数。如果被比较常量没有被连接，VI 将使用配置对话框中所指定的值

表 13-2　"比较"节点输出端子的参数说明

输出参数	说　明
结果	返回基于 Express VI 配置的结果数据
错误输出	包含错误信息。如果错误输入表明在该 VI 或函数运行前已出现错误，则错误输出将包含相同的错误信息，否则将表示 VI 或函数中出现的错误状态

当用户将"比较"节点添加到程序框图编辑区时，会立刻弹出"配置比较[比较]"对话框，该对话框包括比较项、比较条件、比较输入、结果、结果名称、输入信号和结果预览 7 个项目，如图 13-4 所示。表 13-3 对此对话框中各个项目及其子选项的含义进行了详细的介绍。

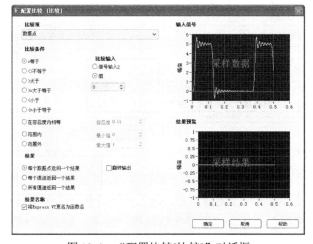

图 13-4　"配置比较[比较]"对话框

表 13-3 "配置比较[比较]"对话框的介绍

参　数	说　明
比较项	包含下列选项。 （1）数据点——将操作数 1 中信号的数据点与指定值进行比较，与被比较常量输入进行比较，或与操作数 2 中信号的数据点进行比较 （2）时间标识——将操作数 1 中信号的初始时间标识（t0）与指定值进行比较，与被比较常量输入进行比较，或与操作数 2 中信号的初始时间标识（t0）进行比较 （3）数据点时间间隔——将操作数 1 中信号的数据点时间间隔（dt）与指定值进行比较，与被比较常量输入进行比较，或与操作数 2 中信号的数据点时间间隔（dt）进行比较。 （4）数据点数——将操作数 1 中信号的数据点个数与指定值进行比较，与被比较常量输入进行比较，或与操作数 2 中信号的数据点个数进行比较 （5）信号名——将操作数 1 中信号的信号名与指定值进行比较，与被比较常量输入进行比较，或与操作数 2 中信号的信号名进行比较。比较信号名时，可以用通配符来匹配字符串。问号（?）代表任何单个字符。星号（*）代表任何单个或多个字符 如果选择信号名，则比较条件将被禁用，且设置成=（等于）
比较条件	包含下列选项。 （1）=（等于）、<>（不等于）、>（大于）、>=（大于等于）、<（小于）、<=（小于等于） （2）在容忍度内相等——判断在指定容忍度范围内，两个值是否相等 容忍度——指定容忍度，用于判断两个值是否在容忍度内相等。默认值为 0.01 （3）范围内——判断输入是否落在指定的最小值和最大值范围内 （4）范围外——判断输入是否落在指定的最小值和最大值范围外 （5）最小值——指定范围内和范围外比较的最小值，默认值为 0 （6）最大值——指定范围内和范围外比较的最大值，默认值为 1
比较输入	包含下列选项。 （1）信号输入 2 —— 将 Express VI 的操作数 1 与另一个信号进行比较，而不是与值或被比较常量进行比较。如选中该选项，则该 Express VI 将包含操作数 2。如果操作数 1 和操作数 2 大小一致，操作数 1 中的每项将与操作数 2 中的对应项逐一比较；如果操作数 1 和操作数 2 大小不同，操作数 1 的所有项将与操作数 2 中的第一项逐一比较 （2）值 —— 将操作数 1 与用户在配置对话框中指定的常量进行比较。默认值为 0。如果在程序框图中连接被比较常量，则对话框中配置的常量将被该输入的值取代
结果	包含下列选项。 （1）每个数据点返回一个结果——只有选择比较项下拉菜单的数据点时，该选项才可用 （2）每个通道返回一个结果——从比较项下拉菜单中选择数据点，仅当通道中的所有数据点通过指定的比较条件，每个通道返回一个结果时才输出才返回 1。只要有一个点未通过比较，就返回 0 （3）所有通道返回一个结果——从比较项下拉菜单中选择数据点，仅当所有通道中的所有数据点都通过指定的比较条件，所有通道返回一个结果时才返回 1。只要有一个点未通过比较，就返回 0 （4）翻转输出——输出（与原结果）相反的判断结果
结果名称	将 Express VI 更名为函数名——将程序框图上 Express VI 的名称更改为在比较条件区域中选中函数的名称
输入信号	显示输入信号。如果将数据连往 Express VI，然后运行，则输入信号将显示实际数据；如果关闭后再打开 Express VI，则输入信号将显示采样数据，直到再次运行该 VI 为止
结果预览	显示测量预览。如果将数据连往 Express VI，然后运行，则结果预览将显示实际数据；如果关闭后再打开 Express VI，则结果预览将显示采样数据，直到再次运行该 VI 为止

13.1.3 详细设计步骤

本节设计的数值比较主要包括 3 个部分，即数值输入部分、数值比较部分和比较结果图形显示部分，其设计思路是：确定一个常量数据，输入一组数据与这个常量进行多种方式的比较，比如>、<或者=，同时将两者的相对位置分布情况图示出来，最后将比较的结果显现给用户。

1. 前面板的设计

（1）在启动主界面的"新建"项中创建新 VI，命名为 Compare-Value.vi。如果已有打开的

VI，执行"文件→新建 VI"，同样可以创建新 VI 文件。

（2）放置枚举控件、数值控件、数组控件和图形控件。

- 执行"控件→新式→下拉列表和枚举→枚举"操作，添加 1 个枚举控件并命名为"比较类型"，然后添加索引基于 0 的项，依次为=、>、<、=（tolerance）和<>，如图 13-5 所示。

- 执行"控件→新式→数值→数值输入控件"操作，添加控件命名为"比较常量"（默认值设置为 4.00）。然后执行"控件→新式→数组、矩阵和簇→数组"操作，构造 1 个数组控件并命名为"输入数值"，此一维数组包括 9 个元素，初始化为[0，5，2，1，7，–1，2，3，5]。

- 执行"控件→Express→图形显示控件→波形图"操作，添加 2 个波形图控件，并依次命名为"数值图"和"比较结果图"，其中在"数值图"控件属性中将"曲线 0"和"曲线 1"分别更名为"比较常量"和"输入数值"，并将后者配置成如图 13-6 所示。而对于"比较结果图"，对其"常用曲线"进行如图 13-7 所示的设置即可。

图 13-5 "比较类型"枚举控件的项

图 13-6 "数值图"控件曲线的设置

数值比较实例的前面板设计完毕后如图 13-8 所示。

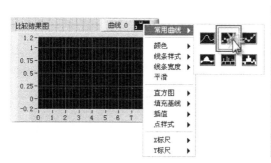

图 13-7 "比较结果图"控件图例的常用曲线设置

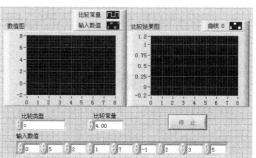

图 13-8 数值比较实例的前面板

2. 程序框图的编辑

（1）执行"窗口→显示程序框图"操作，打开程序框图编辑窗口，与前面板中控件对应的端子图标已经出现在程序框图编辑窗口中。

（2）放置条件结构，比较、数组大小、初始化数组和创建数组节点图标。

- 执行"函数→Express→执行过程控制→条件结构"操作,添加 1 个条件结构并与"比较类型"节点连接,接着右键单击条件结构框,在弹出的快捷菜单中选择"为每个值添加分支",如图 13-9 所示。
- 执行"函数→Express→算术与比较→比较"操作,使用图 13-4 所示的"配置比较[比较]"对话框,在 5 个条件分支中对比较节点进行不同的配置,如图 13-10 所示。需要引起注意的是,当将"输入数值"控件与比较节点的操作数 1 端子相连时,VI 自动添加"连接转换至动态数据"函数;当比较节点的输出参数"结果"与"比较结果图"控件相连时,VI 又自动添加"从动态数据转换"函数,这两个函数的介绍请参看 11.7.3 节。

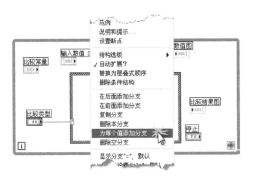
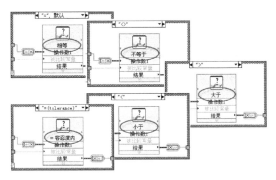

图 13-9   在"条件结构"中添加分支   图 13-10   条件结构分支中的比较节点配置

- 将"比较常量"和"输入数值"合成 1 个数组,在"数值图"控件中显示出来,以直观地反映两者的关系。参考第 3 章的内容,将数组大小、初始化数组和创建数组 3 个函数节点与数值输入部分和图形显示部分连接起来。

连接好的程序框图如图 13-11 所示。

3. 运行程序

单击运行按钮⬙,如图 13-12 所示,在"比较类型"中选择即将要进行的比较类型"<",并在"比较常量"中输入进行比较的基准值,这时就可以从"数值图"控件中观察到输入数值与比较常量的相对分布情况,而在"比较结果图"控件中就可以看到比较的结果了。若输入数值<4.00,则比较输出结果为 1,否则为 0。单击中止执行按钮⏹️或者"停止"按钮即可使程序停止运行。

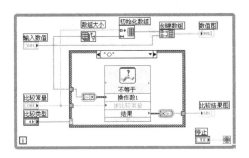
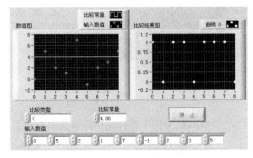

图 13-11   数值比较实例的程序框图   图 13-12   数值比较实例的运行结果

13.2 【实例 80】利用 Express VI 实现刻度标示变换

13.2.1 设计目的

基于 LabVIEW 8.2 虚拟平台，使用图形语言编程，利用 Express VI 中的"缩放和映射"函数，对信号输入数据在不同单位下的数值进行刻度标示变换，在 Express 中的仪表控件中显示出来，并对仪表显示的信号状态（是否达到警戒值）进行判断。通过本例的学习，可加深对 Express 丰富的用户界面的理解。

13.2.2 程序框图主要功能模块介绍

如图 13-13 所示，"缩放和映射"函数节点位于"函数"选板的"Express→算术与比较"中，此函数可通过缩放和映射改变信号的幅值。表 13-4 和表 13-5 给出了"缩放和映射"函数的输入/输出参数的说明。

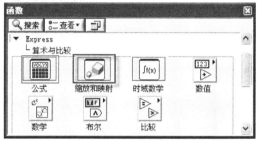
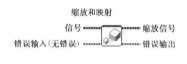

图 13-13 "算术与比较"子选板及"缩放和映射"函数

当用户将"缩放和映射"函数添加到程序框图编辑区时，立刻弹出"配置缩放与映射[缩放与映射]"对话框，在该对话框中可以指定缩放与映射类型，包括归一化、线性（Y=mX+b）、对数和插值 4 种类型，如图 13-14 所示。表 13-6 对该对话框中各种类型的含义进行了详细的介绍。

表 13-4 "缩放和映射"函数的输入参数说明

参　数	说　明
信号	包含一个或多个输入信号
错误输入（无错误）	描述该 VI 或函数运行前发生的错误情况

表 13-5 "缩放和映射"函数的输出参数说明

参　数	说　明
缩放信号	返回缩放信号
错误输出	包含错误信息。如果错误输入表明在该 VI 或函数运行前已出现错误，则错误输出将包含相同错误信息，否则将表示 VI 或函数中出现的错误状态

图 13-14 "配置缩放与映射[缩放与映射]"对话框

表 13-6 "配置缩放与映射[缩放与映射]"对话框中各参数的说明

参　　数	说　　明
缩放或映射类型	包含下列选项。 （1）归一化——确定转换信号所需的缩放因子和偏移量，使信号的最大值出现在最高峰，最小值出现在最低峰 ● 最低峰——指定将信号归一化所用的最小值，默认值为 0 ● 最高峰——指定将信号归一化所用的最大值，默认值为 1 （2）线性（Y=mX+b）——将缩放映射模式设置为线性，基于直线缩放信号 ● 斜率（m）——用于线性（Y=mX+b）缩放的斜率，默认值为 1 ● Y 截距（b）——用于线性（Y=mX+b）缩放的截距，默认值为 0 （3）对数——将缩放映射模式设置为对数，基于参考分贝缩放信号。LabVIEW 8.2 使用下列方程缩放信号： y = 20log10（x/参考 dB） 参考 dB——用于对数缩放的参考，默认值为 1 （4）插值——基于缩放因子的线性插值表，用于缩放信号 定义表格——显示定义信号对话框，定义用于插值缩放的数值表

如图 13-15 所示，"时间延迟"函数位于函数选板的"Express→执行过程控制"中，此函数可以在 VI 插入一个时间延迟。表 13-7 和表 13-8 给出了"时间延迟"函数的输入/输出参数的说明。

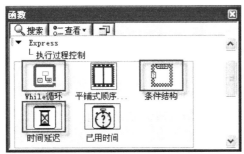 

图 13-15 "执行过程控制"选板和"时间延迟"函数

表 13-7 "时间延迟"函数的输入参数的说明

参　　数	说　　明
延迟时间（s）	指定等待的秒数。该输入值将覆盖在配置对话框中设置的值
错误输入（无错误）	描述该 VI 或函数运行前发生的错误情况

表 13-8 "时间延迟"函数的输出参数的说明

参　　数	说　　明
错误输出	包含错误信息。如果错误输入表明在该 VI 或函数运行前已出现错误，则错误输出将包含相同错误信息，否则将表示 VI 或函数中出现的错误状态

图 13-16 "配置时间延迟[时间延迟]"对话框

当用户将"时间延迟"函数添加到程序框图编辑区时，立刻弹出"配置时间延迟[时间延迟]"对话框，在该对话框中可以指定延迟时间（s），如图 13-16 所示。表 13-9 对该对话框中选项的含义进行了详细的介绍。

表 13-9　"配置缩放与映射[缩放与映射]"对话框中参数的说明

参　　数	说　　明
延迟时间（s）	指定在运行调用 VI 之前延时的秒数，默认值为 1.000

13.2.3　详细设计步骤

本节设计的刻度标示变换实例主要包括 3 个部分：信号数据输入部分、刻度标示变换部分和仪表显示部分，设计思路是：输入一个信号数值，利用一个"随机数"函数和此信号数值合成，并在仪表控件和刻度条控件中显示给用户。

1. 前面板的设计

（1）在启动主界面的"新建"项中创建新 VI，命名为 Express-Scaling. vi。如果已有打开的 VI，执行"文件→新建 VI"，同样可以创建新 VI 文件。

（2）放置垂直指针滑动杆控件、数值控件和仪表控件。

- 执行"控件→Express→数值输入控件→垂直指针滑动杆"操作，添加 1 个控件并命名为"声压基准值[Pa]"。用鼠标右键单击控件，在弹出的快捷菜单中选择"显示项→数字显示"，将其中值改为 4.04，然后在快捷菜单中选择"数据操作→当前值设置为默认值"。

- 执行"控件→Express→数值显示控件→仪表"操作，添加控件命名为"声压[dB]"，并将仪表盘上的刻度标示范围改为[70,120]。同样用鼠标右键单击控件，在弹出的快捷菜单中选择"显示项→数字显示"，将其数字显示控件放置在适当位置。

- 执行"控件→Express→数值显示控件→垂直刻度条"操作，添加控件并命名为"声压柱状图"，并在其右键快捷菜单中选择"属性"，在其"滑动杆属性：声压柱状图"对话框中的"标尺"选项卡上将"刻度范围"设置为[70,120]，如图 13-17 所示。

- 执行"控件→Express→数值输入控件→数值输入控件"操作，添加 1 个控件并命名为"警戒值"（默认值设置为 110）；执行"控件→Express→指示灯→圆形指示灯"操作，添加 1 个控件并命名为"指示灯"，在其右键快捷菜单中选择"属性"，在其"布尔属性：指示灯"对话框中的"外观"选项卡上将"颜色"项的"开"设置为红色，将"关"设置为绿色，如图 13-18 所示。最后添加 1 个"停止"按钮。

图 13-17　"滑动杆属性：声压柱状图"对话框

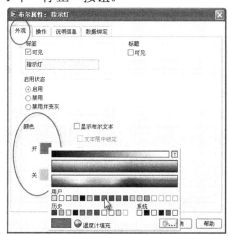

图 13-18　"布尔属性：指示灯"对话框

前面板设计完毕后如图 13-19 所示。

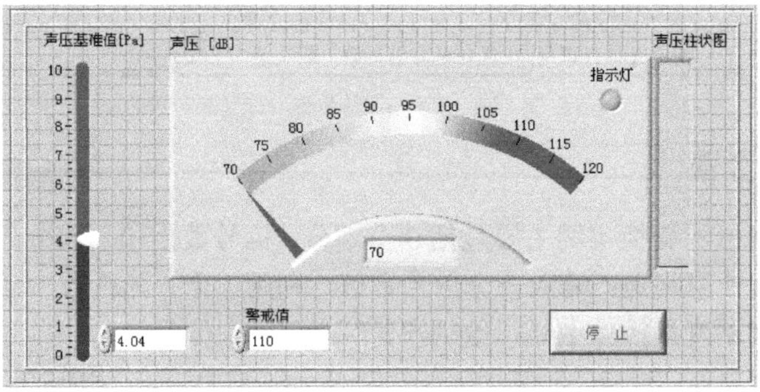

图 13-19　刻度标示变换实例的前面板

2. 程序框图的编辑

（1）执行"窗口→显示程序框图"操作，打开程序框图编辑窗口，与前面板中控件对应的端子图标已经出现在程序框图编辑窗口中。

（2）放置 While 循环、条件结构，比较、数组大小、初始化数组和创建数组节点图标。

- 执行"函数→Express→执行过程控制→While 循环"操作，将所有节点放置在 While 循环中，整个程序在 While 循环中进行。

- 执行"函数→Express→算术与比较→缩放与映射"操作，使用图 13-14 所示的"配置缩放与映射[缩放与映射]"对话框，选择"对数"单选框，将参考 dB 设置为"2E-5"，单击"确定"按钮即可。

- 执行"函数→Express→执行过程控制→条件结构"操作，添加 1 个条件结构，并将"警戒值"和"缩放信号"的比较结果与选择器终端相连，在 2 个分支中进行编程即可，这里使用了"垂直进度条"控件的"颜色填充（FillColor）"属性节点。用鼠标右键单击控件，在弹出的快捷菜单中选择"创建→属性节点→填充颜色"，如图 13-20 所示，并将创建的属性节点"转换为写入状态"。然后执行"函数→编程→对话框和用户界面→颜色盒常量"操作，将此常量与填充颜色属性节点相连。

图 13-20　"填充颜色"属性节点的创建和条件结构分支图

- 另外，还要用到"指示灯"控件的"闪烁（Blinking）"属性节点，如果输入是 TRUE，则控件开始闪烁；用鼠标右键单击控件，在弹出的快捷菜单中选择"创建→属性节点→闪烁"，并将创建的属性节点"全部转换为写入"，如图 13-21 所示。

- 执行"函数→Express→执行过程控制→时间延迟"操作，添加 1 个时间延迟，将延迟时间设定为 2s。

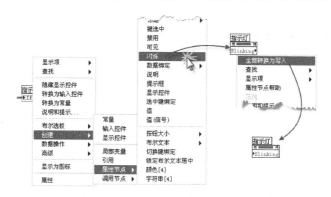

图 13-21　"闪烁"属性节点的创建及读/写状态的转换

最后将信号数值输入端、刻度标示变换和仪表显示部分相连，至此程序框图设计完毕，如图 13-22 所示。

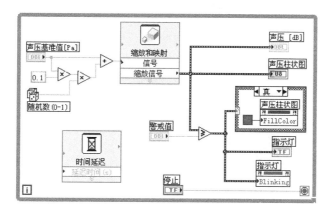

图 13-22　刻度标示变换实例的程序框图

3. 运行程序

单击运行按钮⬦，当"警戒值"控件中的值为 110 时，"指示灯"控件和"声压柱状图"控件填充颜色皆为绿色；而当设置"警戒值"控件数值为 104 时，"指示灯"控件变成黄红交替变化，"声压柱状图"控件填充颜色则为红色，如图 13-23 所示。单击中止执行按钮◉或者"停止"按钮即可使程序停止运行。

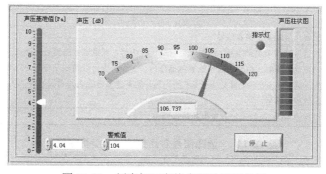

图 13-23　刻度标示变换实例的运行结果

13.3 【实例 81】利用 Express VI 进行信号选择

本节使用 Express 中的"输入"和"信号操作"子选板中的基本函数设计一个信号选择器，使用"输入"子选板中的"仿真信号"函数生成 5 种不同类型的信号，并在波形图控件中同时显示出来，同时使用"信号操作"子选板中的函数将需要显示的波形在另一个控件中显示出来。在设计过程中，充分利用了仿真信号的配置功能，以产生正弦波、方波和三角波等。

13.3.1 设计目的

基于 LabVIEW 8.2 虚拟平台，使用图形语言编程，利用 Express VIs 中的仿真信号和选择信号函数节点，创建配置多个不同的输出信号并显示出来，然后进行信号选择使信号波形在另一个波形图中显示出来。

13.3.2 程序框图主要功能模块介绍

如图 13-24 所示，"信号操作"子选板位于"函数"选板的"Express→信号操作"中，包括合并信号、拆分信号、选择信号、采样压缩和提取部分信号等函数。

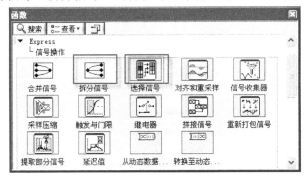 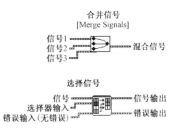

图 13-24   "信号操作"子选板和"合并信号"函数、"选择信号"函数

其中，"选择信号"函数用于接收多个信号作为输入，返回用户选中的信号作为输出，用户可以指定输出中包含的信号，也可改变输出的顺序，它的调用路径为"函数→Express→信号操作→选择信号"。表 13-10 和表 13-11 给出了"选择信号"函数的输入/输出参数说明。

表 13-10   "选择信号"函数的输入参数说明

输 入 参 数	说　明
信号	包含一个或多个输入信号
选择器输入	从信号输入中选择信号。该输入可以是一组信号，每组信号的最后一个点表示真或假。当信号的最后一点代表真时，相应的信号就被包括在内。该输入也可以是一个信号，每个数据点表示真或假，数值大于或等于 0.5 的为真，小于 0.5 的为假。如果选择器输入没有被连接，VI 将使用配置对话框中所指定的所选信号
错误输入（无错误）	描述该 VI 或函数运行前发生的错误情况

表 13-11   "选择信号"函数的输出参数说明

输 出 参 数	说　明
信号输出	返回输出信号
错误输出	包含错误信息。如果错误输入表明在该 VI 或函数运行前已出现错误，则错误输出将包含相同错误信息，否则将表示 VI 或函数中出现的错误状态

当用户将"选择信号"函数添加到程序框图编辑区时，立刻弹出"配置选择信号[选择信号]"对话框，如图 13-25 所示。表 13-12 对此对话框中各选项的含义进行了详细的介绍。

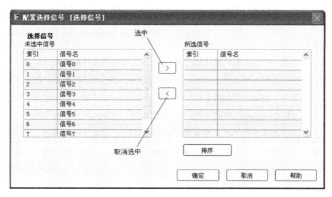

图 13-25　"配置选择信号[选择信号]"对话框

表 13-12　"配置选择信号[选择信号]"对话框各选项的介绍

参　数	说　明
选择信号	（1）未选中信号——显示所有输入信号。每个信号相关的索引号反映了信号在信号输入线中的顺序 （2）所选信号——按选择顺序列出已选信号。原索引号仍与信号相关。如果连接选择器输入端，VI 将使用该输入端指定的信号 （3）选中——将未选中信号列表中的一个信号移至所选信号列表中 （4）取消选中——将所选信号列表中的一个信号移至未选中信号列表中 （5）排序——根据索引号的数字顺序，对所选信号列表中的信号进行排序

如图 13-26 所示，"输入"子选板位于函数选板的"Express→输入"中，包括 DAQ Assistant、仪器 I/O 助手、仿真信号、仿真任意信号、色和声音采集等。

其中，"仿真信号"函数可模拟正弦波、方波、三角波、锯齿波和噪声，其调用路径为"函数→Express→输入→仿真信号"。表 13-13 和表 13-14 给出了"仿真信号"函数的输入/输出参数说明和具体含义。

图 13-26　"输入"子选板和"仿真信号"函数

表 13-13　"仿真信号"函数的输入参数的说明（图 13-26 中未完全显示出来）

输 入 参 数	说　明
重置信号	指定何时重置信号。该输入值将覆盖在配置对话框中设置的值
占空比（%）	指定方波在一个周期内高位时间和低位时间的百分比。默认值为 50。该输入值将覆盖在配置对话框中设置的值
偏移量	指定信号的直流偏移量。默认值为 0。该输入值将覆盖在配置对话框中设置的值
频率	指定波形的频率，以赫兹为单位。默认值为 10.1。该输入值将覆盖在配置对话框中设置的值
幅值	指定信号的幅值。默认值为 1。该输入值将覆盖在配置对话框中设置的值

续表

输 入 参 数	说　　明
相位	以度为单位指定信号的初始相位。默认值为0。该输入值将覆盖在配置对话框中设置的值
错误输入（无错误）	描述该VI或函数运行前发生的错误情况
噪声幅度	指定信号可达到的最大绝对值。默认值为0.6。该输入值将覆盖在配置对话框中设置的值
标准差	指定生成噪声的标准差。默认值为0.6。该输入值将覆盖在配置对话框中设置的值
频谱幅值	指定仿真信号的频域成分的幅值。默认值为0.6。该输入值将覆盖在配置对话框中设置的值
阶数	指定均值为1的泊松过程的事件次数。默认值为0.6。该输入值将覆盖在配置对话框中设置的值
均值	指定单位速率的泊松过程的间隔。默认值为0.6。该输入值将覆盖在配置对话框中设置的值
试验概率	一次给定试验结果为TRUE的概率。默认值为0.6。该输入值将覆盖在配置对话框中设置的值
取1概率	信号的一个给定元素为TRUE的概率。默认值为0.6。该输入值将覆盖在配置对话框中设置的值
多项式阶数	指定用于生成该信号的模2本原项式的阶数。默认值为0.6。该输入值将覆盖在配置对话框中设置的值
种子值	该值大于0时，为噪声采样发生器更换种子值。默认值为-1。当种子值为0时，噪声发生器不更换种子值，并继续前次的噪声序列产生噪声采样。该输入值将覆盖在配置对话框中设置的值
指数	指定反f频谱形状的指数。默认值为1。该输入值将覆盖在配置对话框中设置的值
试验	指定对仿真信号各个属性进行的试验次数。默认值为1。该输入值将覆盖在配置对话框中设置的值

表 13-14　"仿真信号"函数的输出参数的说明

输 入 参 数	说　　明
信号	返回输出信号
错误输出	包含错误信息。如果错误输入表明在该VI或函数运行前已出现错误，则错误输出将包含相同错误信息，否则将表示VI或函数中出现的错误状态

当用户将"选择信号"函数添加到程序框图编辑区时，立刻弹出"配置仿真信号[仿真信号]"对话框，如图13-27所示。表13-15对此对话框中各个项目及其子选项的含义进行了详细的介绍。

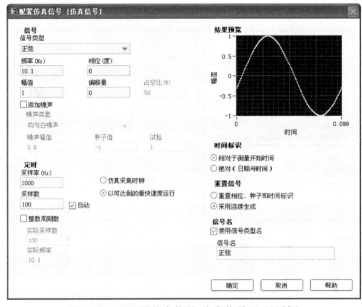

图 13-27　"配置仿真信号[仿真信号]"对话框

表 13-15　"配置仿真信号[仿真信号]"对话框各选项的介绍

参　数	说　明
信号 信号	包含下列选项。 （1）信号类型——模拟的波形类型。可模拟正弦波、矩形波、锯齿波、三角波或噪声（直流） （2）频率（Hz）——以赫兹为单位的波形频率。默认值为 10.1 （3）相位（度）——以度数为单位的波形初始相位。默认值为 0 （4）幅值——波形的幅值。默认值为 1 （5）偏移量——信号的直流偏移量。默认值为 0 （6）占空比（%）——矩形波在一个周期内高位时间和低位时间的百分比。默认值为 50 （7）添加噪声——向模拟波形添加噪声 （8）噪声类型——指定向波形添加的噪声类型。只有勾选了添加噪声复选框，才可使用该选项。可添加的噪声类型如下。 　●　均匀白噪声：生成一个包含均匀分布伪随机序列的信号，该序列值的范围是[-a:a]，其中 a 是幅值的绝对值 　●　高斯白噪声：生成一个包含高斯分布伪随机序列的信号，该序列的统计分布图为（μ,sigma）＝（0,s），其中 s 是标准差的绝对值 　●　周期性随机噪声：生成一个包含周期性随机噪声（PRN）的信号 　●Gamma 噪声：生成一个包含伪随机序列的信号，序列的值是一个均值为 1 的泊松过程中发生奇数次事件的等待时间 　●　泊松噪声：生成一个包含伪随机序列的信号，序列的值为一个速度为 1 的泊松过程在指定的时间均值中，离散事件发生的次数 　●　二项噪声：生成一个包含二项分布伪随机序列的信号，其值即某个随机事件在重复实验中发生的次数，其中事件发生的概率和重复的次数事先给定 　●　Bernoulli 噪声：生成一个包含 0 和 1 伪随机序列的信号 　●　MLS 序列：生成一个包含最大长度的 0、1 序列，该序列由阶数为多项式阶数的模 2 本原多项式生成 　●　逆 F 噪声：生成一个包含连续噪声的波形，其频率谱密度在指定的频率范围内与频率成反比 （9）噪声幅值——信号可达的最大绝对值。默认值为 0.6。只有选择噪声类型下拉菜单的均匀白噪声或逆 F 噪声时，该选项才可用 （10）标准差——生成噪声的标准差。默认值为 0.6。只有选择噪声类型下拉菜单的高斯白噪声时，该选项才可用 （11）频谱幅值——指定仿真信号的频域成分的幅值。默认值为 0.6。只有选择噪声类型下拉菜单的周期性随机噪声时，该选项才可用 （12）阶数——指定均值为 1 的泊松过程的事件次数。默认值为 0.6。只有选择噪声类型下拉菜单的 Gamma 噪声时，该选项才可用 （13）均值——指定单位速率的泊松过程的间隔。默认值为 0.6。只有选择噪声类型下拉菜单的泊松噪声时，该选项才可用 （14）试验概率——某个试验为 TRUE 的概率。默认值为 0.6。只有选择噪声类型下拉菜单的二项噪声时，该选项才可用 （15）取 1 概率——信号的一个给定元素为 TRUE 的概率。默认值为 0.6。只有选择噪声类型下拉菜单的 Bernoulli 噪声时，该选项才可用 （16）多项式阶数——指定用于生成该信号的模 2 本原项式的阶数。默认值为 0.6。只有选择噪声类型下拉菜单的 MLS 序列时，该选项才可用 （17）种子值——大于 0 时，可使噪声采样发生器更换种子值。默认值为 −1。LabVIEW 8.2 为该 VI 的每个实例单独保存其内部的种子值状态。具体而言，如种子值小于等于 0，LabVIEW 8.2 将不对噪声发生器更换种子值，而噪声发生器将继续生成噪声的采样，作为之前噪声序列的延续 （18）指数——指定反 f 频谱形状的指数。默认值为 1。只有选择噪声类型下拉菜单的逆 F 噪声时，该选项才可用
定时	包含下列选项。 （1）采样率（Hz）——每秒采样速率。默认值为 1000 （2）采样数——信号的采样总数。默认值为 100 （3）自动——将采样数设置为采样率（Hz）的 1/10 （4）仿真采集时钟——仿真一个类似于实际采样率的采样率 （5）以可达到的最快速度运行——在系统允许的条件下尽可能快地对信号进行仿真 （6）整数周期数——设置最近频率和采样数，使波形包含整数个周期 （7）实际采样数——表示选择整数周期数时，波形中的实际采样数量 （8）实际频率——表示选择整数周期数时，波形的实际频率

续表

参　　数	说　　明
时间标识	包含下列选项。 （1）相对于测量开始时间——显示数值对象从 0 起经过的小时、分钟及秒数。例如，十进制 100 等于相对时间 1：40 （2）绝对（日期与时间）——显示数值对象从格林尼治标准时间 1904 年 1 月 1 号零点至今经过的秒数
重置信号	包含下列选项。 （1）重置相位、种子和时间标识——将相位重设为相位值，将时间标识重置为 0。种子值重设为–1 （2）采用连续生成——对信号进行连续仿真，不重置相位、时间表示或种子值
信号名	包含下列选项。 （1）使用信号类型名——使用默认信号名 （2）信号名——勾选了使用信号类型名复选框后，显示默认的信号名
结果预览	显示仿真信号的预览

13.3.3　详细设计步骤

本设计主要包括 3 个部分：仿真波形生成部分、信号选择实现部分和波形显示部分。其设计思路是：使用"仿真信号"函数生成 5 种波形，将 5 个经过配置的"仿真信号"节点的信号输出端与"信号选择"节点的信号输入端相连，并将由"选择器输入"控制的信号输出到波形图中。

1. 前面板的设计

（1）在启动主界面的"新建"项中创建新 VI，命名为 Select-signal.vi 。

（2）放置数组控件、图形控件和停止按钮。

- 执行"控件→新式→数组、矩阵和簇→数组"操作，添加 1 个数组控件，接着添加"开关按钮"控件并拖入数组控件中，将创建成的开关按钮数组命名为"选择信号"，此一维数组包括 5 个元素。然后将对应元素分别命名以示区别，依次为"Sine Wave"，"Square Wave"，"Triangle Wave"，"Sawtooth Wave" 和 "Sine Wave & Uniform White Noise"。用鼠标右键单击数组控件，在弹出的快捷菜单中取消"显示项→索引框"的选择，如图 13-28 所示。

- 执行"控件→Express→图形显示控件→波形图"操作，添加 2 个波形图控件并分别命名为"全部信号"和"选择信号"。其中，对前者将 X 标尺范围更改为 0～0.2，取消自动调整 X 标尺的选择；对后者将 X 标尺范围更改为 0～0.1，同样取消自动调整 X 标尺的选择。

- 执行"函数→编程→布尔→停止按钮"操作，添加 1 个"停止"按钮用于控制 VI 的中止。

信号选择实例的前面板设计完毕后如图 13-29 所示。

图 13-28　数组控件的显示项设置

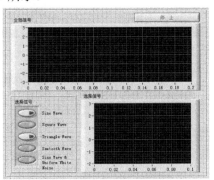

图 13-29　信号选择实例的前面板

2. 程序框图的编辑

（1）打开程序框图编辑窗口，与前面板中控件对应的端子图标已经出现在程序框图编辑窗口中。

（2）放置 While 循环、仿真波形和合并信号等节点图标。

- 执行"函数→Express→执行过程控制→While 循环"操作，将所有节点放置在 While 循环中，整个程序在 While 循环中进行。
- 执行"函数→Express→输入→仿真信号"操作，参照 13.3.2 节中的内容，在图 13-27 所示的"配置仿真信号[仿真信号]"对话框中对仿真信号节点进行配置，使之输出正弦波、方波、三角波、锯齿波和正弦+均匀白噪声 5 种信号，如表 13-16 所示。然后将它们与选择信号部分连接起来。

表 13-16　不同类型信号的参数配置

信号类型	幅值	频率（Hz）	相位（度）	偏移量	整数周期数
正弦	1	20.1	0	0	✓
方波	1	20.1	180	0	✓
三角	1	40.1	−90	−2	✓
锯齿	1	30.1	0	2	✓
正弦+均匀白噪声	1	20.1	0	0	✓

- 当将 5 个信号与选择信号节点连接时，要用到合并信号节点。合并信号的作用是将两个或多个信号合并到一个信号输入端，通过调整该函数的大小添加输入。将一个信号输出连往另一个信号分支时，程序框图会自动显示该函数。其调用路径为"函数→Express→信号操作→合并信号"。
- 当将"选择信号"数组与选择信号节点的选择器输入端子连接时，程序框图会自动为两者之间的连接添加"转换至动态数据"函数，这个函数的介绍请看 11.7.3 节。

信号选择实例的程序框图设计完毕后如图 13-30 所示。

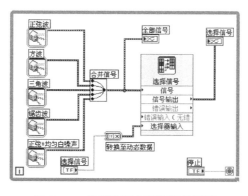

图 13-30　信号选择实例的程序框图

3. 运行程序

单击运行按钮⟳，如图 13-31 所示，在前面板的"选择信号"控件中选择需要显示的波形的开关，就可以在"选择信号"图形控件中看到输出波形了，包括"Square Wave"、"Sawtooth

Wave"和"Sine Wave&Uniform White Noise"。改变"选择信号"控件中的控制开关,图 13-31 的右侧波形图中的图形会发生相应的变换。单击中止执行按钮 ⊙ 或者"停止"按钮即可使程序停止运行。

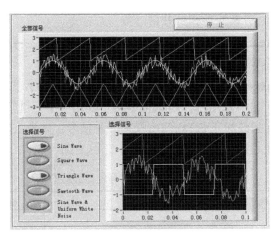

图 13-31　选择信号实例的运行结果

13.4　本章小结

本章介绍了 LabVIEW 8.2 中常用的 Express VI 控件和函数,实际上它是各种基本函数功能更为完善的版本,是为了满足用户快速、有效完成系统构建的需求应运而生的。

其中,"Express"函数子选板中包括输入、信号分析、输出、信号操作、执行过程控制和算术与比较等函数集,如"输入"子选板中的"仿真信号"可以更加便捷地生成各种需要的波形,"信号操作"子选板中的"选择信号"可以将多个输入信号分送到不同的通道中。

"Express"控件子选板中包括数值输入控件、按钮与开关、文本输入控件、数值显示控件、指示灯、文本显示控件和图形显示控件等控件集,LabVIEW 8.2 将这些控件明确分组,可以有效地提高用户的开发效率。

第 14 章 【实例 82】获取系统当前时间

本章设计的实例，主要是使用"获取日期/时间（秒）"函数来获取系统当前日期和时间的。然后借助于"格式化日期/时间字符串"函数，可将获得的系统当前日期和时间按照指定的格式显示出来，从而为读者提供了一个从计算机时钟获取日期和时间的综合运用范例。

14.1 设计目的

基于 LabVIEW 8.2 虚拟平台，使用图形语言编程，由"获取日期/时间（秒）"函数产生一个系统当前时间的时间戳（time stamp），并使用"时间标识显示"控件将当前时间的时间戳显示出来。最后使用"格式化日期/时间字符串"函数将当前时间按照需要格式化显示出来。

本章的设计内容主要包括 2 个部分：当前时间的获取和当前时间的格式化显示。实例中用到的主要相关函数包括"获取日期/时间（秒）"、"字符串常量"和"格式化日期/时间字符串"。程序框图和前面板设计将会在下面进行详细介绍，以帮助读者对利用 LabVIEW 8.2 设计"获取系统当前时间"的过程和方法有更好的认识和理解。

图 14-1 给出了获取系统当前时间实例的前面板。

图 14-1 获取系统当前时间实例的前面板

14.2 程序框图主要功能模块介绍

如图 14-2 所示，获取系统当前时间实例的程序框图设计共分为 3 个主要的功能块："获取日期/时间（秒）"函数、"格式化日期/时间字符串"函数和结果显示部分（已在图上用线框标识出来以供参考）。下面将对每个功能块如何实现其具体处理功能和任务进行详细介绍。

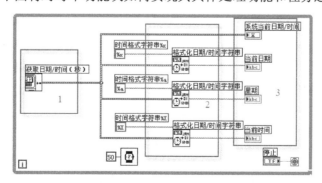

图 14-2 获取系统当前时间实例的程序框图

14.2.1 "获取日期/时间（秒）"函数

该函数的实现功能是返回一个系统当前时间的时间戳。LabVIEW 8.2 计算该时间戳时采用的是自 1904 年 1 月 1 日星期五 0 时 0 分 0 秒起至当前的秒数差，并利用"转换为双精度浮点数"函数将该时间戳的值转为浮点数类型。

如图 14-3 所示的"定时"子选板位于"函数→编程→定时"中。"获取日期/时间（秒）"函数可以获取系统的当前时间和日期，其调用路径为"函数→编程→定时→获取日期/时间（秒）"。

图 14-3 "定时"子选板和"获取日期/时间（秒）"函数、"格式化日期/时间字符串"函数

14.2.2 "格式化日期/时间字符串"函数

"格式化日期/时间字符串"函数的功能是使用时间格式代码指定格式，并按照该格式将时间标识的值或数值显示出来。

图 14-3 给出了"格式化日期/时间字符串"函数的接线端子。只要在"时间格式化字符串（%c）"输入端输入不同的时间格式代码，"格式化日期/时间字符串"函数就会按照指定的显示格式输出不同的日期/时间值。"时间标识"输入端通常连接在"获取日期/时间（秒）"函

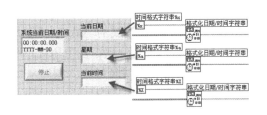

图 14-4 "格式化日期/时间字符串"函数的使用

数上。"UTC 格式"输入端可以输入一个布尔值，当其输入为 True 时，输出为格林威治标准时间。其默认输入为 False，输出为本机系统时间。通过"时间格式化字符串"的不同输入可以提取"时间标识"的不同信息，如图 14-4 所示，如输入字符串为%x 表示显示当前日期；输入字符串为%a 表示显示星期几；输入%X 表示显示当前时间。如表 14-1 所示为时间格式代码列表，该表给出了具体的输入字符串与对应的显示信息。

表 14-1 时间格式代码列表

输入字符	显示格式	输入字符	显示格式
%a	星期名缩写	%b	月份名缩写
%c	本机日期/时间	%d	日期
%H	时，24 小时制	%I	时，12 小时制
%m	月份	%M	分钟
%p	am/pm 标识	%S	秒
%x	系统当前日期	%X	系统当前时间
%y	两位数年份	%Y	四位数年份
%\<digit\>u	小数秒，\<digit\>位精度		

14.2.3 结果显示部分

此部分的功能是将获得的系统当前时间按照设计的格式通过前面板上的相关控件直观地显示出来。为了便于更好地显示日期/时间信息，可以对相应的控件属性进行设置和修改，其设计步骤将会在 14.3 节中进行详细介绍。

14.3 详细设计步骤

获取系统当前时间实例的设计主要可以分为以下几个步骤。

（1）程序框图的设计，包括系统当前时间的获取和当前时间的格式化输出显示。

（2）前面板显示界面的设计，即在程序框图的主要设计基础上，在前面板上添加相应的输出控件。

（3）前面板界面的布局及显示部件的属性设置，包括对前面板的整体布局规划设计，以及对部分控件进行相关的外观属性设置。

接下来将对获取系统当前时间实例的设计步骤进行详细说明。

14.3.1 前面板的设计

（1）创建 VI，命名为 sys-current time.vi。其操作路径为"文件→新建 VI"。当然，在 LabVIEW 8.2 的启动界面直接单击新建栏中的 VI 也可。

（2）切换到前面板设计窗口下，如图 14-5 所示，打开"控件→新式→数值"子选板。

（3）移动光标到"时间标识显示控件"对象上，单击鼠标左键选中该对象。移动光标到前面板设计区，在适当的位置单击鼠标左键并在前面板放置该对象。

（4）移动光标到该控件对象上，单击鼠标右键，弹出快捷菜单，执行"属性"命令，弹出属性对话框。在该对话框中，可以对需要显示的波形图的外观、格式与精度等进行设置。各选项卡的具体设置如下所示。

① "外观"选项卡。勾选"标签"的"可见"复选框，将标签内容设置为"系统当前日期/时间"（如图 14-6 所示）。

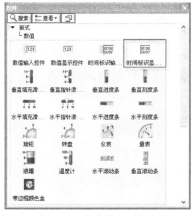

图 14-5 "数值"子选板

图 14-6 "外观"选项卡的设置

② "格式与精度"选项卡。从下拉框中选择"自定义时间格式"，设置时间格式为"24 小时制"和"HH:MM:SS"；从下拉框中选择"自定义日期格式"，设置日期格式为"Y/M/D"

和"显示四位年份",具体设置如图 14-7 所示。

（5）如图 14-8 所示,打开"控件→新式→字符串与路径"子选板。移动鼠标到"字符串显示控件"对象上,单击鼠标左键选中该节点。再将鼠标移动到前面板设计区,在适当的位置单击鼠标左键放置该节点,并命名为"当前日期"。

（6）重复上述步骤,放置 2 个"字符串显示控件"到前面板设计区,并分别命名为"星期"和"当前时间"。

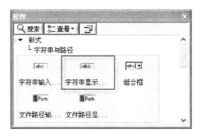

图 14-7 "格式与精度"选项卡的设置   图 14-8 "字符串与路径"子选板

14.3.2 程序框图的设计

（1）在前面板菜单栏单击"窗口"菜单,找到"显示程序框图"项,单击即可切换到程序框图设计窗口。也可以直接利用快捷键"Ctrl+E"切换到程序框图设计窗口。

（2）在程序框图设计窗口下,可以看到显示控件节点的位置,如图 14-9 所示,调整这些节点的位置。

（3）在程序框图窗口上执行"函数→编程→定时→获取日期/时间（秒）",将"获取日期/时间（秒）"函数放置到程序框图窗口中,并与显示控件"系统当前日期/时间"的输入端口相连接。

（4）执行"函数→编程→定时→格式化日期/时间字符串",将 3 个"格式化日期/时间字符串"函数放置到程序框图窗口中。

（5）分别移动光标到"格式化日期/时间字符串"函数节点的"时间格式化字符串"端口上,单击鼠标右键,从弹出的快捷菜单中执行"创建/常量"菜单命令,创建相应的字符串常量,并分别将这 3 个字符串常量值修改为"%x"、"%a"和"%X"。

（6）如图 14-10 所示,将各函数输出端与相应的函数（控件）节点连接起来。

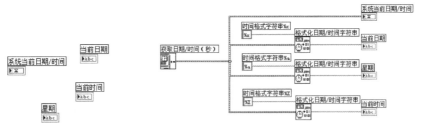

图 14-9 控件节点   图 14-10 函数（控件）节点的连接

（7）打开"函数→编程→结构"子选板,从中选择"While 循环"节点,移动光标到程序框图设计区,在适当的位置单击鼠标左键确定循环结构框图的第一个顶点。移动光标,可以看到随着光标的移动绘制了一个虚线矩形框，使矩形框包含图 14-10 所示的所有节点，然后单击鼠标左键完成"While 循环"函数节点的放置（如图 14-11 所示）。

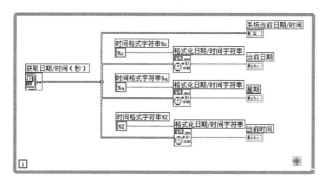

图 14-11   "While 循环"函数节点的放置

（8）如图 14-12 所示，打开"函数→编程→定时"子选板。在定时子选板中选择"等待（ms）"函数节点，将其放置在"While 循环"结构框图内，再移动鼠标到"等待（ms）"函数节点的"等待时间（毫秒）"端口上，单击鼠标右键，从弹出的快捷菜单中执行"创建→常量"命令，放置一个数值常量并修改常量值为"50"（如图 14-13 所示）。

（9）移动光标到"While 循环"结构框图的循环条件节点上，可以看到"循环条件"端口。移动光标到该端口上，单击鼠标右键，从弹出的快捷菜单中执行"创建输入控件"命令（如图 14-14 所示），创建一个停止按钮节点。

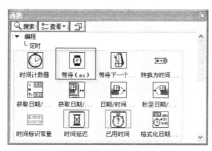

图 14-12   "定时"子选板

图 14-13   "等待（ms）"函数节点的设置

图 14-14   快捷命令

（10）至此，获取系统当前时间实例的程序框图设计完毕，如图 14-15 所示为本实例的完整程序框图。

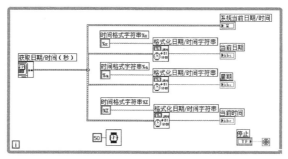

图 14-15   获取系统当前时间实例的完整程序框图

14.3.3 运行结果

单击前面板工具栏上的运行按钮⬚，运行该程序。如图 14-16 所示，在获取系统当前时间的程序运行界面上可以观察到获取的系统当前时间。单击"停止"按钮，程序运行结束。

图 14-16 获取系统当前时间实例的运行界面

14.4 本章小结

本章主要讲解了如何使用"获取日期/时间（秒）"函数获取系统当前时间，以及如何利用"格式化日期/时间字符串"函数对获取的系统当前时间进行格式化显示。

通过本章的学习，读者可以对获取系统当前日期/时间、日期/时间的格式化显示，以及程序框图和前面板的设计有更好的理解和掌握，从而更加熟练、有效地使用 LabVIEW 8.2 进行程序设计。

第15章 【实例83】创建右键快捷菜单

本章设计的创建右键快捷菜单实例，主要是为了让读者掌握 LabVIEW 8.2 程序结构的运用。该实例综合运用了 While 循环、事件结构、条件结构和公式节点等函数节点。通过对该实例的学习，读者可以加深对 LabVIEW 8.2 程序结构的认识和理解，以便能够熟练地掌握和运用这一部分知识。

15.1 设计目的

基于 LabVIEW 8.2 虚拟平台，使用图形语言编程，借助事件结构响应用户界面的右键快捷菜单，通过在事件结构中添加 Case 条件结构对不同的响应事件执行相应的程序代码。最后在事件结构外添加 While 循环使程序处理完当前发生事件后，再次开始等待事件发生而不退出事件结构。

本章的设计内容主要包括 3 个部分：用户界面事件响应部分、右键快捷菜单条件选择部分和摄氏–华氏公式转换部分。实例中使用的 LabVIEW 8.2 函数中主要的相关结构节点有 While 循环节点、事件结构节点、Case 条件选择节点和公式节点。此外，本章还涉及控件的属性节点和局部变量的运用。图 15-1 给出了创建右键快捷菜单实例的前面板图。

创建右键快捷菜单实例的功能块设计、程序框图及前面板设计将在下面进行详细地介绍，以帮助读者加深对 LabVIEW 8.2 的程序流程和结构设计过程的认识。

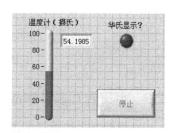

图 15-1　创建右键快捷菜单实例
的前面板

15.2 程序框图主要功能模块介绍

如图 15-2 所示，创建右键快捷菜单实例的程序框图设计共分为 4 个主要的功能块，分别为 While 循环功能模块、用户界面事件响应模块、摄氏–华氏公式转换模块和摄氏–华氏转换显示模块（详见线框标识部分）。接下来将对每个功能块实现的具体处理功能和任务进行详细介绍。

15.2.1 While 循环模块

在事件结构外添加 While 循环，是因为本实例要求在程序中使用事件结构等待事件发生，并且当处理完事件后再次等待事件发生而不能退出事件结构。此时，While 循环不再作为轮询使用，而仅在一个事件结束后迅速使用，使事件结构再次开始时处于等待事件发生状态。

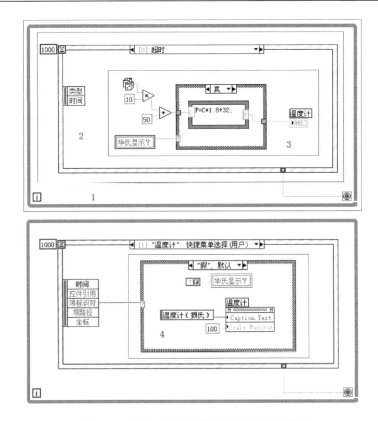

图 15-2　创建右键快捷菜单实例的程序框图

15.2.2　用户界面事件响应模块

用户界面是人机对话的通道，用户界面事件包括鼠标单击、键盘按键等动作。本实例利用事件结构来响应各种发生的事件。如图 15-3 所示，事件结构在程序框图中是由许多个框架叠加在一起构成的。

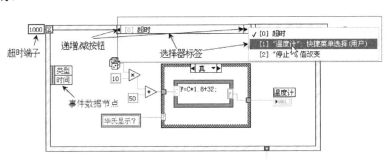

图 15-3　用户界面事件响应模块

要创建温度计控件中的右键快捷菜单事件，首先要在事件结构边框上单击鼠标右键，从如图 15-4 所示的快捷菜单中选择"添加事件分支"为事件结构添加新的事件。此时会打开"编辑事件"对话框（如图 15-5 所示）。

图 15-4 添加事件分支

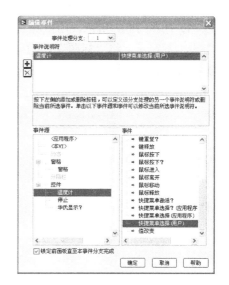

图 15-5 "编辑事件"对话框

15.2.3 摄氏–华氏公式转换模块

摄氏–华氏公式转换模块是在响应用户右键快捷菜单的操作后，采用条件结构对用户操作进行选择，从而使程序根据选择结果执行相应的动作。如图 15-6 所示为摄氏–华氏公式转换模块。

从图 15-6 中可以看到，对局部变量"华氏显示？"进行是否为真的判断，若为真，则由摄氏温度转换为华氏温度，公式为"F=C*1.8+32"，否则不进行转换。

15.2.4 摄氏–华氏转换显示模块

摄氏–华氏转换显示模块是在响应用户右键快捷菜单的操作后，在用户界面显示相应的执行结果，其程序框图如图 15-7 所示。

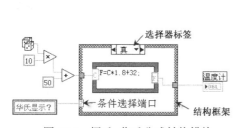

图 15-6 摄氏–华氏公式转换模块

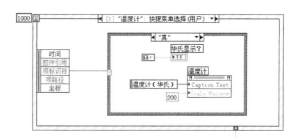

图 15-7 摄氏–华氏转换显示模块的程序框图

15.3 详细设计步骤

创建右键快捷菜单实例主要包括前面板的设计和程序框图的设计。接下来具体介绍其设计步骤。

15.3.1 前面板的设计

（1）创建新 VI，命名为创建右键快捷菜单.vi。其操作路径为"文件→新建 VI"。当然，如果在 LabVIEW 8.2 的启动界面，直接单击新建栏中的 VI 也可创建。

（2）在前面板设计窗口下，打开"控件→新式→数值控件"子选板，从中选择一个"温度计"控件，并放置到前面板上。

（3）如图 15-8 所示，用鼠标右键单击该控件，选择属性，在弹出的属性对话框中将"标签"设为不可见，将"标题"设为可见，将标题内容修改为"温度计（摄氏）"，同时选中"显示数字显示框"。

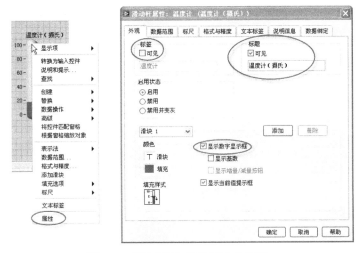

图 15-8　"温度计"控件属性的设置

（4）从"控件→新式→布尔"子选板中分别选择一个"圆形指示灯"和"结束按钮"控件，并放置到前面板上。

（5）如图 15-9 所示，分别对其属性进行设置。

- 设置"圆形指示灯"控件的"标签"为可见，并命名为"华氏显示？"；当指示灯开时设置"颜色"为红色，当指示灯关时设置"颜色"为黑色。
- 打开"结束按钮"控件的属性对话框，选择"操作"选项板，将"按钮动作"选定为"单击时触发"，还可以通过"所选动作预览"功能对所选动作进行预览，从而选定合适的按钮动作。

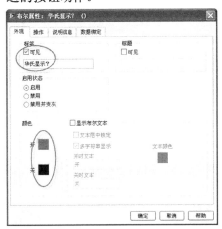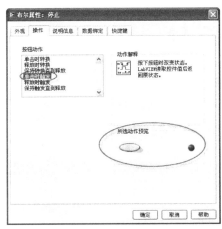

图 15-9　"圆形指示灯"和"结束按钮"属性的设置

（6）温度计控件运行的快捷菜单选项设置。

- 在控件"温度计"上单击鼠标右健，选中"高级→运行时快捷菜单→编辑"。对"温度计"控件进行运行里的快捷菜单设计,此时会弹出如图 15-10 所示的菜单。

- 在此添加运行时快捷菜单名称:在两个问号处填写"华氏"和"摄氏"两个名称。完成效果如下图 15-11 所示。

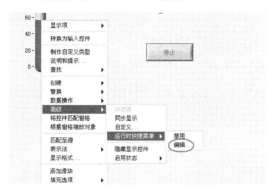

图 15-10 "温度计"控件的快捷菜单设计

图 15-11 填写"华氏"和"摄氏"两名称

- 然后将在文件菜单里保存此运行时快捷菜单。单击"保存控件"保存。

图 15-12 保存控件

至此,前面板的设计基本完成。调整各控件的大小和位置,对前面板进行美观布局,如图 15-1 所示。

15.3.2 程序框图的设计

(1)切换到程序框图设计窗口中,可以看到与前面板上控件相对应的节点。打开"函数→编程→结构",从中选择 1 个"事件结构"函数节点并将其放置在程序框图设计区(如图 15-13 所示为放置的事件结构)。

(2)事件 0 为超时事件。从"函数→编程→数值"子选板中选择 1 个"数值常量"函数节点放置在超时端子附近,设定其常量为 1000,并与超时端子相连;从"函数→编程→数值"子选板中,分别选择 1 个"乘"和"随机数"函数节点放置到事件框图中,通过鼠标右键单击"乘"节点的"y"端口创建一个数值常量,并设置其常量为"10"(如图 15-14 所示);用同样方法在事件框图中放置"加"运算节点,并在"y"端口创建一个数值常量,设置其常量为"50"。然后按图 15-15 所示进行连线。

(3)在事件框图中放置一个"Case 条件"函数节点,适当绘制该节点的方框大小,如图 15-16 所示。

(4)打开"函数→编程→结构"子选板,从中选择"局部变量"函数节点放置到事件框图中。用鼠标右键单击"局部变量"函数节点,从弹出的快捷菜单中选择"选择项→华氏显示?",并将其"转换为读取"(如图 15-17 所示)。连接"局部变量"函数节点的输出端口到"条件结构"的"分支选择器"上。

图 15-13　"事件结构"函数节点的设置　　　　图 15-14　创建常量　　图 15-15　节点的连线与放置

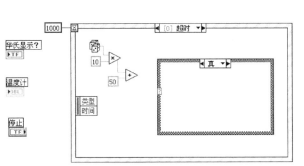

图 15-16　"Case 条件"函数节点的放置　　　　图 15-17　创建局部变量

（5）通过条件结构的"选择器标签"，选择条件"真"的方框图，在该方框图中放置一个公式节点，并适当调整其大小。在适当位置单击公式节点边框将弹出 1 个快捷命令，利用快捷命令为公式节点创建一个输入端口和一个输出端口。

（6）如图 15-18 所示为条件为"真"时的程序设计。在公式节点内输入公式"F=C*1.8+32;"并进行连线。

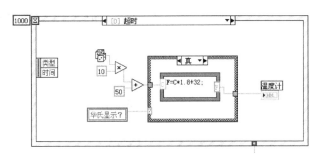

图 15-18　条件为"真"时的程序设计

（7）通过条件结构的"选择器标签"，选择条件"假"的方框图，直接进行连线（如图 15-19 所示为条件为"假"时的程序设计）。

（8）移动光标到"事件结构"函数节点的方框图上，单击鼠标右键，从弹出的快捷菜单中执行"添加事件分支"命令（如图 15-4 所示），打开"编辑事件"对话框（如图 15-5 所示），从对话框的"事件源"列表栏中可以看到新增加了 3 个事件源"温度计"、"停止"和"华氏显示？"，与前面板上的 3 个控件相对应（如图 15-20 所示）。

（9）从"编辑事件"对话框的"事件源"中选择"温度计"，此时"事件"列表栏中列出了该事件源的事件类型。选择"快捷菜单选择（用户）"事件，可看到该事件的分支标号为"1"，而"事件说明符"列表框中列出了设置事件源和事件类型。单击"确定"按钮，关闭该对话框。

（10）用同样的方法增加一个新的分支，设置"事件源"为停止按钮，"事件"为值改变。

（11）从程序框图的"事件结构"函数节点的事件选择器标签中选择事件 1，在事件结构框图中放置一个"条件结构"函数节点，适当调节该节点的方框大小（如图 15-21 所示）。

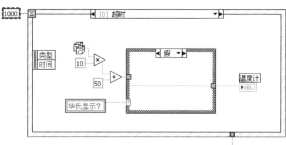

图 15-19 条件为"假"时的程序设计

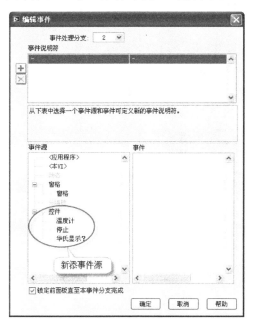

图 15-20 "编辑事件"对话框

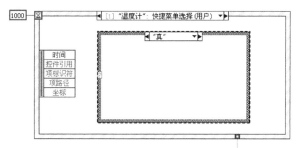

图 15-21 "条件结构"函数节点的放置

（12）打开"函数→编程→应用程序控制"子选板，从中选择"属性"函数节点放置到事件框图中。用鼠标右键单击该"属性"节点，从弹出的快捷菜单中执行"链接至→窗格→温度计"命令，然后将其"全部转换为写入"（如图 15-22 所示）。

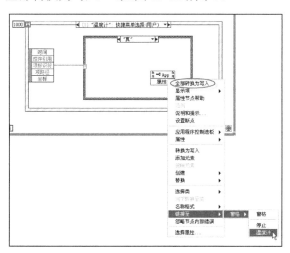

图 15-22 创建"属性"函数节点

（13）设置"属性"节点的属性，用鼠标右键单击"属性"节点的"属性"一栏，从弹出的快捷菜单中执行"属性→标题→文本"命令（如图 15-23 所示）；再次用鼠标右键单击"属性"节点的"属性"一栏，从弹出的快捷菜单中选择"添加元素"（如图 15-24 所示）；运用同样方式设置新添元素的属性，如图 15-25 所示。

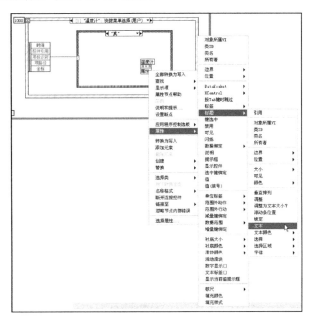

图 15-23　"属性"节点的属性设置

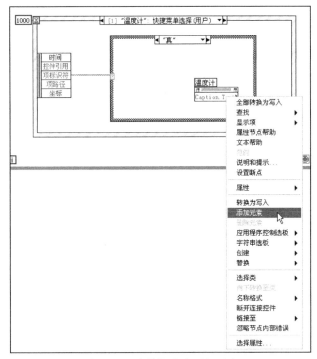

图 15-24　给数据节点添加元素

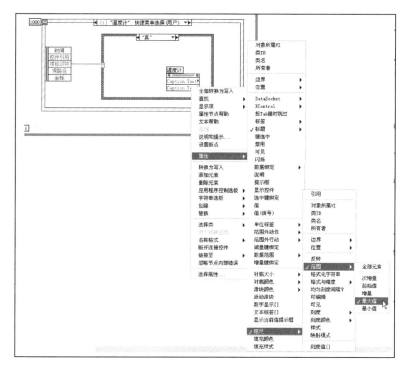

图 15-25　新添元素的属性设置

（14）在"温度计：快捷菜单选择（用户）"事件中，添加对快捷菜单选项的常量。如图 15-26 所示。在"项标主识符"中需要对用户的操作进行判断，判断是"真常量"还是"假常量"。

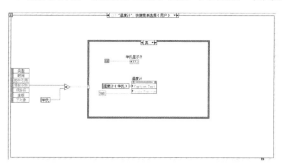

图 15-26　事件中添加快捷菜单选项的常量

（15）打开"函数→编程→布尔"子选板，选择"真常量"放置到条件框图中，并与"温度计"控件节点相连；分别打开"函数→编程→字符串"和"函数→编程→数值"子选板，选择"字符串常量"和"数值常量"添加到条件框图中，将其值分别设置为"温度计（华氏）"和"200"，并分别与"属性"节点的两个属性相连（如图 15-27 所示）。

（16）通过条件结构的"选择器标签"，选择条件"假"的方框图，按照（12）～（14）的步骤设置温度计属性节点，将字符串常量和数值常量分别设置为"温度计（摄氏）"和"100"；添加一个"假常量"和一个"华氏显示？"的局部变量，按图 15-28 所示进行连线。

（17）在程序框图中，放置一个"While 循环"函数节点，适当调整其大小；打开"事件结构"的事件 2 的方框图（如图 15-29 所示），将"停止"控件与"While 循环"函数节点的"循环条件"相连。

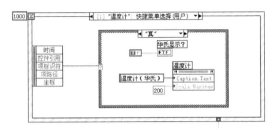
图 15-27　条件为"真"时的程序设计

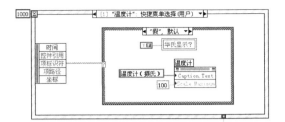
图 15-28　条件为"假"时的程序设计

至此，创建右键快捷菜单实例设计完毕，图 15-30 给出了该实例的完整程序框图。

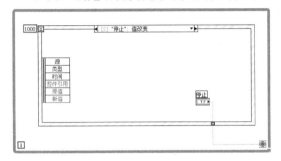
图 15-29　While 循环的放置

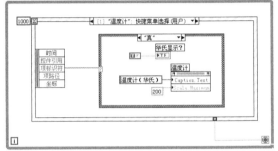
图 15-30　创建右键快捷菜单实例的完整程序框图

15.3.3　运行结果

在前面板设计窗口下，单击运行按钮 ⬦，程序开始运行，运行结果如图 15-31 的左侧窗口所示；在"温度计"控件上单击鼠标右键，在快捷菜单中选择"华氏"，则运行结果如图 15-31 的右侧窗口所示，此时指示灯为红色。

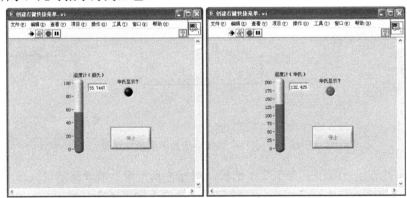
图 15-31　创建右键快捷菜单实例的运行结果

15.4　本章小结

本章主要讲解了如何创建右键快捷菜单。通过本章的学习，读者可以对 LabVIEW 8.2 创建右键快捷菜单的方法有更好的理解和掌握，从而更加熟练、有效地使用 LabVIEW 8.2 进行程序设计。

第 16 章 【实例 84】数字示波器

本章设计的数字示波器能够实现比较简单的双通道示波器功能，主要有输出波形显示，包括单通道输出波形显示或两通道输出波形的同时显示[选择触发器极性，包括通道 B 触发、外触发（EXT）、正负极性触发等]，并能设置触发电位（进行水平分度和垂直分度的调节），使示波器显示比较清楚的波形。

16.1 设计目的

在本章设计实例的创建过程中，首先创建实例运行的前面板界面，然后对功能实现的程序框图进行编写。在编写过程中，使用了平铺式顺序结构、条件结构、While 循环结构等编程逻辑结构及常见的数组操作函数、布尔逻辑、信号生成函数（如正弦波和方波）、比较和捆绑簇等函数；同时，还用到了旋钮控件、垂直滑动杆控件等多种 VI 控件。

在本章的学习基础上，读者还可以加入其他信号生成和信号处理过程，进一步完善数字示波器的模拟过程，从而更好地模拟、测量和仿真输入信号，进一步完善数字示波器的功能。如图 16-1 所示为数字示波器实例的前面板。在实际运行过程中，可以进行相应功能的调节及信号的调节和测试。

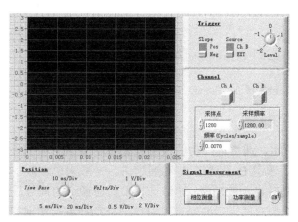

图 16-1 数字示波器实例的前面板

16.2 程序框图主要功能模块介绍

如图 16-2 所示为本章创建的简单数字示波器的程序框图。该示波器的主要功能通过几个主要功能块的编程来实现（已在程序框图上对主要的功能块进行数字标记）。下面将对这几个主要功能块所实现的功能和作用分别进行介绍。

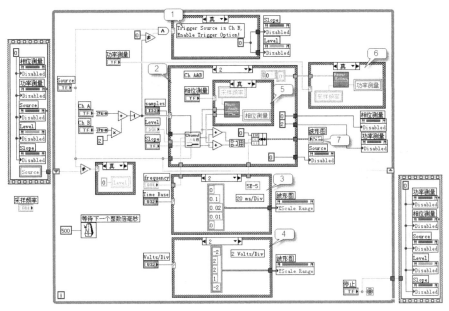

图 16-2　简单数字示波器的程序框图

16.2.1　触发器功能块

如图 16-2 中的 1 所示，触发器功能块主要用于设定滤波器的触发源性质[通道 B 触发（Ch B）或外触发（EXT）]、触发极性和触发电位，是一般数字示波器的一个主要功能。

触发器功能通过 Slope.vi 和 Trigger.vi 两个子 VI 来实现，其端子图如图 16-3 所示。

图 16-3　触发极性（Slope）和触发器（Trigger）子 VI 的端子示意图

16.2.2　通道选择功能块

如图 16-2 中的 2 所示，通道选择功能块可以表明示波器显示哪一路通道信号，可进行选择的通道组合为通道 A、通道 B 及通道 A 和通道 B。一般来说，数字示波器可以实现单通道信号显示或多通道信号同时显示的功能。通道选择及对应通道的信号显示也是数字示波器的主要功能之一。本章所创建的双通道示波器可以对这部分功能进行实现和模拟。通道选择功能通过通道选择（Select Channel）子 VI 来实现，其端子图如图 16-4 所示，其输入/输出参数如表 16-1 所示。

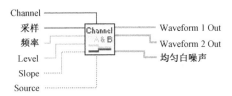

图 16- 4　通道选择（Select Channel）子 VI 的端子示意图

表 16-1 通道选择（Select Channel）子 VI 的输入/输出参数说明表

输入参数	说　明	输出参数	说　明
Channel	波形显示通道	Waveform1 Out	输出信号波形数组 1
采样	输出信号的采样点数	Waveform1 Out	输出信号波形数组 2
频率	输出信号的频率，单位为 cycles/sample	均匀白噪声	输出噪声信号数组
Level	是触发选项，表示触发电平，默认值为 0		
Slope	是触发选项，表示触发极性，包括 Pos 和 Neg，也即 Slope.vi 和 Trigger.vi 中的输入参数 Direction		
Source	是触发选项，表示触发源，包括内部触发 Ch B 或外部触发 EXT		

16.2.3 水平分度调节功能块

数字示波器在一定范围内能够对水平方向的分度大小进行连续调节，这是常见示波器的主要功能之一。水平分度调节功能块可以用于调节示波器所显示波形在水平方向（即 x 方向）的水平分度的大小，进而可以改变窗口中能够显示的完整波形的数目。本章的数字示波器的此部分功能主要是对常见示波器水平调节功能的简单演示，如图 16-2 中的 3 所示，可以实现 3 个离散水平分度大小的简单调节。感兴趣的读者可以根据 LabVIEW 8.2 提供的函数功能，对这部分调节功能进行完善，使之能够连续调节。

16.2.4 幅值分度调节功能块

与水平分度调节功能块一样，幅值分度调节功能可以对示波器显示波形幅度的分度大小进行调节。可以根据不同的输入波形幅值调节示波器的分度大小，从而能够显示完整的输入信号的波形。常见的一般示波器能够对幅值的分度大小进行连续调节，从而能够对输入波形进行比较完整的显示，如图 16-2 中的 4 所示。本章在创建数字示波器时对这部分功能做了简化，只是使用 3 个不同的幅值分度对波形图的 y 轴标度进行了调节。同样，读者也可以对这部分功能进行进一步的扩充和完善。

16.2.5 相位分析功能块

如图 16-2 中的 5 所示，相位分析功能块主要是为了分析两个输入信号的相位差，并以图形的方式显示出来。这里使用 XY 图控件产生李沙育图形，以及使用波形图控件显示输入时域信号，以帮助读者理解相位分析的意义和功能。

需要说明的是，李沙育图形是指在一个图形列表中，存在一个已知频率和相位基准信号，也即一个待测信号，在双通道示波器中进行波形叠加，调整基准信号源，从而在示波器上显示出某种特殊图形，由此可以表示待测信号与已知基准信号源之间的频率、相位关系，从而计算出被测信号的频率和相位。相位分析功能通过相位分析（Phase Analysis）子 VI 来实现，其端子图如图 16-5 所示。

图 16-5 相位分析（Phase Analysis）子 VI 的端子示意图

16.2.6 功率估计功能块

如图 16-2 中的 6 所示，功率估计功能块的主要功能是计算出输入时域信号在功率谱峰值处的估计频率和功率。此功能块是针对单通道输入信号而言的，即示波器中只有 1 路通道选通，即 Ch A 或者 Ch B。功率估计功能通过功率估计（Power Estimation）子 VI 来实现，其端子图如图 16-6 所示。

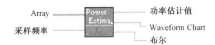

图 16-6　功率估计（Power Estimation）子 VI 的端子示意图

16.2.7　波形显示功能块

如图 16-2 中的 7 所示，波形显示窗口是数字示波器进行波形显示的主界面。一般的示波器都可以通过波形显示窗口对输入示波器的两路信号进行显示。在双通道示波器的调节过程中，对所有调节功能进行调节测试，并观察相应的波形变化情况，就可以通过波形显示部分获得直观的了解了。

16.3　详细设计步骤

数字示波器创建的大致步骤是：首先进行示波器前面板的设计；接着利用 LabVIEW 8.2 提供的 VI 函数进行程序框图部分的编程。在以前章节的实例设计过程中，有的先进行程序框图的设计，有的先进行前面板的设计，还有的前面板和程序框图的设计交替进行，这 3 种不同的设计思想可随系统设计的具体情况灵活使用，各有优势。只有不拘一格，才能设计出高效新颖的系统。

本章在利用 LabVIEW 8.2 创建较为复杂的 VI 系统的过程中，考虑到实际情况，采用先设计前面板，然后进行程序框图的设计步骤，以满足功能完善、界面美观的设计要求。

16.3.1　前面板设计

在创建数字示波器的设计过程中，首先对系统的前面板进行整体设计和创建。前面板设计的主要工作包括：创建波形图显示控件，用于输入信号的波形显示；创建触发器面板，在该触发器面板上完成基本触发选项（即触发源、触发极性和触发电位）的创建；创建通道选择面板，可以对示波器所显示波形的通道进行选择；创建定位面板，包括水平分度和幅值分度旋钮控件，实现对示波器的 XOY 坐标轴分度值的调节。

1．波形图显示控件的创建

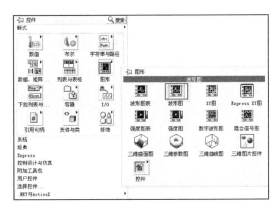

图 16-7　波形图控件的选择路径

示波器图形控件具体的创建步骤如下所示。

（1）创建新 VI，命名为 Digit-Oscilloscope.vi。其操作路径为"文件→新建 VI"。当然，如果在 LabVIEW 8.2 的启动界面，直接单击新建栏中的 VI 也可创建。

（2）在前面板中执行"控件→新式→图形→波形图"，当然也可以在前面板空白处单击鼠标右键，再按照上述路径进行选择，如图 16-7 所示。根据创建数字波形图系统的设计构想，将该波形图控件放置在前面板的左上角。

（3）下面根据显示需要对波形图控件进行属

性设置。用鼠标右键单击波形图控件，在弹出的快捷菜单中选择"属性"，弹出波形图属性对话框，在该对话框中可设置波形图控件的各个属性选项。根据示波器波形图控件的使用情况，可设置相应的属性选项卡。

- "外观"选项卡属性的设置。图形属性的"外观"选项卡直接决定了波形图控件显示项等的外观特性。设置时，先取消勾选"标签"的"可见"和"标题"的"可见"，将"显示图例"中的"曲线显示"设置为 2，然后取消选中其复选框，从而使波形图控件的外观更加接近真实的物理示波器面板，如图 16-8 所示。

- "格式与精度"选项卡属性的设置。该选项卡能够对波形图控件的 X 轴和 Y 轴的显示数值类型及精度进行设置。将"时间（s）（X 轴）"和"幅值（Volt）（Y 轴）"的"类型"均设置为浮点，将"精度类型"均设置为"精度位数"，将"位数"均设置为 3，如图 16-9 所示。

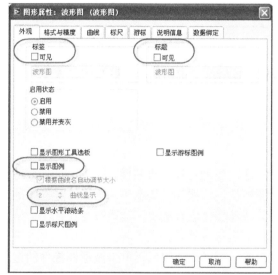

图 16-8 "外观"选项卡属性的设置

图 16-9 "格式与精度"选项卡属性的设置

- "曲线"选项卡属性的设置。该选项卡用于设置波形图上显示的信号曲线的属性。由于在模拟数字示波器时，可以同时显示两路通道的信号波形，所以需要设置两条曲线的属性。具体设置时，分别选中曲线 0 或 1，在相应的曲线属性和颜色属性中进行设置即可。如图 16-10 所示为"曲线 0"的"曲线"选项卡属性的设置，根据需要选择曲线的线型和点样式，并将曲线颜色选择为绿色。同理，将"曲线 1"的曲线线型和点样式设置为与"曲线 0"相同，将其颜色设置为红色。

- "标尺"选项卡属性的设置。此选项卡能对波形图控件显示标签、网格线等属性进行设置。如图 16-11 所示为"Y 轴"的"标尺"选项卡属性的设置，取消选中"显示标尺标签"复选框；设置标尺"最大值"与"最小值"分别为 3 和–3，然后取消选中"自动调整标尺"复选框；在"刻度样式与颜色"选项中，将"主刻度"、"辅刻度"和"标记文本"的颜色均设置为绿色；在"网格样式与颜色"选项中，将"网格样式"设置为中间样式。在"X 轴"标尺选项卡的属性设置中，将"自动调整标尺"选项中的最小值和最大值分别设置为 0 和 0.025，其他属性的设置与"Y 轴"的设置相同。

图 16-10 "曲线"选项卡属性的设置　　　　图 16-11 "标尺"选项卡属性的设置

● 波形图属性对话框的其他设置。"游标"属性的设置、"说明信息"属性的设置及"数据绑定"属性的设置在前面章节中已经做过简单的介绍，感兴趣的读者可以根据需要设置相应的一些属性。

2. 波形图显示控件的外观设计

对属性对话框中各选项中的属性进行设置之后，还可以通过控制点拉伸、缩放控件到合适的大小，以直接调整波形图显示区域。但此时波形图控件的边框颜色为灰色。为了达到逼真的目的，可以使用工具选板中的"设置颜色"工具对其外观颜色进行改变，这里改变控件的边框颜色为透明，这样只有图形显示区域是可见的。具体的操作步骤是：在工具栏窗口中，先将下方的前景颜色和背景颜色均设置为透明，如图 16-12 所示。然后使用鼠标单击波形图控件的边框，此时波形图边框变为不可见，如图 16-13 所示。

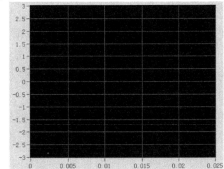

图 16-12　前景颜色和背景颜色的设置　　　　图 16-13　波形图显示控件的外观改变

3. 触发器界面的设计

根据界面的整体设计规划，需要在前面板上布置多个面板，用于实现不同调节功能和控制功能。需要布置的面板主要包括以下一些：触发器面板（布置触发源、触发极性和触发电平等功能控件）、程序控制面板（程序终止控制）、通道选择面板（选择示波器不同通道的信号，如单通道还是双通道信号显示）和定位面板（水平分度的调节及幅值分度的调节）。下面首先对整体面板布置及前几种面板进行设计，通道选择面板和定位面板的设计会在接下来的小节中完成。

1）整体面板控件的选择和布局

设计面板时选择使用"控件→新式→修饰"中的"水平平滑盒"控件，可达到比较美观的外观效果。可以通过控件选板选择，也可单击鼠标右键后再按照以上路径进行选择，具体的选择路径如图 16-14 所示。

添加 4 个"水平平滑盒"控件后，按照需要改变这些控件的大小，并布置这几个面板。同时，在这些面板上添加"文字"标签，分别为 Trigger、Channel、Signal Measurement 和 Position，用于说明具体的面板功能。经过以上的布局调整之后，数字示波器的前面板布局如图 16-15 所示，结构相对比较紧凑、美观。

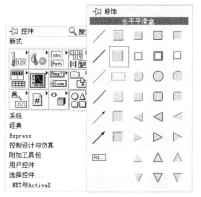

图 16-14　"修饰"子选板的选择路径

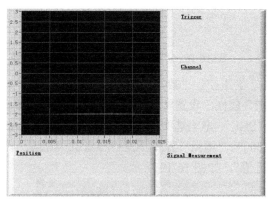

图 16-15　数字示波器的前面板布局

2）触发器面板的设计

在触发器面板上，添加触发源开关、触发极性开关和触发电平调节旋钮。其中，触发源开关和触发极性开关都使用"垂直滑动杆开关"。在触发器面板上添加 2 个"垂直滑动杆开关"，分别命名为触发源"Source"和触发极性"Slope"。"垂直滑动杆开关"的选择路径如图 16-16 所示。

● 触发源"Source"开关的属性设置。触发源开关用于选择对信号进行触发控制的来源是通道 B 触发（Ch B），还是外触发（EXT）。在触发源开关的属性对话框的"外观"选项卡中，勾选"标题"的"可见"复选框，将显示文本修改为"Source"；调整触发源开关的"标题"位置，并在开关旁相应位置添加文本"Ch B"和"EXT"。

● 触发极性"Slope"开关的设置。触发极性开关用于改变示波器波形图输入信号的触发极性，可供选择的触发极性为正触发（Pos）或负触发（Neg）。触发极性开关的属性设置过程和触发源开关的设置过程相同，只要勾选属性对话框中的"标题"的"可见"复选框，将显示文本改为"Slope"，调整触发源开关的"标题"位置，并在开关旁相应位置添加文本"Pos"和"Neg"即可。

● 触发电位"Level"转盘的创建及其属性设置。触发电位可以用数值转盘来进行模拟，触发电位的数值大小则可通过数值转盘来调节。执行"控件→新式→数值→转盘"（既可直接在控件选板中选择，也可通过在空白处单击鼠标右键后按照上述路径进行选择），如图 16-17 所示。接着对触发电位"Level"转盘的属性进行设置。单击鼠标右键，在弹出的快捷菜单中选择"属性"，弹出触发电位"Level"转盘属性对话框。

a. 旋钮控件"外观"属性的设置。与触发电位旋钮的外观设计相比较简单，通过对该控件属性对话框中的"外观"选项卡进行具体的设置即可。选中"标题"的"可见"复选框，并添加文本"Level"；勾选"指针 1"选项中的"锁定在最小值和最大值之间"复选框；同时，选中"显示当前值提示框"复选框，如图 16-18 所示。

图 16-16   "垂直滑动杆开关"的选择路径

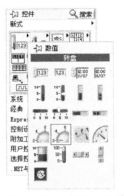

图 16-17   "转盘"控件

    b. 旋钮控件"数据范围"属性的设置。对示波器触发电平调节范围的设置可通过对"数据范围"属性的设置实现。具体设置方法为：单击"表示法"按钮，从弹出的表示法中选择单精度"SGL"；取消选中"使用默认范围"复选框，将"最大值"和"最小值"分别改写为 2.0000 和–2.0000，"增量"保持不变；三者的"范围外动作"分别设置为"强制"、"强制"和"强制至最近值"，如图 16-19 所示。

图 16-18   "外观"属性的设置

图 16-19   "数值范围"属性的设置

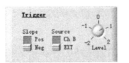

图 16-20   触发器面板的示意图

    添加触发源开关、触发极性开关和触发电位旋钮后，调整各个控件的"标题"等属性，对齐并调整这几个控件的位置后，即可完成触发器面板的设置。设计完成后的触发器面板如图 16-20 所示。

4. 定位面板（Position）的设计

    执行"控件→新式→数值→旋钮"，在定位面板（Position）上添加 2 个旋钮控件，它们的选择路径如图 16-21 所示。将这 2 个旋钮分别用做水平时间分度旋钮和幅值分度旋钮。下面分别对这 2 个旋钮进行相应的设置。

（1）水平时间分度旋钮"Time Base"的属性设置。在该旋钮上单击鼠标右键，在弹出的快捷菜单中选择"属性"，在弹出的属性对话框中进行属性设置。

- 在"外观"选项卡中，勾选"标题"的"可见"复选框，填入文本"Time Base"；设置"指针 1"的属性，分别勾选"锁定在最小值和最大值之间"和"显示当前值提示框"复选框。

- 在"数据范围"选项卡中，可以将默认值设置为 1.0000，并勾选"使用默认范围"复选框。设置表示法时，单击"表示法"按钮，从弹出的选项中选择无符号长整型类型"U32"，如图 16-22 所示。

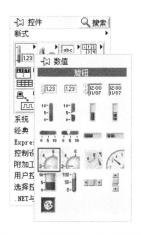

图 16-21　旋钮控件的选择路径

图 16-22　"数据范围"属性的设置

- 在"标尺"选项卡中，在"标尺样式"中选择第 1 种类型的标尺样式，并将"刻度范围"的最小值和最大值分别设定为 0 和 2，如图 16-23 所示。

- 在"格式与精度"选项卡中，选中对话框左下方的"高级编辑模式"单选框，在该模式下选择"标尺"，设置标尺的属性。在"格式字符串"文本框中输入格式化字符串"%d"，表示数值旋钮按照整数形式来显示和表示；在该选项下方的下拉列表中选择"数值格式代码"选项，并选中"浮点表示"，如图 16-24 所示。

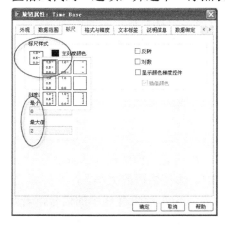

图 16-23　"标尺"属性的设置

图 16-24　"格式与精度"属性的设置

- 在"文本标签"选项卡中，页面处于灰色不可编辑状态，因此在设置它之前需要对控件进行其他的设置。首先用鼠标右键单击控件，在弹出的快捷菜单中选择"文本标签"，如图 16-25 所示，然后在"文本标签"选项卡中勾选"有序值"复选框，并单击右边的"Insert"按钮添加旋钮上的文本标签。在左侧的列表中，依次输入"5ms/Div"、"10ms/Div"和"20ms/Div"，表示波形图水平方向每分格所代表的时间大小。

图 16-25　"文本标签"属性的设置

（2）幅值分度旋钮"Volts/Div"的属性设置。幅值分度旋钮同样使用数值旋钮，其具体的属性的设置方法也都相同。在该旋钮上单击鼠标右键，在弹出的快捷菜单中选择"属性"，在弹出的属性对话框中可对各个选项卡进行属性设置。

- 在"外观"选项卡中，选中"标题"的"可见"复选框并填入文本"Volt/Div"。其余设置与水平时间分度旋钮的"外观"属性设置完全相同。
- 在"数据范围"、"标尺"和"格式与精度"选项卡中，其属性可以参照水平时间分度旋钮的属性设置进行设置。
- 在"文本标签"选项卡中，同样选中"有序值"复选框，单击"Insert"添加按钮，在列表中依次添加"0.5V/Div"、"1V/Div"和"2V/Div"。在程序运行过程中，调节不同分度可以观察波形幅值的细节。

图 16-26　"定位面板（Position）"的示意图

通过上述对水平时间分度旋钮和幅值分度旋钮属性的设置，可以实现对示波器波形显示在水平方向和竖直方向的显示特性的调节。如图 16-26 所示为设计完成后的定位面板。

5. 通道选择面板（Channel）的设计

执行"控件→经典→经典布尔→方形开关按钮"，在通道选择面板（Channel）上添加 2 个"方形开关按钮"控件，分别命名为"Ch A"和"Ch B"。改变按钮的大小，使其外观比较适合。按下"Ch A"或者"Ch B"按钮时只显示通道 A 中的信号或者通道 B 中的信号，若两者都按下，则同时显示两路通道的信号。另外，为便于对示波器输入演示信号进行参数控制，这里添加了 3 个数值输入控件，分别命名为"采样点"、"采样频率"和"频率（Cycles/sample）"。设计完毕后的通道选择面板如图 16-27 所示。

6. 信号测量和程序控制面板的设计

最后，在信号测量和程序控制面板上，添加 2 个"确定"
按钮并分别命名为"相位测量"和"功率测量"，用于对输入
信号进行相应的测量和分析。以"相位测量"控件的属性设
置为例，如图 16-28 所示，取消勾选其"外观"属性的"标
签"中的"可见"复选框，选中"显示布尔文本"，修改"开
时文本"和"关时文本"分别为"测量"和"相位测量"；在

图 16-27 "通道选择（Channel）"
面板的示意图

"操作"选项卡中，将按钮动作修改为"释放时转换"，如图 16-29 所示。对"功率测量"进行
相同的属性设置。

图 16-28 "外观"属性的设置

图 16-29 "操作"属性的设置

此外，执行"控件→经典→布尔→圆形开关按钮 2"，添加 1 个按钮，并将其操作动作修
改为"释放时触发"，以用做控制程序停止的控件。

16.3.2 触发电平（Slope）子 VI 的设计

通过对输入信号幅值与触发电平进行数值比较，输出产生触发的信号数组某一元素的索引
值 index，是触发电平子 VI 的主要功能。与以前章节所述子 VI 的创建过程相同，该子 VI 的前
面板和程序框图如图 16-30 所示。

创建新的 VI 并命名为 Slope .vi。其前面板的设计包括输入信号数组 array 的设计、触发电
平 Level 和触发极性 direction（正 Pos 或负 Neg 触发）的设计，以及索引值 index 的设计。对
于程序框图的设计来说，首先利用输入信号数组进入 While 循环结构的"自动索引隧道"中分
离出信号的采样点元素，同时利用"索引数组"函数获取信号数组的首元素，作为移位寄存器
的初始值。接着如图 16-30 的方框 1 所示，使用"判定范围并强制转换"等函数判断触发电平
"Level"值是否位于两相邻元素之间或等于上限元素值。如果否，则进入下一次循环，上下限
元素索引递增 1；如果是，则执行外层条件结构的分支"真"，根据触发极性 direction 的极性
"Pos"或"Neg"找出触发点的索引值，停止循环并输出索引值。如图 16-30 的方框 2 所示，
在正触发模式时，使用">"函数来实现正触发；而对于负触发模式，则使用"<"函数来实现。

如图 16-31 所示是内外层条件结构的程序框图。

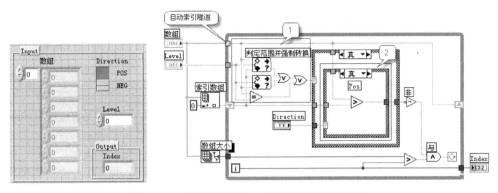

图 16-30   触发电平子 VI 的前面板和程序框图

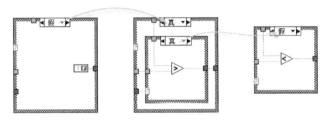

图 16-31   内外层条件结构的程序框图

在触发电平子 VI 的程序框图的编写过程中，使用了一些数组操作方面的函数，如"索引数组"和"数组大小"函数，这些数组操作函数可以在"函数→编程→数组"子选板内找到。而"判定范围并强制转换"函数对读者来说比较陌生，如图 16-32 所示是该函数的端子图。下面对这个函数稍做介绍。"判定范围并强制转换"函数的主要功能为确定"x"是否处于给定的

上下限范围内，并有选择性地强制数值落在范围之内。只有在"比较元素"模式下，该函数才进行强制转换，其调用路径为"函数→编程→比较→判定范围并强制转换"，如图 16-33 所示。

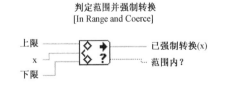

图 16-32   "判定范围并强制转换"函数的端子图

图 16-33   "判定范围并强制转换"函数的调用路径

16.3.3   触发器（Trigger）子 VI 的设计

触发的目的是为了保证波形每次都在同一相位出现，即初始相位恒定，波形可以稳定显示。触发器子 VI 能够根据触发源的不同，对输入的信号进行选择输出。创建该子 VI 的过程和前面的创建过程相同，将创建后的子 VI 保存为 Trigger .vi。如图 16-34 所示为触发器子 VI 前面板的设计示意图，前面板上包括触发源"Source"、触发电平"Level"、触发极性"Direction"、输入信号"Waveform1 In"和"Waveform2 In"及输出信号"Waveform1 Out"和"Waveform2 Out"。

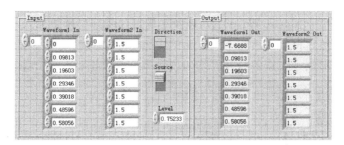

图 16-34　触发器子 VI 前面板的设计示意图

通过触发源开关"Source"的输出值对条件结构进行分支选择，可以实现程序框图的相应功能。如图 16-35 所示，如果触发源是通道 B 触发（即内触发）时，则输入信号先通过 Slope .vi 产生信号数组触发的索引值 index，然后进入条件结构分支"真"（Ch B 触发）的两路输入信号，通过"数据子集"函数返回从 index 开始的长度为 2000 的一段信号，并将这一段信号作为触发器子 VI 的输出信号；如果触发源是由外触发（EXT）产生，则程序执行条件结构分支"假"，直接将输入触发器子 VI 的两路信号作为输出信号输出。

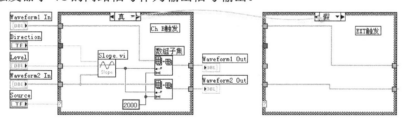

图 16-35　触发器子 VI 的程序框图

在此程序框图中用到了"数组子集"函数，该函数的主要功能是返回输入数组从 index 开始的长度为 length 的一段数组。

16.3.4　通道选择（Select Channel）子 VI 的设计

通道选择子 VI 的设计包括通道输入信号的生成和通道的选择。新建 VI 并命名为 Select Channel .vi。设计完成的前面板如图 16-36 所示。

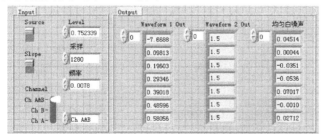

图 16-36　通道选择子 VI 的前面板

在前面板上，添加"Level"（电平）、"采样"（采样点数）、"频率"（Frequency）和"Channel"（通道选择）数值输入控件，"Slope"（极性）和"Source"（触发源）选择开关，以及"均匀白噪声"、"Waveform1 Out"和"Waveform2 Out"输出控件。

如图 16-37、图 16-38 和图 16-39 所示分别为通过触发控制的通道 A、通道 B 及两路通道的波形产生程序框图。在这 3 个程序框图中，都需要借助信号生成函数["正弦波"函数（Sine

Wave）或"方波"函数（Square Wave）]，以及"均匀白噪声"函数加入不同幅度的白噪声来
生成所需要的信号，然后将条件结构不同分支的输出信号输入触发器子 VI 来产生所需要的波
形输出。下面将对波形信号生成函数及"均匀白噪声"函数进行简单介绍。

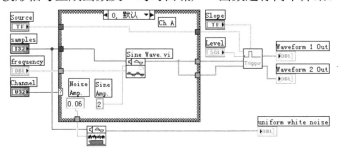

图 16-37　通道 A 的波形产生程序框图

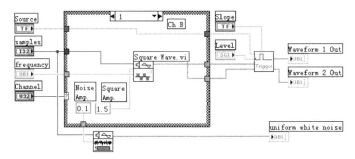

图 16-38　通道 B 的波形产生程序框图

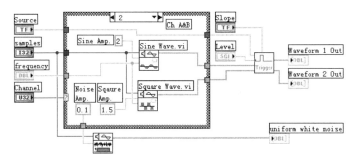

图 16-39　通道 A 和 B 的波形产生程序框图

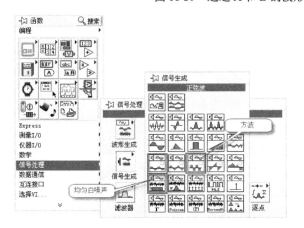

图 16-40　正弦波、方波和均匀白噪声函数的调用路径

如图 16-40 所示，"正弦波"、"方
波"和"均匀白噪声"函数的调用路
径为"函数→信号处理→信号生成→
正弦波/方波/均匀白噪声"，这几个信
号函数是 LabVIEW 8.2 信号处理子选
板中的一些基本函数，在前面章节创
建的实例中已经予以介绍，读者可以
翻阅前面章节或查看 LabVIEW 8.2 的
帮助文件。

16.3.5 功率估计子 VI 的设计

创建新的 VI 并命名为 Power Estimation .vi。图 16-41 和图 16-42 分别给出了功率估计子 VI 的前面板和程序框图。功率估计子 VI 的主要功能是计算出输入时域信号的功率谱峰值处的估计频率和功率。这里要用到"自功率谱（Auto Power Spectrum）"和"功率及频率估计（Power&Frequency Estimate）"函数，两者均位于"函数→信号处理→谱分析"子选板中，其中前者在前面章节中有所介绍，后者的端子接线图如图 16-43 所示。子 VI 创建完成以后，需要对其运行时的前面板窗口外观进行设置，这一功能的实现是通过设置"VI 属性"来完成的，具体实现方法是选择菜单栏"文件→VI 属性"，在 VI 属性对话框的"类型"项的"自定义窗口外观"中进行自定义设置，如图 16-44 所示。

图 16-41 功率估计子 VI 的前面板　　　　图 16-42 功率估计子 VI 的程序框图

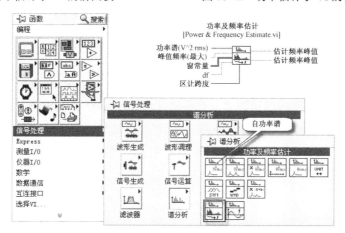

图 16-43 "功率及频率估计"函数的调用路径和端子接线图

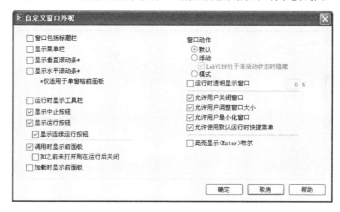

图 16-44 "自定义窗口外观"对话框

这里还用到了 VI 的调用节点"前面板：关闭（FP.Close）"和"前面板：居中（FP.Center）"。以前者为例，其具体创建方法是：如图 16-45 所示，执行"函数→编程→应用程序控制→调用节点"，创建 1 个调用节点，在节点的"App"字样上单击鼠标右键，在弹出的快捷菜单中选择"选择类→VI 服务器→VI→VI"，修改默认"App 调用节点"为"VI 调用节点"，然后单击调用节点的"方法"字样，在弹出的快捷菜单中选择"前面板→关闭"，调用节点创建完毕。后者的创建方法和前者基本相同，只需要在最后选择"前面板→居中"即可。需要注意的是，"前面板：关闭（FP.Close）"调用节点只是将程序的前面板关闭，而程序的运行并没有终止。

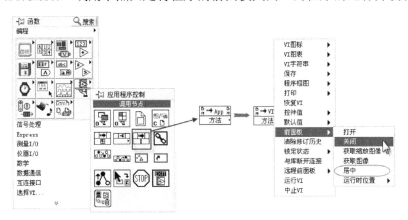

图 16-45　"前面板：关闭（FP.Close）"调用节点的创建

16.3.6　相位分析子 VI 的设计

创建新的 VI 并命名为 Phase Analysis .vi。如图 16-46 和图 16-47 所示为相位分析子 VI 的前面板和程序框图。这里同样要用到"自功率谱（Auto Power Spectrum）"函数和"功率及频率估计（Power&Frequency Estimate）"函数。"前面板：居中（FP.Center）"调用节点的创建方法可参见功率估计子 VI 的设计。此外，也需要对子 VI 运行时的前面板窗口外观进行设置，其设置与 16.3.5 节中的设置完全相同。

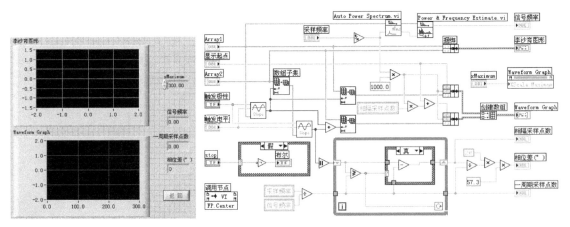

图 16-46　相位分析子 VI 的前面板　　　　图 16-47　相位分析子 VI 的程序框图

16.3.7 选择功能的实现

通道选择功能用于在示波器波形图上显示不同通道的波形，可以实现两路信号同时显示及两个通道单独显示，其程序框图如图 16-48～图 16-51 所示。在本例中，首先对按钮 A 和 B 输出进行编码作为条件结构的选择器终端输入。然后在结构的 4 个分支中，根据输入的触发源电平、触发极性及采样点数实现两路信号的配置，使用通道选择子 VI "Select Channel .vi" 输出所需要的通道信号。最后，通道选择子 VI 的输出信号经过 "创建数组" 和 "捆绑" 函数构造成簇类型数值，输入到波形图进行输出信号的显示。如果为单通道显示时，只要将通道选择子 VI 的一路输出信号创建为数组后，再捆绑输出到波形图控件即可，如图 16-49 和图 16-50 所示。如图 16-51 所示为两路通道信号同时选通的程序框图。

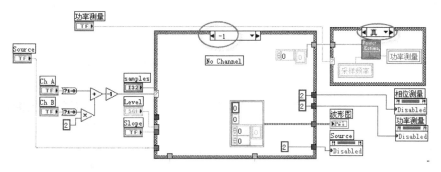

图 16-48　无通道选通的程序框图

另外，当示波器为单通道波形输出时，可以使用 "Power Estimation" 子 VI 对其进行功率估计测量，如图 16-49 和图 16-50 右上角的条件结构所示；当且仅当两路通道信号同时显示时，通过 "Phase Analysis" 子 VI 可以对两信号进行相位差测量，如图 16-51 所示。

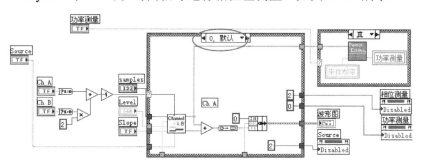

图 16-49　通道 A 选通的程序框图

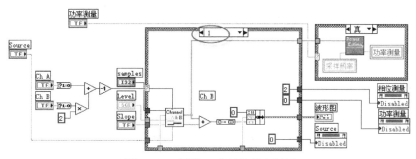

图 16-50　通道 B 选通的程序框图

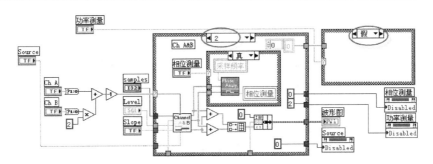

图 16-51　通道 A 和 B 同时选通的程序框图

在对按钮 A 和 B 输出进行编码时，使用了"布尔值至（0，1）转化"和"减 1"等函数，可将两者按二进制编码。

16.3.8　水平分度调节处理功能块的设计

水平分度调节处理功能块使用创建的常量数值作为波形图控件的水平分度变化的输入，可实现显示波形在水平方向上的伸缩和变化。在具体实现这个功能块时，首先将水平分度旋钮"Time Base"的输出作为条件结构选择器终端输入，然后根据不同的选择条件在相应的分支中创建簇常量作为波形图控件标尺范围属性节点的设定值。这里使用的属性节点为 X 标尺范围 XScale.Range，用于调节 X 标尺的范围和分度增量。右键单击波形图控件，在弹出的快捷菜单中选择"创建→属性节点→X 标尺→范围→全部元素"即可创建此属性节点，其输入数据类型为簇 5 元素，从上向下依次为最小值、最大值、增量、二级增量和起始值。如图 16-52 所示为水平分度调节处理功能块的程序框图。

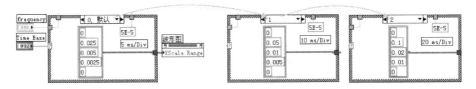

图 16-52　水平分度调节处理功能块的程序框图

16.3.9　幅值分度调节处理功能块的设计

如图 16-53 所示为幅值分度调节处理功能块的程序框图。同样，在程序功能的处理过程中，首先将幅值分度旋钮"Volts/Div"的输出作为条件结构选择器终端输入，然后根据不同的选择条件在相应的分支中创建簇常量作为波形图控件标尺范围属性节点的设定值。这里使用的属性节点为 Y 标尺范围 YScale.Range，用于调节 Y 标尺的范围和分度增量等。同样右键单击波形图控件，在弹出的快捷菜单中选择"创建→属性节点→Y 标尺→范围→全部元素"即可。

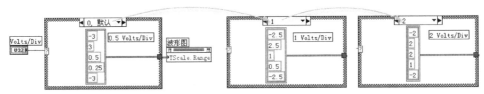

图 16-53　幅值分度调节处理功能块的程序框图

16.3.10 完整程序框图

下面对程序框图进行功能的完善，以保证用户使用系统时不会出现意外的操作和错误。

1. 触发源功能块

触发源功能块的作用主要是利用触发源开关"Source"、通道选择开关"Ch A"和"Ch B"的状态选择来完成对示波器触发选项的显示状态控制，其程序框图如图 16-54 所示。

触发源开关"Source"、通道选择开关"Ch A"和"Ch B"的输出通过"And"逻辑操作后作为条件结构选择器终端输入，注意，如果通道选择开关输出为"Ch A"，即示波器中只有通道 A 波形输出，则触发选项为不可用，这是通过通道选择输出与常量 0 进行"≠"比较实现的。若"And"逻辑输出为 TRUE，则执行分支"真"，此时触发通道 B，将逻辑选择"常量 0"作为触发极性"Slope"和触发电位"Level"属性节点的设置值，两者的启用状态为"启用"；否则即采用外触发"EXT"，此时将"常量 2"作为触发极性"Slope"和触发电位"Level"属性节点的设置值，使触发极性和触发电平控件的启用状态转换为"禁用并变灰"。

2. 初始化与复位功能块的设计

如图 16-55 所示为数字示波器的初始化与复位功能块的程序框图，鉴于两者的关系和相似性，将它们放在一起进行介绍。这两个部分都采用平铺式顺序结构，此结构包含一个或多个顺序执行的子框图。在程序设计过程中，创建了相位测量、功率测量、触发源、触发极性和触发电平的"可见（Disabled）"属性节点，并在主程序开始前和结束后使用这些属性节点对这些操作控件进行了统一设置。在程序初始化的输入块中，主要用触发源输出数据流引导后面的主程序；而在程序结束部分，则通过主程序中的"停止"控件实现数据流传输的引导功能。

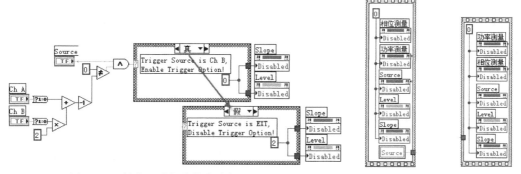

图 16-54 触发源功能块的程序框图　　　　图 16-55 初始化与复位功能块的程序框图

16.3.11 运行结果

可以通过以下步骤运行数字示波器实例。通过这些操作步骤，可以对创建的实例的主要功能进行测试、调节和使用。

（1）单击 LabVIEW 8.2 的运行按钮，运行实例。

（2）调节示波器的一些主要选择开关及旋钮，测试示波器的主要功能。例如，选择通道选择（Channel）开关，可以选择通道 A 信号显示、通道 B 信号显示或 A 和 B 两个通道的信号同时显示。根据选择通道的不同，可观察触发面板"Trigger"上的触发选项控件启用状态的变化情况。

（3）调节示波器的触发源（Source）和触发器选项开关，实现通道 B（Ch B）触发或外触发（EXT）；选择触发沿（Slope）开关，实现正触发（Pos）或负触发（Neg）；同时，可以通过旋钮调节设定触发电平（Level）来观察输入波形的变化。

（4）改变定位面板（Position）上的水平和幅值分度调节旋钮值，可以改善、测试和调节示波器所显示的波形情况。

（5）单击"停止"按钮终止数字示波器实例的运行。

通过以上简单功能的选择和调节，可以调节和测试该示波器的主要功能。如图 16-56 所示，此时示波器各面板的大致工作状态是：双通道 A 和 B 的信号同时显示，触发源为 Ch B，极性为"Pos"，触发电平为默认值 0，水平分度值为 5ms/Div，幅值分度值为 0.5V/Div，此时可对信号进行相位测量。单击"相位测量"按钮，弹出信号相位分析窗口（如图 16-57 所示），可以观察到相位分析的计算结果。另外，还可对单通道输入进行功率估计测量，读者可以自己试验，以获得一个明确的认识。

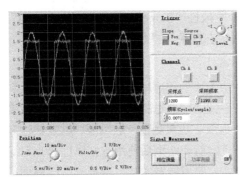

图 16-56　数字示波器实例运行界面

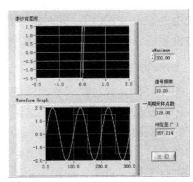

图 16-57　信号相位分析窗口

16.4　本章小结

在数字示波器实例的设计过程中，首先创建了实例运行的前面板，然后对功能实现的程序框图进行了编写。在编写过程中，使用了平铺式顺序结构、条件结构、While 循环结构等编程逻辑结构及常见的数组操作函数、布尔逻辑、信号生成函数（如正弦波和方波）、比较和捆绑簇等函数；同时，还用到了旋钮控件、垂直滑动杆控件等多种 VI 控件。

另外，在程序框图的编写过程中，设计并创建了多个子 VI，用于数字示波器部分功能的实现。使用子 VI 可以使程序框图的逻辑处理看起来简洁有序，并且有较高的执行效率。通过对这些 VI 编程结构和常用控件的灵活使用和属性操作，以及多个子 VI 的创建，可以帮助读者更好地掌握 LabVIEW 8.2 编程方法和技术。

本章所创建的数字示波器的功能相对非常简单，感兴趣的读者可以在学习本章内容的基础上，发挥想象力和创造力，利用 LabVIEW 8.2 提供的各种控件和函数，实现功能更加复杂和完善的示波器模拟功能。

第 17 章 【实例 85】触发计数器

本章设计的触发计数器实例,主要用于对由仿真信号 VI 产生的带噪声信号进行触发计数。通过设置"触发与门限" VI 的开始触发和停止触发条件,先对满足触发条件的仿真信号采样点进行输出,然后用"统计" VI 对触发输出进行采样总数统计。

17.1 设计目的

基于 LabVIEW 8.2 虚拟平台,使用图形语言编程,利用 Express VIs 中的"仿真信号"、"触发与门限"和"统计"等 VI,输入一个夹杂了均匀白噪声的正弦信号,对超过门限满足触发要求的采样点进行计数,并将计数结果显示出来,实现一个触发计数器的功能。

本章将对"触发与门限" VI、"统计" VI、前面板和程序框图的设计进行详细介绍,从而使读者对使用 LabVIEW 8.2 的 Express VIs 进行设计的过程和方法有一定的认识,并加深对 While 循环结构和移位寄存器工作原理的理解,以帮助读者提高在程序设计中灵活、高效利用数据流进行程序顺序控制的能力。

17.2 程序框图主要功能模块介绍

本触发计数器实例的设计主要包括 3 个部分,即仿真信号生成部分、触发和统计计数部分和计数结果显示部分,其功能块如图 17-1 所示。具体实现过程将会在下面进行详细介绍。

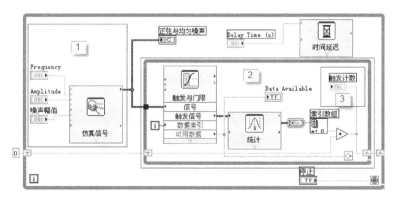

图 17-1 触发计数器实例的功能块

17.2.1 "触发与门限"函数

图 17-2 给出了"触发与门限"函数的端子图,其调用路径为"函数→Express→信号操作→触发与门限"。使用该 VI 的触发功能,可以提取信号中的一个片段。触发器状态可由开启或停止触发器的阈值确定,也可以是静态。当触发器状态为后者时,触发器在信号输入时立即启动,Express VI 返回预定数量的采样。表 17-1 和表 17-2 分别对"触发与门限"函数的输入/输出参

数进行了介绍。

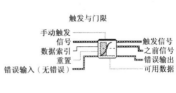

图 17-2   "触发与门限"函数的路径和端子图

表 17-1   "触发与门限"输入参数的说明

输 入 参 数	说　　明
手动触发	立即开始触发，并覆盖开始触发的设置。默认值为 FALSE
信号	包含一个或多个输入信号
数据索引	包含检测到的触发的索引。如该 Express VI 位于循环中，可将数据索引连接至循环的计数接线端
重置	控制 VI 内部状态的初始化。默认值为 FALSE
错误输入（无错误）	描述该 VI 或函数运行前发生的错误情况

表 17-2   "触发与门限"函数输出参数说明

输出参数	说　　明
触发信号	返回开始触发和停止触发之间的数据段，若没有数据满足触发的要求，该输出将返回一个空信号
之前信号	包括最后被触发的输出数据。如果没有数据满足触发的要求，则该输出将包括最近满足触发要求的数据段
错误输出	包含错误信息。如果错误输入表明在该 VI 或函数运行前已出现错误，则错误输出将包含相同错误信息，否则将表示 VI 或函数中出现的错误状态
可用数据	显示数据是否可用于满足触发的需求

当用户将"触发与门限"函数添加到程序框图编辑区时，立刻弹出"配置触发与门限[触发与门限]"对话框，该对话框包括开始触发、停止触发、常规、输出段大小、输入信号和结果预览 6 个项目，如图 17-3 所示。表 17-3 对此对话框中各个项目及其子选项的说明和含义进行了详细的介绍。

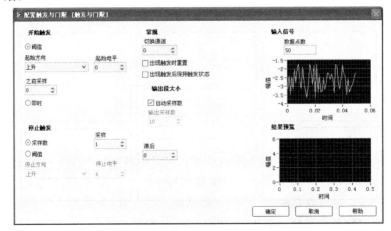

图 17-3   "配置触发与门限[触发与门限]"对话框

表 17-3　"配置触发与门限[触发与门限]"对话框各选项的说明

参　数	说　明
开始触发	（1）阈值：使用阈值指定开始触发的时间 ① 起始方向：指定开始采样的信号边缘。选项为上升、上升或下降、下降 ② 起始电平：Express VI 开始采样前，信号在起始方向上必须到达的幅值。默认值为 0 ③ 之前采样：指定起始触发器返回前发生的采样数量。默认值为 0 （2）即时：马上开始触发。信号开始时即开始触发
停止触发	（1）采样数：指定停止触发前采集的采样数目。默认值为 1000。当 Express VI 采集到采样中指定数目的采样时，停止触发 （2）阈值：通过阈值指定停止触发的时间 ① 停止方向：指定停止采样的信号边缘。选项为上升、上升或下降、下降 ② 停止电平：Express VI 开始采样前，信号在停止方向上必须到达的幅值。默认值为 0
常规	（1）切换通道：如动态数据类型输入包含多个信号，指定要使用的通道。默认值为 0 ① 出现触发时重置：每次找到触发后均重置触发条件。如选中该选项，"触发与门限"函数每次循环时，都不将数据存入缓冲区。如果每次循环都有新数据集合，且只需找到与第一个触发点相关的数据，则可选中该复选框；如果只为循环传递一个数据集合，然后在循环中调用"触发与门限"函数获取数据中所有的触发数据，则勾选该复选框 📝 注：如未选择该选项，"触发与门限"函数将缓冲数据。需要注意的是，如在循环中调用"触发与门限"函数，且每个循环都有新数据，则该操作将积存数据（因为每个数据集合包括若干触发点）。因为没有重置，所以来自各个循环的所有数据都将进入缓冲区，方便查找所有触发，但是不可能找到所有的触发 ② 出现触发后保持触发状态：找到触发后保持触发状态。只有选择开始触发部分的阈值时，该选项才可用 （2）滞后：指定检测到触发电平前，信号必须穿过起始电平或停止电平的量。默认值为 0。使用信号滞后，可防止发生错误触发时引起的噪声。对于上升缘起始方向或停止方向，检测到触发电平穿越之前，信号必须穿过的量为起始电平或停止电平减去滞后；对于下降缘起始方向或停止方向，检测到触发电平穿越之前，信号必须穿过的量为起始电平或停止电平加上滞后
输出段大小	指定每个输出段包括的采样数。默认值为 100
输入信号	显示输入信号。如果将数据连往 Express VI，然后运行，则输入信号将显示实际数据；如果关闭后再打开 Express VI，则输入信号将显示采样数据，直到再次运行该 VI 为止
结果预览	显示测量预览。如果将数据连往 Express VI，然后运行，则结果预览将显示实际数据；如果关闭后再打开 Express VI，则结果预览将显示采样数据，直到再次运行该 VI 为止

17.2.2　"统计"函数

图 17-4 给出了"统计"函数的端子图，其功能是返回波形中第一个信号的选中参数，它的调用路径为"函数→Express→信号分析→统计"。表 17-4 和表 17-5 分别对"统计"函数的输入/输出参数进行了介绍。

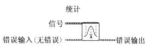

图 17-4　"统计"函数的路径及端子图

表 17-4　"统计"函数输入参数的说明

输　入　参　数	说　　　　明
信号	包含一个或多个输入信号
错误输入（无错误）	描述该 VI 或函数运行前发生的错误情况

表 17-5　"统计"函数输出参数的说明（图 17-4 中未完全显示）

输出参数	说　　　明	输出参数	说　　　明
累加值	返回信号中所有值的总量	最小值时间	返回信号值中最低点所对应的时间
峰度	返回信号值的峰度。峰度是评估尖平程度的指标，与四阶中心矩相对应	最小值	返回信号值集合中的最低点
偏斜度	返回信号值的偏斜度。偏斜度是计算对称性的指标，与三阶中心矩相对应	范围（最大值－最小值）	返回信号值的集合中最高点和最低点落差的值
采样总数	返回信号中的采样总量	最大值时间	返回信号值中最高点所对应的时间
最大值索引	返回信号值中最高点的索引值	最大值	返回信号值集合中的最高点
众数	返回信号值中出现次数最多的值	算术平均	返回信号值的算术平均值
方差	返回信号值计算得到的方差	标准差	返回信号值的标准差
均方根	返回信号值的均方根	中值	返回信号的中值。
采样间隔	返回信号中两个采样之间的时间间隔	最小值索引	返回信号值中最低点的索引值
终值	返回信号中的最后一个值	错误输出	包含错误信息。如果错误输入表明在该 VI 或函数运行前已出现错误，则错误输出将包含相同错误信息，否则将表示 VI 或函数中出现的错误状态
初值	返回信号中的第一个值		

当用户将"统计"函数添加到程序框图编辑区时，立刻弹出"配置统计[统计]"对话框，该对话框包括统计计算、极值、采样特征、输入信号和结果 5 个项目，如图 17-5 所示。

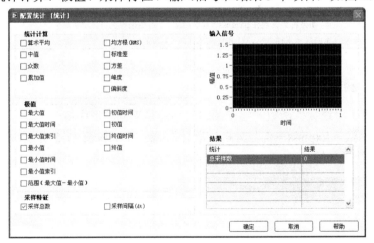

图 17-5　"配置统计[统计]"对话框

17.3　详细设计步骤

触发计数器实例的设计主要可以分为以下几个步骤。

（1）前面板的设计，包括仿真信号输入参数"Sine 幅值"、"频率（Hz）"和"噪声幅值"等的设置及波形显示，以及触发计数值的实时显示。另外，还包括对前面板的整体布局规划设计和对部分图形显示控件进行的相关外观属性设置。

（2）程序框图的设计，包括"仿真信号"、"触发与门限"和"统计"函数等的设计，以及相关的分析和逻辑处理。

设计完毕后，通过调节"延迟时间（s）"控件中的数值，可减慢仿真信号生成的速度以领会检测触发原理，还可以借助探针帮助理解和观察数据流的数值变化情况。下面对设计步骤进行详细介绍。

17.3.1 创建一个新的 VI

（1）创建新 VI，命名为 Trigger-Counter.vi。其操作路径为"文件→新建 VI"。当然，如果在 LabVIEW 8.2 的启动界面，直接单击新建中的 VI 也可创建。这两种方法如图 17-6 所示。

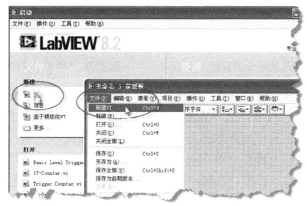

图 17-6　新建 VI 的方法

（2）在前面板上放置数值控件、布尔控件和图形控件。

- 执行"控件→新式→数值→数值输入控件"操作，添加 4 个数值输入控件并分别命名为"Sine 幅值"、"频率（Hz）"、"噪声幅值"和"延迟时间（s）"，将这几个控件的默认值依次更改为 3，2，0.5 和 0.10。更改方法是：先将控件中数值修改为新默认值，然后用鼠标右键单击控件，在弹出的快捷菜单中选择"数据操作→当前值设置为默认值"，如图 17-7 所示。另外，用鼠标右键单击"噪声幅值"控件，在弹出的快捷菜单中选择"数据范围..."，弹出"数值属性：噪声幅值（噪声幅值）"对话框，取消"使用默认范围"复选框的选中，将"最小值"和"增量"分别修改为 0.0000 和 0.1000，如图 17-8 所示；在对话框的"格式与精度"选项卡上将数据类型更改为"浮点"，位数选为 1，并取消"隐藏无效零"复选框的选中，如图 17-9 所示。

图 17-7　给数值输入控件设置默认值

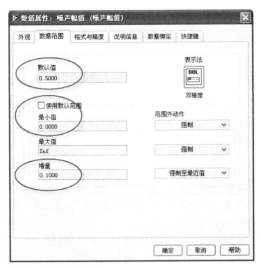
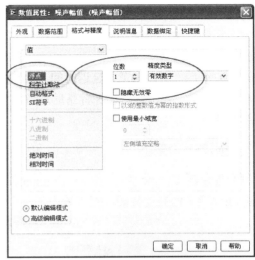

图 17-8　"数据范围"选项卡的设置　　　　　图 17-9　"格式与精度"选项卡的设置

- 执行"控件→新式→数值→数值显示控件"操作，添加 1 个显示控件，并命名为"触发计数"。执行"控件→新式→布尔→圆形指示灯/停止按钮"操作，添加 1 个圆形指示灯控件（指示是否有可用的数据）及 1 个"停止"按钮。

（3）执行"控件→新式→图形→波形图表控件"操作，添加 1 个波形图表控件并命名为"正弦与均匀噪声"。对控件的属性进行设置，在控件的右键快捷菜单中选择 "属性"，即弹出"图表属性：正弦与均匀噪声"对话框。

- 在对话框的"格式与精度"选项卡中将"类型"设置为"绝对时间"，将右边的下拉菜单都设置为"自定义时间格式"，如图 17-10 所示。
- 在对话框的"标尺"选项卡中选择"幅值（Y 轴）"，取消选择"自动调整标尺"，将最小值和最大值分别设置为–4 和 4，并将"网格样式与颜色"更改为第 2 种网格样式，将"主网格"颜色设置为青色，如图 17-11 所示。

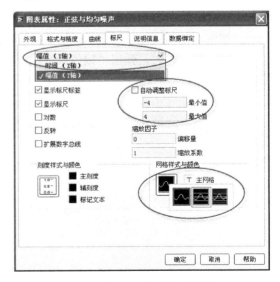

图 17-10　"格式与精度"选项卡的设置　　　　　图 17-11　"标尺"选项卡的设置

触发计数器实例的前面板设计完毕后如图 17-12 所示。

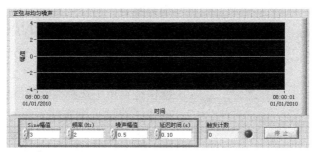

图 17-12　触发计数器实例的前面板

17.3.2　添加仿真信号

在触发计数器实例中，需要使用连续仿真信号，要实现这个功能需要将仿真信号放置在 While 循环中，若满足 While 循环条件终端逻辑要求，则进入下一循环，每当一次循环结束后，不管仿真信号 1 个周期内的所有采样点是否输出完毕，在下一循环开始时会接着上次的中断点的相位和时间标识继续生成仿真信号。

（1）使用 "Ctrl+E" 组合键切换到程序框图，与前面板中控件对应的端子图标已经出现在程序框图编辑窗口中。执行 "函数→编程→结构→While 循环" 操作，添加 1 个 While 循环（所有程序在 While 循环结构中进行实现），并将 "停止" 控件与 While 循环的条件终端连接起来，保持其条件终端 "真（T）时停止" 的逻辑判断条件。

（2）参考 13.3.2 节中 "仿真信号" 函数的参数介绍，选择 "函数→Express→输入→仿真信号"，在 While 循环结构中放置 "仿真信号" 函数，在弹出的对话框中进行参数配置，如图 17-13 所示，其他参数保持默认值，其中 "重置信号" 项中的 "采用连续生成" 用于产生相位和时间上连续的信号。最后，将 "Frequency"、"Amplitude" 和 "噪声幅值" 数值输入控件与仿真信号的输入端 "频率"、"幅值" 和 "噪声幅值" 连接起来。

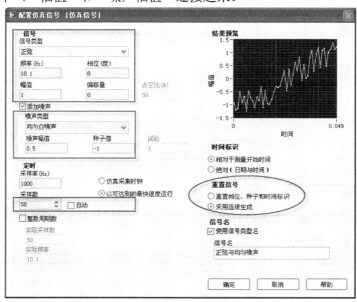

图 17-13　配置仿真信号

（3）将"仿真信号"函数的输出端"正弦与均匀噪声"与图形显示控件的"波形图标"连接起来。这里介绍一种在程序框图上直接创建图形显示控件的方法，如图 17-14 所示，直接在"仿真信号"函数的输出端"正弦与均匀噪声"的右键快捷菜单中选择"创建→图形显示控件"，即可创建 1 个波形图控件。因为本例中用到的是 1 个波形图表控件，所以只需要在前面板中右键单击控件，在弹出的快捷菜单中选择"替换→图形→波形图表"即可，如图 17-15 所示。添加完仿真信号的程序框图如图 17-16 所示。

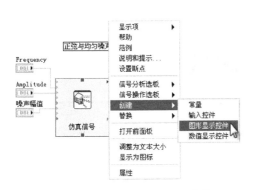

图 17-14   直接创建图形显示控件

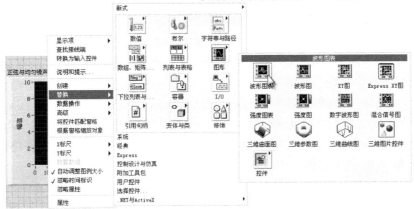

图 17-15   替换图形显示控件

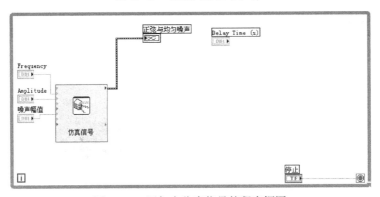

图 17-16   添加完仿真信号的程序框图

17.3.3 添加"触发与门限"函数

仿真信号生成之后，即可开始对其进行触发检测。在触发过程中，当仿真信号位于上升趋势且电平（信号幅值）≥0 时，触发器开始触发，一旦触发一次即停止触发，直到信号重新满足开始触发的条件时才开始下一次触发。这里要实现多次重复触发，需要使用 1 个内嵌 While 循环。

在 While 循环中内嵌 1 个 While 循环，将 1 个"触发与门限"函数放入内层的 While 循环中，即弹出"配置触发与门限[触发与门限]"对话框，如图 17-17 所示，将"停止触发"项的"采样数"设置为 1，其他参数保持默认值，则当信号边缘为上升，并且电平超过阈值 0 时即开始触发，在采样1个点后即停止触发，此时"触发与门限"函数的输出端"触发信号"为采样点的幅值。

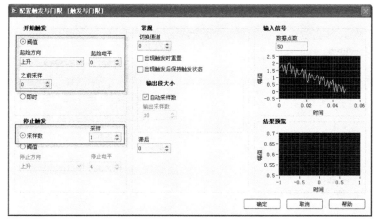

图17-17   "配置触发与门限[触发与门限]"对话框

参照17.2.1节中所述，将"触发与门限"函数的输入端"信号"与"仿真信号"函数的输出端"正弦与均匀噪声"连接起来，其输出端"数据索引"与内层While结构的"循环计数i"端连接起来。作为触发的索引，"可用数据"端分别与While结构的条件终端⊙和"Data Available"控件节点（指示有无触发事件发生）连接起来，并将条件终端状态更改为↻"真（T）时继续"，这样就可以实现触发的重复开始了。添加"触发和门限"函数的程序框图如图17-18所示。

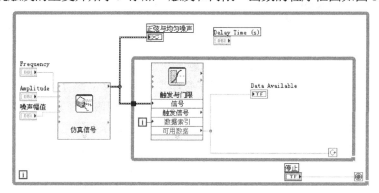

图17-18   添加"触发与门限"函数的程序框图

17.3.4   进行统计计数

在对仿真信号完成触发和门限检测之后，接下来使用"统计"函数对触发次数进行统计计数。由于触发与门限VI每有1个采样点满足触发条件即停止触发，所以在每次内层循环中，其输出端"触发信号"输出有且只有1个采样点，这样最终统计计数时，只需要对采样总数进行记录即可。如果信号中有触发点，统计VI输出1，否则输出0。

（1）在内层While结构中放置1个"统计"函数，即弹出"配置统计[统计]"对话框，选中"采样总数"复选框，如图17-19所示，配置完毕。然后参照17.2.2节中的内容，将"统计"函数的输入端"信号"与"触发与门限"函数的输出端"触发信号"连接起来，将其输出端"采样总数"与"索引数组"函数的输入端"n维数组"连接起来。此时可发现"统计"函数与"索引数组"函数之间自动生成了1个动态数据转换函数——"从动态数据转换"函数，此函数可以将动态数据类型转换成可与其他 VI 和函数配合使用的数值、布尔、波形和数组数据类型。
"索引数组"函数的调用路径是"函数→编程→数组→索引数组",其输入/输出参数和使用方
法请参考 3.5.2 节。

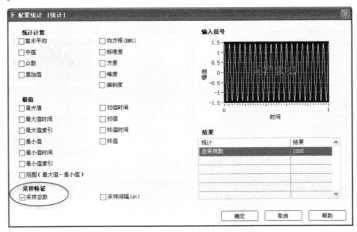

图 17-19　　"配置统计[统计]"对话框

（2）在 2 个 While 循环边框上各添加一对移位寄存器,寄存上次循环获得的触发次数,并
用来进行波形中采样点触发次数的累加运算。与外层 While 循环左侧移位寄存器相连的数值常
量 0 用于两个循环结构移位寄存器的初始化。

（3）外层 While 循环每循环 1 次,即产生 1 个周期的仿真信号,然后数据流进入内层 While
循环,其中的触发与门限 VI 即开始对仿真信号的采样点进行触发检测,并将检测结果以"触
发信号"形式输入统计 VI,继而"索引数组"函数将统计 VI 的输出端"总采样数"中的数值
取出,与上次保存的触发次数相加,即得到总触发次数。

（4）"索引数组"函数的输出端"元素或子数组"与左端移位寄存器的输出进行相加运算,
运算结果输入"触发计数"数值显示控件中。由于"触发与门限"函数的"停止触发"项中的
采样数为 1,While 循环条件为真（T）时继续,所以在没有采样点满足触发要求的情况下,"触
发与门限"函数的输出端"可用数据"输出"FALSE",此次循环也结束,"触发信号"端子无
返回值;只有当采样点满足触发的要求时,"可用数据"端输出为 TRUE,循环才得以继续,"触
发与门限"函数仍然是每采集 1 个采样点就停止触发 1 次,但是"触发信号"端返回值等于 1,
与移位寄存器中的数值累加即得触发次数。

添加完"统计"函数的程序框图如图 17-20 所示。

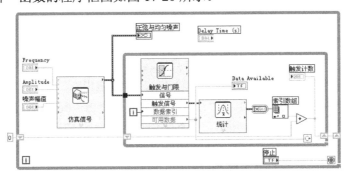

图 17-20　　添加完"统计"函数的程序框图

17.3.5 完整程序框图

最后，为了清晰地观察波形图表"正弦与均匀噪声"中图形显示和触发计数值的变化情况，在外层 While 循环中放置了"时间延迟"函数，其路径为"函数→Express→执行过程控制→时间延迟"，设置延迟时间默认值为 0.1s。

设计完毕的触发计数器实例的程序框图如图 17-21 所示。

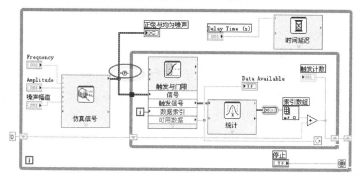

图 17-21　触发计数器实例的程序框图

17.3.6 运行结果

单击运行按钮，如图 17-22 所示，从图中可以观察到仿真信号波形和 "触发计数"显示控件中的变化情况。在程序框图中使用探针，可以帮助读者弄明白触发计数中数值变化的本质和原理。以仿真信号的波形细节显示为例，这里使用探针来对仿真信号的输出进行观察。将鼠标放在其输出端的连线上，鼠标变为（如图 17-21 中的椭圆所示），同时连线开始闪亮，单击鼠标即弹出"[1]正弦与均匀噪声"对话框，同时在对话框左边可看到探针标号 1，在对话框的"图形"选项卡中可以观察到仿真信号的实时波形，如图 17-23 所示。单击中止执行按钮或者"停止"按钮即可中止程序的运行。

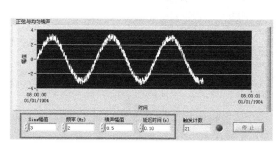

图 17-22　触发计数器实例的运行结果

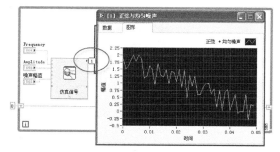

图 17-23　探针的使用

17.4　本章小结

本章以触发计数器的设计为例，使用"仿真信号"、"触发与门限"和"统计"等 Express VI 构造了一个触发计数实例。通过本章的学习，读者可以对仿真信号的产生，"触发与门限"函数的触发条件设置，"统计"函数的数学运算，以及程序框图和前面板的设计有更好的理解和掌握，并且可运用探针工具获取程序运行的中间数据，更好地监测数据变化情况，从而更加有效、快速地使用 LabVIEW 8.2 进行项目开发和设计。

第 18 章 【实例 86】基本函数发生器

VIs 是 LabVIEW 8.2 设计的应用程序。LabVIEW 8.2 为了方便用户的设计，将一些常用的 VIs 按照功能分类别地集成到了函数选板中。VIs 的引进简化了程序的设计过程，减轻了设计人员的工作量，并改善了设计代码的简洁性和可读性，提高了设计效率。

本章设计基本函数发生器实例，主要是为了让读者掌握 LabVIEW 8.2 中的虚拟函数信号发生器 VI 的运用。通过对本实例的学习，可以加深读者对 LabVIEW 8.2 中的虚拟函数信号发生器的进一步认识和理解，使其了解利用 VIs 进行设计的过程和步骤，以便熟练掌握和运用这一部分知识。

18.1 设计目的

基于 LabVIEW 8.2 虚拟平台，使用图形语言编程，设计一个基本函数发生器，能产生正弦波、三角波、方波和锯齿波等波形，并且其频率、相位、幅值、方波占空比、偏移量和采样信息等参数可调。

本章的设计主要包括 3 个部分：前面板的设计、功能模块的设计和程序框图的设计。下面将对其进行详细介绍。

如图 18-1 所示为基本函数发生器实例的前面板。

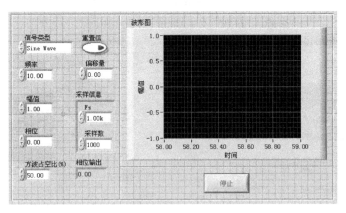

图 18-1　基本函数发生器实例的前面板

18.2 程序框图主要功能模块介绍

如图 18-2 所示为基本函数发生器实例的程序框图的功能模块示意，该设计共分为两个主要功能块，分别为基本函数发生器函数模块和 While 循环模块，已在图上用线框标识以供参考。下面将对每个功能块实现的具体处理功能和任务进行一一介绍。

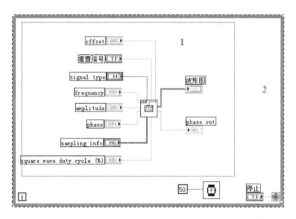

图 18-2　基本函数发生器实例的程序框图的功能模块示意

18.2.1　基本函数发生器函数模块

基本函数发生器的功能是根据输入的信号类型，输出相应的波形。其接线端子如图 18-3 所示。

下面对基本函数发生器的接线端子进行详细说明。

（1）偏移量：连接 double 型数值输入控件，指的是直流信号的偏移，默认值为 0.0。

（2）重置信号：连接布尔型控件，如果输入为真，重置信号的相位控制值并且将时间重置为 0，默认为假。

（3）信号类型：是波形的生成类型，连接枚举控件。其具体信号类型与对应数值如表 18-1 所示。

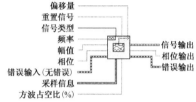

图 18-3　基本函数发生器的接线端子

（4）频率：连接 double 型数值输入控件，指波形的频率，单位是 Hz，默认值为 10。

（5）幅值：连接 double 型数值输入控件，指波形的振幅，同时也是电压峰值，默认值为 1.0。

（6）相位：连接 double 型数值输入控件，指波形的初始相位，默认为 0。如果该 VI 的重置信号输入为假，则忽略相位。

表 18-1　信号类型代码列表

0	正弦波（默认）
1	三角波
2	方波
3	锯齿波

（7）错误输入（无错误）：描述该 VI 或函数运行前发生的错误情况，一般默认为无错误。

（8）采样信息：包括 Fs 和采样数。其中 Fs 是指每秒钟的采样率，默认为 1000；采样数为波形中的样本数，默认为 1000。

（9）方波占空比（%）：指在一定周期内，方波高电压持续时间占总周期的百分比，仅在输入波形为方波时有效，默认值为 50。

（10）信号输出：输出相应的输入信号，连接 double 型输出控件。

（11）相位输出：输出波形的相位，连接 double 型输出控件。

（12）错误输出：包含错误信息。如果错误输入表明在该 VI 或函数运行前已出现错误，则错误输出将包含相同错误信息，否则将表示 VI 或函数中出现的错误状态。

18.2.2　While 循环模块

While 循环模块的功能是实现程序的连线运行及波形参数的实时调节与输出显示。在 While

循环函数节点的条件接线端接入的是一个布尔变量（结束控件），当布尔值为"真"（即在前面板按下"结束"按钮时），循环停止，否则循环一直进行，从而实现了波形参数的实时调节与输出显示。

18.3 详细设计步骤

基本函数发生器实例的设计主要可以分为以下几个步骤。

（1）程序框图的设计，包括基本函数发生器的配置和 While 循环的设计。

（2）图形显示界面的设计，即在程序框图的主要设计基础上，在前面板上添加相应的输入控件、波形图显示控件，以及其他操作控件。

（3）前面板界面布局及显示部件的属性设置，包括对前面板进行的整体布局规划设计和对部分图形显示控件进行的相关外观属性设置。

设计完毕后，通过调节输入参数，可观察相应的波形输出情况。以下对其设计步骤进行具体介绍。

18.3.1 创建一个新的 VI

（1）创建新 VI，命名为 Basic Function Generator.vi。其操作路径为"义件→新建 VI"。当然，如果在 LabVIEW 8.2 的启动界面，直接单击新建栏中的 VI 也可创建。

（2）打开"控件→新式→图形"子选板，如图 18-4 所示。

（3）移动光标到"波形图"控件对象上，单击鼠标左键选中该对象。移动光标到前面板设计区，在适当位置单击鼠标左键在前面板上放置该对象，如图 18-5 所示。

（4）切换到程序框图设计窗口下，可以看到在程序框图设计区中与"波形图"控件对应的"波形图"节点，如图 18-5 所示。

图 18-4　图形选板

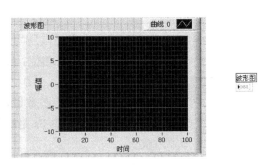

图 18-5　"波形图"的创建

（5）切换到前面板设计窗口，移动光标到"波形图"控件对象上，单击鼠标右键，从弹出的快捷菜单中执行"属性"命令，弹出属性对话框。在该对话框中，可以对需要显示的波形图的外观、波形曲线、波形图的坐标轴等进行设置。各选项卡的具体设置如下。

①"外观"选项卡。勾选"标签"的"可见"复选框，取消选中"显示图例"复选框，具体如图 18-6 所示。

②"格式与精度"选项卡。分别对"X 轴"和"Y 轴"的数据类型和精度进行设置，如图 18-7 所示。

图 18-6 "外观"选项卡参数的设置

图 18-7 "格式与精度"选项卡参数的设置

③ "曲线"选项卡。在"曲线"选项卡中，对曲线的线型和颜色等属性进行修改和设定，如图 18-8 所示。

18.3.2 配置基本函数发生器

（1）切换到程序框图设计窗口下，打开"函数→信号处理→波形生成"子选板，如图 18-9 所示。

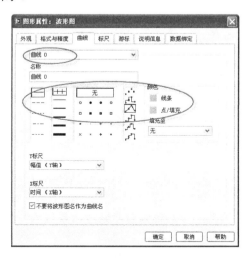
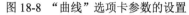

图 18-8 "曲线"选项卡参数的设置

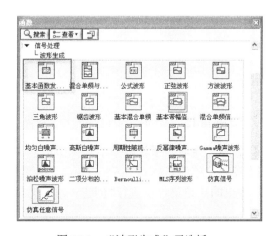

图 18-9 "波形生成"子选板

（2）从"波形生成"子选板中选择"基本函数发生器"函数节点，并将其放置到程序框图设计区的适当位置。

（3）移动光标到函数发生器的"频率"端口上，单击鼠标右键，从弹出的快捷菜单中执行"创建/输入控件"菜单命令，创建一个与"频率"端口相连接的数值输入控件节点，并自动完成连线，同时在前面板上创建与该节点相对应的数值输入控件对象，如图 18-10 所示。

（4）用同样的方法，分别通过"amplitude（幅值）"、"phase（相位）"、"signal type（信号类型）"、"重置信号"、"offset（偏移量）"和"sampling info（采样信息）"端口创建数值输入控件，调整这些数值输入控件节点在程序框图中的位置，并按图 18-11 所示进行连线。

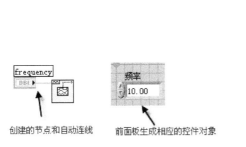

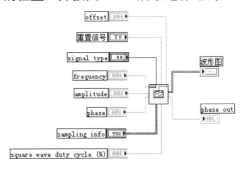

图 18-10　通过"频率"端口创建数值输入控件　　　　图 18-11　　节点端口的连线

18.3.3　完整程序框图

（1）切换到程序框图设计窗口下，打开"函数→编程→结构"函数选板，从中选择"While 循环"函数节点。移动光标到程序框图设计区，在适当的位置单击鼠标左键确定循环结构框图的第一个顶点。移动光标，可以看到随着光标的移动绘制了一个虚线矩形框，该矩形框包含所有节点，然后单击鼠标左键完成"While 循环"结构框图的放置，如图 18-12 所示。

（2）打开"函数→编程→定时"子选板，如图 18-13 所示。

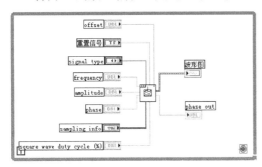

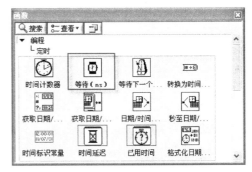

图 18-12　"While"循环结构框图的放置　　　　图 18-13　　定时子选板

（3）从"定时"子选板节点对象中选择"等待（ms）"函数节点，放置在"While 循环"结构框图内。移动光标到"等待（ms）"函数节点的"等待时间（毫秒）"端口上，单击鼠标右键，从弹出的快捷菜单中执行"创建→常量"菜单命令，放置一个数值常量并修改常量值为"50"，如图 18-14 所示。

（4）移动光标到"While 循环"结构框图的循环条件节点上，可以看到"循环条件"端口。移动光标到该端口上，单击鼠标右键，从弹出的快捷菜单中执行"创建输入控件"菜单命令，如图 18-15 所示，创建一个停止按钮节点。

图 18-14　"等待（ms）"函数节点
的放置和数值常量的创建

图 18-15　创建输入控件

至此，基本函数发生器实例的程序框图设计完毕，完整的程序框图如图 18-16 所示。

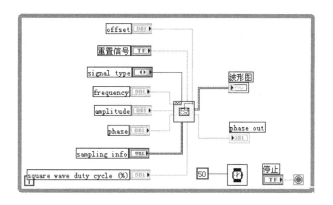

图 18-16　基本函数发生器实例的程序框图

18.3.4　前面板界面布局

（1）切换到前面板设计窗口下，可以看到通过"基本函数发生器"函数节点端口创建的数值输入控件的位置杂乱，如图 18-17 所示。

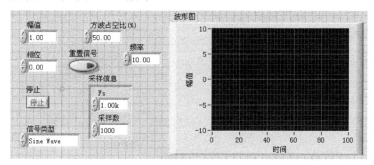

图 18-17　调整前的前面板控件布局

（2）调整前面板上各控件对象的布局，调整各输入控件的参数及信号类型。

（3）打开"控件→新式→修饰"子选板，利用"粗分隔线"和"细分割线"对界面进行美化布局。

（4）执行"文件→保存"菜单命令，对设计进行保存。

18.3.5　运行结果

单击前面板工具栏上的运行按钮 ⬚ ，运行该程序，如图 18-18 所示，通过"波形图"可以观察到波形的输出。调整输入参数，波形图随之发生相应的改变，如图 18-19 所示，调整"信号类型"为"Triangle Wave"，将输出三角波形。

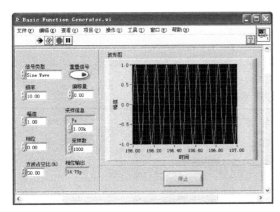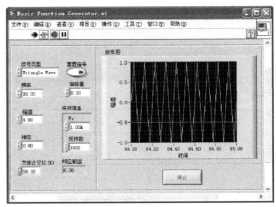

图 18-18　基本函数发生器实例的运行界面　　　图 18-19　基本函数发生器三角波形的输出显示

18.4　本章小结

　　本章主要讲解了如何使用"基本函数发生器"函数、"波形图"控件和"While 循环"函数等构造一个虚拟函数信号发生器，以使读者掌握 LabVIEW 8.2 中的函数发生器的使用。

　　通过本章的学习，读者可以对基本函数发生器和波形图的属性有深入的认识和了解，能够掌握利用基本函数发生器和波形图等进行程序设计的方法和步骤，从而更加熟练、有效地使用 LabVIEW 8.2 进行程序设计。

第 19 章 【实例 87】对高斯噪声的统计分析

本章设计的对高斯噪声进行统计分析的实例，主要是通过 Express "信号分析" VI 对高斯白噪声产生的仿真信号进行统计分析，并计算高斯噪声信号的最大值、最小值和算术平均值，输出信号的柱状图，以为读者提供一个统计分析函数综合运用的范例。

19.1 设计目的

基于 LabVIEW 8.2 虚拟平台，使用图形语言编程，用 "高斯白噪声波形" 函数产生仿真信号，利用 Express VI 中的 "直方图" VI 进行计算分析，创建高斯噪声的柱状图；使用 "统计" VI 计算高斯噪声信号的最大值、最小值和算术平均值。

本章的设计主要包括 3 个部分，即仿真信号生成部分、信号统计分析部分和处理结果显示部分。本实例使用的 LabVIEW Express VI 中主要的相关函数包括 "直方图" VI 和 "统计" VI。下面将对其进行详细介绍。

如图 19-1 所示为对高斯噪声的统计分析实例的前面板。

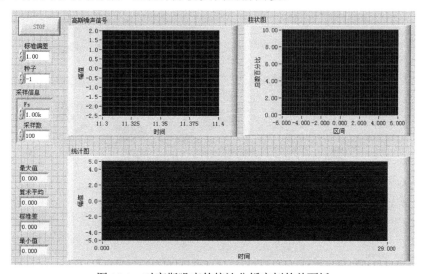

图 19-1　对高斯噪声的统计分析实例的前面板

19.2 程序框图主要功能模块介绍

如图 19-2 所示，对高斯噪声的统计分析实例的程序框图设计共分为 3 个主要的功能块：仿真信号生成模块、统计函数模块和创建直方图函数（详见线框标识）。接下来将对每个功能块实现的具体处理功能和任务进行详细介绍。

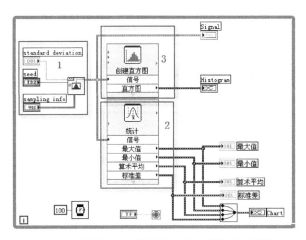

图 19-2　对高斯噪声的统计分析实例的程序框图

19.2.1　仿真信号生成模块

仿真信号生产模块主要是利用"信号处理"子选板中的"高斯白噪声波形"函数来产生高斯噪声波形信号的。

如图 19-3 所示，"高斯白噪声波形"函数节点的调用路径为"函数→信号处理→波形生成→高斯白噪声波形"。

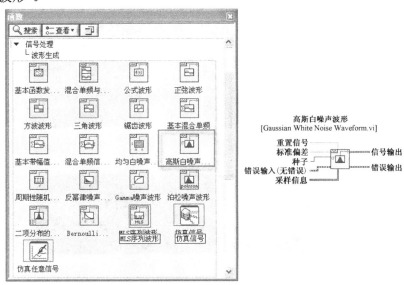

图 19-3　"高斯白噪声波形"函数节点的调用路径及端子图

"高斯白噪声波形"函数节点用于产生一个高斯白噪声波形，其端口"标准偏差"用于设定输出高斯噪声信号的标准偏差，其默认值为"1"。

19.2.2　统计函数模块

这个功能块实现的功能是：将"高斯白噪声波形"函数节点产生的高斯噪声信号输入 Express VI 的"统计"函数中，计算高斯信号的算术平均值和标准差，以及波形信号幅值的最大值和最小值。

如图 19-4 所示，信号分析子选板位于"函数→Express→信号分析"中。"统计"函数可以根据先前的输入信号，计算波形的统计参数，其调用路径是"函数→Express→信号分析→统计"。如表 19-1 所示的是"统计"函数节点的输入/输出参数说明。

图 19-4   "信号分析"子选板和"统计"函数、"创建直方图"函数

表 19-1   "统计"函数节点的输入/输出参数说明（图 19-4 中未完全显示）

参数名称	说明
信号	包含或多个输入信号
输入信号 B	包含第二个（组）输入信号。该信号被认为是响应。输入信号必须有相同数量的数据点、t0 和 dt。如果数量不同，将返回错误信息
错误输入（无错误）	描述该 VI 或函数运行前发生的错误情况
累加值	返回信号中所有值的总量。
峰度	返回信号值的峰度。峰度是评估尖平程度的指标，与四阶中心矩相对应
偏斜度	计算数据分布的偏斜方向
总采样数	一次采样中的采样总数
最大值索引	检索数组中的最大值
众数	当用于计算平均值的数据包数目等于或超过平均数目时，返回 TRUE
方差	返回信号值计算得到的方差
均方根	返回信号值的均方根
时间间隔	返回信号中两个采样之间的时间间隔
终值	返回信号中的最后一个值
初值	返回信号中的初始值
首次	返回信号中的第一个时间值
范围	返回信号值的集合中最高点和最低点落差的值
最小值时间	返回信号值中最低点对应的时间
最小值	返回信号值集合中的最低点
最大值时间	返回信号值中最高点所对应的时间
最大值	返回信号值集合中的最高点
错误输出	包含错误信息。如果错误输入表明在该 VI 或函数运行前已出现错误，则错误输出将包含相同错误信息，否则将表示 VI 或函数中出现的错误状态
末次	返回信号中的最后一个时间值
算术平均	返回信号值的算术平均值
标准差	返回信号的标准差
中值	返回信号的中值。该 Express VI 对信号值进行排序，并选择排序结果的中间元素
最小值索引	返回信号值中最低点的索引值

当用户将"统计"函数节点添加到程序框图编辑区时，立刻弹出"配置统计[统计]"对话框，如图 19-5 所示，该对话框包括统计计算、极值、采样特征、输入信号和结果 5 个项目。

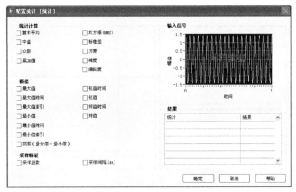

图 19-5　"配置统计[统计]"对话框

19.2.3 "创建直方图"函数

"创建直方图"函数用来计算高斯噪声的直方图（柱状图）。其调用路径为"函数→Express→信号分析→创建直方图"。如表 19-2 所示是"创建直方图"函数节点的参数说明。

当用户将"创建直方图"函数节点添加到程序框图编辑区时，立刻弹出"配置创建直方图[创建直方图]"对话框，如图 19-6 所示，该对话框包括配置、幅值表示、输入信号和结果预览 4 个项目，用户可以根据实际需要，对其进行配置。

表 19-2　"创建直方图"函数节点的参数说明表

参数名称	说　　明
信号	指定输入信号。信号可以是波形、实数数组或复数数组
启用	启用或禁用 Express VI。默认为开启或 TRUE
重置	控制 VI 内部状态的初始化。默认为 FALSE
错误输入（无错误）	描述该 VI 或函数运行前发生的错误情况
直方图	返回得到的直方图
错误输出	包含错误信息。如果错误输入表明在该 VI 或函数运行前已出现错误，则错误输出将包含相同错误信息，否则将表示 VI 或函数中出现的错误状态

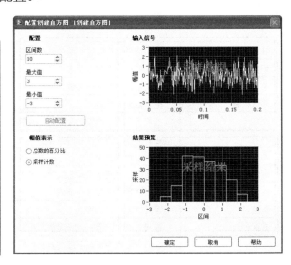

图 19-6　"配置创建直方图[创建直方图]"对话框

19.3　详细设计步骤

对高斯噪声的统计分析实例的设计主要可以分为以下几个步骤。

（1）程序框图的设计，包括高斯噪声的生成、统计分析和柱状图显示等的分析过程，以及相关的分析和逻辑处理。

（2）图形显示界面的设计，即在程序框图的主要设计基础上，在前面板上添加相应的输入控件、波形图显示控件，以及统计分析结果的实时显示控件。

（3）前面板界面布局及显示部件的属性设置，包括对前面板进行的整体布局规划设计和对部分图形显示控件进行的相关外观属性设置。

设计完毕后，通过调节输入高斯白噪声的标准差和采样信息，可获取高斯噪声信号，并可利用"统计"函数和"创建直方图"函数对获取的高斯噪声信号进行统计计算分析。接下来对其设计步骤进行具体介绍。

19.3.1 创建一个新的 VI

（1）创建新 VI，命名为 Gaussian noises Statistics.vi。其操作路径为"文件→新建 VI"。当然，如果在 LabVIEW 8.2 的启动界面，直接单击新建栏中的 VI 即可。

（2）切换到前面板设计窗口下，在前面板上执行"控件→新式→图形→波形图"，放置 2个波形图控件，分别命名为"高斯噪声信号"和"柱状图"。

（3）在前面板上，执行"控件→新式→图形→波形图表"，放置 1 个波形图表控件，命名为"统计图"。

（4）在前面板上，执行"控件→新式→布尔→停止按钮"，放置 1 个停止按钮控件。

19.3.2 添加信号源

（1）切换到程序框图设计窗口下，执行"函数→信号处理→波形生成→高斯白噪声波形"，放置一个"高斯白噪声波形"函数节点到适当位置。

（2）分别移动光标到"高斯白噪声波形"函数节点的"标准偏差"、"种子"和"采样信息"接线端口，单击鼠标右键，从弹出的快捷菜单中执行"创建→输入控件"命令（如图 19-7 所示），创建相应的控件对象。

（3）将"高斯白噪声波形"函数节点的"信号输出"接线端口与"高斯噪声信号"波形图控件的输入端口相连。

（4）切换到前面板设计窗口，移动光标到"高斯噪声信号"波形图控件上，单击鼠标右键，从弹出的快捷菜单中执行"属性"命令，弹出属性对话框。在该对话框中，可以对需要显示的波形图的外观、波形曲线、波形图的坐标轴等进行设置。各选项卡的具体设置如下。

图 19-7　通过快捷菜单创建输入控件

① "外观"选项卡。取消勾选"标签"的"可见"复选框，取消选中"显示图例"复选框，具体设置如图 19-8 所示。

② "曲线"选项卡。如图 19-9 所示，在"曲线"选项卡中对曲线的线型和颜色等属性进行修改和设定。

19.3.3 对信号进行统计分析

利用 Express VI 中的"统计"函数对信号源产生的信号进行统计分析，具体操作步骤如下。

（1）切换到程序框图窗口，打开"函数→Express→仿真分析→统计"子选板，选择 1 个"统计"函数节点，将其拖动到程序框图中，用来对信号进行统计计算。当然，也可以在程序框图上单击鼠标右键，执行"函数→ Express→仿真分析→统计"，选择该 VI 图标并放置在程序编辑区。

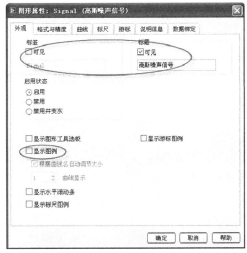 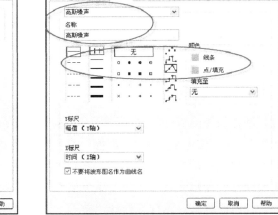

图 19-8 "外观"选项卡参数的设置　　　　图 19-9 "曲线"选项卡参数的设置

（2）把所选择的"统计"函数节点拖到程序框图中，即弹出"配置统计[统计]"对话框，在该对话框中可以进行相应的参数设置。本例主要统计波形的算术平均、标准差、最大值和最小值，可在"统计计算"和"极值"中分别勾选相应的选项，如图 19-10 所示。

（3）分别移动光标到"统计"函数节点的"算术平均"、"标准差"、"最大值"和"最小值"接线端口，单击鼠标右键，从弹出的快捷菜单中执行"创建→数值显示控件"命令（如图 19-11 所示），创建相应的控件对象。

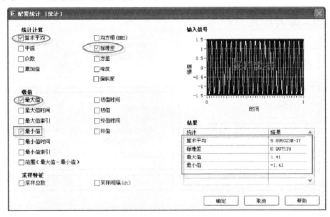 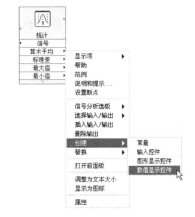

图 19-10 统计函数相关参数的配置　　　　图 19-11 通过快捷菜单创建数值显示控件

（4）如图 19-12 所示，打开"函数→Express→信号操作"子选板，选择"合并信号"函数节点并将其放置到程序框图设计区中。将"统计"函数节点计算的结果合并为一个混合信号输入"统计图"波形图表控件中。

（5）切换到前面板设计窗口，移动光标到"统计图"波形图表控件上，单击鼠标右键，从弹出的快捷菜单中执行"属性"命令，弹出属性对话框。在该对话框中，可以对需要显示的波形图表的外观、格式与精度、波形曲线、波形图的坐标轴等进行设置。各选项卡的具体设置如下。

①"外观"选项卡。取消选中"标签"的"可见"复选框，取消选中"显示图例"复选框。

②"格式与精度"选项卡。分别对"X 轴"和"Y 轴"的数据类型和精度进行设置（如图 19-13 所示）。

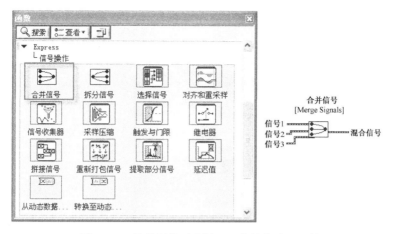

图 19-12　信号操作子选板及"合并信号"函数

③"曲线"选项卡。如图 19-14 所示，在"曲线"选项卡的下拉列表框中显示了 4 路信号的名称，分别为最大值、最小值、算术平均和标准差，可以根据需要对不同曲线的线型和颜色等属性进行修改和设定。

④"标尺"选项卡。在"标尺"选项卡中，可以设定波形图显示控件纵坐标(幅值)和横坐标(时间）的属性。纵坐标和横坐标的"标尺范围"默认设置为"自动调整标尺"。本章为便于观察，取消选中相应属性中的"自动调整标尺"复选框，并设定纵坐标（幅值）的最小值为–5，最大值为5；设定横坐标（时间）的最小值为0，最大值为15，如图 19-15 所示。

图 19-13　"格式与精度"选项卡参数的设置

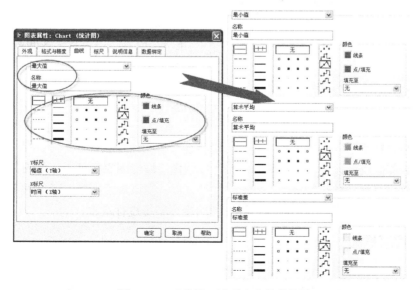

图 19-14　"曲线"选项卡参数的设置

图 19-15　"标尺"选项卡参数的设置

19.3.4　创建柱状图

利用"创建直方图"函数绘制出输入信号的直方图（柱状图）。下面将对"创建直方图"函数节点的添加和属性设置等步骤进行详细介绍。

（1）切换到程序框图设计窗口，从 Express 子选板中选择"Express→仿真分析→创建直方图"，将其函数节点拖动到程序框图中即可用来对输入信号进行直方图的绘制。同样，也可以在程序框图空白处单击鼠标右键后加入该函数节点。

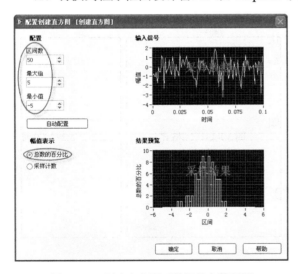

图 19-16　创建直方图函数相关参数配置

（2）把所选择的"创建直方图"函数节点拖到程序框图中，即弹出"配置创建直方图[创建直方图]"对话框，在该对话框中可以进行相应的参数设置。本实例需要创建高斯噪声的柱状图，则在属性对话框里从"配置"中设置"区间数"为"50"、"最大值"为"5"及最小值为"−5"，在"幅值表示"处选择"总数的百分比"（如图19-16所示）。

（3）将"创建直方图"函数节点的直方图输出端口与"柱状图"波形图控件的输入端相连。

（4）切换到前面板设计窗口，移动光标到"柱状图"波形图表控件上，单击鼠标右键，从弹出的快捷菜单中执行"属性"命令，弹出属性对话框。在该对话框中，可以对需要显示的波形图表的外观、格式与精度、波形曲线、波形图的坐标轴等进行设置。

19.3.5　完整程序框图

（1）切换到程序框图设计窗口下，打开"函数→编程→结构"子选板，从中选择"While 循环"结构框图并放置到程序框图中，适当调整其大小。将"STOP"按钮与"While 循环"的条件接线端相连。

（2）打开"函数→编程→定时"子选板，从中选择"等待（ms）"函数节点，将其放置到"While 循环"结构框图内部。移动光标到"等待（ms）"函数节点输入端口，单击鼠标右键，从弹出的快捷菜单中执行"创建→常量"命令，创建与其相连接的节点对象。

（3）至此，对高斯噪声的统计分析实例的程序框图设计完毕。图 19-17 给出了该实例的完整程序框图。

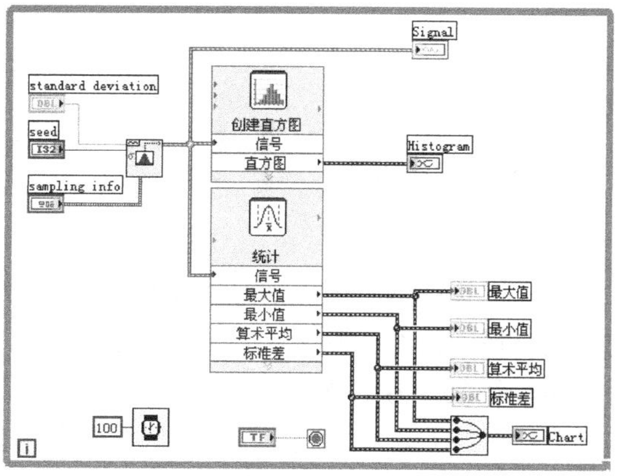

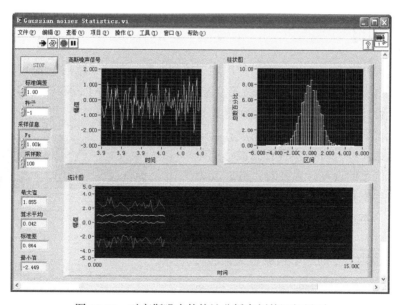

图 19-17 对高斯噪声的统计分析实例的程序框图

19.3.6 运行结果

单击运行按钮 ⬦，如图 19-18 所示，在对高斯噪声的统计分析实例运行界面上可以观察到"高斯噪声信号"、"柱状图"和"统计图"控件中的图形显示。改变输入控件中的参数，图像将随之变化。

图 19-18 对高斯噪声的统计分析实例的运行界面

19.4 本章小结

本章主要讲解了如何产生"高斯噪声信号"及如何使用"创建直方图"和"统计"等 Express VI 构造一个对高斯噪声的统计分析实例。通过该实例，用户可以统计、分析仿真信号的极值、算术平均和标准差，输出信号的直方图。

通过本章的学习，读者可以对利用"创建直方图"和"统计"等 Express VI 对信号进行统计分析，以及对程序框图和前面板的设计有更好的理解和掌握，从而更加熟练、有效地使用 LabVIEW 8.2 进行程序设计。

第20章 【实例88】信号的功率谱测量

对于周期信号和随机信号等功率信号，常用功率谱来描述，有时也用功率谱密度来描述。功率谱是指用密度的概念来表示信号功率在各频率点的分布情况。若对功率谱在频域范围上积分就可以得到信号的功率。从理论角度来说，功率谱就是信号自相关函数的傅里叶变换，维纳-辛钦定理证明了自相关函数和傅里叶变换之间的对应关系。在工程实践中，由于功率信号持续时间有限，故而可直接对其进行傅里叶变换，然后对得到的幅度谱的模求平方，再除以持续时间，由此来估计信号的功率谱。

本章设计的信号的功率谱测量实例，主要用于分析由一种设定频率的基本波形（如正弦波形）和某一种噪声波形的合成波形的功率谱，是综合使用波形生成函数和波形测量函数的一个实例。

20.1 设计目的

本章基于 LabVIEW 8.2 虚拟平台，使用图形语言编程，利用"波形生成"子选板中的"正弦波形"、"高斯白噪声波形"函数和"波形测量"子选板中的"FFT 功率谱密度"函数与"FFT

功率谱"函数，设计一个信号的功率谱测量虚拟仪器，将计算处理后的信号以功率谱密度和功率谱的形式显示出来，并且可以实现正弦波形的频率、幅值和采样信息的设置，以及对"FFT 功率谱"函数参数进行配置和显示的功能。在编写程序框图的过程中，本章使用了图形控件的属性节点。

如图 20-1 所示为信号的功率谱测量实例的运行界面。

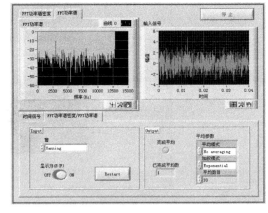

图 20-1 信号的功率谱测量实例的运行界面

20.2 程序框图主要功能模块介绍

对于程序的主要功能模块，这里主要介绍实例设计过程中需要使用到的波形生成函数和功率谱的计算与处理函数，其中波形生成函数包括"正弦波形"函数和"高斯白噪声波形"函数，功率谱计算函数包括"FFT 功率谱"函数和"FFT 功率谱密度"函数。下面对"波形生成"子选板和这几个常用函数进行详细的介绍。

20.2.1 "正弦波形"函数

如图 20-2 所示，"波形生成"子选板位于"函数"选板的"信号处理→波形生成"中，其中"正弦波形"函数用来生成一个包含正弦波的波形数组，其调用路径是"函数→信号处理→波形生成→正弦波形"。如表 20-1 所示是"正弦波形"函数节点的参数说明。

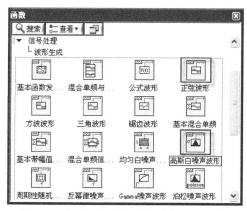 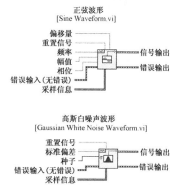

图 20-2 "波形生成"子选板与"正弦波形"函数、"高斯白噪声波形"函数

表 20-1 "正弦波形（Sine Waveform.vi）"函数节点的参数说明

参 数 名 称	说　明
偏移量（offset）	表示信号的直流偏移量，默认为 0.0
重置信号（reset signal）	当为 TRUE 时，用 phase 指定的相位重置 sine 波形相位，默认为 FALSE
频率（frequency）	表示正弦波的频率（单位为 Hz），默认为 10
幅值（amplitude）	表示正弦波的幅值，也是峰值电压，默认为 1.0
相位（phase）	表示正弦波形的初始相位，单位是度（°），默认为 0。当重置信号为 FALSE 时无效
采样信息（sampling info）	Fs：表示单位为采样数/每秒的采样率，默认为 1000 #s：表示波形中的采样点数，默认为 1000
信号输出（signal out）	生成的正弦波形

20.2.2 "高斯白噪声波形"函数

"高斯白噪声波形"函数节点是一种生成噪声波形的函数节点，可以产生统计特征为（0，s）的高斯分布伪随机模式的噪声波形，其中 s 是指定输入的标准差绝对值；如图 20-2 所示，其调用路径为"函数→信号处理→波形生成→高斯白噪声波形"。如表 20-2 所示是"高斯白噪声波形"函数节点的参数说明。

表 20-2 "高斯白噪声波形（Gaussian White Noise Waveform.vi）"函数节点的参数说明

参 数 名 称	说　明
重置信号（reset signal）	如果是 TRUE，以当前相位值重置初始相位，且时间轴刻度清零，默认为 FALSE
标准偏差（standard deviation）	指生成噪声波形的标准差，默认为 1.0
种子（seed）	当种子>0 时，噪声发生器进行补播，默认为–1
采样信息（sampling info）	Fs 指采样率，单位是采样点/每秒，默认是 1000 #s 指波形中的采样点数，默认为 1000
信号输出（signal out）	指生成的波形

20.2.3 "FFT 功率谱"函数

如图 20-3 所示，"波形测量"子选板位于"函数"选板的"信号处理→波形测量"中，其中"FFT 功率谱"函数节点是计算时间信号的平均自功率谱的函数节点。其调用路径为"函数→信号处理→波形测量→FFT 功率谱"。如表 20-3 所示是"FFT 功率谱"函数节点的参数说明。

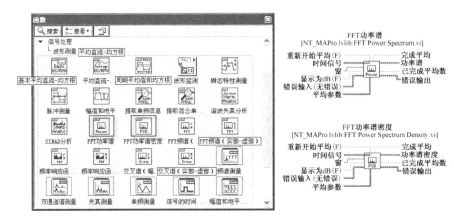

图 20-3　"波形测量"子选板和"FFT 功率谱"函数、"FFT 功率谱密度"函数

表 20-3　"FFT 功率谱（FFT Power Spectrum. vi）"函数节点的参数说明

参 数 名 称	说　　　明
重置开始平均（F） （restart averaging）	决定函数是否必须重新开始指定的平均过程，若为 TRUE，重新开始，默认为 FALSE。如果函数第 1 次被调用或者在运行过程中输入有较大的变动，则重新开始平均过程
时间信号（time signal）	表示输入的时域波形或波形数组
窗（Window）	表示采用的时域乘窗类型，共有 15 种乘窗方法可以使用：0（Uniform）、1（Hanning，默认）、2（Hamming）、3（Blackman-Harris）、4（Exact Blackman）、5（Blackman）、6（Flat Top），等等
显示为 dB（F）（dB On）	决定结果是否表示为分贝，默认为 FALSE
平均参数（averaging parameters）	该函数的数据类型为簇，用于确定如何计算平均值 ● averaging mode：0（No averaging，默认）、1（Vector averaging）、2（RMS averaging）和 3（Peak hold，默认） ● weighting mode：0（Linear）、1（Exponential，默认） ● number of averages：表示用于计算 Vector 和 RMS averaging 的平均数数目。若 weighting mode 为 Linear 时，当计算达到 number of averages 指定的值后平均过程停止，若为 Exponential，则继续不中断
完成平均（averaging done）	当已完成平均个数等于或超过平均参数中指定的 number of averages 值时，返回 TRUE，否则返回 FALSE；若 averaging mode 为 0，则始终返回 TRUE
功率谱（power spectrum）	返回平均功率谱和频率范围 ● f0：功率谱的起始频率（Hz） ● df：频率谱的分辨率（Hz） ● magnitude：平均功率谱的量值，如果输入为电压信号，它的单位是 V_{rms}^2，否则其单位为输入信号单位有效值的平方
已完成平均数（averages completed）	返回已完成平均数的个数

20.3　详细设计步骤

信号的功率谱测量实例共包括 3 个部分：波形生成部分、功率谱的计算和处理部分、波形等结果显示部分。其设计过程主要分为以下几个步骤。

（1）进行程序框图方面的设计，包括正弦波形的生成和参数输入控件节点的创建、高斯白噪声波形的生成和参数输入控件节点的创建，混杂噪声的正弦波波形的合成，合成波形的 FFT 功率谱和 FFT 功率谱密度测量。

（2）前面板的设计，即在程序框图的逻辑处理设计基础上，添加相应的输入控件、选项卡控件和图形显示控件，并对前面板界面进行布局和修饰，对部分控件进行类型转换和外观属性的设置。

（3）完善程序框图的设计，将测量结果进行相关图形和显示控件的用户界面交互处理。

以下对设计步骤进行详细的介绍。

20.3.1 创建一个新的 VI

如图 20-4 所示，创建新 VI，命名
为 Power Spectrum Measurement .vi。
其操作路径为"文件→新建 VI"。当
然，如果在 LabVIEW 8.2 的启动界面，
直接单击"新建"栏中的 VI 也可创建。

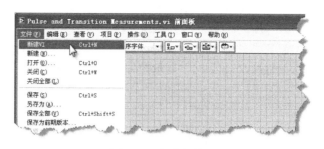

图 20-4　创建新的 VI

20.3.2 产生添加了噪声的正弦信号

在主菜单上选择"窗口→显示程序框图"，先打开程序框图，参照 11.14.3 节中创建控件的
快捷方法，放置 While 循环、"正弦波形"函数和"高斯白噪声波形"函数。

（1）执行"函数→编程→结构→While 循环"操作，主程序在 While 循环中实现。

（2）执行"函数→信号处理→波形生成→正弦波形"操作，添加 1 个"正弦波形"函数节
点，并依次创建"reset signal"、"frequency"、"amplitude"和"sampling info"输入控件。

（3）执行"函数→信号处理→波形生成→高斯白噪声波形"操作，添加一个高斯白噪声波
形函数节点，并创建"standard deviation"输入控件，然后与"正弦波形"函数节点的"sampling
info"控件相连，共用该控件。

（4）将两者的信号输出进行相加运算，如图 20-5 所示，合并后的波形信号将供下一级函
数节点使用。

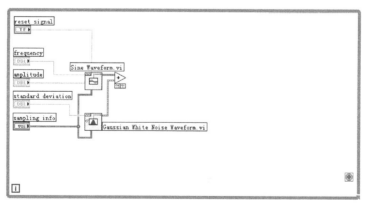

图 20-5　混杂噪声的合成波形的生成

20.3.3 前面板的设计

接着进行前面板的设计，在前面板中主要放置数值输入、显示控件和图形显示控件，用于对
合成波形进行参数设置和波形显示，并将功率谱测量的结果显示出来。下面介绍具体设计步骤。

（1）从程序框图切换到前面板，准备放置波形图控件。本例使用了较多的图形显示控件，
为了使前面板布局更加美观，在有限的空间上实现更为丰富的功能，这里使用了容器控件。执
行"控件→新式→容器→选项卡控件"操作，添加 2 个选项卡控件，将"选项卡控件"的选项

卡依次命名为"时间信号"和"FFT 功率谱密度/FFT 功率谱",将"选项卡控件 2"的选项卡依次命名为"FFT 功率谱密度"和"FFT 功率谱"。

（2）切换回程序框图，放置"FFT 功率谱"函数，同样使用快捷方法依次创建"window"、"dB On（F）"、"averaging parameters"和"restart averaging（F）"输入控件，以及"averaging done"和"averages completed"显示控件，如图 20-6 所示。

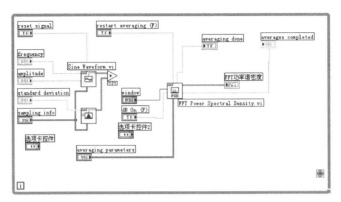

图 20-6   "FFT 功率谱"函数的程序框图

（3）再次切换回前面板窗口，在"选项卡控件"的选项卡的"时间信号"上放置并排列"重置信号"、"频率（Hz）"（默认值设置为 3000）、"幅值"、"标准偏差"和"采样信息"（Fs 的默认值设置为 25600，采样数的默认值设置为 1024）输入控件。接着如图 20-7 所示，用转盘控件替换"频率（Hz）"控件，并选择转盘控件的"显示项→数字显示"。然后在"FFT 功率谱密度/FFT功率谱"上放置并排列"窗"、"显示为 dB（F）"、"平均参数"和"restart averaging（F）"输入控件，以及"完成平均"和"已完成平均数"显示控件。"选项卡控件"设计完成后如图 20-8 所示。

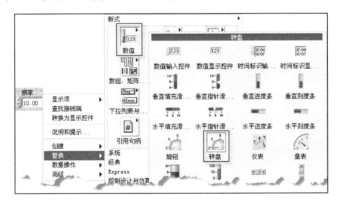

图 20-7   "频率（Hz）"控件的替换

（4）分别在"选项卡控件 2"的选项卡"FFT 功率谱密度"和"FFT 功率谱"上放置一个波形图控件，并对其命名，以便于在程序框图中区分。用鼠标右键单击波形图控件，选择"显示项→图形工具选板"，然后将波形图控件的 X 标尺标签更名为"频率（Hz）"，取消选中"X标尺→自动调整 X 标尺"，将其标尺范围设置为 0～14000；取消选中"Y 标尺→显示标尺标签"，并将图例的"常用曲线"设置为如图 20-9 所示。

（5）最后添加 1 个"停止"按钮和 1 个波形图控件"输入信号"，并对前面板中的控件进行修饰和美观。前面板设计完成后如图 20-10 所示。

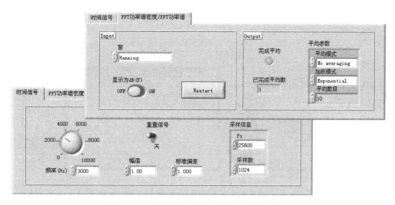

图 20-8   设计完成的"选项卡控件"

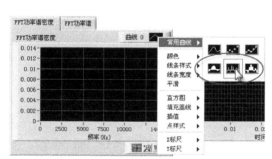

图 20-9   图例的"常用曲线"设置

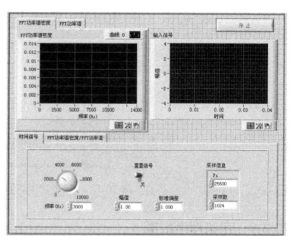

图 20-10   信号的功率谱测量实例的前面板

20.3.4   功率谱测量程序框图

为了实现在"选项卡控件 2"的不同波形图中显示对应的功率谱密度和功率谱,需要放置一个条件结构。将条件结构的选择器终端与"选项卡控件 2"相连,即出现 2 个条件分支"FFT功率谱密度"和"FFT 功率谱(默认)"。在对应的分支中添加"FFT 功率谱密度"函数和"FFT功率谱"函数,即可完成波形输出的基本任务。具体实现步骤如下。

(1)切换回程序框图,将"FFT 功率谱"函数和"FFT 功率谱"波形图控件拖入分支"FFT功率谱(默认)"中,将"FFT 功率谱"函数节点重新与"window"、"dB On(F)"、"averaging parameters"和"restart averaging(F)"输入控件,以及"averaging done"和"averages completed"显示控件进行相应的连接,并将"FFT 功率谱"函数节点的输出端"功率谱"与"FFT 功率谱"波形图控件连接起来,如图 20-11 所示。

(2)在分支"FFT 功率谱密度"中放置"FFT 功率谱密度"函数,分别与"window"、"dB On(F)"、"averaging parameters"和"restart averaging(F)"输入控件,以及"averaging done"和"averages completed"显示控件相连接,并将"FFT 功率谱密度"波形图控件放入分支中且与"FFT 功率谱密度"函数节点的输出端"功率谱密度"连接起来,如图 20-12 所示。

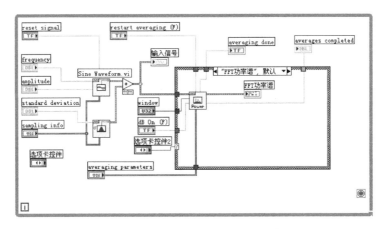

图 20-11 "FFT 功率谱"分支的程序框图

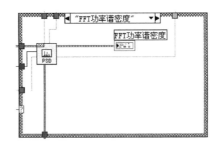

图 20-12 "FFT 功率谱密度"分支的程序框图

20.3.5 完整程序框图

为了使用"显示为 dB（F）"进行切换时绘制出来的功率谱图形符合我们的日常观察，实例用到了图形控件属性节点中的标尺调节，其功能是调节标尺的刻度跟随输入数据的变化，使绘制出来的图形尽量布满绘图区，其输入数据类型为 8 位整型，包括 3 个固定数值：0（Do not autoscale），1（Autoscale once now），2（Autoscale）。

此外，还用到了"布尔值至（0，1）转换"函数，如图 20-13 所示，其调用路径是"函数→编程→布尔→布尔值至（0，1）转换"。在程序中将"显示为 dB（F）"控件前后两次输入的值进行比较，如果不相等则输出布尔值 TRUE，并转换成数值 1，那么标尺即自动调节一次，否则标尺不进行任何调节。While 结构的移位寄存器初始化为 FALSE，它保存了"显示为 dB（F）"控件上一次的输入值及状态，并将其传递给下一循环作为进行"不等于"比较判断的 1 个输入值继续使用。下面介绍具体的编程步骤。

首先在条件结构中内嵌 1 个条件结构，然后在"FFT 功率谱"图形控件上单击鼠标右键，弹出快捷菜单，如图 20-14 所示，选择"创建→属性节点→Y 标尺→标尺调节（YScale.ScaleFit）"，创建 1 个标尺调节属性节点并将其放置在内层条件结构的分支"真"中；然后右键单击"调节标尺"属性节点，在弹出的快捷菜单中选择"全部改变为写入"。另外，在外层条件结构中添加一个"不等于"函数和"布尔值至（0，1）转换"函数。

（1）如图 20-15 所示，右键单击 While 循环结构边框，添加 1 对移位寄存器，并为左侧移位寄存器输入端添加一个布尔"假常量"，用于初始化数据。将"不等于"输出分别与内层条件结构选择器终端和"布尔值至（0，1）转换"函数相连接，并将"布尔值至（0，1）转换"

函数与"标尺调节"属性节点相连接。依据设计思想依次完成移位寄存器和各函数节点的连线。最后对"FFT 功率谱密度"图形控件进行重复操作，这样图形显示的功能就全部完成了。

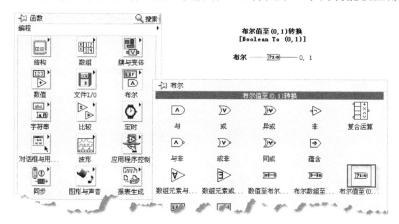

图 20-13　"布尔值至（0,1）转换"函数

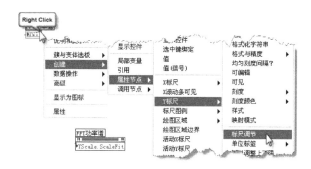

图 20-14　标尺调节属性节点的创建

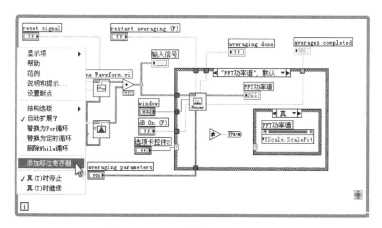

图 20-15　"移位寄存器"的创建

（2）添加 1 个"等待（ms）"函数（如图 20-16 所示）和数值常量，"等待时间（毫秒）"的输入值为 100。注意当其输入值为 0 时，当前线程强制工作在 CPU 的控制下，等待功能将不起作用。将"停止"控件与 While 循环条件终端相连。

程序框图设计完成后如图 20-17 所示。

图 20-16 "等待 (ms)"函数的创建

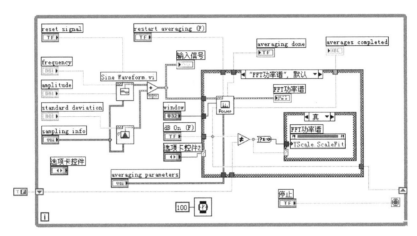

图 20-17 信号的功率谱测量实例的程序框图

20.3.6 运行结果

单击运行按钮⏵，如图 20-18 所示，在"输入信号"图形控件中可以看到混杂了高斯白噪声的正弦波形。调节"时间信号"选项卡中的参数输入控件，图形会有所变化；在"FFT 功率

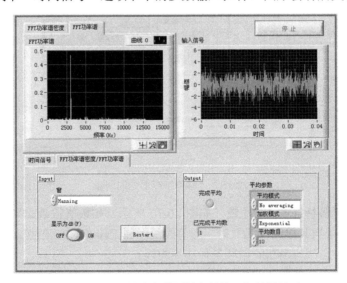

图 20-18 信号的功率谱测量实例的运行结果显示

谱密度"和"FFT 功率谱"图形控件中可以观察到输入信号的 FFT 功率谱和功率谱密度测量波形；在"FFT 功率谱密度/FFT 功率谱"选项卡中可以观察到其他的数值测量结果。改变"窗"控件中的值和"显示为 dB（F）"控件中的布尔值，观察 FFT 功率谱波形图中的波形变换情况，体会进行信号的功率谱测量的物理意义。单击中止执行按钮 ⏹ 或者"停止"按钮即可使程序停止运行。

20.4 本章小结

本章使用 LabVIEW 8.2 中的"波形生成"子选板中的"正弦波形"函数、"高斯白噪声波形"函数和"波形测量"子选板中的"FFT 功率谱密度"函数与"FFT 功率谱"函数，完成了信号的功率谱测量虚拟仪器的设计。

通过本章实例的学习，读者可以对"正弦波形"函数和"高斯白噪声波形"函数，以及"FFT 功率谱"函数有比较好的认识和理解，并且可以对功率谱测量的功用有直观的了解，从而对使用 LabVIEW 8.2 进行信号测量程序的设计有更好的理解和把握。

第 21 章 【实例 89】低通滤波器设计

低通滤波器是指对采样的信号进行滤波处理，允许低于截至频率的信号通过，高于截止频率的信号不能通过，提高有用信号的比重，进而消除或减少信号的噪声干扰。本章设计的低通滤波器实例，主要是先将正弦信号和均匀白噪声信号叠加，利用 Butterworth 低通滤波器进行滤波处理，得到有用的正弦信号；再对经过低通滤波器处理后的信号及信号频谱与滤波前的进行比较分析，检测滤波后的信号是否满足用户的要求，从而为读者提供了一个信号处理函数综合运用的范例。

21.1 设计目的

基于 LabVIEW 8.2 虚拟平台，使用图形语言编程，将"正弦波形"函数和"均匀白噪声"函数产生的信号进行叠加以产生原始信号，让其先通过一个高通滤波器，滤除白噪声的带外杂波，以便于在后续程序中低通滤波器可以输出正弦波；然后经过低通滤波器滤波处理，对滤波前后的信号和信号频谱进行比较，从而对低通滤波器的滤波效果进行检验。

本章的设计内容主要包括 3 个部分：信号生成部分、信号处理部分和信号显示部分。实例使用的 LabVIEW 8.2 信号处理中的主要相关函数包括"信号产生"、"Butterworth 滤波器"及"FFT"。此外，本章还涉及控件的属性节点和子 VI 设计的基本知识。下面进行详细介绍。

如图 21-1 所示为低通滤波器设计实例的前面板。

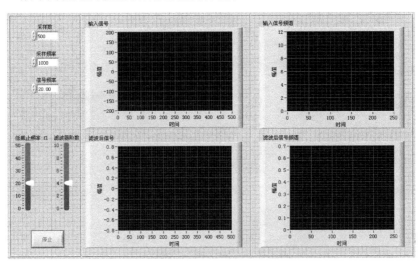

图 21-1　低通滤波器设计实例的前面板

21.2 程序框图主要功能模块介绍

如图 21-2 所示为低通滤波器设计实例的程序框图。它共分为 5 个主要的功能块：测试信号生成模块、滤波功能模块、频谱分析模块、While 循环模块和结果显示模块（详见线框标识）。接下来将对每个功能块实现的具体处理功能和任务进行详细介绍。

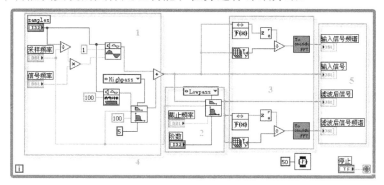

图 21-2　低通滤波器设计实例的程序框图

21.2.1 测试信号生成模块

测试信号由"正弦信号"函数节点和"均匀白噪声"函数节点产生的信号叠加生成。如图 21-3 所示，"信号生成"子选板位于"函数→信号处理"中。其调用路径为"函数→信号处理→信号生成→正弦信号"。

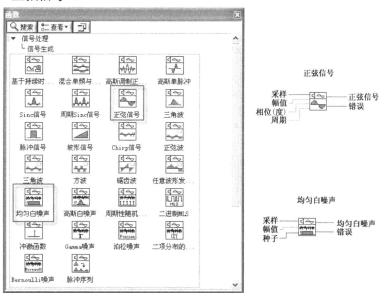

图 21-3　"信号生成"子选板和"正弦信号"函数、"均匀白噪声"函数

"均匀白噪声"函数通过输入采样数、幅值和种子，可获得一个幅值范围内的均匀分布的伪随机信号。

21.2.2 滤波功能模块

这个功能块实现的功能是：对输入信号进行滤波处理，提高有用信号的比重，消除或减少信号的噪声干扰。如图 21-4 所示，"滤波器"子选板位于"函数→信号处理→滤波器"中。本例子中需采用"Butterworth 滤波器"函数进行低通滤波设计，其调用路径是"函数→信号处理→滤波器→Butterworth 滤波器"。

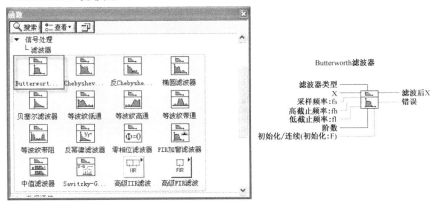

图 21-4　"滤波器"子选板及"Butterworth 滤波器"函数

表 21-1　Butterworth 滤波器类型的设置

输入值	滤波器类型
0	低通
1	高通
2	带通
3	带阻

"Butterworth 滤波器"函数节点的参数说明如下。

（1）滤波器类型：用于指定滤波器类型，该端口的输入值（整型）和滤波器类型之间的关系如表 21-1 所示。

（2）X：输入需要滤波的信号。

（3）采样频率：fs：用于设定采样频率，该输入值必须设定为大于 0。

（4）阶数：用于指定滤波器的阶数，其输入数据类型为整型，默认值为 2。该输入值必须大于 0。

（5）初始化/连续（初始化：F）：用于设置滤波器的内部状态。

（6）滤波后 X：输出滤波之后的信号。

21.2.3 频谱分析模块

在信号分析和处理过程中，有时仅对信号进行时域分析并不能完全揭示出信号的全部特征，因此，为了便于观察处理，除了对低通滤波前后的信号进行对比分析外，还需要对滤波前后的信号进行频谱分析。

如图 21-5 所示，"变换"子选板位于"函数→信号处理→变换"中，其中"FFT"函数的调用路径是"函数→信号处理→变换→FFT"。

通过双边频谱转换单边频谱子 VI 可

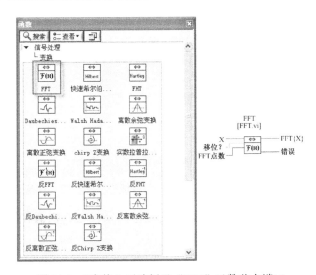

图 21-5　"变换"子选板及"FFT"函数节点端口

将经过 FFT 变换后的双边频谱转换为单边频谱。将该子 VI 命名为 Convert to One-sidedFFT（real）.vi，图 21-6 给出了该函数的端子图。

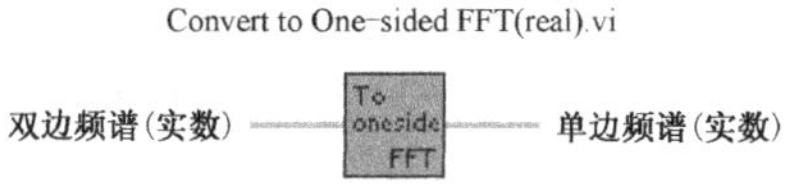

Convert to One-sided FFT(real).vi

双边频谱（实数） ——— 单边频谱（实数）

图 21-6   Convert to One-sidedFFT（real）.vi 的端子图

从图 21-6 中可看出，双边频普转换单边频谱子 VI 的"双边频谱（实数）"接线端子连接 "FFT"函数的输出端子，"单边频谱（实数）"接线端子连接显示控件的输入端子。

21.2.4   While 循环模块

该模块的功能是通过控制循环条件，实现波形参数的实时调节与输出显示。如图 21-7 所示，While 循环的条件接线端接入的是一个布尔变量（停止控件），当布尔值为"真"，即在前面板按下"停止"按钮时，循环停止；否则循环一直进行，从而实现了波形参数的波形参数的实时调节与输出显示。

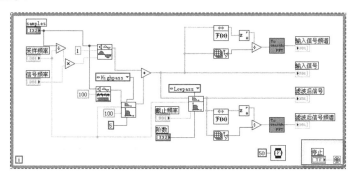

图 21-7   While 循环模块的程序框图

21.2.5   结果显示模块

此模块的功能是：将原始输入信号和经过低通滤波器处理的信号及信号的频谱等结果以图示方式直观地显示出来，这主要通过前面板的波形图控件来实现。为便于更好地处理和显示信号变化情况，需要对波形图控件属性进行相应的设置和修改，其设计步骤会在 21.3 节进行详细介绍。结果显示模块主要包括原始信号的波形显示和频谱显示，以及经过低通滤波器处理的信号波形显示和频谱显示。

21.3   详细设计步骤

低通滤波器设计实例主要可以分为以下几个步骤。

（1）程序框图的设计，包括仿真信号的生成、低通滤波器的滤波和频谱分析等相关设计。

（2）图形显示界面的设计，即在程序框图的主要设计基础上，在前面板上添加相应的输入控件和波形图显示控件。

（3）前面板界面布局及显示部件的属性设置，包括对前面板进行的整体布局规划设计，以及对部分图形显示控件进行的相关外观属性设置。

设计完毕后，通过调节截止频率输入可以观察相应曲线变化，检测滤波器对信号滤波的情况。接下来对其设计步骤进行具体介绍。

21.3.1 创建一个新的 VI

（1）创建新 VI，命名为 LPF.vi 。其操作路径为"文件→新建 VI"。当然，如果在 LabVIEW 8.2 的启动界面，直接单击新建栏中的 VI 也可创建。

（2）在前面板上，执行"控件→新式→图形→波形图"，放置 4 个波形图控件，分别命名为"仿真信号"、"滤波后信号"、"仿真信号频谱"和"滤波后信号频谱"。在设计过程中，为更好地显示波形，需要对相应的波形图进行相关参数的设置。

例如，用户可根据需要设置仿真信号图形显示控件，即"仿真信号"控件的属性。用鼠标右键单击该控件，在弹出的快捷菜单中选择"属性"，弹出属性对话框。在该对话框中，可以对需要显示的外观、波形图的坐标轴、游标等进行设置。各选项卡的具体设置如下。

图 21-8   "外观"选项卡的设置

（1）"外观"选项卡。勾选"标签"的"可见"复选框，并将标签属性改为"仿真信号"，取消选中"标题"项的"可见"复选框，取消选中"显示图例"复选框。具体设置如图 21-8 所示。

（2）"曲线"选项卡。如图 21-9 所示，在"曲线"选项卡中，可以根据需要对曲线的线型和颜色等属性进行修改和设定。

（3）"标尺"选项卡。在"标尺"选项卡中，可以设定波形图显示控件纵坐标（幅值）和横坐标（频率）的属性。纵坐标和横坐标的"标尺范围"默认设置为"自动调整标尺"。本实例根据需要取消勾选纵坐标属性中的"自动调整标尺"复选框，并设定纵坐标（幅值）的最小值为–200，最大值为 200（如图 21-10 所示）。

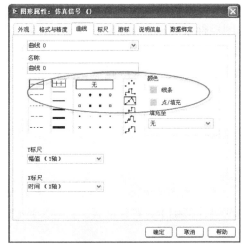

图 21-9   "曲线"选项卡的设置

图 21-10   "标尺"选项卡参数的设置

21.3.2　产生信号源

（1）切换到程序框图设计窗口下，在设计区放置一个"正弦信号"函数节点，移动光标到"正弦信号"函数节点的"采样"接线端口上，单击鼠标右键，从弹出的快捷菜单中执行"创建→输入控件"命令，创建与该端口相连接的节点对象；以同样的方式在"正弦信号"函数节点的"幅值"接线端口上，单击鼠标右键，从弹出的快捷菜单中执行"创建→常量"命令，并将该常量值设为"1"。

（2）切换到前面板设计窗口下，在设计区放置两个"数值输入"控件，分别编辑它们的标签为"采样频率"和"信号频率"，并分别对其属性进行相应的设置，将"采样频率"的默认值设置为"1000"，将"信号频率"的默认值设置为"20.00"。

（3）切换到程序框图设计窗口下，在设计区放置一个"除法运算"函数节点和一个"乘法运算"函数节点。将采样数除以采样频率，然后再乘以信号频率的值作为"正弦信号"函数节点的周期。

（4）在程序框图设计窗口下，在设计区放置一个"均匀白噪声"函数节点、一个"Butterworth滤波器"函数节点和一个"加法运算"函数节点。

（5）将"均匀白噪声"函数节点的"采样"接线端与"采样数"输入控件接线端相连，与"正弦信号"共用一个采样数输入控件。在"均匀白噪声"函数节点的"幅值"接线端口上单击鼠标右键，从弹出的快捷菜单中执行"创建→常量"命令，并将该常量值设为"100"。

（6）将"Butterworth滤波器"函数节点的"滤波器类型"设置为"高通"，将其"X"接线端与"均匀白噪声"函数节点的"均匀白噪声"接线端子相连。在"Butterworth滤波器"函数节点的"低截止频率：fl"和"阶数"接线端口上单击鼠标右键，从弹出的快捷菜单中执行"创建→常量"命令，并将其常量值分别设为"100"和"5"。

（7）将正弦信号和均匀白噪声信号通过"加法运算"函数节点叠加在一起，即为本实例中所采用的信号源。

图 21-11 给出了产生信号源的程序框图。

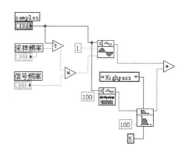

图 21-11　产生信号源的程序框图

21.3.3　低通滤波

（1）在程序框图设计窗口下，在设计区放置一个"Butterworth滤波器"函数节点，将其"滤波器类型"设置为"低通"，将其"X"接线端与信号源的输出端相连。在"Butterworth滤波器"函数节点的"低截止频率：fl"和"阶数"接线端口上单击鼠标右键，从弹出的快捷菜单中执行"创建→输入控件"命令，创建相应的节点对象。

（2）切换到前面板设计窗口下，可以看到"Butterworth滤波器"函数节点的"低截止频率：fl"和"阶数"的输入控件均为数值输入控件（如图 21-12 所示）。为便于动态观察低通滤波器的工作情况，将数值输入控件用垂直指针滑动杆控件替换（如图 21-13 所示）。下面具体介绍"低截止频率：fl"控件和"阶数"控件的替换和设置方法。

① 如图 21-14 所示，分别在"低截止频率：fl"输入控件和"阶数"输入控件上单击鼠标右键，执行"替换→新式→数值→垂直指针滑动杆"快捷命令。

② 分别在"低截止频率：fl"垂直滑动杆控件和"阶数"垂直滑动杆控件上单击鼠标右键，

在弹出的快捷菜单中选择"属性",此时弹出选中控件的属性对话框。依据本实例中控件的调节需求,分别在这两个控件对话框的不同选项卡中进行属性设置。

图 21-12   创建的输入控件

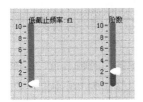

图 21-13   替换的输入控件

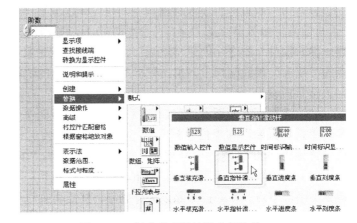

图 21-14   创建垂直指针滑动杆控件

- 图 21-15 给出了"低截止频率:f1"控件属性对话框的"标尺"选项卡。在该选项卡中,设定"刻度范围"的最小值为 0,最大值为 50。

- 需要改变其他属性选项卡中的参数,包括:在"外观"选项卡中,取消选中"标签"下的"可见"复选框,选中"标题"下的"可见"复选框,输入标题文字为"低截止频率:f1";在"数据范围"选项卡上,设置"默认值"为 20,此数值为低通滤波器的下限截止频率数值。

- "阶数"控件的属性设置过程与上相同。改变的属性包括:在"标尺"选项卡中,设定"刻度范围"的最小值为 0,最大值为 10;在"外观"选项卡中,取消选中"标签"下的"可见"复选框,选中"标题"下的"可见"复选框,输入标题文字为"滤波器阶数";在"数据范围"选项卡中,设置"默认值"为 4。

- 经过以上参数设置后,"低截止频率:f1 控件"和"滤波器阶数"控件的外观如图 21-16 所示。

图 21-15   "标尺"选项卡参数的设置

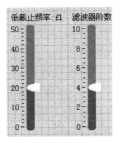

图 21-16   "低截止频率:f1"控件和"滤波器阶数"控件的外观

21.3.4　进行频谱分析

（1）创建双边频谱转换单边频谱子 VI。

① 创建新 VI，命名为 Convert to One-sidedFFT（real）.vi。其操作路径为"文件→新建 VI"。

② 切换到程序框图设计窗口下，在设计区放置一个"数组大小"函数节点、一个"数组子集"函数节点、一个"替换数组子集"函数节点、一个"商与余数"函数节点、一个"加法"函数节点和一个"乘法"函数节点。其中，如图 21-17 所示，"数组"子选板位于"函数→编程→数组"中。

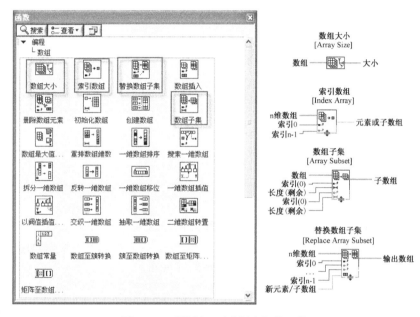

图 21-17　"数组"子选板和部分函数

③ 根据各数组节点的端口创建相应的输入/输出控件及相应的常量，然后按图 21-18 所示完成程序框图的设计。

④ 切换到前面板设计窗口下，对控件进行排列布局和美观设计。在前面板窗口的右上角用鼠标右键单击 LabVIEW 8.2 图标，在弹出的"图标编辑器"对话框中编辑子 VI 的图标，然后对子 VI 的连线板进行编辑（如图 21-19 所示）。

图 21-18　Convert to One-sidedFFT（real）.vi
　　　　　程序框图的设计

图 21-19　Convert to One-sidedFFT（real）.vi
　　　　　前面板的设计

⑤ 将设计好的子 VI 保存后退出。

（2）切换到 LPF.vi 程序框图设计窗口下，在设计区分别放置两个"FFT 变换"函数节点、两个"数组大小"函数节点、两个"复数至极坐标转换"函数节点和两个"除法"函数节点。

（3）在设计区放置两个"Convert to One-sidedFFT（real）.vi"。具体方法详见图 21-20。

图 21-20   调用子 VI

（4）对各函数节点进行连线，具体方式详见图 21-21。

21.3.5 完整程序框图

（1）将滤波前后的仿真信号和频谱信号输出端分别与四个波形图的输入端相连。

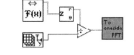

图 21-21   各函数节点的连线方式

（2）切换到前面板设计窗口下，打开"控件→新式→布尔→停止按钮"控件选板，选择一个停止按钮控件放置到前面板适当位置，并调整其大小。

（3）切换到程序框图设计窗口下，打开"函数→编程→结构"子选板，从中选择"While 循环"结构框图并将其放置到程序框图中，将"停止"按钮与"While 循环"的条件接线端相连接。

图 21-22 "等待（ms）"函数
节点的设置

（4）打开"函数→编程→定时"子选板，从中选择"等待（ms）"函数节点并将其放置到"While 循环"结构框图内部，移动光标到"等待（ms）"函数节点的输入端口，单击鼠标右键，从弹出的快捷菜单中执行"创建→常量"命令，创建与其相连接的节点对象（如图 21-22 所示）。

（5）至此，低通滤波器设计实例程序框图设计完毕。图 21-23 给出了该实例的完整程序框图。

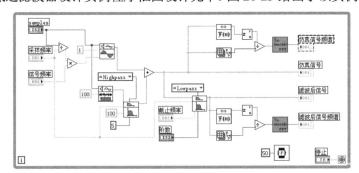

图 21-23   低通滤波器设计实例的完整程序框图

21.3.6 运行结果

单击运行按钮⬙，如图 21-24 所示，在低通滤波器运行界面上可以观察到"仿真信号"、"滤波后信号"、"仿真信号频谱"和"滤波后信号频谱"控件中的图形显示。改变各输入控件中的值，可以观察到各个"波形图"控件中的波形随之变化。

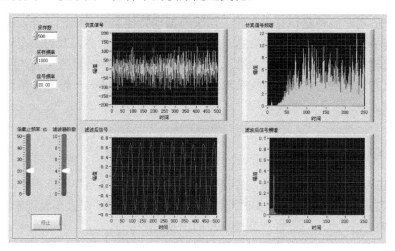

图 21-24 低通滤波器设计实例的运行界面

21.4 本章小结

本章主要讲解了如何使用"正弦信号"、"均匀白噪声"、"Butterworth 滤波器"、"FFT"等函数来设计低通滤波器。在低通滤波器设计实例中，综合运用了信号处理函数，能够为读者利用 LabVIEW 8.2 进行信号处理提供很好的借鉴素材。

通过本章的学习，读者可以对仿真信号的产生，滤波器的滤波，信号的频谱分析，以及程序框图和前面板的设计有更好的理解和掌握，从而更加熟练、有效地使用 LabVIEW 8.2 进行程序设计。

第 22 章 【实例 90】火车轮状态的实时监控

火车轮状态的实时监控是仿真火车轮工作状态振动特性监测系统的工作，通过对各车厢火车轮在运行过程中采集到的波形离散数据进行滤波处理和峰值检测，获得火车轮的工作状态，对实际应用有比较重要的指导意义。本章设计的火车轮状态的实时监控实例，目的是通过监控火车轮的运行状态进行状态监测，对火车轮进行故障诊断，保证火车轮运行在正常范围内，避免发生重大事故。

22.1 设计目的

基于 LabVIEW 8.2 虚拟平台，使用图形语言编程，利用"逐点"子选板中的部分函数，设计一个火车轮状态的实时监控系统，实时监控火车轮的工作状态，在火车轮尚未发生故障之前，预知重大事故的发生风险，规避特大交通事故的出现。

在火车轮状态的实时监控系统的设计和创建过程中，综合使用了 LabVIEW 8.2 的输入显示控件及数组、布尔值转换等函数，可为学习使用 LabVIEW 8.2 进行过程监控系统的设计提供指导。就 LabVIEW 8.2 控件的使用而言，本章在前面板的创建过程中使用了数值输入/显示控件、布尔控件和波形图等控件。同时，在对程序框图进行编写的过程中，使用的 VI 函数主要包括"While 循环结构"、"Butterworth 滤波器（逐点）"、"数组最大值与最小值（逐点）"和"布尔值转换（逐点）"函数，期间还使用了多种常用编程方法及技巧。通过本章的学习，读者可以对这些控件及函数的使用方法及其特点有更好的理解和把握。

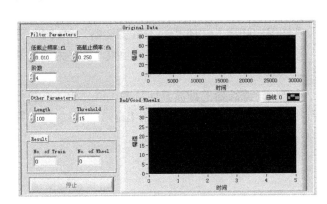

图 22-1　火车轮状态的实时监控实例的前面板

如图 22-1 所示为火车轮状态的实时监控实例的前面板。

22.2 程序框图主要功能模块介绍

本章创建的火车轮状态实时监控系统用于监控火车轮的运行状态，并通过对采集来的波形进行高通滤波获得火车轮运行的异常情况。如图 22-2 所示为火车轮状态实时监控的总体程序框图。火车轮状态实时监控系统主要由 4 个功能块来实现，分别为仿真数据数组的构建、Butterworth 滤波处理、峰值检测和游标位置实时显示。各功能块实现的作用和实现步骤将在 22.3 节分别介绍。

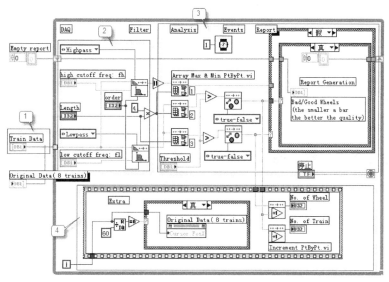

图 22-2 火车轮状态实时监控的总体程序框图

下面首先对各个功能块中要使用的函数进行详细介绍，为以后的使用做好准备。

22.2.1 "Butterworth 滤波器（逐点）"函数

如图 22-3 所示，"Butterworth 滤波器（逐点）"函数位于滤波器（逐点）子选板中，其功能介绍可以参考 11.20 节，函数的参数说明如表 22-1 所示。在程序框图中的空白处单击鼠标右键，在弹出的快捷菜单中选择路径"函数→信号处理→逐点→滤波器（逐点）→ Butterworth 滤波器（逐点）"即可找到该函数。

图 22-3 "Butterworth 滤波器（逐点）"函数的选择路径

表 22-1 "Butterworth 滤波器（ Butterworth Filter PtByPt. vi）"函数节点的参数说明

参 数 名 称	说 明
初始化（initialize）	如果为 TRUE，则初始化函数节点的内部状态
滤波器类型（filter type）	指定滤波器的通频带，有 4 类可选：0（低通，默认）；2（高通）；3（带通）；4（带阻）
X	待滤波的输入信号
采样频率（sampling freq:fs）	表示采样频率，必须大于 0，默认为 1.0
高截止频率（high cutoff freq）	表示高截止频率（fh），默认为 0.45，当滤波器类型为 0（高通）或 1（低通）时被忽略；当滤波器类型为 2（带通）和 3（带阻）时，其值必须大于低截止频率，且符合奈奎斯特采样定律：$0 < f_h < 0.5f_s$
低截止频率（low cutoff freq）	表示低截止频率（fl），必须符合奈奎斯特采样定律：$0 < f_l < 0.5f_s$，默认值为 0.125。如果低截止频率≤0 或者大于采样频率的一半，系统置"已滤波 X"为空数组，并返回一个错误

续表

参 数 名 称	说　明
波纹（ripple（dB））	表示通带内的波纹，必须大于 0，单位是 dB，默认为 0.1
阶数（order）	指定大于 0 的滤波器阶数，默认为 2
已滤波 X（filtered X）	生成经过滤波后的输出信号数组
错误（error）	返回一个来自 VI 的错误或警告信息

22.2.2　"数组最大值与最小值（逐点）"函数

　　"数组最大值与最小值（逐点）"函数位于其他函数（逐点）子选板中，如图 22-4 所示是该函数的端子图，其功能是在由"采样长度"指定的区间内，搜索输入采样数据点集中的最大值和最小值。该函数的参数说明如表 22-2 所示，在程序框图中的空白处单击鼠标右键，在弹出的快捷菜单中选择路径"函数→信号处理→逐点→其他函数（逐点）→数组最大值与最小值（逐点）"即可找到该函数，如图 22-5 所示。

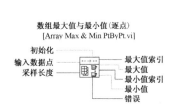

图 22-4　"数组最大值与最小值
（逐点）"函数端子图

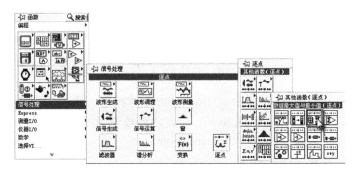

图 22-5　"数组最大值与最小值（逐点）"函数的选择路径

表 22-2　"数组最大值与最小值（逐点）"函数的参数说明

参　数	说　明
初始化（initialize）	当为 TRUE 时，初始化该 VI 的内部状态
输入数据点（input data point）	指输入该函数 VI 的数据点集
采样长度（sample length）	指即将进入 VI 的数据点数目，默认值为 100。当用户将其值设置为 0 时，计算从调用或初始化该函数开始的累积解，直到输入数据点计算完毕为止
最大值索引（max index）	指搜索出的最大值的索引，　0≤最大值索引< 采样长度
最大值（max）	指输入数据点集中所有采样点的最大值
最小值索引（min index）	指搜索出的最小值的索引，　0≤最小值索引<采样长度
最小值（min）	指输入数据点集中所有采样点的最小值
错误（error）	返回 VI 运行不正常时的警告和错误信息

22.2.3　"布尔值转换（逐点）"函数

　　"布尔值转换（逐点）"函数用于识别输入的转换。如图 22-6 所示，其选择路径为"函数→信号处理→逐点→其他函数（逐点）→布尔值转换（逐点）"。该函数的参数说明如表 22-3 所示。

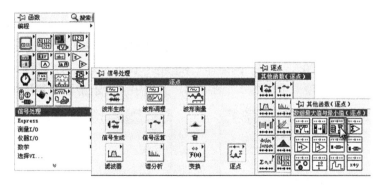

图 22-6　"布尔值转换（逐点）"函数的选择路径

表 22-3　"布尔值转换（逐点）"函数的参数说明

参　　数	说　　明
初始化（initialize）	当为 TRUE 时，初始化该 VI 的内部状态
输入（input）	指布尔输入值
方向（direction）	指布尔值转换类型，有以下 3 种设置：either、false-true 和 true-false
转换（crossing）	如果布尔值转换发生，返回 TRUE

22.2.4　条件结构

利用 2 个条件结构实现以下功能：接收并记录火车轮状态的异常信号，在对 1 个车厢的所有车轮状态进行检测以后，显示检测结果。其中，外层条件结构的分支"真"用于接收并记录火车轮状态的异常信号，分支"假"用于实现显示检测结果和初始赋值的功能。在分支"假"中内嵌了 1 个条件结构，内嵌条件结构的分支"真"用于显示检测结果和初始赋值，分支"假"会进行数据流的传递。

22.3　详细设计步骤

下面将对前面所说的仿真数据数组的构建，Butterworth 滤波处理、峰值检测和游标位置实时显示 4 个功能块的程序框图进行详细介绍。在编写程序框图之前，首先要进行前面板的设计，具体的设计步骤如下所示。

22.3.1　创建一个新的 VI

创建新 VI，命名为 Train wheels Monitor.vi。其操作路径为"文件→新建 VI"。当然，如果在 LabVIEW 8.2 的启动界面，直接单击新建栏中的 VI 也可创建。

（1）添加 5 个数值输入控件，分别命名为"低截止频率：fl"、"高截止频率：fh"、"阶数"、"Length"和"Threshold"。其中前 3 个属于滤波器参数（Filter Parameters），后 2 个属于其他参数（Other Parameters）。

（2）添加 2 个数值显示控件，分别命名为"No. of Train"和"No. of Wheel"，作为当前正在进行分析的车厢和车轮的标识。

（3）添加 2 个波形图控件，分别命名为"Original Data"和"Bad/Good Wheels"，前者用来显示仿真数据波形，后者用来显示每节车厢火车车轮的运行状态。为了明确显示仿真数据和火车轮的运行状态，需要对 2 个波形图控件进行属性的配置。

● 对"Original Data"进行属性的配置。如图22-7所示，在属性对话框的"标尺"选项卡中，取消选中"幅值（Y轴）"的"自动调整标尺"，将"最大值"和"最小值"分别设置为"80"和"0"，并将"网络样式和颜色"设置为无（第1种样式）；如图22-8所示，在"游标"选项卡中添加1个游标0，并选中"显示游标"复选框。

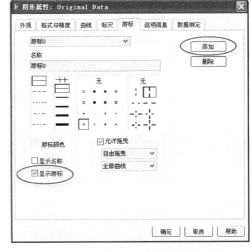

图22-7　"标尺"选项卡属性的配置　　　　　　图22-8　"游标"选项卡属性的配置

● 对"Bad/Good Wheels"进行属性的配置。如图22-9所示，在属性对话框的"曲线"选项卡中，将"曲线0"的"颜色"设置为蓝色；如图22-10所示，在"标尺"选项卡中，取消选中"时间（X轴）"的"自动调整标尺"，将"最大值"和"最小值"分别设置为"5"和"0"，并将"网络样式和颜色"设置为无（第1种样式）。另外，在控件的"图例"显示项上单击鼠标右键，在弹出的快捷菜单中选择"直方图"，选择第2行第2个样式，如图22-11所示。

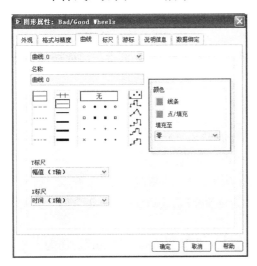

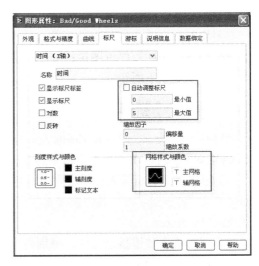

图22-9　"曲线"选项卡属性的配置　　　　　　图22-10　"标尺"选项卡属性的配置

（4）对前面板进行修饰和美化，创建完毕的前面板如图22-11所示。

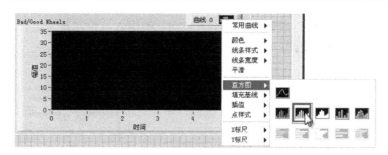

图 22-11 波形图控件的直方图类型的选择

22.3.2 构建仿真数据数组

首先创建 1 个 While 循环结构。系统的程序框图的主要功能均在该循环结构中完成。

仿真数据是通过对火车轮上安置的传感器进行监测采样来获得的，并最终转换为数组格式供滤波使用。读者只需在创建的数组"Train Data"进行查看即可观察到采样数据，如图 22-2 的框 1 中所示。

22.3.3 Butterworth 滤波处理

对仿真数据进行滤波处理，可以滤除从采样过程中引入的噪声信号，获得有用信号的特征信息，如图 22-2 的框 2 中所示。添加 2 个"Butterworth 滤波器（逐点）"函数，分别对表示火车轮状态的仿真数据进行高通和低通滤波。对滤波器类型的具体设置如下。

（1）添加 1 个"Butterworth 滤波器（逐点）"函数，在函数的"滤波器类型"端子处单击鼠标右键，在弹出的快捷菜单中选择"创建→常量"，即可创建 1 个枚举常量。将枚举常量的项设置为"Highpass"，此时滤波器就能实现高通滤波的功能，如图 22-12 所示。

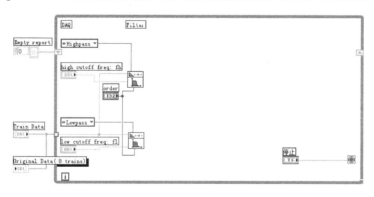

图 22-12 Butterworth 滤波处理的程序框图

（2）同理，再添加 1 个"Butterworth 滤波器（逐点）"函数，并将创建的枚举常量的项设置为"Lowpass"，此时滤波器就能实现低通滤波的功能，仍如图 22-12 所示。

22.3.4 峰值检测

检测经过滤波处理的仿真信号数组的峰值，获得并显示有用信号的特征信息，如图 22-2 的框 3 中所示。添加 3 个"数组最大值与最小值（逐点）"函数，分别获得仿真数据的最大值和最小值。将反映对应火车轮状态的信号数组的最大值与阈值进行比较，将比较结果输入"布尔值转换（逐点）"函数，根据函数输入端子"方向"的输入，检测是否进行了"方向"指定的转换，并进行相应的程序设计。如图 22-13 所示为峰值检测功能块编写完毕的程序框图，其具体的设计步骤如下。

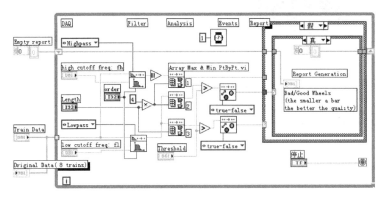

图 22-13　峰值检测的程序框图

（1）添加 3 个"数组最大值与最小值（逐点）"函数。其中第 1 个函数的"采样长度"为指定长度（sample length）×4，用于获得经过高通滤波处理后的全部火车轮状态的仿真信号数组的最大值；第 2 个函数的"采样长度"也为指定长度（sample length）×4，用于获得经过低通滤波处理后的每节车厢的火车轮状态的仿真信号数组的最大值；第 3 个函数的"采样长度"为指定长度（sample length），用于获得经过低通滤波处理后的每个火车轮状态的仿真信号数组的最大值。

（2）添加 2 个"布尔值转换（逐点）"函数。

- 将反映每节车厢火车轮状态的数组中最大值与阈值的比较结果传递给第 1 个"布尔值转换（逐点）"函数，该函数的输入端子"方向"为"True-False"，此时如果数组的最大值由大于阈值变化为小于阈值，则说明本节车厢所有的火车轮状态检测完毕。
- 将反映每个火车轮状态的数组中最大值与阈值的比较结果传递给第 2 个"布尔值转换（逐点）"函数，该函数的输入端子"方向"也为"True-False"，此时如果数组的最大值由大于阈值变化为小于阈值，则说明本节车厢的单个火车轮状态检测完毕。

（3）添加 2 个条件结构，实现记录和显示有用信号的特征信息。

- 如图 22-14 所示，添加第 1 个条件结构。在分支"真"中添加 1 个"创建数组"，将反映每一个火车轮状态的信号数组的最大值添加到"报告显示"数组中。

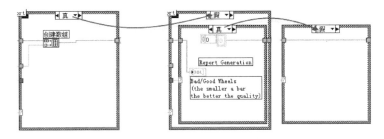

图 22-14　条件结构的程序框图

- 在分支"假"中，添加 1 个内嵌条件结构，在内嵌条件结构的分支"真"中显示生成报告，直方图的幅值越小说明火车轮的运行状态越好。在内嵌条件结构的分支"假"中只实现数据流的传递。

22.3.5　完整程序框图

如图 22-2 的框 4 中所示，显示 1 个活动游标，并根据波峰检测进程改变其位置。这里使用了属性节点"游标位置：游标 X 坐标"，并且每隔 60 个采样点，调整 1 次活动鼠标的 X 轴位置。"游标位置：游标 X 坐标"的创建方法是：在波形图"Original Data（8 Trains）"上单击鼠标右键，在弹出的快捷菜单上选择"创建→属性节点→游标→游标位置→游标 X 坐标"，如图 22-15 所示。

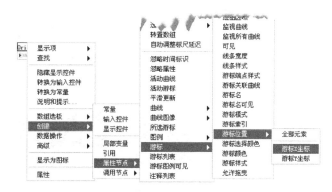

图 22-15　"游标位置：游标 X 坐标"的创建

此外，这里还使用了"层叠式顺序结构"和"加 1（逐点）"函数，用于显示正在进行处理的车厢和本车厢的火车轮索引。对于"加 1（逐点）"函数而言，每当该函数的"激活"端的输入为 TURE 时，则输出端"计数器"加 1。当"初始化"端为 TRUE 时，计数器清零，重新开始计数。如图 22-16 所示，"加 1（逐点）"函数的选择路径为"函数→信号处理→逐点→其他函数（逐点）→加 1（逐点）"。图 22-16 上方还给出了该函数的端子图，方便读者学习。

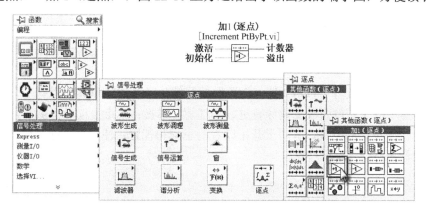

图 22-16　"加 1（逐点）"函数的选择路径和端子图

最后，在 While 循环中添加 1 个"等待（ms）"函数，将其输入端子"等待时间（ms）"的输入值设置为"1"，这样做可延缓循环结构的执行速度，以便读者更好地观察火车轮状态的变化情况。

22.3.6 运行结果

单击运行按钮⬀，在"Filter Parameters"中分别设置"低截止频率：fl"、"高截止频率：fh"和阶数的值为"0.010"、"0.250"和"4"；在"Other Parameters"中分别设置"Length"和"Threshold"的值为"100"和"15"。

如图 22-17 所示，在"Result"的数值显示控件"No. of Train"和"No. of Wheel"中可以观察车厢号和对应车厢中各火车轮索引号的变化。另外，在"Original Data"波形图中可以观察到原始仿真信号的波形，而在"Bad/Good Wheels"波形图中可以观察到某车厢的火车轮状态。图 22-17 给出的是第 2 节车厢（索引号为 1）的各个火车轮状态。

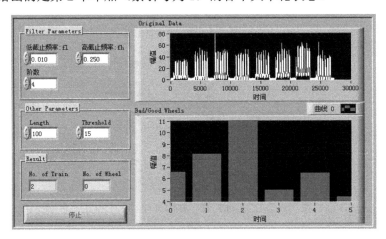

图 22-17   火车轮状态实时监控的运行界面

22.4   本章小结

在本章所设计的火车轮状态的实时监控实例中，主要使用了"逐点"选项板上的部分函数，包括"Butterworth 滤波器（逐点）"、"数组最大值与最小值（逐点）"、"布尔值转换（逐点）"和"加 1（逐点）"等。本章通过使用这些函数向读者展现了使用 LabVIEW 8.2 编写实时监控系统的思路和方法。

通过本章的学习，读者可以对"逐点"子选板的部分函数的特点和使用有一个比较直观的了解，可以对程序框图和前面板的设计有更好的理解和掌握；本章给读者提供了使用简单函数实现复杂功能程序设计的范例，有助于开拓读者的思维和视野，使其全面地理解 LabVIEW 8.2 设计理念和设计风格。

第 23 章 【实例 91】温度分析仪

本章设计的温度分析仪实例主要包括如下内容：创建数字温度计子 VI，并通过调用数字温度计子 VI 进行温度数据的采集；用波形图标显示出温度的变化趋势，并计算出温度的最大值、最小值和平均值。本章为读者提供了一个数据采集、分析、子 VI 创建与调用的综合运用范例。

23.1 设计目的

本实例基于 LabVIEW 8.2 虚拟平台，使用图形语言编程，利用软件代替 DAQ 数据采集卡进行温度数据的采集，模拟温度测量；利用"演示读取电压"子程序来仿真电压测量，然后把所测得的电压值转换成摄氏或华氏温度读数。在数据采集过程中，温度计控件能够实时地显示温度数据。用户可以设置温度上限，当温度超出上限时，LED 灯会闪亮报警。当采集过程结束后，在波形图表上会显示温度波形，并计算出采集温度的最大值、最小值和平均值。

本章的设计内容主要包括 3 个部分：数字温度计部分、温度数据采集部分和温度数据分析部分。本实例使用的 LabVIEW 8.2 函数选板中的主要相关函数包括 While 循环、条件结构、数组函数和簇函数等。此外，本章还涉及了控件属性节点和数字温度计子 VI 设计等方面的基本知识。下面进行详细介绍。

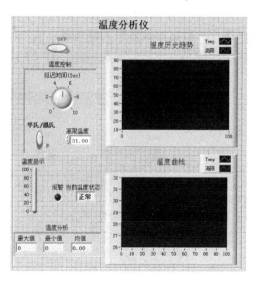

图 23-1　温度分析仪实例的前面板

23.2 程序框图主要功能模块介绍

如图 23-2 所示，温度分析仪实例的程序框图设计分为 3 个主要功能块：数字温度计子 VI 模块、"数组最大值与最小值"函数、"均值"函数及簇捆绑函数（详见线框标识部分）。下面对每个功能块如何实现其具体处理功能和任务进行详细介绍。

23.2.1 数字温度计子 VI 模块

数字温度计子 VI 模块的主要功能是创建一个 VI 程序来模拟温度测量。此子 VI 命名为 Thermometer.vi，其函数端子图如图 23-3 所示。

本实例中假设传感器输出电压与温度成正比，并使用"演示读取电压"子程序来仿真电压测量，代替 DAQ 数据采集卡。"演示读取电压"子程序每次从预存的一组数值中读取一个数来模拟从数据采集卡的 0 通道读取电压，再将读数乘以 100.0 转换成华氏温度读数，或者再把华氏温度转换成摄氏温度。

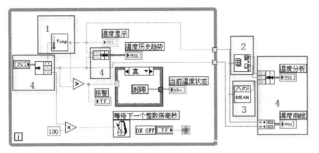

图 23-2　温度分析仪实例的程序框图

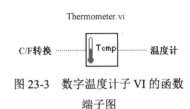

图 23-3　数字温度计子 VI 的函数端子图

23.2.2 "数组最大值与最小值" 函数

如图 23-4 所示，"数组最大值与最小值" 函数位于 "数组" 子选板中，其调用路径是 "函数→编程→数组→数组最大值与最小值"。"数组最大值与最小值" 函数可以从一个数组中获取最大值和最小值及它们的索引值。表 23-1 给出了 "数组最大值与最小值" 函数节点的参数说明。

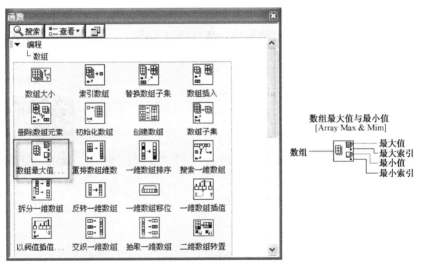

图 23-4　"数组" 子选板和 "数组最大值与最小值" 函数

表 23-1　"数组最大值与最小值" 函数节点的参数说明

参 数 名 称	说　　明
数组	可以是 n 维任意类型的数组
最大值	返回数组的最大值
最大索引	返回第一个最大值的索引值。如果输入数组是多维的，则最大索引是一个数组
最小值	返回数组的最小值
最小索引	返回第一个最小值的索引值。如果输入数组是多维的，则最小索引是一个数组

23.2.3 "均值"函数

"均值"函数的功能是计算采集的温度数据中温度的平均值。该函数位于"数学"子选板中（如图 23-5 所示），其调用路径为"函数→数学→概率与统计→均值"。

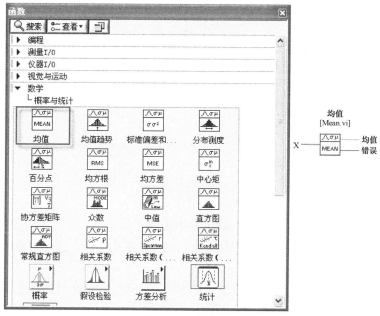

图 23-5 "数学"子选板及"均值"函数

23.2.4 簇捆绑函数（控件）

簇是 LabVIEW 8.2 为用户提供的一种特殊结构类型，是由不同的数据类型的数据构成的集合。簇既可以在前面板上创建（如图 23-6 所示），也可以在程序图上创建（如图 23-7 所示）。簇捆绑函数可以对一些基本类型的数据进行捆绑，以生成一个"簇"数据类型。

如图 23-7 所示，"解除捆绑"函数接线端子的功能是解开簇并获取簇中各个元素的值。在默认情况下，它会根据输入簇自动调整输出端子的数目和数据类型，并根据簇内部元素索引的顺序排列。

"捆绑"函数接线端子的功能是给参考簇中的各元素赋值。在输入的数据顺序和类型与簇

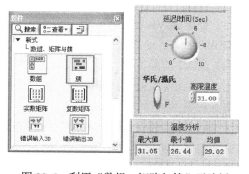

图 23-6 利用"数组、矩阵与簇"子选板
创建的"簇"控件

的定义相匹配时，不需要参考簇，但当簇的内部元素较多或用户没有把握时建议加上参考簇，参考簇必须与输入簇完全相同。

"索引与捆绑簇数组"函数接线端子的功能是将输入的多个一维数组按照索引值重新构成一个新的簇数组。

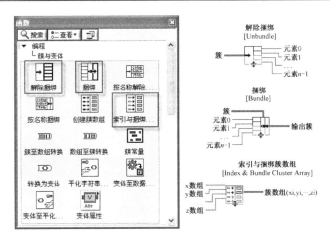

图 23-7　"簇与变体"子选板及其部分函数端子图

23.3　详细设计步骤

温度分析仪实例的设计主要可以分为以下几个步骤。

（1）程序框图的设计，包括温度数据的采集、温度数据的分析、温度超限报警和温度采集过程的图形显示。

（2）图形显示界面的设计，即在程序框图的主要设计基础上，在前面板上添加相应的数值输入控件、数值显示控件、布尔控件和波形图显示控件等。

（3）前面板界面布局及显示部件的属性设置，包括对前面板进行的整体布局规划设计，以及对部分控件进行的相关外观属性设置。

下面对温度分析仪的设计步骤进行详细说明。

23.3.1　数字温度计子 VI 的设计

（1）创建新 VI，命名为 Thermometer. vi，其操作路径为"文件→新建 VI"。当然，如果在LabVIEW 8.2 的启动界面，直接单击新建栏中的 VI 也可创建。

（2）子 VI 前面板的设计。

① 切换到前面板设计窗口下，执行"控件→新式→数值"，从数值子选板中选择温度计控件并将其放置到设计区。

② 执行"控件→新式→布尔"打开布尔子选板，选择垂直滑动杆开关并将其放置在设计区的适当位置，将标签内容改为"C/F 转换"；利用标签工具，在开关"真"位置旁边输入自由标签"C"，在"假"位置旁边输入自由标签"F"。

（3）子 VI 程序框图的设计。

① 切换到程序框图设计窗口下，执行"函数→选择 VI…"弹出"选择需打开的 VI"窗口，从 LabVIEW 8.2 的安装文件夹下的"vi.lab\tutorial.llb"中选择"演示读取电压"子程序，即"Demo Voltage Read .vi"。在本实例中，"演示读取电压"子程序模拟的是从 DAQ 卡的 0 通道读取电压值，将读取电压值乘以 100，即可获得华氏温度。其调用路径及接线端子如图 23-8 所示。

② 从函数选板的结构子选板中选择条件结构并将其放置到程序框图设计区，适当拖放其大

小。当条件为"真"时，输出摄氏温度，此时，需在条件结构中放置一个"公式节点"，输入公式"C=（F−32）/1.8;"，将华氏温度转换为摄氏温度；当条件为"假"时，直接输出华氏温度。

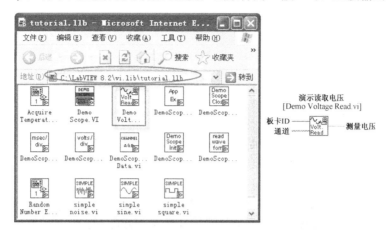

图 23-8　"演示读取电压"子程序的调用路径及接线端子图

③ 将各节点图标利用连线工具连接起来，完成子 VI 程序框图的设计（如图 23-9 所示）。

（4）创建子 VI 图标。

① 用户可以根据需要自行设计程序图标，此图标可以将现行程序当做子 VI 在其他程序中调用。

② LabVIEW 8.2 为每个程序创建默认的图标显示在前面板和程序框图窗口的右上角。用鼠标右键单击该图标，将弹出一个快捷菜单（如图 23-10 所示），从中选择"编辑图标"即可打开"图标编辑器"对话框。

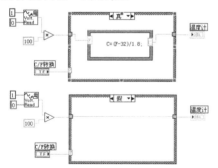

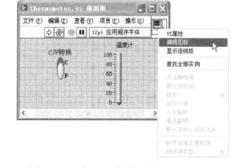

图 23-9　数字温度计子 VI 程序框图的设计　　图 23-10　打开"图标编辑器"对话框

③ 按照图 23-11 所示对图标进行编辑。编辑完成单击"确定"按钮予以确认并关闭该对话框，可以看到前面板和程序框图右上角的图标改变为编辑后的图标。

（5）创建连接器端口。

① VI 只有设置了连接器端口后才能作为子 VI 使用，如果不对其进行设置，则调用的只是一个独立的 VI 程序，既不能改变其输入参数，也不能显示或传输其运行结果。移动光标到前面板右上角图标上，单击鼠标右键，从弹出的快捷菜单中执行"显示连线板"命令，则前面板右上角的图标会切换成连接器图标。如图 23-12 所示，连接器的每个小长方形区域代表一个输入或输出端口。

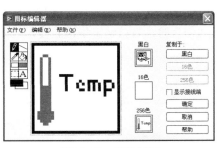

图 23-11 编辑图标

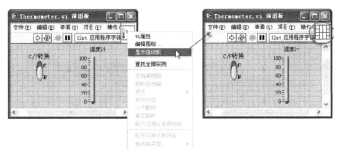

图 23-12 显示连线板

② 移动光标到连线板图标上，单击鼠标右键，从弹出的快捷菜单中执行"模式"命令。本例子只有两个端口，一个是"C/F 转换"开关，一个是"温度计"显示控件，因此选择两个端口模式（如图 23-13 所示）。

③ 打开工具选板，单击选板上的"正在连线"选项，鼠标转化为连线状态。用鼠标左键单击选中的控件，控件周围会出现虚线框，表示此控件已被选中。把鼠标移至连接器图标上，用鼠标左键单击其中一个端口，此时端子颜色改变，表示连接器端口与控件已建立连接。图 23-14 给出了子 VI 连接器端口和控件对象的关联关系。

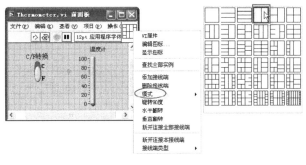

图 23-13 选择连线板模式

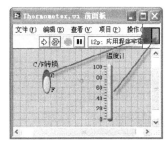

图 23-14 子 VI 连接器端口与控件
对象的关联关系

至此，数字温度计子 VI 的创建和设计全部完成。用户可以在其他程序中调用该子 VI。在其他程序的框图窗口里，该子 VI 节点用前面创建的图标来表示。该子 VI 节点的输入端用于选择华氏温度或摄氏温度，输出端用于输出温度值。

23.3.2 前面板的设计

（1）创建新 VI，命名为 Temperature Analysis.vi 。其操作路径为"文件→新建 VI"。当然，如果在 LabVIEW 8.2 的启动界面，直接单击新建栏中的 VI 也可创建。

（2）切换到前面板设计窗口下，打开"控件→新式→布尔"子选板，选择一个"翘板开关"并将其放置到前面板中，用来开始/停止数据采集。

（3）打开"控件→新式→数组、矩阵与簇"子选板，放置 2 个"簇"控件到前面板中，修改"簇"的属性，将其中一个簇的标签名改为"温度分析"，将另一个改为"温度控制"。

（4）适当调整簇容器的大小，按照顺序，依次在"温度分析"簇容器中放置 3 个数值显示控件，并按顺序依次修改其标签名为"最大值"、"最小值"和"均值"；在"温度控制"簇容器中，依次放置"转盘"控件、"垂直滑动杆开关"控件和"数值输入"控件，修改各控件的属性，完成簇的创建，如图 23-15 所示。

（5）在前面板上放置 1 个"温度计"控件，用来实时显示数字温度计的温度值；放置一个"圆形指示灯"控件，其标签名为"报警"；设置一个"字符串显示"控件，其标签名为"当前温度状态"。当"当前温度状态"显示为"正常"时，"报警"指示灯关闭；当"当前温度状态"显示为"超限"时，"报警"指示灯闪亮报警。

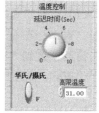

图 23-15 簇的创建

（6）在前面板上，执行"控件→新式→图形→波形图表"，放置 2 个波形图表控件，分别命名为"温度历史趋势"和"温度曲线"。在设计过程中，为更好地显示波形，可以对相应的波形图表控件进行相关属性的设置，这里不再详细介绍。

23.3.3 温度数据采集

数字温度计子 VI 每次只能生产一个模拟温度数据，通过采用 While 循环可以实现温度数据的连续采集，并利用定时器控制数据采集的时间间隔。此外，本章还设计了温度预警程序，当温度超过预设的温度上限时，LED 指示灯会闪亮变红。

（1）切换到程序框图设计窗口下，放置 While 循环，调整循环框的大小，把先前从前面板创建的节点（除了"温度分析"簇节点和"温度曲线"波形图表节点外）移入循环框内。

（2）打开"函数→选择 VI…"函数选板，弹出"选择需打开的 VI"对话框，设置数字温度计子 VI 的路径和文件名，单击"选择需打开的 VI"对话框的"确定"按钮，关闭该对话框。此时，在程序框图设计区放置了一个子 VI"Thermometer.vi"的节点图标。

（3）打开"函数→编程→簇与变体"函数选板，选择"解除捆绑"函数节点，将"温度控制"簇函数节点和"解除捆绑"函数节点相连，可以看到"解除捆绑"函数节点的输出端口变成了 3 个，与"温度控制"簇函数节点中的元素相对应，如图 23-16 所示。

图 23-16 "温度控制"簇函数节点与"解除捆绑"函数节点的连接

（4）移动光标到"解除捆绑"函数节点的输出端附近，可以看到对端口的解释和输出连线端，仍如图 23-16 所示。

（5）打开"函数→编程→簇与变体"函数选板，选择"捆绑"函数节点，对"解除捆绑"函数节点的"高限温度"输出端口和"Thermometer.vi"的输出端口进行捆绑，之后通过"温度历史趋势"波形图表将温度数据采集结果显示出来。

（6）打开"函数→编程→定时"函数选板，选择"等待下一个整数倍毫秒"函数节点，将其放置到 While 循环内，通过连线，该程序将通过"延迟时间（Sec）"转盘控件控制温度数据的采集时间间隔。

（7）打开"函数→编程→结构"函数选板，选择"条件结构"函数节点并将其放置到 While 循环节点内，通过选择条件设计温度预警程序，当温度超过预设的温度上限时，LED 指示灯闪亮变红。

23.3.4 温度分析

当温度采集过程结束后，"While 循环"函数的"自动索引"功能将循环框内的温度数据累计成一个数组，并输出到循环框外的"数组最大值与最小值"函数、"均值"函数和波形图表上，从而可计算温度的最大值、最小值和均值，并显示出温度变化曲线。

（1）打开"函数→编程→数组"子选板，选择"数组最大值与最小值"函数节点并将其放置到"While 循环"函数外；打开"函数→数学→概率与统计"子选板，选择"均值"函数节点并将其放置到"While 循环"函数外。将它们分别与"Thermometer. vi"的输出端口相连，由于"While 循环"函数的"自动索引"功能默认是关闭的，所以此时会看到连线是断开的。

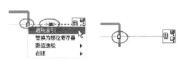

在循环体的节点上单击鼠标右键，从弹出的快捷菜单中执行"启用索引"菜单命令，如图 23-17 所示。此时，连线正确。

（2）将"数组最大值与最小值"函数节点和"均值"函数节点利用"捆绑"节点进行捆绑后与"温度分析"簇节点连接起来。

图 23-17　启用索引

（3）将"Thermometer. vi"的输出端和"解除捆绑"函数节点的"高限温度"输出端在"While 循环"函数外通过"索引与捆绑簇数组"进行捆绑后与"温度曲线"波形图表连接起来。

23.3.5　完整程序框图设计

通过上述步骤的设计，设计功能的基本框架已经初步构建起来。接着把相应的输入/输出控件和函数连接起来，即可实现设计所要求的功能。完整的程序框图如图 23-18 所示。

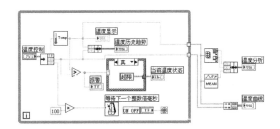

图 23-18　温度分析仪实例的完整程序框图

23.3.6　运行结果

单击运行按钮⟳，如图 23-19 所示，在温度分析仪运行界面上可以观察到"温度历史趋势"的变化过程及"温度显示"控件中温度的实时显示。可以通过调节"延迟时间（Sec）"控制温度的采集时间间隔；通过"华氏/摄氏"可以转换显示华氏温度和摄氏温度。通过设置"高限温度"，可以对温度进行监控。当温度值超过设置的温度上限时，"报警"指示灯闪亮，"当前温度状态"由"正常"改变为"超限"。

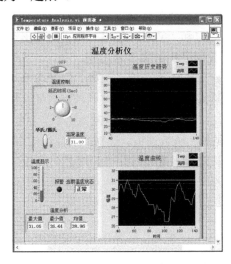

图 23-19　温度分析仪设计实例前面板

当通过"ON OFF"翘板开关关闭温度采集时，温度采集过程完成，此时，"温度分析"簇控件会显示本次采集过程中温度的最大、最小值和均值，"温度曲线"波形图表显示温度的变化过程。

23.4 本章小结

本章主要讲解了如何创建和调用数字温度计子 VI，如何使用"簇"函数、"数组最大值与最小值"函数和"均值"函数等。温度分析仪设计实例能够模拟温度数据的采集和控制过程，并对采集后的数据进行分析。

通过本章的学习，读者可以对子 VI 的创建和调用，"簇"函数、"数组最大值与最小值"函数和"均值"函数的使用，以及程序框图和前面板的设计有更好的理解和掌握，从而更加熟练、有效地使用 LabVIEW 8.2 进行程序设计。

第 24 章 【实例 92】高级谐波分析仪

谐波一般出现在非正弦波中，不同的波形中存在着不同的谐波成分。尤其是在电力传输的过程中，谐波的危害十分严重，它会使电能的生产、传输和利用的效率降低，使电气设备过热、产生振动和噪声，并使绝缘老化，使用寿命缩短，甚至发生故障或烧毁。此外，对电力系统外部而言，谐波对通信设备和电子设备也会产生严重干扰。

本章设计的高级谐波分析仪可用于对输入的测试信号（正弦信号和高斯白噪声信号的合成信号）进行谐波分析，读者在分析过程中可对输入信号的基频、基波频率和噪声"位伏"进行改变，将最终分析的结果通过不同的波形图显示出来，进而对谐波分析过程有一个比较全面、直观的认识。

24.1 设计目的

基于 LabVIEW 8.2 虚拟平台，使用图形语言编程，利用"谐波失真分析"函数节点，对输入信号进行谐波失真分析，将测量结果用图形和数值格式显示出来（显示参数包括基波的频率、直流电平和 n 次谐波的电平等），最终完成一个高级谐波分析仪的设计。通过本章的学习，读者可以对"波形测量"子选板中的函数有一个比较直观和深入的理解。

如图 24-1 所示为高级谐波分析仪实例前面板的设计效果图。

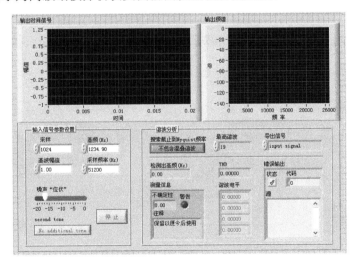

图 24-1　高级谐波分析仪实例前面板的设计效果图

24.2 程序框图主要功能模块介绍

在本章中，高级谐波分析仪的设计主要包括 3 个部分，即测试信号生成部分、谐波分析部分、谐波分析结果数值和图形显示部分，如图 24-2 所示。其中测试信号部分由 1 个测试信号子 VI 来实现，谐波分析部分使用"谐波失真分析"函数来完成，具体实现过程将会在下面的章节中详细介绍。

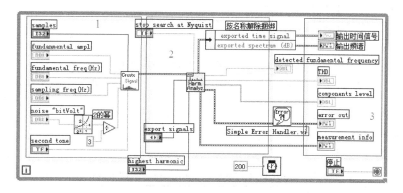

图 24-2 高级谐波分析仪实例程序框图

24.2.1 测试信号子 VI

测试信号子 VI 用来产生一个将用于谐波分析的合成信号，它由以下 4 个信号组成。

（1）一个添加了直流电平的正弦信号。正弦信号的相位是随机数生成的，此信号用做测量的基波信号，其频率和周期都可调。

（2）一个添加了直流电平的正弦信号乘以交叉电平后的信号。

（3）一个标准偏差可调的高斯白噪声。

（4）一个作为 second tone 的正弦信号。这个正弦信号的相位也是随机数生成的，其幅值是 0.001，频率为 60Hz。此信号可以在运行过程中确定是否加载。

如图 24-3 所示，"信号生成"子选板位于"函数→信号处理→信号生成"中，其中"正弦信号"函数用来生成一个正弦信号采样点数组。表 24-1 给出了"正弦信号"函数节点的输入/输出参数说明。"高斯白噪声"函数可以生成一个统计特性为（μ, sigma）=（0, s）的高斯分布的伪随机信号，其中 s 为标准偏差，其调用路径为"函数→信号处理→信号生成→高斯白噪声"，表 24-2 给出了"高斯白噪声"函数节点的输入/输出参数说明。

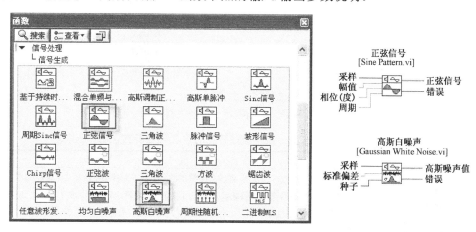

图 24-3 "信号生成"子选板和"正弦信号"、"高斯白噪声"函数

表 24-1　"正弦信号（Sine Pattern. vi）"函数节点的输入/输出参数说明

参　　数	说　　明
采样（samples）	指正弦信号的采样点数。此参数必须≥0，默认值为 128，否则 VI 返回一个错误，正弦信号为空数组
幅值（amplitude）	指正弦信号的幅值，默认为 1.0
相位（度）（Phase）	表示没有重置的正弦信号的输入相位，默认为 0，单位为度（°）
周期（cycles）	指正弦信号完整周期的数目，默认值为 1.0。需要注意的是，因为"周期"是浮点数，所以不完整周期对此 VI 来说也是可行的；另外，即使设置周期为负数，由于傅里叶和谱分析中的负数在数学上是正确和有用的，故不会出现错误状态
正弦信号（sinusoidal pattern）	返回一个包含正弦信号采样点的数组
错误（code）	返回来自 VI 的任何错误和警告

表 24-2　"高斯白噪声（Gaussian White Pattern. vi）"函数节点的输入/输出参数说明

参　　数	说　　明
采样（samples）	表示高斯白噪声信号的采样点数
标准偏差（standard deviation）	表示高斯概率密度函数的标准偏差，默认为 1.0
种子（seed）	当其值大于 0 时，噪声样本发生器进行补播，默认为−1
高斯噪声值（Gauss white pattern）	生成呈高斯分布的伪随机信号
错误（error）	返回来自 VI 的任何错误和警告

24.2.2　"谐波失真分析"函数

如图 24-4 所示，"波形测量"子选板位于"函数→信号处理→波形测量"中，其中"谐波失真分析"函数用于对输入信号进行包括基频和谐频测量的全谐波分析，并返回基波频率和所有谐波的幅值，以及总谐波失真（THD）。此函数有 2 个多态实例（单通道和多通道），采用哪一种实例取决于输入信号类型，其调用路径为"函数→信号处理→波形测量→谐波失真分析"。如表 24-3 所示为"谐波失真分析"函数节点的输入/输出参数说明。

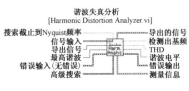

图 24-4　"波形测量"子选板和"谐波失真分析"函数

表 24-3　"谐波失真分析"函数节点的输入/输出参数说明

参　　数	说　　明
搜索截止到 Nyquist 频率（stop search at Nyquist）	设置为 TRUE（默认）时，谐波频率搜索截止于奈奎斯特频率或者 1/2 采样频率，设置为 FALSE 时，VI 在奈奎斯特频域以外进行谐波搜索。假定这些高频 f 成分用下式计算：$f' = F_s - (F_s - f\%F_s)$ ；　　　　其中 $F_s = 1/dt =$ 采样频率
信号输入（signal（s）in）	指输入的时域信号或时域信号数组
导出信号（export signals）	指定由 exported signals 输出的信号：0（None）；1（输入信号）；2（基波信号）；3（残留信号）；4（谐波）；5（噪声与尖坡）

续表

参　　数	说　　明
最高谐波（highest harmonic）	指定对包含基波的最高次谐波进行谐波分析。例如，若进行 3 次谐波分析，输入就要设置为 3 以测量基波、二次谐波和三次谐波
错误输入（无错误）（error in）	描述该 VI 或函数运行前发生的错误情况。默认为 no error
高级搜索（advanced search）	指定频域搜索范围（频率中心和宽度），用来寻找信号的基频 approx freq.：在频域中搜索基波频率的中心频率，当其为默认值−1.0 时，幅值最大的信号为基波； search：指用于在频域中搜索基波频率的频率宽度，这个宽度为采样率的百分比
导出的信号 （exported signals）	包含 export signals 指定的导出信号 exported time signal：表示由 export signals 选定的时间信号波形； exported spectrum（dB）：表示由 export signals 选定的时间信号的频谱； f0：X 标尺单位为 Hz 的频谱的起始频率； df：频谱的分辨率； dB spectrum（Hann）：经过 Hanning 加窗处理的输入信号的幅度谱（单位为 dB）
检测出基频（detected fundamental frequency）	在频域搜索中检测到的基频。在频域搜索范围中测量的谐波都是基频的整数倍
THD	指测量到的从最小谐波到最高谐波的总谐波失真
谐波电平 （components level）	如果输入是单位为 V 的电压信号，那么此参数包含了测量谐波的幅值（单位为 V）数组。数组索引表示谐波级数，包括 0（DC），1（基波），2（二次谐波），…，n（n 次谐波），直到最高谐波
测量信息 （Measurement info）	返回测量信息，主要指输入信号的不一致警告 不确定性：保留参数，为将来之用； 警告：如果在测量过程中有警告发生，返回 TRUE； 注释：当警告为 TRUE 时，返回警告具体信息
错误输出（error out）	包含了错误信息

24.2.3　"简易错误处理器"函数

如图 24-5 所示，"对话框与用户界面"子选板处于"函数→编程→对话框与用户界面"中，其中"简单错误处理器"函数表明是否有错误发生，如果有则返回一个错误描述，并可以用一个类型可选的对话框予以显示，其调用路径为"函数→编程→对话框与用户界面→简单错误处理器"。表 24-4 给出了"简单错误处理器"函数节点的参数说明。

图 24-5　"对话框与用户界面"子选板和"简单错误处理器"函数

表 24-4 "简单错误处理器"函数节点的参数说明

参　数	说　明
错误代码（无错误：0）	是数值型的错误代码。如"错误输入"表明有错误，VI 将忽略"错误代码"。如没有错误，VI 将对其进行检测。非 0 值表示错误。
[错误源]（""）	表示一个任选字符串，可以用来描述错误代码的来源
对话类型（确定信息：1）（type of dialog）	确定产生何种对话类型。若不指定，则由消息参数来描述 VI 输出的错误信息
错误输入（无错误）（error in）	描述函数运行前发生的错误情况 ▣ status：若有错误发生，则返回 TRUE； ▣ Code：返回错误或警告代码，默认为 0，当 status 为 TRUE 时，返回非零的错误代码，当 Status 为 FALSE 时，返回 0 或者警告代码； ▣ source：描述错误或警告的来源，在多数情况下，返回产生错误或警告来源的 VI 和函数名称，默认为空字符串
错误？（error？）	表示是否有错误发生。如果此 VI 发现错误，则设置错误簇中的参数
代码输出（code out）	由错误输入或错误代码参数表征的代码
源输出（source out）	指出错误来源
错误输出（error out）	包含了错误信息。如果 error in 显示在 VI 或函数运行之前发生的错误，error out 将显示相同的信息，否则它描述了 VI 或函数产生的错误。用鼠标右键单击 error out 的前面板中指示器，选择快捷菜单中的翻译错误（explain error）可以获得此错误的更多信息 ▣ status：若有错误发生，则返回 TRUE，否则为 FALSE，但有可能返回一个警告； ▣ Code：返回错误或警告代码，默认为 0，当 status 为 TRUE 时，返回非零的错误代码，当 Status 为 FALSE 时，返回 0 或者警告代码； ▣ source：描述错误或警告的来源，在多数情况下，返回产生错误或警告来源的 VI 和函数名称
消息（message）	显示发生的错误。包括错误来源和错误描述

24.3　详细设计步骤

按照实例中测试信号生成部分、谐波分析部分、谐波分析结果数值和图形显示部分 3 个部分的前后关系，首先设计测试信号子 VI，然后添加"谐波失真分析"函数完成谐波分析部分功能，最后创建图形显示控件。具体设计步骤如下所示。

24.3.1　创建一个新的 VI

创建新 VI，命名为 Test Signal.vi。首先设计测试信号子 VI，用来产生混杂了高斯白噪声的正弦信号，以仿真实际生产中的信号作为信号分析和处理部分的输入。

24.3.2　编写测试信号子 VI

测试信号子 VI 由信号生成和波形显示两部分组成，其中信号生成由基波、第二基波（second tone）和噪声信号组成，它们分别由正弦信号、正弦信号和高斯白噪声信号生成，其中第二基波可以由用户来确定是否添加。

（1）进行前面板的设计。首先在前面板编辑区内依次放置数值控件、布尔控件和图形控件，然后根据前面板的布局特点调整控件大小并进行排列，适当地使用修饰控件对前面板的整体设计进行优化。

① 数值输入控件主要用来对输入信号的幅值、频率和采样频率等参数进行配置，满足用户利用不同参数的测试信号进行信号分析，观察和对比分析结果和现象的需要。添加 5 个"数

值输入控件",将其依次命名为"采样"、"基波幅值"、"基频（Hz）"、"采样频率（Hz）"、"交叉电平"和"DC 电平",再添加 1 个"水平指针滑动杆"并命名为"噪声电平（Vrms）"。

② 要实现用户确定是否添加第二基波,需要通过添加布尔控件来实现。添加 1 个布尔控件"确定按钮"并命名为"second tone",并对控件进行属性参数的设置。如图 24-6 所示,用鼠标右键单击控件,在弹出的快捷菜单中选择"属性",弹出布尔属性对话框,在"外观"选项卡中将"开时文本"和"关时文本"依次修改为"1 mV at 60 Hz"和"No additional tone"（图中未完全显示）,将"文本颜色"更改为"红色";如图 24-7 所示,在"操作"选项卡中将"按钮动作"修改为"单击时转换",对话框右侧给出了用户选择的按钮动作类型的"动作解释"和"所选动作预览",用户可以选择不同的"按钮动作"进行预览观察,领会 6 种不同动作的差别和特点。

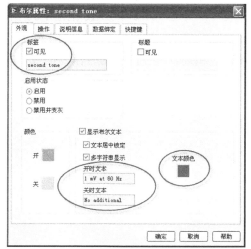

图 24-6 "外观"选项卡参数的设置

图 24-7 "操作"选项卡参数的设置

③ 信号生成以后,为了用户比较方便地观察测试信号的图形,需要 1 个友好的用户交互界面。因此在这里放置波形图控件,并将其标签更改为"测试波形"。

④ 调整控件大小,进行排列和布局,并使用修饰控件,其调用路径为"控件→新型→修饰→上凸盒（下凹框）"。另外,对输入控件设置默认值,如图 24-8 所示,先在数值输入控件中输入默认值,然后用鼠标右键单击控件,在弹出的快捷菜单中选择"数据操作→当前值设置为默认值"。测试信号子 VI 前面板设计完成后如图 24-9 所示。

图 24-8 给输入控件设置默认值

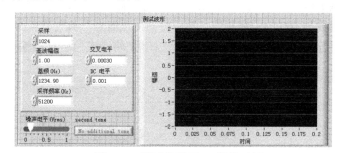

图 24-9 测试信号子 VI 的前面板

（2）程序框图的设计。在程序框图中,完成信号生成部分的设计,即创建信号产生函数节点,进行"正弦信号"和"高斯白噪声"等函数与其参数输入控件的连线,并使用"创建波形"

函数利用信号生成部分合成的信号生成波形，然后输入图形显示部分以便观察和理解，最终完成产生测试信号的功能，并将设计好的"测试信号 VI"转换为"测试信号子 VI"以供信号分析处理部分使用。

① 切换到程序框图窗口，参照 24.2.1 节中对"正弦信号"和"高斯白噪声"函数节点的介绍，放置"正弦信号"和"高斯白噪声"函数节点，并对其余相应输入控件进行连线。

- 放置"正弦信号"函数节点，添加名为"samples"和"fundamental ampl"的数值输入控件并与"正弦信号"函数节点的输入端"采样"、"幅值"相连，并将 fundamental freq（Hz）/sampling freq（Hz）×samples 的运算结果与其输入端"周期"相连，而对于"相位"输入端，利用"随机数（0～1）"函数产生的 0～1 之间的随机数乘以 360（整周期角度），则可以生成随机相位作为输入。然后将"正弦信号"函数节点的输出信号与"DC 电平"进行相加运算，作为信号生成部分的合成信号成分之一，如图 24-10 中框 1-a 所示。

- 放置"高斯白噪声"函数节点，分别将"samples"和"noise level（Vrms）"输入控件与此函数节点的输入端"采样"和"标准偏差"相连，其生成的信号作为信号生成部分的合成信号成分之二，如图 24-10 中的框 1-b 所示。

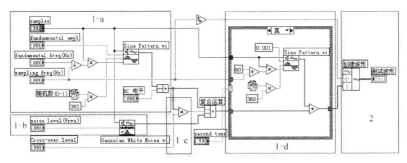

图 24-10   测试信号子 VI 的程序框图

② 添加名为"Cross-over level"的输入控件并与添加了直流电平（DC level）的"正弦信号"相乘，作为信号生成部分的合成信号成分之三，如图 24-10 中的框 1-c 所示。将设计好的 3 个信号成分用"复合运算"函数节点合成，仍如图 24-10 所示。

③ 添加 1 个条件结构，"second tone"作为此结构的选择器终端输入，以选择是否使用 second tone 作为信号生成部分的合成信号成分之四，如图 24-10 中的框 1-d 所示。在条件结构分支"真"中，将"samples"输入控件与中"正弦信号"的输入端"采样"相连，60/sampling freq（Hz）×samples 的计算结果与其输入端"周期"相连，其"相位"输入端同样与"随机数"函数与 360 的乘积相连，然后将"正弦信号"函数节点的输出端与②中"复合运算"合成的信号进行相加运算；对于分支"假"来说，将合成信号直接输入图形显示部分即可，如图 24-11 所示。

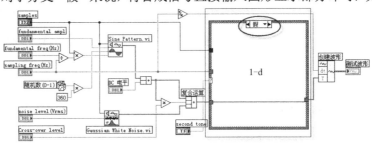

图 24-11   条件结构分支"假"的程序框图

④ 最后进行图形显示部分的设计，在图形显示之前还要将信号创建成波形。如图 24-12 所示，在"测试信号"图形显示控件上单击鼠标右键，在弹出的快捷菜单上选择"波形选板→创建波形"，将其放置在程序框图上，然后拖拽"创建波形"函数节点的上边框，添加输入端子（如图 24-13 所示）。将步骤③中的信号生成部分的合成信号与"创建波形"的输入端"Y"相连，将"sampling freq（Hz）"的倒数与"dt"相连，并将"创建波形"函数节点的输出端"波形"与"测试信号"控件相连。

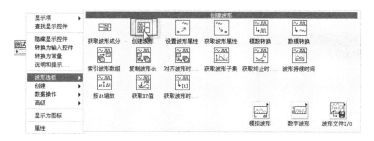

图 24-12 "创建波形"函数的创建

⑤ 创建子 VI，对子 VI 的图标和连线板进行编辑和设计。切换到前面板上，用鼠标右键单击窗口右上角的 LabVIEW 8.2 图标，在弹出的快捷菜单上选择"编辑图标..."，弹出"图形编辑器"对话框，在该对话框中编辑子 VI 的图标，如图 24-14 所示。

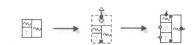

图 24-13 给"创建波形"函数添加输入端子

然后进行连线板的设计，其输入端子从右上到右下分别为"采样"、"基波幅值"、"基频（Hz）"、"采样频率（Hz）"、"噪声电平（Vrms）"和"second tone"，其输出端子为"测试波形"。子 VI 设计完成后，其端子图如图 24-14 的右上角所示。

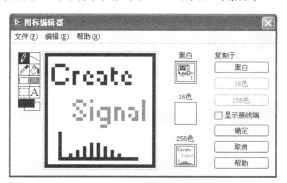
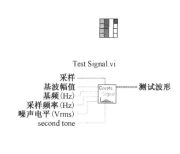

图 24-14 子 VI 图标和连线板的设计

24.3.3 添加"谐波失真分析"函数

在 24.3.2 节设计的基础上，开始实例的总体设计：首先新建 1 个 VI，然后在程序框图中放置测试信号子 VI，使用"谐波失真"函数对测试信号的输出进行分析，最后根据用户指定的输出信号类型，显示测试信号的输入信号、基波信号、残留信号、谐波、噪声与尖坡等波形和信息。下面将对总体设计步骤进行详细介绍。

（1）创建一个新 VI，命名为 Harmonic Analysis. vi。其操作路径为"文件→新建 VI"。

（2）在程序框图放置"测试信号子 VI"、"谐波失真分析"等函数节点，并创建函数的输入控件作为参数输入。切换到 VI 的程序框图，放置测试信号子 VI，并添加输入控件，以便用户对测试信号的基频、基波幅值、采样点数和噪声"位伏"等参数进行设置。

① 首先添加 1 个 While 循环，所有程序均在该循环中实现。如图 24-15 所示，选择"函数→选择 VI…"，在"选择需打开的 VI"对话框中打开 Test Signal. vi（如图 24-16 所示），并将其图标节点放置在 While 循环中。

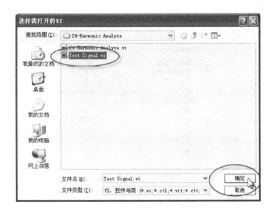

图 24-15　子 VI 的选择路径　　　　　图 24-16　添加测试信号子 VI

② 参照 11.14.3 节中的方法，在控件输入各端子处单击鼠标右键，通过快捷方式创建测试信号子 VI 的输入控件，共有 6 个输入控件，分别为"samples"、"fundamental ampl"、"fundamental freq（Hz）"、"sampling freq（Hz）"、"noise（bitVolt）"和"second tone"。其中，除"noise（bitVolt）"之外，其他输入控件与子 VI 保持默认连线状态，"noise（bitVolt）"通过"2 的幂"函数进行相乘运算，然后除以 3，得到的计算结果与子 IV 的输入端"噪声电平（Vrms）"相连，如图 24-17 所示。这样做的目的是为了突出噪声信号对测试信号的影响，切实反映噪声信号的本质特性。这里用到的"2 的幂"函数，其数学表达式为 2^x，其调用路径为"函数→数学→基本与特殊函数→指数函数→2 的幂"，如图 24-18 所示。

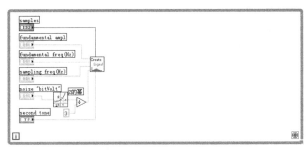

图 24-17　创建测试信号子 VI 输入控件

（3）将测试信号输入"谐波失真分析"函数，进行谐波分析。放置"谐波失真分析"函数图标，同样参照 11.14.3 节中的方法创建"stop search at Nyquist（搜索截止到 Nyquist 频率）"、"export signals（导出信号）"和"highest harmonic（最高谐波）"等输入控件，并将测试信号子 VI 的输出连接到的"信号输入"端子上。接着继续使用快捷方法创建"detected fundamental frequency（检测出基波（Hz））"、"THD"、"components level（谐波电平）"和"measurement info（测量信息）"显示控件，保持默认连线状态。另外，创建"error out（错误输出）"显示控件，执行"函数→编程→对话框和用户界面→简易错误处理器"，添加 1 个"简易错误处理器"函

数节点，将其输入端"错误输入"与"谐
波失真分析"函数节点的"错误输出"相
连，将其输出端"错误输出"与"error out"
控件相连，如图 24-19 所示。

（4）图形显示部分用于显示谐波失真
分析的结果，根据"export signals"枚举控
件中的项值，共有输入信号（input signal）、
基波信号（fundamental signal）、残留信号
（residual signal）、谐波（harmonics only）、
噪声与尖坡（noise and spurs）5 种波形可供选择。

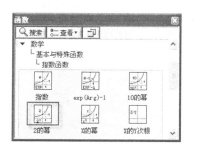

图 24-18　"2 的幂"函数

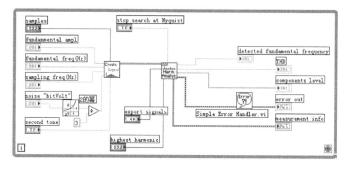

图 24-19　添加"谐波失真分析"函数

① 如图 24-20 所示，将鼠标移动到"谐波失真分析"函数节点上，在其输出端"导出的
信号"单击鼠标右键，弹出快捷菜单，选择"簇与变体→按名称解除捆绑"，即创建"按名称
解除捆绑"函数。

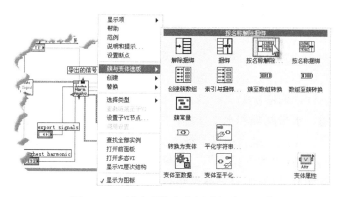

图 24-20　创建"按名称解除捆绑"函数

② 创建好的"按名称解除捆绑"函数如图 24-21 所示。将"谐波失真分析"函数节点的
输出端"导出的信号"与"按名称解除捆绑"函数节点的输入端相连，对簇进行解除捆绑，分
离出簇中的元素"exported time signal"和"exported spectrum（dB）"，供图形显示控件使用，
如图 24-21 所示。

③ 切换到前面板，创建 2 个波形图控件，分别为"输出时间信号"和"输出频谱"，用于
显示"按名称解除捆绑"函数节点分离出的元素图形；并且添加 1 个"停止"按钮，其功能是
控制 While 循环的结束。切换到程序框图，分别将"输出时间信号"和"输出频谱"波形图控

件与"exported time signal"和"exported spectrum（dB）"输出端相连，将"停止"按钮与 While
循环的条件终端相连。

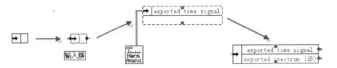

图 24-21　簇元素的扩展

（5）执行"函数→定时→等待（ms）"，添加 1 个"等待（ms）"函数节点，在其输入端创
建 1 个常量，数值为 200。

至此，高级谐波分析仪实例的程序框图设计完毕，如图 24-22 所示。

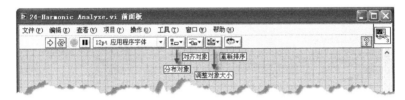

图 24-22　LabVIEW 8.2 工具栏

24.3.4　完成前面板的设计

切换到前面板，开始前面板的总体设计。将图形显示控件放置在上方，将输入信号的参数
设置控件集中放置在左下角，将谐波分析的参数设置和结果显示控件集中放置在右下角。接着
使用如图 24- 22 所示的工具栏中的"对齐对象"、"分布对象"和"调整对象大小"等工具对控
件进行排列和布局，并使用修饰控件对前面板进行修饰和美化。然后使用工具栏中的"重新排
序"工具对输入、显示控件和修饰控件的叠放次序进行重新排列，保证数值输入控件在前面板
的最上层，否则将无法对其进行数据操作。

排列布局工具如图 24-23 所示，其中"对齐对象"工具包括 6 种对齐格式，从左上按行排
列依次为上边缘、垂直中心、下边缘、左边缘、水平居中和右边缘；"分布对象"工具包括 10
种分布格式，从左上按行排列依次为上边缘、垂直中心、下边缘、垂直间距、垂直压缩、左边
缘、水平居中、右边缘、水平间隔和水平压缩；"调整对象大小"工具包括 7 种分布格式，从
左上按行排列依次为最大宽度、最大高度、最大宽度和高度、最小宽度、最小高度、最小宽度
和高度、设置宽度和高度…；"重新排序"工具包括 4 种排序格式（分别为向前移动、向后移
动、移至前面和移至后面），以及组合与取消组合、锁定与解锁功能。

图 24-23　排列布局工具

"修饰"子选板位于"控件→新式→修饰"中，此处要使用的修饰控件有"平面板"、"上
凸框"、"下凹框"、"下凹圆盒"和"标签"等，其中对于"平面板"，可使用工具选板（工具

选板的选择路径是菜单栏的"查看→工具选板")中的"设置颜色"工具将其边框设置为红色；在 2 个标签上输入"输入信号参数设置"和"谐波分析"。

高级谐波分析仪实例的前面板设计完毕后如图 24-1 所示。

24.3.5　运行结果

单击运行按钮 ⟐，如图 24-24 和图 24-25 所示，在谐波分析框中分别选择"导出信号"为 "input signal"和"harmonics only"，在前面板的"输出时间信号"和"输出频谱"图形控件中可以观察到对应的波形图和频谱结果。读者可以对输入参数进行调整，然后观察显示结果，即能深刻理解谐波分析的原理和实质。单击"停止"按钮即可使程序停止运行。

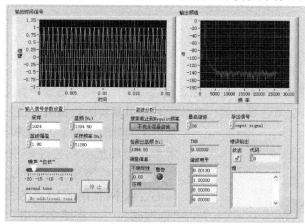

图 24-24　高级谐波分析仪运行界面之"输入信号"的波形及频谱

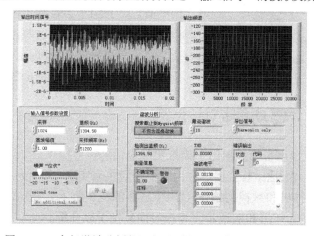

图 24-25　高级谐波分析仪运行界面之"谐波"的波形及频谱

24.4　本章小结

本章以高级谐波分析仪为例，主要介绍了"信号生成"和"波形测量"子选板的部分函数。其中着重阐述了"信号生成"子选板中的"正弦信号"和"高斯白噪声"函数，以及"波形测量"子选板中的"谐波失真分析"函数的输入/输出参数的含义和使用方法。另外，本章对如何在前面板中进行控件的排列、布局和修饰也做了一定篇幅的讲解。

第 25 章 【实例 93】电话按键声音模拟器

电话按键声音模拟器是模拟电话拨号时的按键声音，并将按下的键值显示在电话机的屏幕上的一种模拟器。本章设计的电话按键声音模拟器实例，目的是通过对多个电话按键值的逻辑操作，以及数值与字符串的相互转换，实现与真机相同的功能，将拨打电话的过程在模拟器上予以实现。

25.1 设计目的

基于 LabVIEW 8.2 虚拟平台，使用图形语言编程，利用"播放声音文件"和字符串操作等函数，设计一个电话按键声音模拟器，在按键时模拟真实的电话机发出按键声音，并能同时显

图 25-1 电话按键声音模拟器实例的前面板

示按下的键值。就 LabVIEW 8.2 控件的使用而言，本章在前面板的创建过程中使用了字符串显示控件、布尔控件等控件。同时，在对程序框图进行编写的过程中，使用的 VI 函数主要包括"While 结构"、"创建路径"、"连接字符串"和"数值至十进制数字符串转换"等，期间还使用了控件的属性节点和调用节点，介绍了多种常用的编程方法。通过对本章的学习，读者可以对这些控件及函数的使用方法及其特点有更好的理解和把握。图 25-1 所示为电话按键声音模拟器实例的前面板。

25.2 程序框图主要功能模块介绍

本章创建的电话按键声音模拟器用于模拟实际电话的拨号操作。如图 25-2 所示为电话按键声音模拟器的总体程序框图，其主要过程由 3 个功能块来实现，分别为电话按键声音模拟（如图 25-2 的框 1 所示）、挂机和重拨初始化（如图 25-2 的框 2 所示）、键值显示（如图 25-2 的框 3 所示）。各功能块实现的作用和实现步骤将在后面分别予以介绍。

25.2.1 "创建路径"函数

如图 25-3 所示，"创建路径"函数位于"文件 I/O"子选板上，用以生成由"基路径"和"名称或相对路径"组合的新路径，其调用路径是"函数→编程→文件 I/O→创建路径"。如表 25-1 所示为"创建路径"函数节点的参数说明表。在本章的实例中，使用此函数存放按键声音文件的路径，以在程序运行过程中调用按键声音文件。

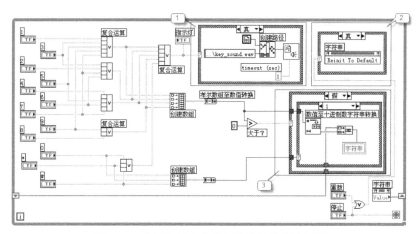

图 25-2 电话按键声音模拟器的总体程序框图

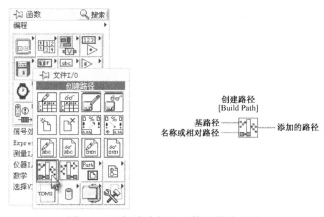

图 25-3 "创建路径"函数及其端子图

表 25- 1 "创建路径（Build Path）"函数节点的参数说明表

参 数 名 称	说 明
基路径（base path）	指定函数添加名称参数的基路径，默认为空路径。如果此输入无效，函数输出为<not a path>
名称或相对路径 （name or relative path）	表示位于基路径后新的路径部分。如果输入为空字符串或无效路径，函数输出为<not a path>；如果基路径为空路径，且此参数输入为绝对路径，函数输出为绝对路径
添加的路径（appended path）	表示由基路径和名称或相对路径生成的路径

25.2.2 "播放声音文件"函数

"播放声音文件"函数是一种打开声音文件并立即播放的函数。如图 25-4 所示，它位于"图形与声音"子选板上，其选择路径为"函数→编程→图形与声音→声音→输出→播放声音文件"。如表 25-2 所示为"播放声音文件"函数节点的参数说明。

表 25-2 "播放声音文件（Play Sound File. vi）"函数节点的参数说明

参 数 名 称	说 明
设备 ID（device ID）	表示用户进行声音操作所要访问的输入或输出设备。一般而言，大多数用户选择默认值 0
路径（path）	指用户播放的声音数据所存放的绝对路径。默认为<not a path>。若为空或无效，VI 返回一个错误

续表

参 数 名 称	说　明

错误输入（无错误）（error in）	表示 VI 或函数运行之前发生的错误情况，默认为无错误。如果一个错误在 VI 或函数运行前发生，错误将通过 error in 传递给 error out；只有当无错误发生时，IV 和函数才能正常运行；如果在运行过程中发生错误，则在错误输出中设置系统本身的错误状态
	  【TF】status：若 VI 或函数运行之前发生错误，则返回 TRUE，否则为 FALSE，可能返回一个警告；
	  【I32】Code：返回错误或警告代码，默认为 0，当 status 为 TRUE 时，返回非零的错误代码，当 status 为 FALSE 时，返回 0 或者警告代码；
	  【abc】source：在多数情况下，返回产生错误或警告来源的 VI 和函数名称，默认为空字符串

超时（秒）（time out）	指等待声音播放完成的最大时间（s）。默认为 10，若设置为–1，VI 无限期等待；若设置为 0s，声音继续播放时 VI 马上返回
任务 ID（task ID）	表示与指定设备配置有关的 ID 号。用户可以把它传递给其他声音操作函数
错误输出（error out）	包含错误信息。如果 error in 显示在 VI 或函数运行之前发生的错误，则 error out 显示相同的信息，否则，它描述了 VI 或函数产生的错误。用鼠标右键单击 error out 前面板中的指示器，选择快捷菜单中的"翻译错误"（explain error）可以获得此错误的更多信息。此参数跟 error in 参数包含的元素相同，依次有 status、code 和 source，其含义也相同

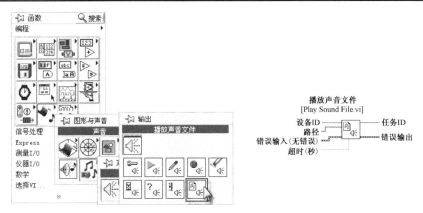

图 25-4　"播放声音文件"函数的选择路径和端子图

25.2.3 "数值至十进制数字符串转换"函数

　　"数值至十进制数字符串转换"函数是将数值转换为指定宽度的数字字符串，如果输入数值类型为双精度，在转换前圆整为 64 位整型。如图 25-5 所示，其调用路径为"函数→编程→字符串→字符串/数值转换→数值至十进制数字符串转换"。如表 25-3 所示为"数值至十进制数字符串转换"函数节点的参数说明。

表 25-3　"数值至十进制数字符串转换"函数节点的参数说明

参 数 名 称	说　明
数字（number）	输入可以是标量、数组、数字型簇或者数字型簇数组
宽度（–）（width）	必须是数值，如果没有连线，函数就使用输入的 number 长度作为参数输入
十进制整型字符串（decimal integer string）	最终的十进制数字字符串。如果 width 大于必需值，在输出左边补空格，如 3.0，宽度为 4，输出为–3；若不足，自动变换为必需值，如–12，宽度为 1，输出仍为–12

图 25-5 "数值至十进制数字符串转换"函数的选择路径和端子图

25.3 详细设计步骤

下面将对前面所述的电话按键声音模拟、挂机和重拨初始化、键值显示 3 个功能块的程序框图进行设计。在编写程序框图之前,首先要进行前面板的设计,具体的设计步骤如下。

25.3.1 创建一个新的 VI

创建新 VI,命名为 Phone Simulator. vi 。其操作路径为"文件→新建 VI"。当然,如果在 LabVIEW 8.2 的启动界面,直接单击新建栏中的 VI 即可。

25.3.2 前面板的设计

前面板的设计主要包括电话图片的导入,电话按键按钮的创建、按键显示界面的创建和设置等。具体的设计步骤如下。

(1)电话图片的导入。在前面板中插入一张固定电话图片,具体方法是在菜单栏中选择"编辑→导入图片至剪贴板",在弹出的"选择图片文件并置于剪贴板中"对话框中打开实例中需要使用的 phone. jpg 文件,然后选择"编辑→粘贴",此时需要的图片文件即显示在前面板中,用户可以根据需要调整其大小。

(2)电话按键按钮的创建。执行"控件→新式→布尔→停止按钮",放置 13 个"停止按钮",并分别命名为 0,1,2,3,4,5,6,7,8,9,#,*和"重拨"。然后,选中控件"显示项"中的"布尔文本"项,取消选择"显示项"中的"标签"项,将 0~9 的阿拉伯数字、#和*的布尔文本显示出来,并分别更改为 0,1,2,3,4,5,6,7,8,9,#和*。

(3)按键显示界面的创建和设置。执行"控件→新式→字符串和路径→字符串显示控件",放置 1 个字符串显示控件,调整其大小用以显示按键值,然后选中控件,在工具栏中单击工具"12pt 对话框字体",设置"调整"项为"右",如图 25-6 的左图所示。

(4)最后放置 1 个"确定"按钮和 1 个"停止"按钮,其路径为"控件→新式→布尔→确定按钮/停止按钮",将"确定"按钮的标签更名为"重拨"。最后在图片的相应位置调整各按钮大小,进行排列和布局。设计好的前面板如图 25-6 的右图所示。

图 25-6　电话按键模拟器实例的前面板示意图

25.3.3　电话按键声音模拟和键值显示

（1）由于输入为布尔值，而电话屏幕的显示为数值，所以需要对 0～9 数字的布尔按钮输出进行编码，使之对应输出为数字 0～9。编码采用二进制编码，使用"复合运算"、"创建数组"两个函数来实现。这里要用到的函数包括"复合运算"、"创建数组"和"布尔数组至数值转换"等。

① 复合运算：可以对一个或多个数值、数组、簇和布尔输入进行乘、与、或、异或和添加运算，其调用路径为"函数→编程→布尔→复合运算"。运算类型的选择方法如图 25-7 所示。

② 布尔数组至数值转换：其节点参数如图 25-8 所示。其功能是把布尔数组转化为 32 位无符号整型数值，其中数组的第 1 个元素为最低有效位；TRUE 和 FALSE 分别相当于二进制的 1 和 0。其调用路径为"函数→编程→布尔→布尔数组至数值转换"。

　　　　　　　　　　　　　　　　　　　　　　布尔数组至数值转换
　　　　　　　　　　　　　　　　　　　　　　[Boolean Array To Number]

　　　　　　　　　　　　　　　　　　　布尔数组 ～～～～～ **▷…▪#** ────── 数字

图 25-7　复合运算　　　　　　　　图 25-8　"布尔数组至数值转换"函数节点参数

（2）如图 25-2 的框 1 所示，将电话按键的布尔值与一个条件结构相连，实现当有键按下时发出声音。添加 1 个"创建路径"函数，其输入端子"基路径"连接文件常量"当前 VI 路径"，其输入端子"名称或相对路径"与"..\key_sound.wav"相连，将"创建路径"函数生成的路径连接"播放声音文件"函数的输入端"路径"，即可实现电话拨号时按键发出声音的功能。这里，文件常量"当前 VI 路径"函数的选择路径为"函数→编程→文件 I/O→文件常量→当前 VI 路径"，如图 25-9 所示。

（3）然后将数字转换成字符串并在字符串显示控件中显示出来，如图 25-2 的框 3 所示。另外，这里还使用了 While 结构的移位寄存器和"连接字符串"函数，以实现将上次的按键值与本次按键值组合后在控件中一并显示的功能。"连接字符串"函数可以将输入字符或者一维字符数组转换成一个字符串输出，其选择路径为"函数→编程→字符串→连接字符串"，如图 25-10 所示。

（4）同理，0、*和#编码后对应的数值为 1、2 和 4，它们的显示通过一个条件结构实现，各分支的程序框图如图 25-11 所示。

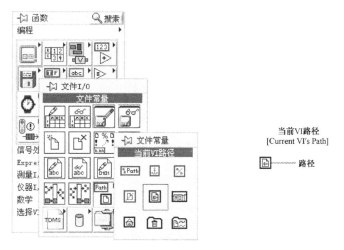

图 25-9 "当前 VI 路径"函数的选择路径和端子图

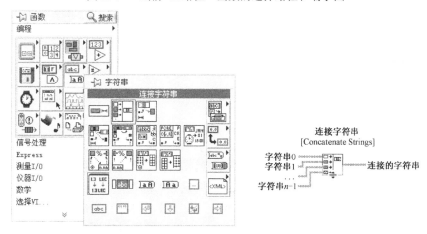

图 25-10 "连接字符串"函数的选择路径和端子图

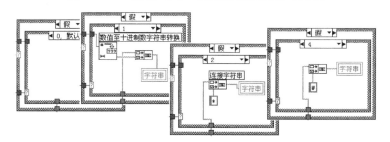

图 25-11 0、*和#显示的条件结构分支程序框图

25.3.4 完整程序框图

为了使实例更好地仿真实际的电话机，需要添置"重拨"按键，用于重新拨号之前按键显示值的清除，这里用到了字符串显示控件的调用节点——重新初始化为默认值（Reinit To Default），如图 25-12 所示，其功能是将控件的值重新设置为默认值，其实现方法如图 25-2 的框 2 所示。

图 25-12　调用节点"重新初始化为默认值"的创建

25.3.5　运行结果

单击运行按钮，并单击前面板中的按键输入号码。单击时可以听到与电话按键声音相仿的声音，如果要重新输入号码，单击"重拨"按钮即可清除显示屏。单击"停止"按钮即可使程序停止运行，同时清除显示屏的内容。如图 25-13 所示即为电话按键声音模拟器的运行界面。

25.4　本章小结

图 25-13　电话按键声音模拟器的运行界面

在本章所设计的实例中，主要使用了"图形与声音"和"文件 I/O"子选板上的部分函数，其中包括"播放声音文件"和"创建路径"等函数。本章设计的电话按键声音模拟器实例通过使用这些函数向读者展现了使用 LabVIEW 8.2 软件设计和编写电子设备模拟器的思路和方法。

通过本章的学习，读者可以对"图形与声音"与"文件 I/O"子选板中部分函数的特点和使用方法有一个比较直观的了解，并对程序框图和前面板的设计有更好的理解和掌握。本例给读者提供了使用简单函数实现复杂功能程序设计的范例，有助于开拓读者的思维和视野，全面地理解 LabVIEW 8.2 的设计理念和设计风格。

第 26 章 【实例 94】回声产生器

本章设计的回声产生器实例，主要是让读者掌握利用 LabVIEW 8.2 产生回声信号的方法。通过对本章的学习，可以加深读者对 LabVIEW 8.2 的进一步认识和理解，使其能够熟练掌握和运用 LabVIEW 8.2 进行程序设计。

26.1　设计目的

本章设计的回声发生器是基于 LabVIEW 8.2 虚拟平台，使用图形语言编程开发的。在本实例中，利用波形图可显示回声波形，并且采样数、振幅、频率、衰减值、回声振幅和回声延时等参数均可调。

本章的设计内容主要包括两部分：前面板的设计和程序框图的设计。下面将对其进行详细介绍，以帮助读者了解如何利用 LabVIEW 8.2 进行回声产生器设计，同时也进一步加深读者对利用 LabVIEW 8.2 进行数字信号处理的理解和掌握。

如图 26-1 所示为回声产生器实例的前面板。

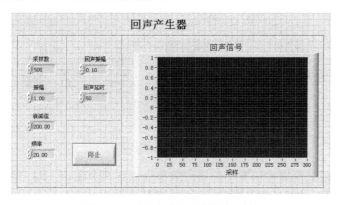

图 26-1　回声产生器实例的前面板

26.2　程序框图主要功能模块介绍

如图 26-2 所示为回声产生器实例的程序框图。回声产生器实例的程序框图设计共分为两个主要的功能块，分别为回声产生器功能模块和 While 循环功能模块，已在图上用线框标示以供参考。接下来将对每个功能模块实现的具体处理功能和任务进行详细介绍。

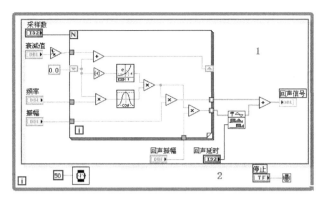

图 26-2　回声产生器实例的程序框图

26.2.1　回声产生器功能模块

回声产生器功能模块的功能是根据输入控件输入的信号参数，通过相应的信号分析和计算，输出回声信号。其程序框图如图 26-3 所示，其具体设计步骤将会在下一节进行详细介绍。

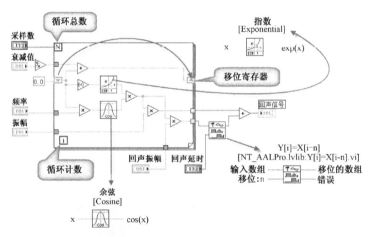

图 26-3　回声产生器功能模块的程序框图

从"For 循环"函数节点可以看出，该函数节点包含两个端口，即"循环总数"和"循环计数"。前者表明了循环体执行循环的总次数。"循环计数"端口是一个输出数据端口，标志当前循环的次数，循环次数默认从"0"开始计数。程序在每次循环进行后检查"循环计数"这个条件是否等于"循环总数-1"，如果满足，则退出循环。"循环总数"端口与"采样数"输入控件相连接，保证了信号采样的开始和结束都由 For 循环来控制。

如图 26-4 所示，"指数"函数和"余弦"函数的调用路径分别为"函数→数学→基本与特殊函数→指数函数→指数"和"函数→数学→基本与特殊函数→三角函数→余弦"。

如图 26-5 所示，"Y[i]=X[i-n]"函数位于"信号运算"子选板中。利用"Y[i]=X[i-n]."函数可以对输入的数组进行移位，其调用路径为"函数→信号处理→信号运算→ Y[i]=X[i-n]"。表 26-1 给出了该函数节点参数的详细说明。

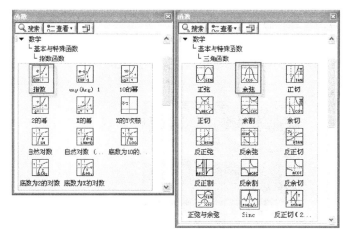

图 26-4 数学函数子选板   图 26-5 "信号运算"子选板

表 26-1 "Y[i]=X[i−n]"函数节点参数的说明

参 数 名 称	说 明
输入数组	输入需要移位的数组
移位：n	指定输入数组的移位方向和数目。如果 n 为正值，输入数组向右移位；n 为负值，则输入数组向左移位。默认值为"0"，n 的值一般小于输入数组的长度
移位后的数组	输出移位后的数组序列
错误	返回出现的错误或警告信息

26.2.2 While 循环功能模块

该模块的功能是通过控制循环条件，实现产生回声参数的实时调节与输出显示。While 循环的条件接线端接入的是一个布尔变量（停止控件）。当布尔值为"真"，即在前面板按下"停止"按钮时，循环停止；否则循环一直进行。此时，通过前面板的输入控件改变产生回声的参数，即可实现回声参数的实时调节与显示。

26.3 详细设计步骤

回声产生器实例的设计主要可以分为以下几个步骤。

（1）程序框图的设计，包括回声产生器的设计和 While 循环的设计。

（2）图形显示界面的设计，即在程序框图的主要设计基础上，在前面板上添加相应的输入控件、波形图显示控件，以及其他操作控件。

（3）前面板界面布局及显示部件的属性设置，包括对前面板进行的整体布局规划设计，以及对部分图形显示控件进行的相关外观属性设置。

设计完毕后，可通过调节输入观察相应曲线的输出情况。接下来对其设计步骤进行具体介绍。

26.3.1 创建一个新的 VI

（1）创建新 VI，命名为 Echo Generator.vi。其操作路径为"文件→新建 VI"。当然，如果在 LabVIEW 8.2 的启动界面，直接单击新建栏中的 VI 也可创建。

（2）切换到前面板设计窗口下，打开"控件→新式→图形"子选板，选择一个波形图显示控件并将其放置在前面板设计窗口的适当位置；打开"控件→新式→数值"子选板，选择 6 个数值输入控件并将其放置到前面板设计窗口的适当位置。

（3）调整各控件对象的位置和大小，设置各控件的参数和属性，如图 26-6 所示。

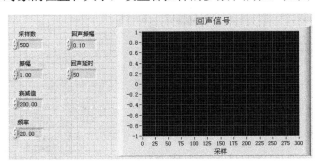

图 26-6　控件的放置与设置

26.3.2　回声产生模块程序设计

（1）切换到程序框图设计窗口下，打开"函数→编程→结构"子选板，选择"For 循环"函数节点，在程序框图中绘制该循环的方框图，并适当调整其大小，如图 26-7 所示。

（2）打开"函数→编程→数值"子选板，选择一个"倒数"函数节点和一个"加法"函数节点并将它们放置到"For 循环"函数节点外；选择一个"加法"函数节点、一个"取负数"函数节点和四个"乘法"函数节点并将它们放置到"For 循环"函数节点内。

（3）分别打开"函数→数学→基本与特殊函数→指数函数"和"函数→数学→基本与特殊函数→三角函数"子选板，选择一个"指数"函数节点和一个"余弦"函数节点并将它们放置到"For 循环"节点内。

（4）打开"函数→信号处理→信号运算"子选板，选择一个"Y[i]=X[i−n]"函数节点并将其放置到"For 循环"函数节点外。

图 26-8 给出了上述各函数节点的具体放置情况。

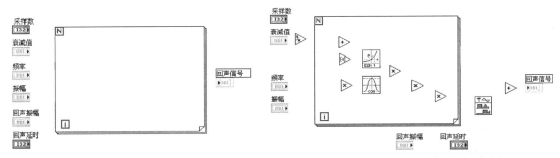

图 26-7　"For 循环"函数节点的放置　　　　图 26-8　各函数节点的放置示意图

（5）移动光标到"For 循环"函数节点的方框边缘上，单击鼠标右键，从弹出的快捷菜单中执行"添加移位寄存器"命令，此时可以看到"For 循环"函数节点的方框边缘上出现了一对"移位寄存器"（如图 26-9 所示）。

（6）打开"函数→编程→数值"子选板，选择一个"数值常量"函数节点，将其放置到"For循环"函数节点外面。移动光标到该"数值常量"函数节点上，单击鼠标右键，从弹出的快捷菜单中选择"表示法"，在弹出的二级快捷菜单中将"数值常量"函数节点的精度设置为"DBL（double

型)"(如图 26-10 所示)。

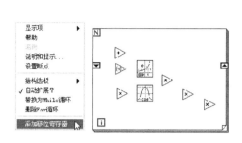

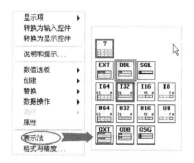

图 26-9　添加移位寄存器　　　　　图 26-10　"数值常量"函数节点精度的设置

(7) 按照图 26-11 所示进行连线,完成回声产生模块的程序框图设计。

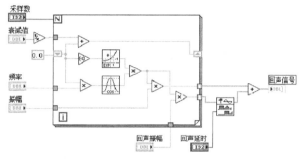

图 26-11　回声产生模块的程序框图设计

26.3.3　完整程序框图

(1) 切换到程序框图设计窗口下,打开"函数→编程→结构"子选板,从中选择"While 循环"结构框图并将其放置到程序框图上,将"停止"按钮与"While 循环"的条件接线端相连。

(2) 打开"函数→编程→定时函数"子选板,从中选择"等待(ms)"函数节点,并将其放置到"While 循环"结构框图内部。移动光标到"等待(ms)"函数节点的输入端口,单击鼠标右键,从弹出的快捷菜单中执行"创建→常量"命令,创建与其相连接的节点对象(如图 26-12 所示)。

(3) 切换到前面板设计窗口下,对控件进行排列布局和美观,在前面板窗口的右上角用鼠标右键单击 LabVIEW 8.2 图标,在弹出的"图标编辑器"对话框中编辑图标(如图 26-13 所示)。

图 26-12　"等待(ms)"函数节点的设置

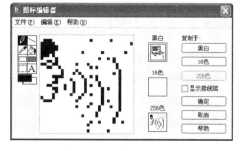

图 26-13　图标的编辑

至此,回声发生器实例设计完毕,图 26-14 给出了该实例的完整程序框图。

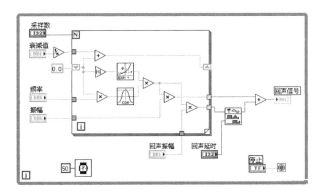

图 26-14　回声产生器实例的完整程序框图

26.3.4　运行结果

单击前面板工具栏上的运行按钮⬚，如图 26-15 所示，在回声产生器运的行界面上可以观察到回声信号的图形显示。改变各输入控件中的值，可以观察到产生的回声信号随之发生相应变化。单击"停止"按钮，程序运行结束。

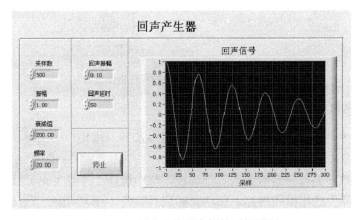

图 26-15　回声产生器实例的运行界面

26.4　本章小结

本章主要讲解了如何利用数学函数节点构造回声产生器的实例。在该实例中，可以在前面板的输入控件中调整回声参数，利用波形图将产生的回声信号显示出来。

通过本章的学习，读者可以对数学函数及信号处理函数的使用，以及程序框图和前面板的设计有更好的理解和掌握，从而更加熟练、有效地使用 LabVIEW 8.2 进行程序设计。

第 27 章 【实例 95】回声探测器

本章设计的回声探测器实例，主要是让读者掌握利用 LabVIEW 8.2 产生回声信号，然后再进行回声探测的方法。通过对该实例的学习，可以加深读者对 LabVIEW 8.2 的进一步认识和了解，以便读者能够熟练掌握和运用 LabVIEW 8.2 进行程序设计。

27.1 设计目的

基于 LabVIEW 8.2 虚拟平台，使用图形语言编程，由回声发生器子 VI 产生回声信号，通过回声探测器进行探测分析。本实例利用 2 个波形图来分别显示回声信号和回声探测信号，并对这两个信号进行对比分析。

本章的设计内容主要包括 3 个部分：回声产生部分、回声探测部分和结果显示部分。下面将对其进行详细介绍，以帮助读者了解利用 LabVIEW 8.2 设计回声探测器的过程和方法。同时，也进一步加深读者对利用 LabVIEW 8.2 进行数字信号处理的认识和掌握。

图 27-1 给出了回声探测器实例的前面板。

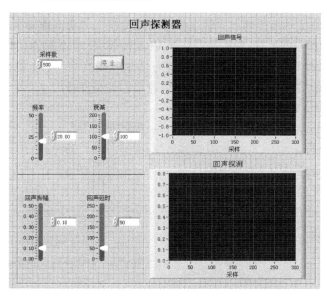

图 27-1　回声探测器实例的前面板

27.2 程序框图主要功能模块介绍

如图 27-2 所示，回声探测器实例的程序框图共分为 4 个主要的功能块，分别为回声产生子 VI 功能模块、回声探测功能模块、结果显示功能模块和 While 循环功能模块，已在图上用线框标示以供参考。接下来，将对每个功能块实现的具体处理功能和任务进行详细介绍。

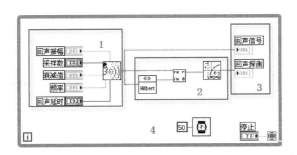

图 27-2　回声探测器实例的程序框图

27.2.1　回声产生子 VI 功能模块

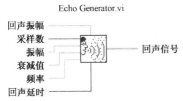

图 27-3　回声产生子 VI 函数的端子图

回声产生子 VI 功能模块用来产生回声信号。此子 VI 命名为 Echo Generator. vi。图 27-3 给出了该 VI 函数的端子图。

该子 VI 主要用来产生回声信号，可将该模块产生的回声信号输入相应的波形图和回声探测功能模块中。此外，该子 VI 可以通过改变输入控件的参数来产生不同的回声信号。

27.2.2　回声探测功能模块

回声探测功能模块的功能是通过"快速希尔伯特变换"、"实部虚部至极坐标转换"和"自然对数"等一系列函数节点的运算，将回声产生子 VI 功能模块产生的回声信号信息特征探测出来。

"快速希尔伯特变换"函数是在 FFT 函数进行傅里叶变换的基础上执行离散希尔伯特变换的，其调用路径为"函数→信号处理→变换→快速希尔伯特变换"。

"实部虚部至极坐标转换"函数是将一复数值的直角坐标形式转换成极坐标形式，本例中利用该函数将两个直角坐标系的数组转换为极坐标形式，其调用路径为"函数→编程→数值→复数→实部虚部至极坐标转换"。

"自然对数（Arg+1）"函数是计算输入数值的自然对数值，其调用路径为"函数→数学→基本与特殊函数→自然对数"。

图 27-4 给出了这 3 个函数的接线端子图。

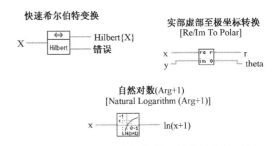

图 27-4　回声探测功能模块函数的接线端子图

27.2.3　结果显示功能模块

结果显示功能模块的功能是将回声信号和回声探测信号的结果以波形图的方式直观地显示出来，这主要通过前面板的波形图控件来实现。为便于更好地处理和显示各部分信号变化情况，需要对不同用途的波形图控件属性进行相应的设置和修改，其设计步骤将会在 27.3 节进行详细的介绍。

27.2.4　While 循环功能模块

While 循环功能模块的功能是通过控制循环条件，实现回声信号和回声探测的实时调节与输出显示。While 循环的条件接线端接入的是一个布尔变量（停止控件），当布尔值为"真"，即在前面板单击"停止"按钮时，循环停止；否则循环一直进行。此时，通过前面板的输入控件改变生产回声的参数，即可实现回声探测的实时调节与显示。

27.3 详细设计步骤

回声探测器设计实例的设计主要可以分为以下几个步骤。

（1）程序框图的设计，包括回声产生子 VI 的设计、回声探测器的设计和 While 循环的设计。

（2）图形显示界面的设计，即在程序框图的主要设计基础上，在前面板上添加相应的输入控件、波形图显示控件，以及其他操作控件。

（3）前面板界面布局及显示部件的属性设置，包括对前面板进行的整体布局规划设计，以及对部分图形显示控件进行的相关外观属性设置。

接下来对其设计步骤进行具体介绍。

27.3.1 创建回声产生子 VI

（1）创建新 VI，命名为 Echo Generator.vi。其操作路径为"文件→新建 VI"。当然，如果在 LabVIEW 8.2 的启动界面，直接单击新建栏中的 VI 也可创建。

（2）子 VI 前面板的设计。

① 切换到前面板设计窗口下，打开"控件→新式→数值控件"子选板，放置 6 个数值输入控件到前面板设计区的适当位置，并分别将其命名为"采样数"、"振幅"、"衰减值"、"频率"、"回声振幅"和"回声延时"。

② 放置 1 个数组常量控件，并将其命名为"回声信号"。

③ 调整各控件对象的位置和大小，设置上述各控件的参数和属性。图 27-5 给出了设计好的前面板图。

（3）子 VI 程序框图的设计。

① 切换到程序框图设计窗口下，打开"函数→编程→结构"子选板，选择"For 循环"函数节点，在程序框图中绘制该循环的方框图，并适当调整其大小。

② 打开"函数→编程→数值"子选板，选择一个

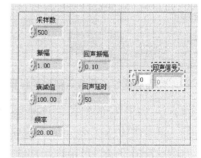

图 27-5 回声产生子 VI 的前面板

"倒数"函数节点和一个"加法"函数节点并将它们放置到"For 循环"节点外；选择一个"加法"函数节点、一个"取负数"函数节点和四个"乘法"函数节点并将它们放置到"For 循环"节点内。

③ 分别打开"函数→数学→基本与特殊函数→指数函数"和"函数→数学→基本与特殊函数→三角函数"函数选板，选择一个"指数"函数节点和一个"余弦"函数节点并将它们放置到"For 循环"函数节点内。

④ 打开"函数→信号处理→信号运算"函数选板，选择一个"Y[i]=X[i−n]"函数节点并将其放置到"For 函数循环"函数节点外。

上述各函数节点的具体放置如图 27-6 所示。

⑤ 移动光标到"For 循环"函数节点的方框边缘上，单击鼠标右键，从弹出的快捷菜单中

执行"添加移位寄存器"命令，此时可以看到"For 循环"函数节点的方框边缘上出现了一对"移位寄存器"（如图 27-7 所示）。

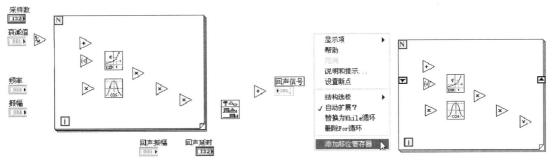

图 27-6　各函数节点的放置示意图　　　　　图 27-7　添加移位寄存器

⑥ 打开"函数→编程→数值"子选板，选择一个"数值常量"函数节点并将其放置到"For循环"节点外面。移动光标到该"数值常量"函数节点上，单击鼠标右键，从弹出的快捷菜单中选择"表示法"，在弹出的二级快捷菜单中将"数值常量"函数节点的精度设置为"DBL（double型）"（如图 27-8 所示）。

⑦ 按照图 27-9 所示进行连线，完成回声产生子 VI 的程序框图设计。

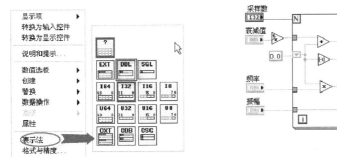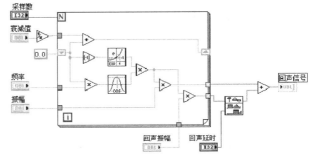

图 27-8　"数值常量"函数节点精度的设置　　图 27-9　回声产生子 VI 的程序框图设计

（4）子 VI 图标的编辑与连接器的创建

① LabVIEW 8.2 会为每个程序创建默认的图标，并显示在前面板和程序框图窗口的右上角（如图 27-10 所示）。用户可根据需要设计图标。图标下方的数字表示自本次 LabVIEW 8.2启动后已经打开的新 VI 的数量。

② 移动光标到前面板或程序框图右上角的图标上。用鼠标右键单击图标，将弹出一个快捷菜单（如图 27-10 所示），从中选择"编辑图标"即可打开"图标编辑器"窗口，或者双击鼠标左键，弹出"图标编辑器"对话框；也可以通过"文件"下拉菜单中的"VI 属性"选项打开一个界面，然后再从中选择"编辑图标"来打开"图标编辑器"窗口。

③ 按照图 27-11 所示对图标进行编辑。编辑完成后单击"确定"按钮予以确认并关闭该对话框，可以看到前面板和程序框图右上角的图标改变为编辑后的图标。

④ VI 只有设置了连接器端口后才能作为子 VI 使用，如果不对其进行设置，则调用的只是一个独立的 VI 程序，不能改变其输入参数，也不能显示或传输其运行结果。移动光标到前面板右上角的图标上，单击鼠标右键，从弹出的快捷菜单中执行"显示连线板"菜单命令，此时前面板右上角的图标会切换成连接器图标（如图 27-12 所示）。连接器的每个小长方形区域代表一个输入或输出端口。

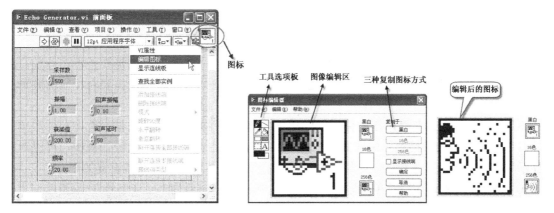

图 27-10　LabVIEW 8.2 程序的默认图标　　　　　图 27-11　编辑图标

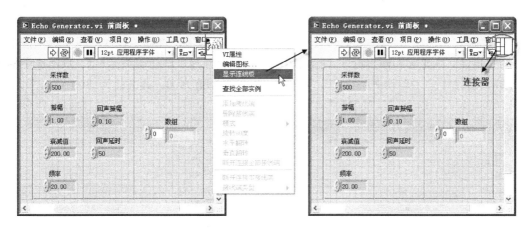

图 27-12　显示连线板

⑤ 打开工具选板，单击选板上的"正在连线"选项，鼠标即转化为连线状态。用鼠标左键单击选中的控件，控件周围会出现虚线框，表示此控件已被选中。把鼠标移至连接器图标上，用鼠标左键单击其中一个端口，此时端子由白色变为橙色，表示连接器端口与控件已建立连接。图 27-13 给出了子 VI 连接器端口和控件对象的关联关系。

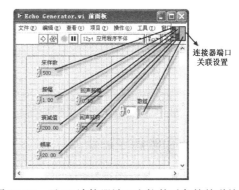

图 27-13　子 VI 连接器端口和控件对象的关联关系

27.3.2　前面板的设计

（1）创建新 VI，命名为 Echosounder.vi。其操作路径为"文件→新建 VI"。当然，如果在 LabVIEW 8.2 的启动界面，直接单击新建栏中的 VI 也可创建。

（2）切换到前面板设计窗口下，打开"控件→新式→数值控件"子选板，放置 1 个数值输入控件到前面板设计区的适当位置，并命名为"采样数"；放置 4 个垂直指针滑动杆控件到前面板的适当位置，分别命名为"振幅"、"频率"、"衰减值"、"回声振幅"和"回声延时"。根据需要对控件属性进行设置，具体方法为移动光标到控件上，单击鼠标右键，执行"属性"菜单命令，即弹出该控件的属性对话框（如图 27-14 所示）。

（3）在前面板上，执行"控件→新式→图形→波形图"，放置 2 个波形图控件，分别命名为"回声信号"和"回声探测"。在设计过程中，为了更好地显示波形，需要对相应的波形图进行相关参数的设置。

下面以"回声信号"波形图控件为例，介绍波形图控件的属性设置方法。选中控件后单击鼠标右键，在弹出的快捷菜单中选择"属性"，即弹出属性对话框。在该对话框中，可以对需要显示的波形曲线、波形图的坐标轴、游标等进行设置，各选项卡的具体设置如下。

① "外观"选项卡。选中"标签"复选框，修改标签内容为"回声信号"，取消选中"标题"项的"可见"复选框，取消选中"显示图例"复选框。

② "曲线"选项卡。在"曲线"选项卡中可以根据需要对曲线的线型和颜色等属性进行修改和设定。

③ "标尺"选项卡。在"标尺"选项卡中，可以设定波形图显示控件的纵坐标和横坐标（采样）的属性。纵坐标和横坐标的"标尺范围"默认设置为"自动调整标尺"。取消选中横坐标（采样）属性中的"自动调整标尺"复选框，设定最小值为 0，最大值为 300（如图 27-15 所示）。

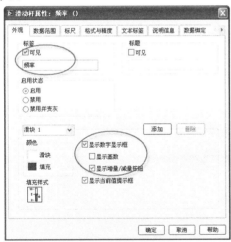

图 27-14　"频率"滑动杆控件的属性对话框

图 27-15　"标尺"选项卡的设置

27.3.3　回声探测程序框图设计

（1）切换到程序框图设计窗口下，打开"函数→选择 VI..."子选板，弹出"选择需打开的 VI"对话框，设置要调用的子 VI 的路径和文件名（如图 27-16 所示）。

（2）单击"选择需打开的 VI"对话框的"确定"按钮，关闭该对话框。此时，在程序框图设计区放置了一个新的图标，即子 VI "Echo Generator.vi"的节点图标。

（3）打开"函数→信号处理→变换"子选板，选择一个"快速希尔伯特变换"函数节点，将其放置到程序框图设计窗口的适当位置；打开"函数→编程→数值→复数"子选板，选择一个"实部虚部至极坐标转换"函数节点，将其放置到程序框图设计窗口的适当位置；打开"函数→数学→基本与特殊函数"子选板，选择一个"自然对数"函数节点并将其放置到程序框图设计窗口的适当位置。

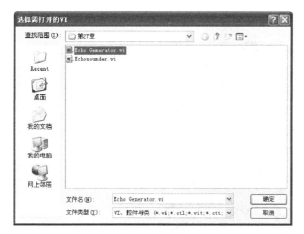

图 27-16 "选择需打开的 VI"对话框

（4）按照图 27-17 所示进行连线，完成回声探测程序框图的设计。

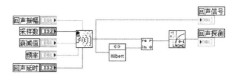

图 27-17 回声探测程序框图的设计

27.3.4 完整程序框图

（1）切换到程序框图设计窗口，打开"函数→编程→结构"子选板，从中选择"While 循环"结构框图并将其放置到程序框图上，将"停止"按钮与"While 循环"的条件接线端相连。

（2）打开"函数→编程→定时函数"子选板，从中选择"等待（ms）"函数节点，将其放置到"While 循环"结构框图内部。移动光标到"等待（ms）"函数节点的输入端口，单击鼠标右键，从弹出的快捷菜单中执行"创建→常量"命令，创建与其相连接的函数节点对象（如图 27-18 所示）。

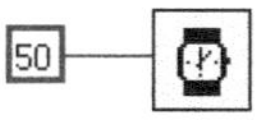

（3）切换到前面板设计窗口下，对控件进行排列布局和美观设计，并在前面板窗口的右上角左键双击 LabVIEW 8.2 图标，在弹出的"图标编辑器"对话框中编辑图标（如图 27-19 所示）。

图 27-18 "等待（ms）"函数节点的设置

至此，回声探测器实例设计完成，图 27-20 给出了该实例的完整程序框图。

图 27-19 图标的编辑

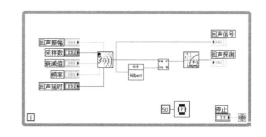

图 27-20 回声探测器实例的完整程序框图

27.3.5 运行结果

单击前面板工具栏上的运行按钮⬦，如图 27-21 所示，在回声探测器的运行界面上可以观察到回声信号和回声探测的图形显示。改变各输入控件中的值，可以观察到产生的回声信号和回声探测随之发生相应的变化。单击"停止"按钮，程序运行结束。

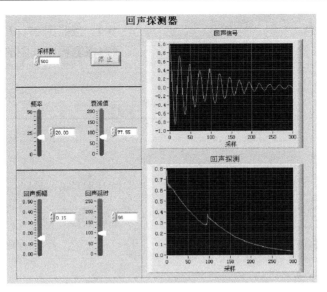

图 27-21　回声探测器实例的运行界面

27.4　本章小结

　　本章主要讲解了如何创建回声产生子 VI，并在程序中调用子 VI 产生回声信号；如何探测出回声信号，并利用波形图显示出原始信号和探测信号。通过本章的学习，读者可以对利用 LabVIEW 8.2 进行程序设计有更好的了解和认识。

第28章 【实例96】信号的发生与处理综合实例

本章设计的信号的发生与处理综合实例，主要是分析由信号发生器和均匀白噪声叠加的信号，并对经过 FIR 加窗滤波器处理后的信号进行 FFT 功率谱计算，获取信号幅值的最大值和最小值，以及对比分析滤波前后的信号波形，检测滤波后的信号是否满足用户的要求，为读者提供了一个综合运用信号的发生与处理的范例。

28.1 设计目的

基于 LabVIEW 8.2 虚拟平台，使用图形语言编程，由获取信号子 VI 产生原始信号，经过 FIR 加窗滤波器处理后，对滤波前后的信号进行比较，利用 FFT 功率谱函数对滤波后的信号进行功率谱计算。最后使用统计函数输出波形幅值的最大值和最小值。

本章的设计内容主要包括 3 个部分：原始信号生成部分、信号处理部分和结果显示部分。实例使用到的 LabVIEW 8.2 信号处理中主要的相关函数包括"基于持续时间的信号发生器"、"均匀白噪声"、"FIR 加窗滤波器"、"FFT 功率谱"及"统计"函数等。下面将详细介绍。

如图 28-1 所示为信号的发生与处理综合实例的前面板。

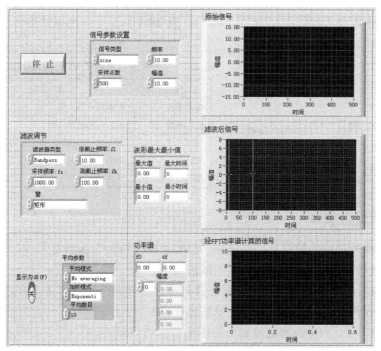

图 28-1 信号的发生与处理综合实例的前面板

28.2　程序框图主要功能模块介绍

如图 28-2 所示，信号的发生与处理综合实例的程序框图共分为 5 个主要的功能块：产生原始信号子 VI 模块、按窗函数滤波模块、FFT 功率谱函数模块、波形最大最小值函数模块、活动游标控件模块（详见线框标示）。接下来将对每个功能块实现的具体处理功能和任务进行详细介绍。

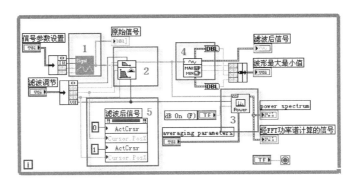

图 28-2　信号的发生与处理综合实例的程序框图

28.2.1　产生原始信号子 VI 模块

产生原始信号子 VI 模块主要用来产生带噪声的仿真信号。此子 VI 命名为 Signal Generator.vi，其函数端子参数图如图 28-3 所示。表 28-1 给出了产生原始信号子 VI 的输入/输出参数说明。

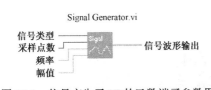

图 28-3　信号产生子 VI 的函数端子参数图

表 28-1　产生原始信号子 VI 的输入/输出参数说明

参　数　名　称	说　　　明
信号类型	产生信号的类型
采样点数	输出信号的样本数
频率	输出信号的频率，单位是 Hz
幅值	输出信号的幅值
信号波形输出	产生的样本信号数组

28.2.2　窗函数滤波模块

此处采用信号处理中的滤波器，并选用"FIR 加窗滤波器"函数对子 VI 产生的仿真信号进行带通滤波，以产生经过相应滤波处理的滤波信号。

"FIR 加窗滤波器"函数可实现通过滤波器和窗对信号进行处理的功能。如图 28-4 所示，该函数的调用路径为"函数→信号处理→滤波器→FIR 加窗滤波器"。

图 28-4 也给出了"FIR 加窗滤波器"的函数节点端口。

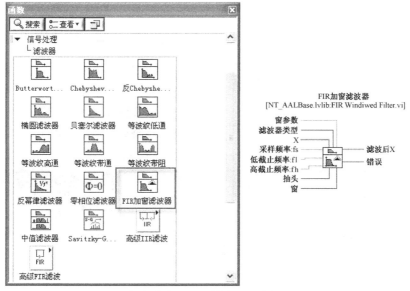

图 28-4 "FIR 加窗滤波器"函数的调用路径及函数节点端口

28.2.3 FFT 功率谱函数模块

"FFT 功率谱"函数首先对时域信号进行 FFT 变化,然后计算该信号的功率谱。"FFT 功率谱"函数的调用路径为"函数→信号处理→波形测量→FFT 频率谱"。图 28-5 给出了该函数的节点端口。

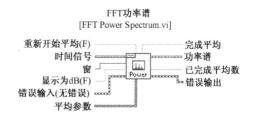

图 28-5 "FFT 功率谱"函数的节点端口

其中,输入端口"显示为 dB(F)"用于设定功率谱的显示是否以 dB 显示,默认值为"假"。"窗"输入端口用于设定对信号的加窗类型。"平均参数"输入端口用于设定平均模式、加权模式和平均数目。

28.2.4 波形最大最小值函数模块

"波形最大最小值"函数主要用来确定输入波形的最大值、最小值和它们的相应发生时间。如图 28-6 所示,其调用路径为"函数→编程→波形→模拟波形→波形最大最小值"。表 28-2 给出了"波形最大最小值"函数节点的参数说明。

图 28-6 "模拟波形"子选板及"波形最大最小值"函数

表 28-2 "波形最大最小值"函数节点的参数说明表

参数名称	说 明
波形输入	输入想要获取最大值、最小值的波形
错误输入（无错误）	描述该 VI 或函数运行前发生的错误情况，默认为"无错误"
最大时间	最大值的发生时间
波形输出	将输入波形无改变的输出
y 最大	输出波形的最大值
y 最小	输出波形的最小值
错误输出	包含错误信息。如果错误输入表明在该 VI 或函数运行前已出现错误，则错误输出将包含相同错误信息，否则将表示 VI 或函数中出现的错误状态
最小时间	最小值的发生时间

28.2.5 活动游标控件模块

为直观地显示通过"FIR 加窗滤波器"函数滤波后信号的幅值衰减情况，需在波形图上添加活动游标控件（如图 28-7 所示），具体的设置过程将在后面的设计步骤中详细介绍。

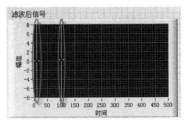

图 28-7 活动游标控件

28.3 详细设计步骤

信号的发生与处理综合实例的设计主要可以分为以下几个步骤。

（1）程序框图的设计，包括原始信号的生成、加窗滤波器的滤波处理、FFT 功率谱的计算和波形最大值、最小值等的分析过程。

（2）图形显示界面的设计，即在程序框图的主要设计基础上，在前面板上添加相应的输入控件、波形图显示控件，以及信号处理过程中信号的实时显示控件。

（3）前面板界面布局及显示控件的属性设置，包括对前面板进行的整体布局规划设计，以及对部分图形显示控件进行的相关外观属性设置。

设计完毕后，通过调节输入控件的参数可观察相应曲线的变化情况。接下来对其设计步骤进行具体介绍。

28.3.1 产生原始信号子 VI

（1）创建新 VI，命名为 Signal Generator.vi。其操作路径为"文件→新建 VI"。当然，如果在 LabVIEW 8.2 的启动界面，直接单击新建栏中的 VI 也可创建。

（2）子 VI 前面板的设计。

① 切换到前面板设计窗口下，打开"控件→新式→数值"子选板，放置 4 个数值输入控件，分别命名为"信号类型"、"采样点数"、"频率"和"幅值"。

② 打开"控件→新式→图形"子选板，放置 1 个波形图控件，命名为"信号输出"。

③ 对控件进行排列布局和美观设计，设计好的前面板如图 28-8 所示。

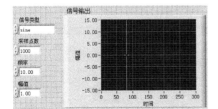

图 28-8 产生原始信号子 VI 的前面板

（3）子 VI 程序框图的设计。

① 切换到程序框图设计窗口下，执行"函数→信号处理→信号生成"，分别选择 1 个"基于持续时间的信号发生器"函数和 1 个"均匀白噪声"函数并将它们放置到设计区中。它们

的调用路径和节点端口如图 28-9 所示。

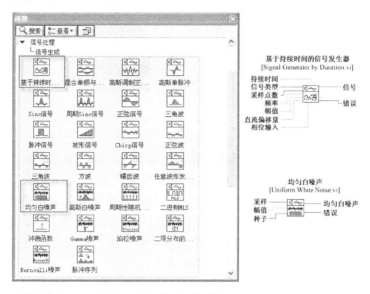

图 28-9　"信号生成"子选板与"基于持续时间的信号发生器"、"均匀白噪声"函数

表 28-3 给出了"基于持续时间的信号发生器"函数的"信号类型"接线端子的具体信号类型与对应数值。

② 将"基于持续时间的信号发生器"函数节点和"均匀白噪声"函数节点的输入端子分别与输入控件相连接，将它们的输出端子通过"加法"函数节点相连接后输出到波形图显示控件上。图 28-10 给出了具体连接方式。

表 28-3　信号类型代码表

0	Sine（default）
1	Cosine
2	Triangle
3	Square
4	Sawtooth
5	Increasing ramp
6	Decreasing ramp

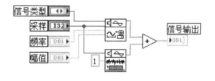

图 28-10　产生原始信号子 VI 的程序框图

（4）创建子 VI 图标。

① 用户可以根据需要自行设计程序图标作为子 VI 在其他程序中调用的显示图标。移动光标到前面板或程序框图窗口的右上角，用鼠标双击图标，即可弹出"图标编辑器"对话框。

② 按照图 28-11 进行编辑。编辑完成后，单击"确定"按钮予以确认并关闭该对话框，可以看到前面板和程序框图右上角的图标改变为编辑后的图标。

（5）创建子 VI 连接器端口。

① VI 只有设置了连接器端口后才能作为子 VI 使用，如果不对其进行设置，则调用的只是一个独立的 VI 程序，既不能改变其输入参数，也不能显示或传输其运行结果。移动光标到前面板右上角图标上，单击鼠标右键，从弹出的快捷菜单中执行"显示连线板"菜单命令，前面板右上角的图标会切换成连接器图标（如图 28-12 所示）。连接器的每个小长方形区域代表一个输入或输出端口。

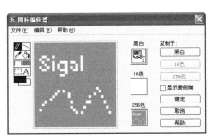

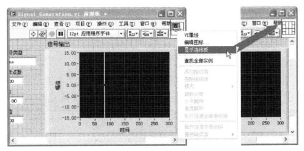

图 28-11　编辑图标　　　　　　　图 28-12　显示连线板

② 移动光标到连线板图标上，单击鼠标右键，从弹出的快捷菜单中执行"模式"菜单命令，本例子有 4 个输入端口，一个输出端口，因此采用如图 28-13 所示模式。

③ 打开工具选板，单击选板上的"正在连接"选项，鼠标转化为连接状态。用鼠标左键单击选中的控件，控件周围会出现虚线框，表示此控件已被选中。把鼠标移至连接器图标上，用鼠标左键单击其中一个端口，此时端子颜色改变，表示连接器端口与控件已建立连接。图 28-14 给出了子 VI 连接器端口和控件对象的关联关系。

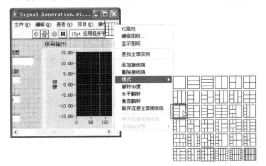
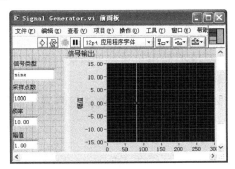

图 28-13　选择连线板模式　　　　图 28-14　子 VI 连接器端口与控件对象的关联关系

至此，产生原始信号子 VI 设计完成，可以在其他程序中调用。在其他程序的框图窗口里，该子 VI 用前面创建的图标来表示。连接器端口的输入端用于输入信号参数，输出端用于输出信号波形。

28.3.2　前面板的设计

（1）创建新 VI，命名为 Signal Generator and Processing.vi。其操作路径为"文件→新建 VI"。当然，如果在 LabVIEW 8.2 的启动界面，直接单击新建栏中的 VI 也可创建。

（2）切换到前面板设计窗口下，执行"控件→新式→布尔"，选择一个"停止按钮"并将其放置到前面板中，用来停止程序的运行。

（3）打开"控件→新式→数组、矩阵与簇"子选板，放置 3 个"簇"控件到前面板中，分别命名为"信号参数设置"、"滤波调节"和"波形最大最小值"。

（4）适当调整簇容器的大小，按照顺序，依次在"信号参数设置"簇容器中放置 4 个数值输入控件，并按顺序依次修改其标签名为"信号类型"、"采样点数"、"频率"和"幅值"；在"滤波调节"簇容器中放置 5 个数值输入控件，并按顺序依次修改其标签名为"滤波器类型"、"采样频率：fs"、"低截止频率：fl"、"高截止频率：fh"和"窗"；依次在"波形最大最小值"簇容器中放置 4 个数值显示控件，并按顺序依次修改其标签名为"最大值"、"最小值"、"最大时间"和"最小时间"。修改各控件的属性，完成簇的创建（如图 28-15 所示）。

（5）打开"控件→新式→图形"子选板，放置 3 个波形图控件到前面板中，分别命名为"原始信号"、"滤波后信号"和"经 FFT 功率谱计算的信号"。在设计过程中，为更好地显示波形，需要对相应的波形图控件属性进行相关设置。

图 28-15　簇的创建

28.3.3　产生原始信号

原始信号的产生通过调用产生原始信号子 VI 来实现，具体操作步骤如下。

（1）切换到程序框图窗口，放置 While 循环，所有程序均在 While 循环中运行和完成，并把先前从前面板创建的节点移入循环框内。

图 28-16　调用产生原始信号子 VI

（2）打开"函数→选择 VI…"子选板，弹出"选择需打开的 VI"对话框（如图 28-16 所示），选择产生原始信号子 VI 的路径和文件名，再单击"选择需打开的 VI"对话框中的"确定"按钮，关闭该对话框。此时，在程序框图设计区放置了一个子 VI"Signal Generator.vi"的节点图标。

（3）打开"函数→编程→簇与变体"子选板，选择"解除捆绑"函数节点，将"信号参数设置"簇节点和"解除捆绑"函数节点连接起来，可以看到"解除捆绑"函数节点的输出端口变成了 4 个，与"信号参数设置"簇节点中的元素相对应（如图 28-17 所示）。

（4）移动光标到"解除捆绑"函数节点的输出端附近，可以看到对端口的解释和输出连接端（仍如图 28-17 所示）。

（5）将"解除捆绑"函数节点的各输出端分别与对应的产生原始信号子 VI 的输入

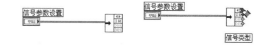

图 28-17　"簇"节点与"解除捆绑"函数节点的连接

端相连接，将子 VI 的输出端与"原始信号"波形图控件相连接。通过"信号参数设置"设置信号参数，输出原始信号。

28.3.4　添加"FIR 加窗滤波器"函数

"FIR 加窗滤波器"函数可以对输入的原始带噪声信号进行加窗带通滤波处理。

（1）从"信号处理"子选板中选择"滤波器→FIR 加窗滤波器"，将其放置到 While 循环中，将产生原始信号子 VI 的输出端与"FIR 加窗滤波器"函数的信号输入端相连接。

（2）打开"函数→编程→簇与变体"子选板，选择"解除捆绑"函数节点，将"滤波调节"簇节点和"解除捆绑"函数节点相连接，可以看到"解除捆绑"函数节点的输出端口变成了 5 个，与"信号参数设置"簇节点中的元素相对应。将"解除捆绑"函数节点各输出端分别与对应的 FFR 加窗滤波器输入端相连接。

（3）本例的"滤波调节"簇节点中各控件的默认参数如下：滤波器类型为"Bandpass（带通滤波器）"；滤波器的低、高截止频率分别为"10.00"和"100.00"；窗为"矩形"；其他参数保持默认值。

28.3.5　添加"FFT 功率谱"函数

把经"FIR 加窗滤波器"函数滤波处理后的信号输入到"FFT 功率谱"函数中，通过对输入的时域信号进行 FFT 变换，计算其功率谱。接下来对"FFT 功率谱"函数的设计步骤进行详细说明。

（1）在程序框图设计窗口上，打开"函数→信号处理→波形测量"子选板，选择"FFT 功率谱"函数。当然也可以直接在程序框图上单击鼠标右键来选择（如图 28-18 所示）。

（2）把"FFT 功率谱"函数放置在 While 循环内，分别移动光标到"显示为 dB(F)"和"平均参数"接线端口，单击鼠标右键，从弹出的快捷菜单中执行"创建→输入控件"命令，创建相应的输入对象（如图 28-19 所示）。

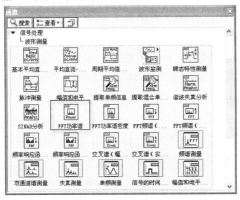

图 28-18　"FFT 功率谱"函数的选择路径

图 28-19　创建输入控件

（3）将经过"FIR 加窗滤波器"函数处理的信号输入到"FFT 功率谱"函数中进行功率谱的计算。

28.3.6　添加"波形最大最小值"函数

（1）打开"函数→编程→波形→模拟波形"子选板，选择"波形最大最小值"函数节点并将其放置到 While 循环内。

（2）从"数值"子选板（如图 28-20 所示）中选择"转换→转换为双精度浮点数"函数，将 2 个"转换为双精度浮点数"函数节点放置到 While 循环内，并分别与"波形最大最小值"函数节点的"最大时间"和"最小时间"接线端子相连接，将"波形最大最小值"函数输出的

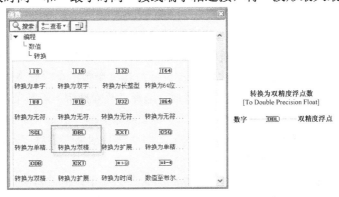

图 28-20　"数值"子选板和"转换为双精度浮点数"函数

时间参数转换为双精度浮点数。

（3）打开"函数→编程→簇与变体"子选板，选择"捆绑"函数节点，将"波形最大值与最小值"函数节点的输出端口利用"捆绑"函数节点进行捆绑，之后与"波形最大最小值"簇节点进行连接。

28.3.7　游标设置

（1）切换到前面板设计窗口下，移动光标到"滤波后信号"波形图上，单击鼠标右键，从弹出的快捷菜单中执行"属性"快捷命令，弹出图形属性对话框。

（2）如图 28-21 所示，在"游标"选项卡上单击"添加"按钮，在游标的曲线特征上选择相应的特征，如拖曳游标时游标的形状等，并设置游标的名称、颜色和其他特性。

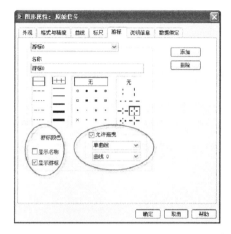

图 28-21　"游标"选项卡参数的设置

（3）切换到程序框图设计窗口下，对"滤波后信号"控件单击鼠标右键，选择"创建→属性节点→活动游标"，创建 1 个活动游标（ActCrsr）属性节点，然后拖曳其控制边框，添加 1 个属性节点。单击该属性节点，选择"游标→游标位置→游标 X 坐标"，创建另外 1 个属性节点——游标 X 坐标（Cursor PosX）（如图 28-22 所示）。

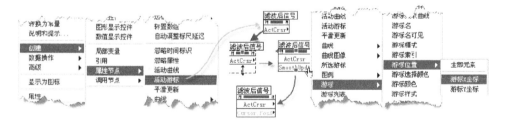

图 28-22　游标调节节点的创建

图 28-23　将属性节点"全部转换为写入"

（4）重复此步骤，拖曳控制边框，再添加 2 个属性节点，分别为"活动游标（ActCrsr）"和"游标 X 坐标（Cursor PosX）"。然后将这些属性节点"全部转换为写入"（如图 28-23 所示）。

（5）用鼠标右键单击步骤（4）创建的"活动游标"属性节点，通过创建"常量"来标示上、下截止频率游标，"游标 X 坐标（Cursor PosX）"分别与"高、低截止频率"输入控件相连。

28.3.8　完整程序框图

通过上述步骤的设计，设计功能的基本框架已经初步构建起来，接着把相应的输入/输出控件和函数连接起来，即可实现设计所要求的功能。

图 28-24 给出了信号的发生与处理综合实例的完整程序框图。

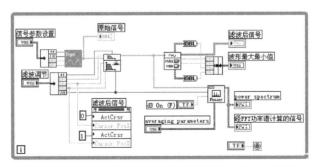

图 28-24   信号的发生与处理综合实例的完整程序框图

28.3.9   运行结果

单击运行按钮 ⬦，如图 28-25 所示，在信号的发生与处理综合实例的运行界面上可以观察到"原始信号"、"滤波后信号"和"经 FFT 功率谱计算的信号"的图形显示。改变高、低截止频率控件中的值，可以观察到"滤波后信号"控件中的"活动游标"随之变化。

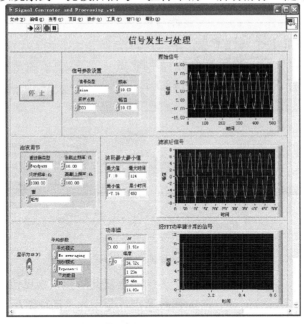

图 28-25   信号的发生与处理综合实例的运行界面

28.4   本章小结

本章主要讲解了如何创建产生原始信号子 VI，如何利用"FIR 加窗滤波器"函数对产生原始信号子 VI 产生的原始信号进行滤波分析，以及如何利用"活动游标"查看滤波后信号幅值的衰减情况，对滤波后的信号进行波形最大值、最小值和功率谱的计算。

通过本章的学习，读者可以对创建和调用子 VI，加窗滤波器滤波，波形最大值、最小值的计算，FFT 功率谱的计算，活动游标的创建和控制，以及程序框图和前面板的设计有更好的理解和掌握，从而更加熟练、有效地使用 LabVIEW 8.2 进行程序设计。

第29章 【实例97】双通道频谱测量的滤波器设计

本章设计的双通道频谱滤波器实例，主要是用于分析由 Express 选板的输入子选板中的"仿真信号"函数生成的带噪声信号。双通道频谱滤波器的作用是对经过带通滤波器处理后的频率响应，以及滤波前后的信号的双通道谱测量结果进行分析，检测滤波后的信号是否满足用户的频率范围要求。本章为读者提供了一个信号处理函数综合运用的范例。

29.1　设计目的

基于 LabVIEW 8.2 虚拟平台，使用图形语言编程，由 Express "仿真信号" VI 产生原始信号，经过带通滤波器滤波处理后，对滤波前后的信号进行比较，即使用"双通道谱测量"函数对输入信号（未经滤波的原始信号）和输出信号（经过滤波处理的信号）进行分析比较，以观察滤波信号的幅度响应情况。最后使用"信号掩区和边界测量" VI 来检测经过滤波器处理的信号是否处于用户设定的信号频率范围内，从而对滤波器的滤波效果进行比较和检测。

本章的设计主要包括 3 个部分：测试信号生成部分、信号处理与检测部分及处理结果显示部分。实例使用的 LabVIEW Express VI 中主要的相关函数包括"仿真信号"、"滤波器"、"双通道谱测量"及"信号掩区和边界测量"。此外，本章还涉及了控件的属性节点和分析测量子 VI 设计的基本知识。下面进行详细介绍。

如图 29-1 所示为双通道频谱测量的滤波器设计实例的前面板。

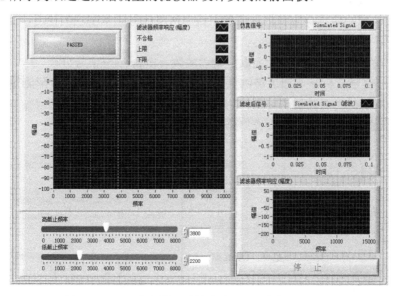

图 29-1　双通道频谱测量的滤波器设计实例的前面板

29.2 程序框图主要功能模块介绍

如图 29-2 所示为双通道频谱测量的滤波器设计实例的程序框图。该设计共分为 6 个主要的功能块，已在图上用线框标示以供参考。下面对每个功能块实现的具体处理功能和任务进行一一介绍。

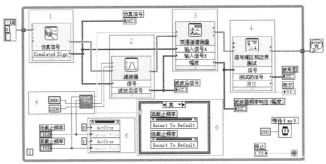

图 29-2 双通道频谱测量的滤波器设计实例的程序框图

29.2.1 测试信号生成模块

测试信号由 Express "仿真信号" VI 产生，信号类型为 "直流"，在该直流信号基础上混杂了均匀白噪声信号。本章所设计的实例主要用于演示滤波器的滤波能力及信号掩区和边界测试 VI 对滤波后的信号是否符合要求进行检测的能力，因此，采用直流信号加入均匀白噪声可以代表信号处理的整个频率范围，能够很容易地获取经过滤波器滤波处理后信号的频率响应范围及响应信号的幅值等信息。

29.2.2 "双通道谱测量" VI

这个功能块实现的功能是：将未经滤波处理的原始信号和经过滤波器滤波后的滤波信号分别输入双通道谱测量 VI 的两个通道 A 和 B 中，通过对各通道中的信号有序对的分析，计算滤波信号和未滤波信号的信号响应和相干情况，输出两路信号频率响应的幅度、相位、相干、实部和虚部等信息。

如图 29-3 所示，"信号分析" 子选板位于 "函数→Express→信号分析" 中，其调用路径是 "函数→Express→信号分析→双通道谱测量" 或者 "函数→信号处理→波形测量→双通道谱测量"。如表 29-1 所示是 "双通道谱测量" VI 的参数说明。

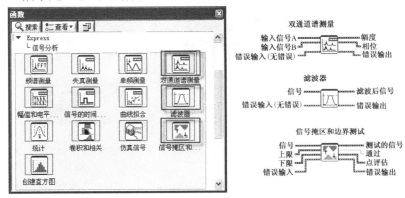

图 29-3 "信号分析" 子选板及部分函数

表 29-1 "双通道谱测量"VI 的参数说明

参数 名称	说　明
输入 信号 A	包含第一个（组）输入信号。该信 号被认为是激励。输入信号必须有相 同数量的数据点、t0 和 dt。如果数量 不同，将返回错误信息
输入 信号 B	包含第二个（组）输入信号。该信 号被认为是响应。输入信号必须有相 同数量的数据点、t0 和 dt。如果数量 不同，将返回错误信息
重新开 始平均	指定是否重新开始按照选定的方式 计算平均值。默认值为 FALSE。第一 次调用该 Express VI 时，平均过程即 自动开始
错误 输入	描述该 VI 或函数运行前发生的错误 情况
幅度	计算频率响应得到幅度
相位	计算频率响应得到相位
实部	计算频率响应得到实部
虚部	计算频率响应得到虚部
相干	计算频率响应得到相干
完成 平均	用于计算平均值的数据包数目等于 或超过平均数目时，返回 TRUE
错误 输出	包含错误信息。如果错误输入表明 在该 VI 或函数运行前已出现错误，则 错误输出将包含相同错误信息，否则 将表示 VI 或函数中出现的错误状态

当用户将"双通道谱测量"VI 添加到程序框图编辑区时，立刻弹出"配置双通道谱测量[双通道谱测量]"对话框，该对话框包括输入比较、频率响应函数、窗、加窗输入信号 A、加窗输入信号 B 和结果 7 个项目，如图 29-4 所示。

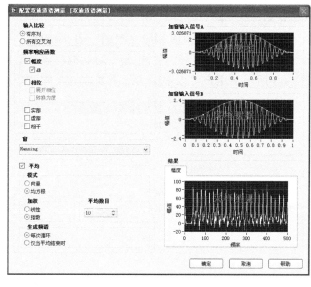

图 29-4 　"配置双通道谱测量[双通道谱测量]"对话框

29.2.3 "信号掩区和边界测试"VI

"信号掩区和边界测试"VI 用于实现信号检测的功能。首先，用户设定待检测信号的边界（信号掩区的上、下限），接收经过"双通道谱测量"VI 的频率响应处理后得到的幅度响应信号，通过将每个采样数据与掩区信号的上、下限数值进行比较，检测经过滤波器滤波后的信号是否处于所设定的信号掩区范围和边界范围之内，若在，则该 VI 的输出端"通过"为逻辑"真"。

"信号掩区和边界测试"VI 可以对信号进行边界测试。该 Express VI 根据用户设定的上、下边界比较信号，返回每个数据点上的比较结果，同时也返回含有上、下边界的波形数组、信号和错误。如图 29-3 所示，其调用路径为"函数→Express→信号分析→信号掩区和边界测试"或者"函数→信号处理→波形测量→波形监测→信号掩区和边界测试"。如表 29-2 所示是"信号掩区和边界测试"VI 的参数说明。

表 29-2 "信号掩区和边界测试"VI 的参数说明

参 数 名 称	说　明
上限常量	将信号与上限常量的值进行比较。该输入值将覆盖在配置对话框中设置的值
信号	包含一个或多个输入信号
上限	在信号掩区和边界测试中使用的上限。该输入值将覆盖在配置对话框中设置的值
下限	在信号掩区和边界测试中使用的下限。该输入值将覆盖在配置对话框中设置的值
下限常量	将信号与下限常量的值进行比较。该输入值将覆盖在配置对话框中设置的值
错误输入	描述该 VI 或函数运行前发生的错误情况

续表

参数名称	说明
测试的信号	返回上下限、输入信号和失误
通过	表示边界测试的结果。如果其为TRUE，则信号低于或等于上限，并高于或等于下限
点评估	返回每个数据点边界测试的结果。如果其为TRUE，则数据点低于或等于上限，并高于或等于下限
错误输出	包含错误信息。如果错误输入表明在该VI或函数运行前已出现错误，则错误输出将包含相同错误信息，否则将表示VI或函数中出现的错误状态

当用户将"信号掩区和边界测试"VI添加到程序框图编辑区时，立刻弹出"配置信号掩区和边界测试[信号掩区和边界测试]"对话框，该对话框包括上限、下限和结果预览3个项目，如图29-5所示，用户可以根据实际需要，对上限和下限进行勾选配置。

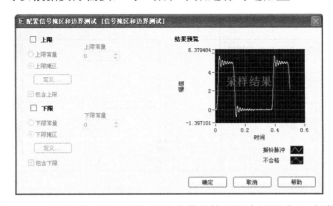

图29-5   "配置信号掩区和边界测试[信号掩区和边界测试]"对话框

29.2.4   "滤波器"VI

此处采用的是Express VI中的滤波器，即选用带通滤波器对"仿真信号"函数产生的信号进行带通滤波，以产生经过相应滤波处理的滤波信号。当然，也可以使用其他滤波类型对信号进行滤波处理，如采用带阻滤波、高通滤波或低通滤波等。

"滤波器"VI可实现对输入信号进行滤波和加窗处理的功能。如图29-3所示，其调用路径是"函数→Express→信号分析→滤波器"或者"函数→信号处理→波形调理→滤波器"。如表29-3所示是"滤波器"VI的参数说明。

表29-3   "滤波器"VI的参数说明

参数名称	说明
信号	指定输入信号。信号可以是波形、实数数组或复数数组
低截止频率	指定滤波器的低截止频率。低截止频率必须小于高截止频率，并且符合Nyquist准则。默认值为100
高截止频率	指定滤波器的高截止频率。高截止频率必须大于低截止频率，并且符合奈奎斯特准则。默认值为400
错误输入（无错误）	描述该VI或函数运行前发生的错误情况
滤波后信号	返回滤波后的信号
错误输出	包含错误信息。如错误输入表明在该VI或函数运行前已出现错误，则错误输出将包含相同错误信息，否则将表示VI或函数中出现的错误状态

当用户将"滤波器"VI添加到程序框图编辑区时，立刻弹出"配置滤波器[滤波器]"对话框，该对话框包括滤波器类型、滤波器规范、输入信号、查看模式和结果预览5个项目，如图29-6所示，用户可以根据实际需要对各参数进行配置。

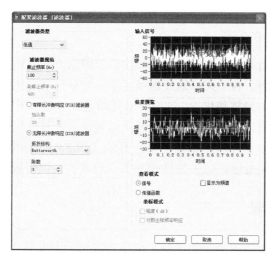

图 29-6 "配置滤波器[滤波器]"对话框

29.2.5 设置截止频率子 VI 模块

　　设置截止频率子 VI 模块用来设置滤波器的高、低截止频率和控制"双通道谱测量" VI 是否重新开始平均过程。此子 VI 命名为 Cut-off Freq. vi,其函数端子图如图 29-7 所示。如表 29-4 所示是设置截止频率子 VI 的输入/输出参数说明。

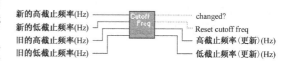

图 29-7 设置截止频率子 VI 的函数端子图

表 29-4 设置截止频率子 VI 的输入/输出参数说明

参 数 名 称	说 明
新的高截止频率（Hz）	指定新的高截止频率。高截止频率必须大于低截止频率,并且符合 Nyquist 准则,其默认值为 3800
新的低截止频率（Hz）	指定新的低截止频率。低截止频率必须小于高截止频率,并且符合 Nyquist 准则。其默认值为 2200
旧的高截止频率（Hz）	指定旧的高截止频率。高截止频率必须大于低截止频率,并且符合 Nyquist 准则。其默认值为 3800
旧的低截止频率（Hz）	指定旧的低截止频率。低截止频率必须小于高截止频率,并且符合 Nyquist 准则。其默认值为 2200
changed?	返回高、低截止频率是否变化的布尔值
Reset cutoff freq	当新的高截止频率小于新的低截止频率时,重新设置高、低截止频率为初始值
高截止频率(更新)（Hz）	返回设置的有效高截止频率
低截止频率(更新)（Hz）	返回设置的有效低截止频率

　　该子 VI 主要用于实现截止频率调节功能,并将该模块产生的截止频率变化情况反映到相应的滤波器、双通道谱测量和信号检测功能块中。将截止频率变化信息传递到另外两个功能块中则需要一些处理逻辑功能来实现。

　　具体来说,该子 VI 可以实现双通道谱测量"重新开始平均"计算的控制功能。当"高截止频率"或"低截止频率"控件中的数值发生变化,或在循环中相邻两次计算过程中截止频率信号发生变化时,需要把"重新开始平均"信息传递到"双通道谱测量" VI 中。因此,需要对相邻两次截止频率的变化进行逻辑判断,并且判断高、低截止频率的关系,保证高截止频率大于低截止频率。

　　此外,该功能模块还需要实现游标控制功能,即由两个游标来反映上、下截止频率的变化情况,此部分功能通过波形图的属性节点把变化信息传递到游标位置上来实现。

29.2.6 处理结果显示部分

此部分的功能是：将信号处理和检测部分的结果以图示方式直观地显示出来，这主要借助前面板的波形图控件来实现。为了更好地处理和显示各部分信号变化情况，需要对不同用途的波形图控件属性进行相应的设置和修改，其设计步骤将会在 29.3 节中进行详细介绍。处理结果显示部分主要包括原始信号的波形显示、经过滤波器处理的信号波形显示、经过双通道谱测量处理的频率响应曲线显示、信号检测结果的波形显示（频率响应曲线），信号掩区和边界测量设定边界和测试信号的图形显示，以及带通滤波器截止频率的游标位置标识等。

29.3 详细设计步骤

双通道频谱测量的滤波器设计实例主要可以分为以下几个步骤。

（1）程序框图的设计，包括仿真信号的生成、滤波器的滤波处理、双通道谱测量和信号检测等的分析过程，以及相关的分析和逻辑处理。

（2）图形显示界面的设计，即在程序框图的主要设计基础上，在前面板上添加相应的输入控件、波形图显示控件，以及信号处理过程中信号的实时显示控件。

（3）前面板界面布局及显示部件的属性设置，包括对前面板进行的整体布局规划设计，以及对部分图形显示控件进行的相关外观属性设置。

设计完毕后，通过调节截止频率输入可观察相应曲线及对滤波信号的检测情况。以下对其设计步骤进行具体介绍。

29.3.1 创建截止频率设置子 VI

（1）创建新 VI，命名为 Cut-off Freq. vi 。其操作路径为"文件→新建 VI"。当然，如果在 LabVIEW 8.2 的启动界面，直接单击新建栏中的 VI 也可创建。

（2）子 VI 前面板的设计。

① 放置数值输入控件，分别命名为"新的高截止频率（Hz）"、"新的低截止频率（Hz）"、"旧的高截止频率（Hz）"和"旧的低截止频率（Hz）"。

② 放置输出显示控件和布尔指示灯控件，分别命名为"高截止频率（更新）（Hz）"、"低截止频率（更新）（Hz）"和"Reset cutoff freq"、"changed？"。

③ 对控件进行排列布局和美化，设计好的前面板如图 29-8 所示。

图 29-8　截止频率设置子 VI 的前面板

（3）子 VI 程序框图的设计。

① 放置条件结构、布尔逻辑函数和比较函数，完善程序框图。这里用到了 2 个条件结构，

其中外层条件结构的选择器终端与 2 个判断逻辑相连。当高截止频率大于低截止频率，并且截止频率有所变化时，执行外部条件结构的分支"真"，即输出新的截止频率值和逻辑值"TRUE"，否则执行分支"假"。在外层条件结构的分支"假"中，输出逻辑"FALSE"，此外，若不能满足"高截止频率>低截止频率"的条件，则执行内层条件结构的分支"假"，即弹出对话框，要求重新输入新的截止频率，单击"确定"按钮，初始化截止频率，用户可以继续输入新的截止频率；若截止频率没有变化，则执行内层条件结构分支"真"，输出原来的截止频率。

② 这里用到了"单按钮对话框"函数，其端子图如图 29-9 所示，此函数可以显示一个包含用户定义的信息和单按钮的对话框，用来提示当新输入的高截止频率不大于低截止频率时，不能满足使用要求，系统要求重新设置。其调用路径为

图 29-9 "单按钮对话框"函数

"函数→编程→对话框和用户界面→单按钮对话框"。子 VI 程序框图设计完毕后如图 29-10 所示。

③ 切换窗口至前面板，在窗口的右上角用鼠标右键单击 LabVIEW 8.2 图标，在弹出的"图标编辑器"对话框中编辑子 VI 的图标，然后对子 VI 的连线板进行编辑，也如图 29-10 所示。

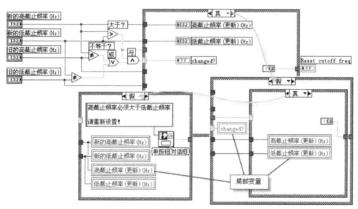

图 29-10 截止频率设置子 VI 的程序框图

29.3.2 前面板的设计

（1）创建新 VI，命名为 Dual Channel SpecMeau .vi。其操作路径为"文件→新建 VI"。当然，如果在 LabVIEW 8.2 的启动界面，直接单击新建栏中的 VI 也可创建。

（2）在前面板上，执行"控件→新式→图形→波形图"，放置 4 个波形图控件，分别命名为"仿真信号"、"滤波后信号"、"滤波器频率响应（幅度）"和"波形图"。在设计过程中，为更好地显示波形，需要对相应的波形图进行相关参数的设置。

例如，用户可根据需要对"信号掩区和边界测试"VI 中的掩区及边界信号进行设定，该函数对滤波后的信号进行检测，确定滤波信号是否位于被检测信号的范围内。为便于直接观察掩区和边界信号，以及带通滤波器高、低截止频率的位置，需要设置其输出信号图形显示控件，即"波形图"控件的属性。对该控件单击鼠标右键，在弹出的快捷菜单中选择"属性"，即弹出属性对话框。在该对话框中，可以对需要显示的各条波形曲线、波形图的坐标轴、游标等进行设置，各选项卡的具体设置如下。

① "外观"选项卡。取消选中"标签"和"标题"项的"可见"复选框，取消选中"根据曲线名自动调节大小"复选框。

② "曲线"选项卡。在"曲线"选项卡中，下拉列表框中会显示 4 路信号的名称，分别为

滤波器频率响应（幅度）、不合格、上限和下限，可以根据需要对不同曲线的线型和颜色等属性进行修改和设定。本实例对掩区上限信号和下限信号的属性进行了修改。其中，对于掩区下限信号，其填充区域为掩区下限信号所设定的范围。"填充至"下拉列表中给出了 4 种不同的

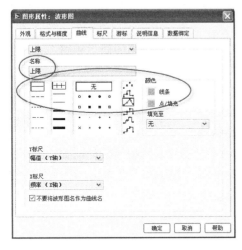

选项，默认为"负无穷大"，即在掩区信号以下的坐标轴范围都用对应设定的颜色和点进行填充。将此处修改为"无"，即不进行填充，而以曲线形式显示。对于掩区上限信号，把"填充至"也设定为"无"，如图 29-11 所示。

③"标尺"选项卡。在"标尺"选项卡中，可以设定波形图显示控件的纵坐标（幅值）和横坐标（频率）的属性。纵坐标和横坐标的"标尺范围"默认设置为"自动调整标尺"。本实例为便于观察滤波信号在掩区信号范围之间的变化细节，取消选中相应属性中的"自动调整标尺"复选框，并设定纵坐标（幅值）的最小值为–100、最大值为 10；设定横坐标（频率）的最小值为 0，最大值为 10000，如图 29-12 所示。

图 29-11 "曲线"选项卡的参数设置

④"游标"选项卡。在"游标"选项卡中可以设定波形图的游标属性。为直观地显示通过不同的带通范围滤波器滤波后信号的幅值衰减情况，在波形图上添加低截止频率游标和高截止频率游标，具体的设置过程如下。

- 在选项卡上单击"添加"按钮，在"名称"文本框内输入游标的名称"低截止频率"；在游标的曲线特征上选择相应的特征，如拖曳游标时游标的形状等，并设置游标的颜色和其他特性。选中"显示名称"和"允许拖曳"复选框，并在"允许拖曳"项中选择游标的拖曳曲线类型为"单曲线"，信号曲线为"滤波器频率响应（幅度）"，如图 29-13 所示。
- 使用同样的方法添加"高截止频率"，以便在波形图上进行比较和观察。对该游标的属性设置和"低截止频率"游标的属性设置完全相同。

图 29-12 "标尺"选项卡的参数设置

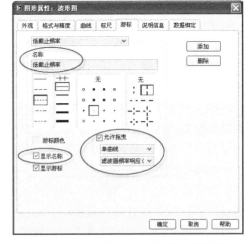

图 29-13 "游标"选项卡的参数设置

（3）本实例采用了带通滤波器。为便于动态观察带通滤波器产生的频率响应情况，可在设

计的控件中创建高、低截止频率调节控件，对带通滤波器的截止频率进行调节。对滤波器的高、低截止频率的数值的调节可以使用 2 个水平指针滑动杆控件来实现。下面介绍低截止频率控件的创建和设置方法，具体的创建步骤如下。

① 执行"控件→新式→水平指针滑动杆"，也可以通过鼠标右键单击空白处进行路径选择，创建过程相同。如图 29-14 所示为创建该水平指针滑动杆控件的步骤。

② 设置数据格式。对控件单击鼠标右键，从弹出的快捷菜单中选择"表示法→长整型"，将该控件的数值表示法由原来的双精度类型 DBL 转变为 I32 长整型，如图 29-15 所示。

③ 在低截止频率控件上单击鼠标右键，在弹出的快捷菜单中选择"属性"，此时，出现低截止频率控件的属性对话框。依据本章建立的控件的调节要求，在此对话框的不同选项卡中进行需要的属性设置。

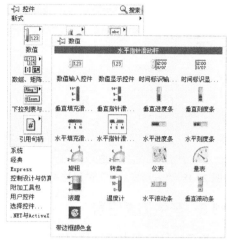

图 29-14　创建水平指针滑动杆控件的步骤

- 如图 29-16 所示为属性对话框的"标尺"选项卡，设定"刻度范围"的最小值为 0，最大值为 8000。

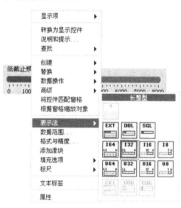

图 29-15　数据表示法的改变

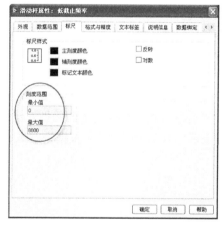

图 29-16　"标尺"选项卡的设置

- 需要改变的其他属性选项卡中的参数包括：在"外观"选项卡中，选中"标签"下的"可见"复选框，输入标签文字为"低截止频率"，同时选中"显示数字显示框"；在"数据范围"选项卡上，设置"默认值"为 2200，此数值为带通滤波器的下限截止频率数值。经过以上参数设置后，低截止频率调节控件的外观如图 29-17 所示。

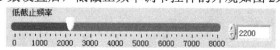

图 29-17　低截止频率调节控件的外观

- 高截止频率调节控件的属性设置过程与上述相同。其改变的属性包括：在"标尺"选项卡中，设定"刻度范围"的最小值为 0，最大值为 8000；在"外观"选项卡中，选中"标签"下的"可见"复选框，输入标签文字为"高截止频率"，同时选中"显示数

图 29-18 "方形指示灯"的属性设置

字显示框";在"数据范围"选项卡上,设置"默认值"为 3800。

● 创建 1 个布尔控件"方形指示灯"和 1 个"停止按钮",并对"方形指示灯"的控件属性进行配置,在其"外观"选项卡中,取消选择"标签"和"标题"的"可见"复选框,并将"开时文本"和"关时文本"依次设定为"PASSED"和"FAILED",如图 29-18 所示。最后,对前面板中的控件进行排列和美化。

双通道频谱测量的滤波器设计实例的前面板设计完毕后如图 29-1 所示。

29.3.3 产生仿真信号

仿真信号的产生通过使用 LabVIEW 8.2 中 VI 的"函数"选板上的函数及其设置来实现,具体操作步骤如下(当然,仿真信号的产生也可以借助其他方式,如"信号处理"选板下的"波形生成"和"信号生成"子选板中的函数集来实现)。

(1)切换到程序框图窗口,放置 While 循环,所有程序均在 While 循环中运行和完成。从函数选板上选择"Express→输入→仿真信号",将其拖曳到程序框图中即可以用来生成所需要的测试信号。当然,也可以在程序框图上单击鼠标右键,执行"函数→Express→输入→仿真信号",选择该 VI 图标,放在该面板上即可,创建示意如图 29-19 所示。

(2)把所选择的"仿真信号" VI 拖曳到程序框图中后,即弹出"配置仿真信号[仿真信号]"对话框,在该对话框中即可进行相应的参数设置。本例使用直流信号作为滤波处理和信号检测的原始信号,在图 29-20 所示的属性对话框里,从"信号类型"下拉列表框中选择"直流"。在实际的仿真信号分析中,可以根据需要选择其他类型的信号,如正弦、方波、三角波等。

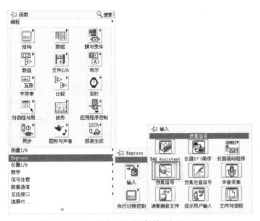

图 29-19 选择"仿真信号" VI

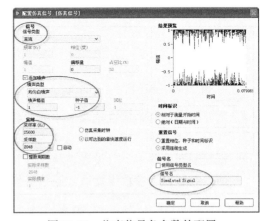

图 29-20 仿真信号各参数的配置

(3)为测试和研究滤波器的滤波性能及双通道谱测量中的频率响应情况,此处添加均匀白噪声,使仿真信号在所有频段范围内有广泛的分布。在噪声属性中,设定噪声幅值为 1,种子值为–1。噪声类型也包括高斯白噪声、Gamma 白噪声和周期性随机噪声等,可根据需要进行变换。在"定时"项中,设定"采样率(Hz)"为 25600,"采样数"为 2048,其余参数采用默认值。单击"确定"按钮，则"仿真信号"VI 将直流和噪声两种信号进行叠加运算输出，以进行信号处理之用。

29.3.4　信号滤波

"滤波器"VI 用于将输入信号进行各种类型的信号滤波。以下对"滤波器"VI 的添加和属性设置等进行介绍。

（1）在 While 循环中，从 Express 子选板中选择"信号分析→滤波器"。同样，也可以在程序框图空白处单击鼠标右键后加入该 VI，如图 29-21 所示。将该 VI 的函数节点放在程序框图中，即弹出"配置滤波器[滤波器]"对话框，如图 29-22 所示，在该对话框中可对函数的参数进行设置。

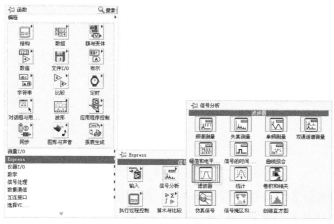

图 29-21　选择"滤波器"VI

（2）"滤波器"VI 提供了多种滤波类型，包括低通、高通、带通、带阻和平滑等，可以满足对仿真信号进行滤波的一般要求。本例中选择带通滤波类型，以便更直观地显示滤波器的滤波能力。值得注意的是，在滤波器规范中，可以设定带通滤波的上、下截止频率，以及冲击响应滤波器，如有限长冲击响应（FIR）滤波器和无限长冲击响应（IIR）滤波器。由于本实例需

要处理在长度和持续时间上无限长的信号，所以可以选择无限长冲击响应滤波器。滤波器的拓扑结构决定了其设计类型，可根据实际需要选择 Butterworth、Chebyshev、反 Chebyshev、椭圆或 Bessel 滤波器等。滤波后的信号可以通过信号、频谱和传递函数等来显示。滤波器坐标轴也可以根据需要进行相应设置。

（3）本实例确定的配置参数如下：滤波器类型为"带通滤波器"；在滤波器规范中的滤波器的低、高截止频率分别为"2200"和"3800"；选择"无限长冲击响应（IIR）滤波器"，其拓扑结构为"Butterworth"，阶数为"6"；其他参数保持默认值，如图 29-22 所示。

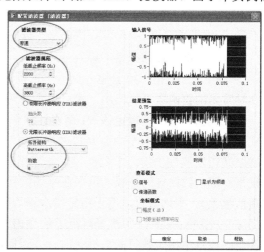

图 29-22　"配置滤波器【滤波器】"对话框中参数的配置

29.3.5　信号的双通道谱测量

在本章的实例设计过程中，把未经滤波的原始信号和经滤波处理后的信号并行输入"双通道谱测量"VI 中，以进行频率响应和相干信息的处理。下面对双通道频谱测量 VI 的选用和参数的设置进行说明。

（1）在程序框图上，选择"函数→Express→信号分析→双通道谱测量"。当然也可以直接在程序框图上单击鼠标右键，通过以上选板路径选择"双通道谱测量"VI，如图 29-23 所示。

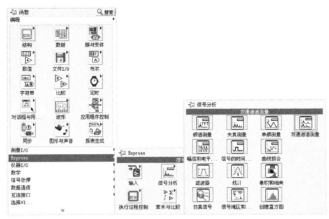

图 29-23　"双通道谱测量"VI 的选择路径

（2）把"双通道谱测量"VI 放在程序框图中，即弹出"配置双通道谱测量[双通道谱测量]"对话框。下面对可以设置的参数项进行介绍。

① 输入比较。"输入比较"用于指定在每个输入中如何处理多个信号，包括"有序对"和"所有交叉对"两种方式。其中，在"有序对"比较方式中，会依次计算输入信号 A 的第一个通道对输入信号 B 的第一个输入通道的频率响应，再计算输入信号 A 的第二个通道对输入信号 B 的第二个输入通道频率响应，以此类推；在"所有交叉对"比较方式中，会先计算输入信号 A 的第一个通道对输入信号 B 的每一个通道的频率响应函数，再计算输入信号 A 的第二个通道对输入信号 B 的每一个通道的频率响应，以此类推。

② 频率响应函数。"频率响应函数"返回对两路通道信号进行相应计算后的结果，包括幅度、相位、实部、虚部和相干等选择项。

③ 窗。"窗"指作用于输入信号上的窗函数，有 Hanning、Hamming、Blackman-Harrise 等 9 种常见的窗函数可供选用，也可以选择对信号"无"窗函数进行操作。

④ 平均。"平均"指定该 VI 是否计算平均值，共包括 4 项，分别为：模式，即"向量"模式（直接计算复数的平均值）和"均方根"模式（求信号能量或功率的平均值）；加权，即"线性"（指定线性平均，求数据包的非加权平均值）和"指数"（指定指数平均，求数据包的加权平均值，数据包的个数由用户在平均数目中指定。求指数平均时，数据包的时间越新，其权重值越大）；平均数目，用于指定待求平均的数据包数量，默认值为 10；生成频谱，即"每次循环"（指 Express VI 每次循环后返回频谱）和"仅当平均结束时"（只有当 Express VI 收集到在平均数目中指定数目的数据包时，才返回频谱）。

⑤ 输入信号预览及结果显示。从输入信号 A 和输入信号 B 的信号预览及结果中，可以显示出经过计算后的两路信号及经分析后得到的幅度、相位、实部、虚部和相干等信息。

（3）在进行该 VI 的参数配置时，本实例只对两路信号的幅度感兴趣，因此，在频率响应函数中只选择 "幅度（dB）"，在窗中选择"Hanning"，其余选择默认设置。用户根据具体需要也可以加入其他选项，如在"窗"中可以选择其他类型的窗函数，在输出结果中可以选择相位、实部、虚部和相干等。"配置双通道谱测量[双通道谱测量]"对话框中的参数配置完成后如图 29-24 所示。

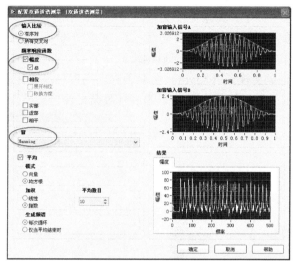

图 29-24　"配置双通道谱测量[双通道谱测量]"对话框参数的配置

29.3.6　检测信号

需要对滤波器处理后获得的信号进行检测，检查其是否在所要求的频率范围之内。LabVIEW 8.2 中 Express VI 中的"信号掩区和边界测试"VI 可以根据用户设定的上、下边界信号，进行此方面的信号检测，以判断滤波器经过滤波后的信号是否满足要求。

（1）在程序框图中单击鼠标右键，选择"函数→Express→信号分析→信号掩区和边界测试"，如图 29-25 所示。

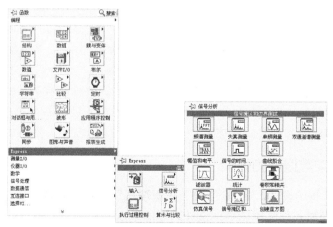

图 29-25　"信号掩区和边界测试"VI 的选择路径

（2）把该"信号掩区和边界测试"VI 放在程序框图中后，即弹出该 Express VI 的配置对话框，如图 29-26 所示，在选中"上限"和"下限"复选框后，才可以进行掩区和边界信号的定义。在该对话框中，可以选中"上限常量"和"下限常量"单选框，设定上、下限检测信号为常量；也可以选中"上限掩区"和"下限掩区"，此时即可通过单击"定义…"按钮分别对上、下限掩区信号进行定义。这样，就可以通过对输入信号与上、下限掩区信号进行比较，从而判断信号是否在用户设定的检测范围内了。

（3）单击"定义…"按钮后，即弹出"定义信号"对话框，如图 29-27 所示，可以按照坐标形式来进行掩区的定义，在"数据点"项中对应的 X 和 Y 列输入掩区信号坐标值，输入后单击"插入"按钮记录坐标值，如果需要更改，可以单击"删除"按钮进行删除。在下侧的"调节标尺"项中，根据输入信号坐标值会自动显示新 X 最小值和新 X 最大值，以及新 Y 最小值和新 Y 最大值。如果定义的信号需要在后续设计中使用，可以通过单击"保存数据"按钮把所定义的信号文本以自定义模式（*.lvm）保存下来。当然，在"定义信号"对话框中，也可以通过单击"加载数据…"按钮将自己编写的信号数据文件直接导入。

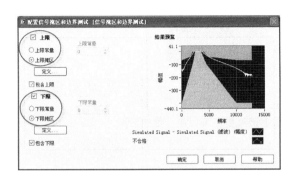

图 29-26   配置信号掩区和边界测试参数

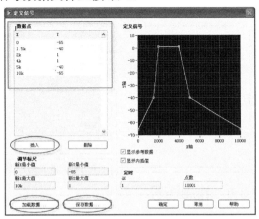

图 29-27   "定义信号"对话框的参数配置

选中"显示参考数据"复选框，则在右侧的"定义信号"图中显示一个参考信号；"显示内插值"复选框指的是启用线性平均并在定义信号图中显示内插值；"定时"项中的"dX"指定信号数据点之间的时间间隔或时长，"点数"表示指定的一个信号中的数据点数量。

同样，下掩区也可以借助上述方法来定义，从而完成对信号的检测过程。本例所定义的上、下掩区分别为：上掩区坐标点包括（0，–65）、（1500，–40）、（2000，1）、（4000，1）、（5000，–40）和（10000，–65）；下掩区坐标点包括（0，–400）、（2000，–100）、（2500，–1）、（2500，–1）、（4500，–100）和（10000，–400）。

配置完"信号掩区和边界测试"VI 后，实际上也就对信号的有效检测范围进行了限定。如果通过滤波器滤波后的信号在所设定的检测范围之内，那么该函数的输出端"通过"的逻辑值就为"TRUE"，表明滤波信号满足要求。

29.3.7   程序框图中数据流的传输

基于以上 4 个步骤的设计，"仿真信号"、"滤波器"、"双通道谱测量"及"信号掩区和边界测试" 4 个 VI 已经加入程序框图中，设计功能的基本框架已初步构建起来。接着对这些 VI 的输入/输出进行相应的连接，就可以实现信号的数据传输及错误状态传递，从而实现所要求的主要功能了。

在本例中，数据流的传输可以分为 2 类：信号流的传输，错误流的传输。就其实质而言，数据流的传递过程就是各个 VI 函数节点之间的连接过程，如图 29-28 所示。

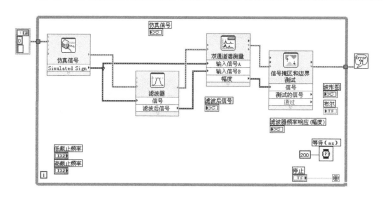

图 29-28　主要 VI 函数节点之间的数据流连接

1. 信号流的传输

将"仿真信号"VI 产生的直流与均匀噪声合成信号（原始信号）传输到"滤波器"VI 的输入端"信号"，经过"滤波器"VI 滤波处理后，与未经滤波的原始信号一起作为"双通道谱测量"VI 的输入信号 B 和 A，"双通道谱测量"VI 对两路输入信号进行频率响应分析，从而得到这两路信号的幅度等信息。然后将此响应幅度信号输入到"信号掩区与边界测试"VI 的输入端"信号"，由该 VI 对此信号进行检测，检查所产生的信号是否在所要求的信号掩区边界范围之间。

2. 错误流的传输

信号产生、滤波、谱测量和检测处理过程中遇到的另一类数据传输是错误流的传输。在"仿真信号"VI 的"错误输入"端创建无错误的常量并对其进行初始化，在后续信号的传输和处理过程中，产生的错误信号来源于信号分析与处理过程，由此易于判断错误的产生位置。依次连接"错误输出"到下一个 VI 的"错误输入"端，最后连接到"信号掩区和边界测试"VI 的输入端。

在本例的设计过程中加入了 While 循环结构，可以实现仿真信号的连续传递和处理。另外，本例在该循环外添加了简易错误处理函数，可对出现的错误进行统一处理。此外，在循环体中还加入了延时环节和循环停止控件，可以对循环过程进行控制。

29.3.8　完整程序框图

在对仿真信号进行分析处理的过程中，为便于对各函数的输出信号进行分析、比较和观察，需要在相应的位置添加波形图。因为在前面板中已创建了需要用到的波形图控件，这里只需将各函数的输出端与波形图对应连接即可。其中"仿真信号"VI 的输出端"Simulated Signal"与"仿真信号"控件相连，"滤波器"VI 的输出端"滤波后信号"与"滤波后信号"波形图控件相连；"双通道谱测量"VI 的输出端"幅度"的数据由"滤波器频率响应（幅度）"图形控件进行显示；"信号掩区和边界测试"VI 的输出"测试信号"由"波形图"控件来显示，其"通过"端与"布尔"控件相连，如图 29-29 中的方框 a 所示。

经过以上连接后，在程序框图中，将"高截止频率"和"低截止频率"控件的输出端分别与"Cut-off Freq."子 VI 的输入端"新的高截止频率（Hz）"和"新的低截止频率（Hz）"连接，而"Cut-off Freq."子 VI 的输入端"旧的高截止频率（Hz）"和"旧的低截止频率（Hz）"分别与"数值常量"3800 和 2200 连接，如图 29-29 中的方框 b 所示。这样，通过改变高、低截止频率控件的数值，就可以实现对滤波器带通上、下限截止频率的调节，以使滤波器在某个带通范围内实现滤波了。

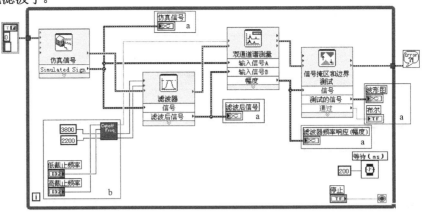

图 29-29   截止频率调节控件和显示控件的程序框图

由于在对"信号掩区和边界测试"VI 的输出信号进行图形显示的"波形图"控件中，同样会显示带通滤波器的上、下限，所以需要把"高、低截止频率"控件调节的数值和"波形图"控件上的游标位置相关联起来。而"高、低截止频率"控件中数值与显示控件的游标变化的同步功能可以通过调用该控件的属性节点来实现。如图 29-30 所示，在程序框图上，对"波形图"控件单击鼠标右键，选择"创建→属性节点→活动游标"，创建 1 个活动游标（ActCrsr）属性节点，然后拖曳其控制边框，添加 1 个属性节点，单击该节点，选择"游标→游标位置→游标X 坐标"，创建另外 1 个属性节点——游标 X 坐标（Cursor PosX），重复此步骤，拖曳其控制边框，再添加 2 个属性节点，分别为"活动游标（ActCrsr）"和"游标 X 坐标（Cursor PosX）"。然后如图 29-31 所示，将该属性节点全部转换为写入状态，对"活动游标"属性节点创建常量输入值来标示上、下截止频率游标，并将"游标 X 坐标"分别与"高、低截止频率"输入控件相连。如图 29-33 中的方框 a 所示为游标属性节点的连线结果图。

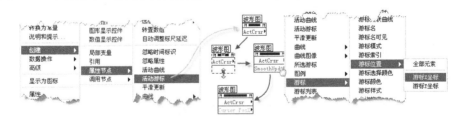

图 29-30   标尺属性节点的创建

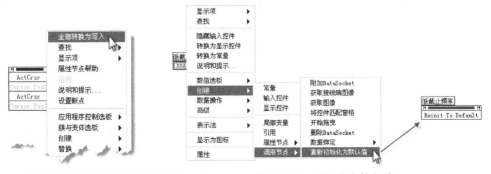

图 29-31   将属性节点"全部转换为写入"   图 29-32   调用节点的创建

此外，这里还使用了控件的调用节点，当"高、低截止频率"控件的输入值不合适时，它可用于初始化控件的值。以"低截止频率"控件的创建为例，如图 29-32 所示，用鼠标右键单击低截止频率控件，在弹出的快捷菜单中选择"创建→调用节点→重新初始化为默认值"，创建 1 个"重新初始化为默认值"调用节点。"高截止频率"控件的"重新初始化为默认值"调用节点的创建与之完全相同。将这 2 个调用节点放置在条件结构的分支"真"中，条件结构的选择器终端连接"Cut-off Freq."子 VI 的输出端"Reset cutoff freq"，如图 29-33 中的方框 b 所示。至此，双通道频谱测量的滤波器设计实例的程序框图设计完毕，仍如图 29-33 所示。

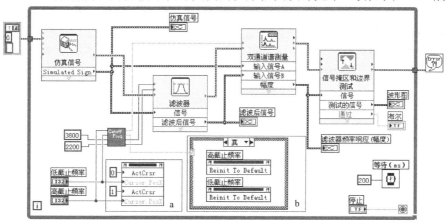

图 29-33　双通道频谱测量的滤波器设计实例的程序框图

29.3.9　运行结果

单击运行按钮 ，如图 29-34 所示，在双通道谱测量的滤波器设计实例的运行界面上可以观察到"仿真信号"、"滤波后信号"、"滤波器频率响应（幅度）"和"波形图"控件中的图形显示。改变"高、低截止频率"控件中的值，可以观察到"波形图"控件中的"活动游标"随之变化，并会发现图中左上角的"方形指示灯"进行相应的颜色显示。

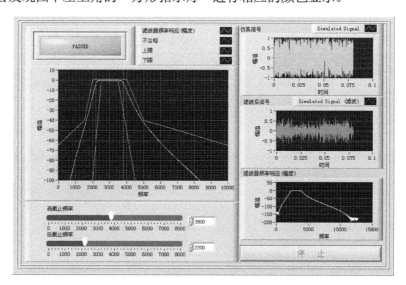

图 29-34　双通道频谱测量的滤波器设计实例的运行界面

29.4　本章小结

本章主要讲解了如何使用"仿真信号"、"滤波器"、"双通道谱测量"和"信号掩区和边界测量"等 Express VI 构造一个双通道频谱测量的滤波器设计综合实例，用于检测滤波后的信号是否满足用户的频率范围要求。

通过本章的学习，读者可以对用"仿真信号" VI 产生信号，用"带通滤波器" VI 滤波，用"双通道谱测量" VI 对输入信号（未经滤波的原始信号）和输出信号（经过滤波的滤波信号）进行频率响应分析，用"信号掩区和边界测试" VI 检测经过滤波器滤波处理的信号是否满足用户设定的信号频率范围要求，以及程序框图和前面板的设计有更好的理解和掌握，从而更加熟练、有效地使用 LabVIEW 8.2 进行程序设计。

第 30 章 【实例 98】微处理器冷却装置的实时监控

微处理器冷却装置的实时监控是模拟对计算机处理器等类似处理器的温度监测，控制风扇开关以保证处理器温度位于正常的工作范围的系统，有比较重要的实际应用价值。本章设计的微处理器冷却装置实时监控系统，以调节微处理器温度的过程对风扇冷却进行模拟，目的是通过风扇开闭控制将微处理器的温度保持在合理的运行范围内。

30.1 设计目的

在微处理器冷却装置的实时监控系统的设计和创建过程中，综合使用了 LabVIEW 8.2 的输入显示控件及数组、布尔和比较等函数，对读者深入学习使用 LabVIEW 8.2 进行过程控制的模拟大有裨益。本章在前面板的创建过程中使用了选项卡控件、布尔控件、簇控件和 XY 图等输入显示控件。同时，在对程序框图进行编写的过程中，本章使用的 VI 函数主要包括"定时循环结构"、各种数组操作和簇操作函数。此外，本章进行了 LabVIEW 8.2 子 VI 的设计，期间使用了多种常用编程方法及技巧。通过本章的学习，读者可以对这些控件及函数的使用方法及其特点有更好的理解和把握。

如图 30-1 所示为微处理器冷却装置的实时监控实例的"处理过程定时设置与显示"的运行界面。如图 30-2 所示为对应于该定时设置的风扇开闭情况和微处理器温度曲线的变化过程。

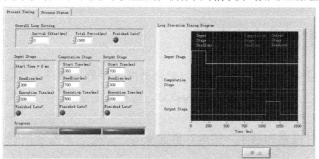

图 30-1 "处理过程定时设置与显示"的运行界面

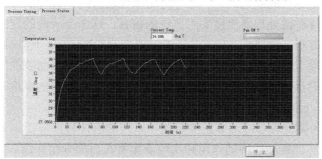

图 30-2 对应于该定时设置的风扇开闭情况和微处理器温度曲线的变化过程

30.2　微处理器冷却装置实时监控系统的运行

本章创建的微处理器冷却装置的实时监控系统，可以模拟微处理器的温度控制过程，即随着温度处理过程中定时参数的变化，实时反映微处理器温度变化的处理过程状态，实现微处理器的温度控制和实时监控。微处理器冷却装置实时监控实例的运行可以通过以下步骤进行。

- 单击微处理器冷却装置实时监控实例前面板上的运行按钮 ⬦，开始运行程序。
- 处理过程定时参数的设定，主要包括温度控制模拟过程中的整体定时参数（如整体起始时间偏置和总的执行时间）的设定。同时，通过程序的具体处理过程来判断执行循环参数是否能在规定时间内完成，并对各个判断过程进行循环显示。
- 输入阶段、计算阶段和输出阶段的时间参数的设置，主要包括每个阶段的起始时间、终止时间及执行时间的设置。如果某个阶段的执行过程不能在其设定的对应终止时间内完成，则显示该阶段的监视状态。
- 在定时循环结构中，输入阶段、计算阶段和输出阶段按"帧"依次完成执行过程，因此，对应阶段的执行过程通过执行过程监视的逻辑控件显示。同时，这 3 个阶段的执行过程也可以通过处理过程的定时选项卡中的 XY 图控件进行实时显示。
- 通过对输入阶段、计算阶段和输出阶段的各时间参数设置，可以实现对微处理器温度的控制过程模拟。在"处理过程定时"选项卡所设定的时间参数条件下，从"处理过程状态"选项卡中可以观察到微处理器的温度变化过程。

在微处理器冷却装置实时监控实例的前面板中，使用了大量的簇控件和 XY 图控件；其温度控制和实时监控过程的实现集中体现在定时循环控制、子 VI 的创建和使用等方面。下面将对温度控制程序的主要功能和处理逻辑，以及设计步骤进行详细说明和介绍。

30.3　程序框图主要功能介绍

本章创建的实时监控系统通过风扇开闭来调节微处理器的温度，使之保持在 34～36℃之间。本实例的前面板由一个选项卡控件作为载体，包括 2 个选项卡，分别为"处理过程定时设置和显示"和"处理过程状态显示"。

从"处理过程定时设置和显示"的运行界面来看，微处理器温度控制的模拟过程可以按照输入阶段（input stage）、计算阶段（computation stage）和输出阶段（output stage）3 个阶段进行实现，每个阶段设定各自的起始时间、运行时间和终止时间，通过执行程序在这些阶段中依次循环运行，从而实现对微处理器温度实时监控的仿真。这 3 个阶段的定时处理执行过程，可以在其运行界面的重复循环时序图（Loop Iteration Timing Diagram）上显示出来。同时，在"处理过程状态显示"选项卡中，可以观察到执行过程中微处理器温度曲线的变化过程。该页面上方的显示控件汇总实时显示微处理器温度，当其温度值超过所设定的温度范围上限，即当温度达到 36℃以上时，微处理器的风扇冷却系统开始工作。

如图 30-3 所示为微处理器冷却装置实时监控系统的总体程序框图。温度控制模拟过程主要由几个功能块来实现，各功能块的作用和实现步骤将在后面分别介绍。

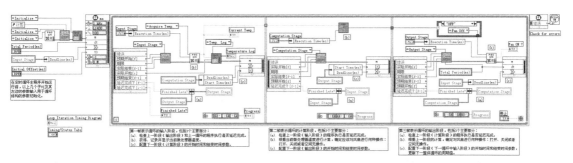

图 30-3 微处理器冷却装置实时监控系统的总体程序框图

30.3.1 系统的总体框架

微处理器冷却装置实时监控系统的功能和程序设计主要是在定时循环结构中实现的。在本例中使用了 3 个时间帧，每个时间帧对应于温度控制仿真的一个处理阶段，即输入阶段、计算阶段和输出阶段。在每个阶段中，根据微处理器温度控制系统中的一些全局参数或局部参数来进行逻辑处理和执行过程判断。

通过对每个定时处理阶段的处理执行过程，可实现对微处理器温度的控制。实际上，这 3 个阶段对应于温度采集过程、温度计算过程（以确定是否需要打开风扇），以及风扇开启和关闭的输出执行阶段，从而实现对微处理器的温度控制过程进行模拟。在每个控制过程中，包括对上一阶段的执行完成状态的判断等功能。

以下将对微处理器冷却装置实时监控系统中具体的功能块进行介绍。

30.3.2 初始化和整体参数设定功能块

初始化和整体参数设定功能块的功能主要是在定时循环主程序开始运行前，用 3 个子 VI 及其左边的输入参数对子 VI 自身和定时循环结构的参数进行初始化。具体来说，就是为前面板中处理过程定时选项卡上的 XY 图添加引用，并对定时循环结构的"周期"、"期限"和"偏移量"参数进行初始化。

30.3.3 输入阶段功能块

输入阶段功能块位于定时循环结构的首帧，包括以下 3 个主要部分：

● 检查上一阶段（输出阶段）和上一循环的程序执行是否完成；

● 获得、记录并显示当前微处理器的温度；

● 配置下一阶段（计算阶段）的开始时间和结束时间参数。

详细来说，此功能块所要实现的功能包括：把本阶段的"预期开始时间"、"结束时间"和前一循环过程的"实际结束时间"输入 Update Timing Diagram 子 VI 以绘制 Loop Iteration Timing Diagram 图形，并检查定时循环结构前一循环过程的输出阶段执行程序是否超时；同时根据"实际开始时间"获得微处理器的当前温度，显示实时温度变化情况；最后设定本次循环过程中即将执行的计算阶段的结束时间（期限）和起始时间参数。由于本阶段是定时循环结构每次循环的第一个阶段，所以需检查前一循环过程中的循环结束是否需要延迟完成。此外，还需完成输入阶段前面板处理过程定时界面及处理过程状态界面的相应数据更新功能。

输入阶段具体的功能实现过程及创建过程将在后面的设计步骤中进行具体介绍。

30.3.4   计算阶段功能块

计算阶段功能块位于定时循环结构的第二帧，包括以下 3 个主要部分：

- 检查上一阶段（输入阶段）的程序执行是否完成；
- 根据当前微处理器温度进行计算，确定应该对风扇进行何种操作，即打开、关闭或者空闲无操作；
- 配置下一阶段（输出阶段）的开始时间和结束时间参数。

计算阶段功能块主要实现的功能是：根据输入阶段获取的微处理器实时温度，利用 Fan Computation 子 VI 确定风扇需要打开、关闭、或者空闲无操作；同时，把本阶段的"预期开始时间"、"结束时间"和上一阶段的"实际结束时间"输入 Update Timing Diagram 子 VI 以更新 Loop Iteration Timing Diagram 图形，并检查定时循环结构中的前一帧（即输入阶段）是否需要延迟完成；最后为下一阶段（即输出阶段）设定所对应的结束时间和起始时间。该功能块的具体处理过程和创建过程将在后面的相应步骤中进行介绍。

30.3.5   输出阶段功能块

输出阶段功能块位于定时循环结构的第三帧，包括以下 3 个主要部分：

- 检查上一阶段（计算阶段）的程序执行是否完成；
- 根据上一阶段的计算，确定对风扇进行何种操作，即打开、关闭或者空闲无操作；
- 配置下一阶段（下一循环中的输入阶段）的开始时间和结束时间参数，更新下一整体循环的周期值。

输出阶段功能块在前两个阶段的分析处理过程的基础上，完成一些模拟过程的执行和显示功能。在前面板上，输出阶段的定时参数设置同样通过修改簇中数值输入控件的值来实现。输出阶段在每一个定时循环过程中所实现的功能具体如下：根据计算阶段中 Fan Computation 子 VI 的处理结果确定风扇的操作；同时，把本阶段的"预期开始时间"、"结束时间"和上一阶段的"实际结束时间"输入 Update Timing Diagram 子 VI 以更新 Loop Iteration Timing Diagram 图形，并检查前一帧（即计算阶段）的执行过程是否需要延迟完成；最后设置定时循环结构的下一次循环的总时间（Total Period），以及下一次循环过程的输入阶段对应的结束时间。

输出阶段功能块的创建过程将在后面的设计过程中进行详细介绍。

30.3.6   微处理器温度控制模拟子 VI

微处理器温度控制模拟子 VI 实现模拟微处理器温度控制处理过程的功能。本章将该子 VI 命名为 PAC-IO with Fan Status .vi，其所实现的功能通过对枚举控件"Operation"各选择项对应的条件结构分支进行编程实现，包括"Initialize"，"Acquire Temp."，"Fan ON"，"Fan OFF"，"Get Fan Status"和"Idle" 6 个功能块。在此只对 6 个功能块的功能予以介绍，创建过程参见后面的程序设计部分。

其中，在"Initialize"分支中创建 1 个常量数值，用于产生初始化温度，同时使用"获取日期/时间（秒）"函数获取当前时间；在"Acquire Temp."分支中创建温度变化生成器；在"FAN ON"和"FAN OFF"的结构分支中，根据风扇的开、闭状态产生不同的温度变化量，并输出温度数据，用于模拟微处理器发热或者冷却造成温度变化的过程；在"Idle"分支中没有任何温度变化的程序，也不进行任何风扇操作，因此，通过该功能块的处理逻辑之后，温度输出数据不变，只进行一定时间的延时操作；在"Get Fan Status"分支中，与"Idle"分支相同，只进行数据流的传递。

微处理器温度控制模拟子 VI 是整个程序的关键部分。其产生温度变化、温度数据采集、风扇开关等一系列操作所需的逻辑判断和操作将在后面的设计步骤中详细介绍，其端子图如图 30-4 所示。

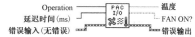

图 30-4　微处理器温度控制模拟（PAC-I/O with Fan Status）子 VI 的端子图

30.3.7　微处理器温度记录子 VI

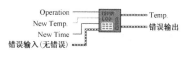

图 30-5　微处理器温度记录（Temp. Logger）子 VI 的端子图

微处理器温度记录子 VI 的主要功能是根据输入的时间（New Time）和微处理器温度（New Temp.）绘制 XY 图，以表示随着时间的变化微处理器温度的变化波形和趋势。将该子 VI 命名为 Temp. Logger .vi。微处理器温度记录子 VI 的创建过程将在后面的设计过程中进行详细介绍，其端子图如图 30-5 所示。

30.3.8　定时参数时序图更新子 VI

将定时参数时序图更新子 VI 命名为 Update Timing Diagram .vi，其功能同样通过对枚举控件"Operation"各选择项对应的条件结构分支进行编程实现，包括"Initialize"、"Input Stage"、"Computation Stage"和"Output Stage"4 个功能块。在此只对 4 个功能块的功能予以简要介绍，创建过程参见后面的程序设计部分。

其中，在"Initialize"分支中创建 1 个 XY 图引用句柄，以调用 XY 图控件对象绘制"Loop Iteration Timing Diagram"图形，同时对不同阶段的时序图数组进行初始化；在"Input Stage"分支中创建活动游标 0，标示输入阶段的结束时刻，并显示出输入阶段的时序图；在"Computation Stage"结构分支中创建活动游标 1，标示计算阶段的结束时刻 Deadline，并显示出计算阶段的时序图；在"Output Stage"分支中创建活动游标 2，标示输出阶段的结束时刻，并显示出输出阶段的时序图。定时参数时序图更新子 VI 的创建过程将在后面的设计过程中进行详细介绍，其端子图如图 30-6 所示。

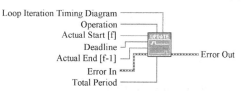

图 30-6　定时参数时序图更新（Update Timing Diagram）子 VI 的端子图

30.3.9　风扇运行状态计算子 VI

将风扇运行状态计算子 VI 命名为 Fan Computation .vi。顾名思义，其主要用途就是根据输入的当前微处理器温度（Current Temp.）判断风扇将要执行的操作，以采取合理的运行状态。风扇当前的运行状态通过 PAC-I/O with Fan Status 子 VI 获得。风扇运行状态计算子 VI 的创建过程将在后面的设计过程中进行详细介绍，其端子图如图 30-7 所示。

图 30-7　风扇运行状态计算（Fan Computation）子 VI 的端子图

30.4 微处理器冷却装置实时监控系统的设计步骤

在 LabVIEW 8.2 启动界面中新建 VI，即出现新建的前面板，保存新建 VI，将其命名为 Microprocessor Temp. Monitor。本章所创建的实例主要由以下 3 个部分组成。

（1）前面板的设计。前面板的"选项卡控件"中共包括 2 个选项卡，分别为"Process Timing"和"Process Status"。前者的设计需要使用 3 个数值输入簇控件，即输入阶段"Input Stage"、计算阶段"Computation Stage"和输出阶段"Output Stage"，并需创建 3 个布尔显示控件标示温度模拟各工作阶段的动态变化情况；还需要 2 个用于总体循环参数设置的数值输入控件，以及温度模拟各工作阶段时序图的显示控件。对于后者来说，可创建 1 个 XY 图控件以实时显示微处理器温度数值及其变化波形，以及风扇的工作状态。

（2）子 VI 的设计和创建。微处理器冷却装置实时监控实例的程序框图使用了 4 个子 VI，这 4 个子 VI 各司其职，是实现微处理器温度模拟和实时监控功能的重要组成部分，用于为总体程序框图的编写做好准备工作。

（3）程序框图的设计和创建。整个程序运行的总框架为一个定时循环结构，在结构的每个"帧"中可实现每个阶段功能的编程。

30.4.1 前面板的设计

前面板主要由一个"选项卡控件"及其内部的输入显示控件组成，其中"选项卡控件"位于"控件→新式→容器"子选板上，如图 30-8 所示。根据需要调整其为适当大小，并在控件的快捷菜单中取消选中"显示项→标签"，然后将"选项卡控件"的选项卡分别命名为"Process Timing"和"Process Status"，作为微处理器温度控制的时间设定界面和结果显示界面。

图 30-8 "选项卡控件"的选择路径

1. 添加整体循环设定参数（Overall Loop Settings）

在"Process Timing"选项卡中，添加一个"加粗下凹盒"控件，并为其添加标签"Overall Loop Setting"。在"加粗下凹盒"控件内放置 2 个数值输入控件，分别命名为"Initial Offset（ms）"和"Total Period（ms）"，用于设置定时循环结构的初始偏移参数和单循环周期时间；还需设置 1 个布尔显示控件，命名为"Finished Late？"，如图 30-9 所示。

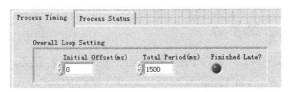

图 30-9 Overall Loop Setting 的创建

2. 添加输入阶段簇控件（Input Stage）

在"Process Timing"选项卡中添加"簇"控件，其选择路径如图 30-10 所示，将其标签修改为"Input Stage"。对于输入阶段来说，起始时间从 0ms 开始，因此，在该簇内添加文字标签

"Start Time=0ms"加以说明；接着添加数值输入控件"Deadline（ms）"和"Execution Time（ms）"，用于设定输入阶段的结束时间和执行时间，最后添加延迟显示布尔控件"Finished Late？"。

图 30-10　"簇"控件的选择路径

3. 添加计算阶段（Computation Stage）和输出阶段簇控件（Output Stage）

这两者的创建方法与添加输入阶段簇控件的方法基本相同。在这两个"簇"控件中分别添加相应的数值输入控件，即"Start Time（ms）"、"Deadline（ms）"、"Execution Time（ms）"和"Finished Late？"。

4. 添加执行不同阶段的进程显示逻辑控件（Progress）

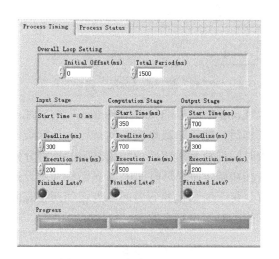

图 30-11　添加完控件的前面板

添加进程显示逻辑控件，在其中添加 1 个布尔显示控件"方形指示灯"，并将数组件命名为"Progress"。此数组包含 3 个元素，分别表示定时循环结构中当前所处的不同执行阶段。添加完以上所述控件后的前面板如图 30-11 所示。

5. 添加循环定时显示波形图（Loop Iteration Timing Diagram）

在前面板的"Process Timing"选项卡中添加"XY 图"控件，其选择路径如图 30-12 所示，在图上需要显示输入阶段、计算阶段和输出阶段的执行过程时序图和各阶段结束时间标识线。将"XY 图"控件的标签修改为"Loop Iteration Timing Diagram"，并对其属性进行设置。

- 在"曲线"属性选项卡中更改曲线的线条属性，其余设定值保持不变，如图 30-13 所示。
- "标尺"属性选项卡。"时间（X 轴）"的属性保持默认设置不变。由于在"XY 图"控件上显示 3 个阶段的处理过程，纵坐标属性不一致，所以在选项"幅值（Y 轴）"的属性中取消选中"显示标尺"、"显示标尺标签"和"自动调整标尺"复选框，并将"最小值"和"最大值"依次修改为–0.5 和 6.5，将"网格样式与颜色"设置为无网格（第 1 种样式），如图 30-14 所示。在"XY 图"控件的

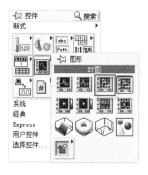

图 30- 12　"XY 图"控件的选择路径

纵坐标位置上添加 3 个标签，其文字内容分别为"Input Stage"、"Computation Stage"和"Output Stage"。

● "游标"属性选项卡。输入阶段、计算阶段和输出阶段的截止时间不同，在波形图中可用不同的游标线表示出来，以使用户有一个直观的认识。添加 3 个游标，即"Input Stage Deadline"、"Computation Stage Deadline"和"Output Stage Deadline"，设置游标线均为竖直虚线，在"允许拖曳"复选框下的曲线列表中选择"Plot 0"，如图 30-15 所示。

图 30-13　"XY 图"控件的"曲线"属性的设置

图 30-14　"XY 图"控件的"标尺"属性的设置

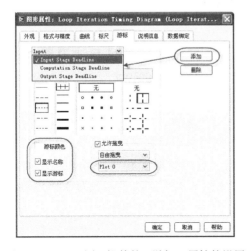

图 30-15　"XY 图"控件的"游标"属性的设置

"Loop Iteration Timing Diagram"的属性设置完毕后，输入阶段结束时间游标、计算阶段结束时间游标和输出阶段结束时间游标将分别代表在初始定时循环时间内 3 条游标线的设定位置，每一阶段的执行时间即为相邻两条时间游标线的时间坐标之差。

6. 处理过程状态页面的设置

在"Process Status"选项卡上添加 1 个"XY图"控件，并将其标签修改为"Temperature Log"，用于显示微处理器冷却装置实时监控的温度变化过程。下面对该"XY 图"控件的属性进行设置。

● 在"曲线"属性选项卡中，将曲线命名为"Plot 0"，其余参数采用默认值。

● 在"标尺"属性选项卡中，将 X 标尺名称修改为"时间（s）"，取消选中"自动调整标尺"复选框，并将"最小值"和"最大值"依次修改为 0 和 400；将 Y 标尺名称修改为"温度（deg C）"，取消选中"自动调整标尺"复选框，并将"最小值"和"最大值"依次修改为 24 和 38。

● 在"游标"属性选项卡，添加两个游标，分别命名为"温度上限"和"温度下限"。图 30-16 中给出了"温度上限"的属性设置，"温度下限"的属性设置与此相同。在具体的属性设置中，将游标颜色分别设置为"红色"和"蓝色"；取消选中"显示名称"复选框，其他参数保持不变。

- 用鼠标右键单击控件，在弹出的快捷菜单中选择"显示项→游标图例"，将"温度上限"和"温度下限"的"Y 坐标值"修改为 36 和 34，X 坐标值保持不变，如图 30-17 所示。

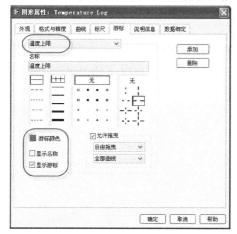

此外，在"Process Status"页面中添加 1 个数值显示控件，用于对微处理器的温度进行实时的数值显示；添加 1 个布尔显示控件，用于显示风扇的运行状态。当微处理器的温度超过设置的温度上限时，风扇打开；当微处理器的温度低于设定的下限温度时，风扇关闭。

图 30-16　"游标"选项卡的属性设置　　　　　图 30-17　游标值的设置

30.4.2　PAC-IO with Fan Status 子 VI 的创建

首先进行前面板的设计，如图 30-18 所示。其中，在前面板上需要创建的输入控件包括 1 个"错误输入 3D"控件、1 个枚举控件"Operation"和 1 个数值输入控件"延迟时间（ms）"；需要创建的输出控件包括 1 个"错误输出 3D"控件、1 个数值显示控件"温度"和 1 个"圆形指示灯"布尔控件。"错误输入 3D"控件的调用路径为"控件→新式→数组、矩阵与簇→错误输入 3D"，如图 30-19 所示。"错误输出 3D"控件的创建路径基本相同。

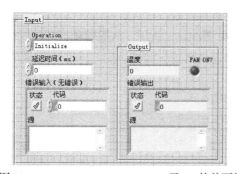

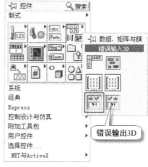

图 30-18　PAC-IO with Fan Status 子 VI 的前面板　　图 30-19　"错误输入"控件的调用路径

PAC-IO with Fan Status 子 VI 用于完成微处理温度控制模拟的整个过程。该子 VI 主要包括"Initialize"，"Acquire Temp."，"Fan ON"，"Fan OFF"，"Get Fan Status"和"Idle" 6 个处理逻辑功能块。因此，本实例把这部分功能当做一个独立的子 VI 来创建。

下面对该子 VI 的程序框图进行编辑。

1. 程序框图总体功能的分析

程序框图主要由 3 个嵌套的结构组成。最外层的结构为条件结构，在"无错误"分支中嵌套 While 循环结构，用于完成内层嵌套的处理。最内层的结构为"PAC Operation"条件结构，其分支包括微处理器温度控制模拟的各个不同功能。程序的主体为内层条件结构。以下对 6 个处理逻辑功能块的设计进行介绍。

2. 初始化分支（Initialize）

如图 30-20 所示，在该分支的处理程序中，初始微处理器温度为 25℃，风扇"Fan On"的状态为 FALSE，参数通过 While 循环结构的移位寄存器进行数据传递。这里使用到了"获取日期/时间（秒）"函数，此函数返回 1 个当前时间的时间戳，其数值为自世界通用时间 1904 年 1 月 1 日中午 12 点整至当前时间的秒数，其调用路径为"函数→编程→定时→获取日期/时间（秒）"，如图 30-21 所示。

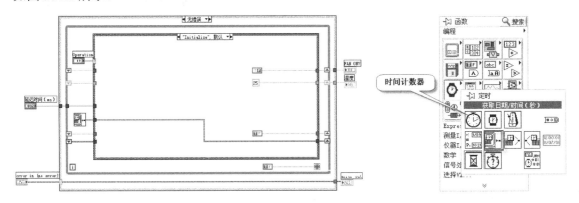

图 30-20　PAC-IO with Fan Status 的"初始化"程序框图　　图 30-21　"获取日期/时间（秒）"函数的选择路径

3. 获取温度分支（Acquire Temp.）

此分支主要实现两个主要功能：一是模拟执行时间延迟过程；二是根据风扇工作状态判断当前温度是否超出设定范围，并产生不同的温度数据。在风扇打开状态下，按照温度范围（20～30℃）来产生温度变化随机数据，以进行温度数据的处理；在风扇关闭状态下，则按照温度范围（30～40℃）来产生随机温度数据，程序框图如图 30-22 所示。这里使用到了"时间计数器"函数，此函数返回 1 个毫秒计数值，其调用路径为"函数→编程→定时→获取日期/时间（秒）→时间计数器"。

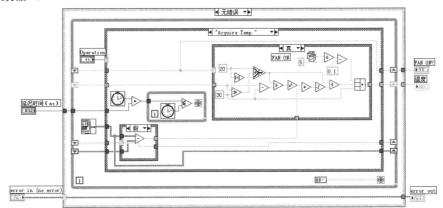

图 30-22　PAC-IO with Fan Status 的"获取温度"程序框图

4. 风扇打开和关闭分支（Fan On 和 Fan Off）

这两个分支的处理程序逻辑和获取温度分支的处理程序逻辑大概相同，只是此处将风扇的工作状态强制设置为 FALSE 或者 TRUE。为便于读者学习，此处给出这两个分支的程序框图，分别如图 30-23 和图 30-24 所示。值得注意的是，分支"Acquire Temp."、"FAN ON"和"FAN OFF"中内层条件结构中的程序设计完全相同，即分支"真"和"假"中的程序可以互相参考。

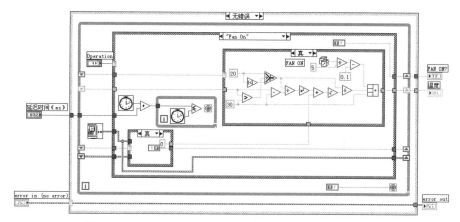

图 30-23　PAC-IO with Fan Status 的"风扇打开"程序框图

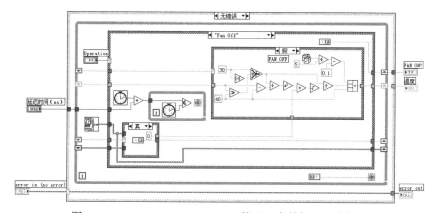

图 30-24　PAC-IO with Fan Status 的"风扇关闭"程序框图

5. 风扇闲置无操作分支（Idle）

在此分支的程序处理过程中，通过时间计数器设定时间的延时过程，而不执行其他操作，其程序框图如图 30-25 所示。

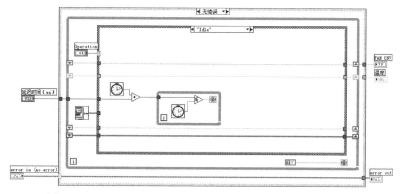

图 30-25　PAC-IO with Fan Status 的"闲置无操作"程序框图

6. 获取风扇状态分支（Get Fan Status）

此分支的主要功能是通过 While 循环结构的移位寄存器获取当前风扇的工作状态，其程序框图如图 30-26 所示。

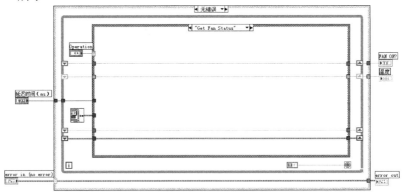

图 30-26　PAC-IO with Fan Status 的"获取风扇状态"程序框图

最后，在外层条件结构"错误状态"分支中，为"FAN ON？"和"温度"分别添加布尔常量"FALSE"和数值常量"NaN"，完善数据传输隧道的数据流传输完整性，其程序框图如图 30-27 所示。

图 30-27　PAC-IO with Fan Status 的"错误状态"程序框图

在微处理器冷却装置实时监控器子 VI 中，各个处理程序功能相对比较简单，感兴趣的读者可以在这些处理程序块中加入不同的处理逻辑和功能，完成程序更加复杂和接近于实际的模拟过程。

30.4.3　Temp. Logger 子 VI 的创建

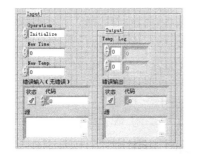

图 30-28　Temp. Logger 子 VI 的前面板

Temp. Logger 子 VI 用于记录温度变化过程的数据。该子 VI 主要包括"Initialize"和"Temp. Logger"2 个处理逻辑功能块。在 LabVIEW 8.2 的启动界面中，创建 VI，命名为 Temp. Logger .vi 后保存之。首先进行前面板的设计，如图 30-28 所示，然后创建 1 个"错误输入 3D"控件、1 个枚举控件"Operation"和 2 个数值输入控件"New Time"和"New Temp."，作为操作控制和参数输入之用；需要创建的输出控件包括 1 个"错误输

出 3D"和 1 个簇 2 元素（元素为双精度数据类型数组）控件。"错误输入 3D"控件和"错误
输出 3D"控件的创建路径可参考 30.4.2 节。

1. 程序框图总体功能的分析

程序框图主要由 3 个嵌套的结构组成。最外层的结构为条件结构，并在"无错误"分支中
嵌套 While 循环结构，用于完成内层嵌套的处理过程的执行。最内层的结构为"Operation"条
件结构，其分支功能包括温度记录及其初始化过程的实现。程序的主体为内层条件结构。以下
对 2 个处理逻辑功能块的设计进行介绍。

2. 初始化分支（Initialize）

如图 30-29 所示，可以看出，在分支"Initialize"中，设定温度记录数值为空的簇 2 元素，
簇中元素的数值通过 While 循环结构的移位寄存器传递。

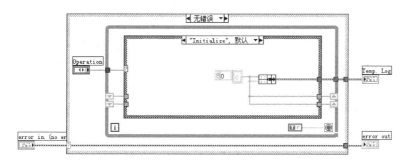

图 30-29　Temp. Logger 子 VI 的"初始化"程序框图

3. 获取温度分支（Temp. Log）

此分支要实现的功能是将输入的新产生的温度数值和时间数值进行数组操作和捆绑，作为
获取到的温度与时间关系结果。这里使用到了"创建数组"和"捆绑"函数，读者对它们应该
比较熟悉，在此就不再赘述。分支"Temp. Log"的程序框图如图 30-30 所示。

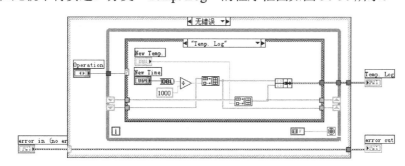

图 30-30　分支"Temp.Log"的程序框图

最后，在外层条件结构的"错误"分支中，为"Temp. Log"添加由数值常量"NaN"作
为元素构成的簇 2 元素数据，完善数据传输隧道的数据流传输完整性，其程序框图如图 30-31
所示。

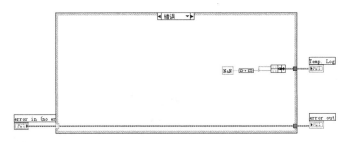

图 30-31　Temp. Logger 子 VI 的"错误"分支程序框图

30.4.4　Update Timing Diagram 子 VI 的创建

在 LabVIEW 8.2 的启动界面中，创建 VI，命名为 Update Timing Diagram .vi 并保存。首先进行前面板的设计，如图 30-32 所示。其中，在前面板上创建输入控件，即 1 个"控件引用句柄"、1 个"错误输入 3D"控件、1 个枚举控件"Operation"和 4 个数值输入控件（"Actual Start[f]"、"Actual End[f-1]"、"Deadline"和"Total Period"）；创建输出控件"错误输出 3D"。这里用到了句柄控件——"控件引用句柄"，其调用路径为"控件→新式→句柄→控件引用句柄"，其中 Ctl 引用句柄如图 30-33 所示。然后进行 VI 服务器类的选择，其中 XY 图在快捷菜单中的选择路径为"选择 VI 服务器类→一般→图形对象→控件→图形图表→波形图→XY 图"，如图 30-34 所示。最后，设置"XY 图"的引用句柄"包含数据类型"，如图 30-35 所示。

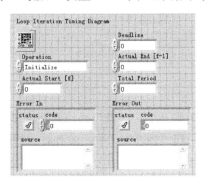

图 30-32　Update Timing Diagram 子 VI 的前面板

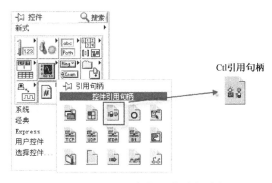

图 30-33　"Ctl 引用句柄"的选择路径

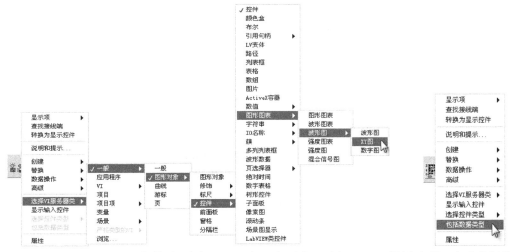

图 30-34　"控件引用句柄" VI 服务器类配置　　图 30-35　引用句柄的"包含数据类型"设置

Update Timing Diagram 子 VI 主要包括 "Initialize"、"Input Stage"、"Computation Stage" 和 "Output Stage" 4 个处理逻辑功能块。下面对其程序框图的编辑进行具体介绍。

1. 程序框图总体功能的分析

程序框图主要由 3 个嵌套的结构组成。最外层的结构为条件结构，并在 "无错误" 分支中嵌套 While 循环结构，用于完成内层嵌套的处理过程的执行。最内层的结构为 "Operation" 条件结构，其分支包括微处理器温度模拟的 3 个不同阶段时序的数据初始化和功能实现。程序的主体为内层条件结构。以下对 4 个处理逻辑功能块的设计进行介绍。

2. 初始化分支（Initialize）

如图 30-36 所示，在该分支的处理程序中，产生了 1 个包含 14 个元素的一维数组，作为时序图原始波形数组，并通过 While 循环结构的移位寄存器进行数据传递；将 "XY 图" 的引用句柄节点与 While 循环结构的 1 对移位寄存器相连，供其他分支对 "XY 图" 控件对象进行操作使用。

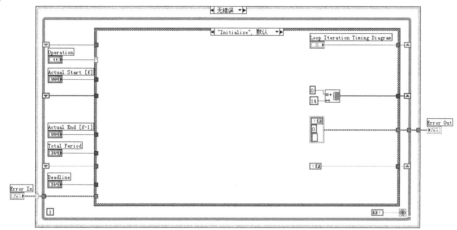

图 30-36　Update Timing Diagram 的 "初始化" 程序框图

3. 输入阶段分支（Input Stage）

在分支 "Input Stage" 中，使用 "替换数组" 函数对 "时序图波形显示数组" 的部分元素进行替换，根据实际开始时间 "Actual Start[f]" 的实际输入，更新输入阶段时序图的图形显示；根据结束时间 "Deadline" 和 "Actual Start[f]" 的 "+" 运算结果调整游标 0 的位置，即输入阶段结束时间的游标位置。

如图 30-37 所示为 "输入阶段" 的程序框图，如图 30-38 所示为最内层条件结构各分支的程序框图，其中分支 "假" 用于对 "XY 图" 的属性节点（严格）数据（Value）进行赋值。另外，程序中还用到了 "XY 图" 控件的属性节点（严格）活动游标（ActCrsr），以及游标位置——游标 X 坐标（CursorPosX）。这三个属性节点（严格）都是通过 "Loop Iteration Timing Diagram" 引用句柄创建的，即在句柄节点上单击鼠标右键，在弹出的快捷菜单中，"Value" 属性节点（严格）的选择路径为 "创建→XY 图（严格）类的属性→值"，"ActCrsr" 属性节点（严格）的选择路径为 "创建→XY 图（严格）类的属性→活动游标"，"CursorPosX" 属性节点（严格）的选择路径为 "创建→XY 图（严格）类的属性→游标→游标位置→游标 X 坐标"。

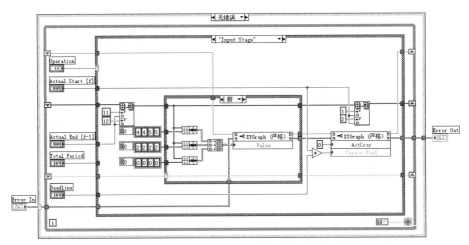

图 30-37   Update Timing Diagram 的"输入阶段"程序框图

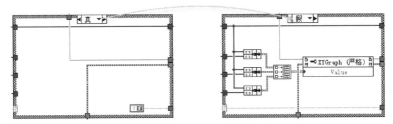

图 30-38   最内层条件结构各分支的程序框图

4. 计算阶段分支（Computation Stage）

如图 30-39 所示，在分支"Computation Stage"中，同样使用"替换数组"函数对"时序图波形显示数组"的部分元素进行替换，根据实际开始时间"Actual Start[f]"和实际结束时间"Actual End[f-1]"的实际输入，更新计算阶段时序图的图形显示；根据结束时间"Deadline"和"Actual Start[f]"的"+"运算结果调整游标 1 的位置，即计算阶段结束时间的游标位置。

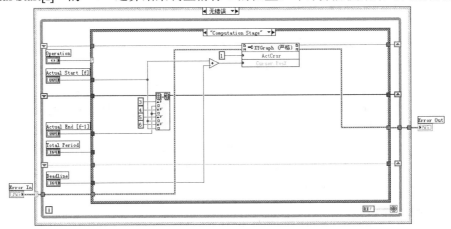

图 30-39   Update Timing Diagram 的"计算阶段"程序框图

5. 输出阶段分支（Output Stage）

如图 30-40 所示，在分支"Output Stage"中，同样使用"替换数组"函数对"时序图波形显示数组"的部分元素进行替换，根据实际开始时间"Actual Start[f]"、实际完成时间"Actual End[f-1]"和总周期"Total Period"的实际输入，更新输出阶段时序图的图形显示；根据结束时间"Deadline"和"Actual Start[f]"的"+"运算结果调整游标 2 的位置，即输出阶段结束时间的游标位置。

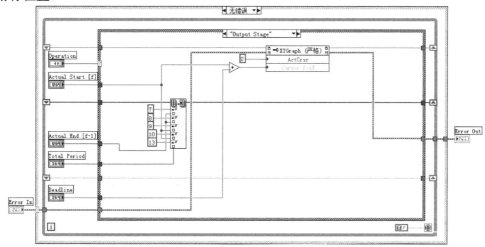

图 30-40　Update Timing Diagram 的"输出阶段"的程序框图

最后，在外层条件结构的"错误"分支中完善"Error In"至"Error Out"的数据流传递。

30.4.5　Fan Computation 子 VI 的创建

在 LabVIEW 8.2 的启动界面中，创建 VI，命名为 Fan Computation .vi 并保存之。首先进行前面板的设计，如图 30-41 所示。创建输入控件，包括 2 个数值输入控件"Current Temp."和"Execution Time（ms）"；需要创建的输出控件只有 1 个数值显示控件"Result"。

如图 30-42 所示，编辑程序框图，以实现子 VI 的功能，即对输入的"Current Temp."值进行判断以确定将对风扇进行开启还是关闭操作。当"Current Temp."值≤34，如果当前风扇的工作状态为开启时，关闭风扇，否则闲置无操作；当 34≤"Current Temp."值≤36 时，当前风扇的工作状态保持为闲置无操作；当"Current Temp."值≥36 时，如果当前风扇的工作状态为关闭，则开启风扇，否则闲置无操作。这里用到了"函数→编程→比较"子选板中的"选择"函数。

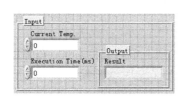

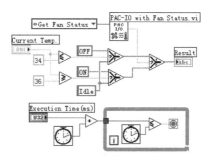

图 30-41　Fan Computation 子 VI 的前面板　　　　图 30-42　Fan Computation 子 VI 的程序框图

30.4.6　程序总体框架的处理

从对微处理器温度实时监控系统的功能分析来看，程序框架为"定时循环"结构，在该定时循环结构中共包含 3 个"帧"（即添加输入阶段处理帧、计算阶段处理帧和输出阶段处理帧），在每个帧中添加相应的程序可以实现不同阶段的逻辑和计算功能。

在程序框图中，添加"定时循环"结构，其选择路径如图 30-43 所示。在"定时循环"结构的框架上单击鼠标右键，在弹出的快捷菜单中选择"在后面添加帧"，如图 30-44 所示；当在两相邻帧之间单击鼠标右键时，在弹出的快捷菜单中会出现"插入帧"项；而在最后一帧的框架上单击鼠标右键时，则在弹出的快捷菜单中会出现"在后面添加帧"项，读者可以根据自己的习惯灵活操作。

输入阶段处理帧、计算阶段处理帧和输出阶段处理帧中都存在输入节点和输出节点，输入节点和输出节点的具体属性设置应该根据每个帧的具体需要加以选择。

在"定时循环"结构的开始和结束可设置输入节点和输出节点。输入节点的输入和输出节点的输出可以根据实际需要进行添加和选择。其中，添加节点的输入或输出只需要拖曳其控制点即可。选择具体的输入/输出项时，将鼠标放在待修改项上，待鼠标变为"小手型"后单击鼠标，在弹出的快捷菜单上进行选择即可。每个帧中添加的输入节点和输出节点的具体属性在后面的设计过程中会结合具体需要进行介绍。

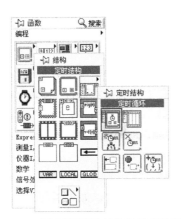

图 30-43　"定时循环"结构的选择路径

图 30-44　在"定时循环"结构中添加帧

30.4.7　"定时循环"结构的输入和初始化

定时循环结构的输入和初始化过程可通过一系列子 VI 及其参数输入来完成。如图 30-45 所示为"定时循环"结构的输入和初始化部分，以下进行具体介绍。

1. 定时循环结构的输入节点

定时循环结构的输入节点的输入项也可以通过在输入项上单击鼠标右键，在弹出的快捷菜单中选择"选择输入"项下的相应项进行更换。此处添加了定时结构输入节点的所有项，如图 30-46 所示。图中各项含义如下。

（1）源名称：表示用于控制结构的定时源名称。

（2）周期：指定定时循环中两个连续循环之间的间隔时间。周期的单位取决于所选择的定时源。

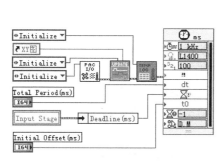

图 30-45　"定时循环"结构的输入和初始化部分

图 30-46　输入节点的输入项选择

（3）优先级：表示在所有即将执行的定时结构或帧中下一帧的执行优先级，所输入的数字越大，表示下一帧的执行优先级越高于其他定时结构和帧。优先级的值必须是 1 或者 1～2 147 480 000 之间的正整数。默认值–1 表示该帧的优先级顺序与上一帧相同。

（4）名称：指定定时结构的名称。

（5）期限：表示定时结构中完成某一帧或本次循环的时间限定。如果某次循环或帧未在指定期限之前完成，输出节点的"延迟完成？[i–1]"输出将在下一帧或循环中返回"真"，但是不影响定时结构的执行。

（6）偏移量：指定定时结构的循环开始时间或相位。该选项可用于同步结构或对齐相位。例如，通过给两个定时循环指定相同的源名称，该定时循环可以使用相同的定时时钟源。在两个定时循环中分别输入偏移量 0 或 100。定时循环将分别根据各自周期执行，但两个循环的执行间隔 100 为定时单位。

（7）超时：表示下一帧等待定时源触发事件的最长时间（单位为 ms），超时的值相对于当前帧的开始时间。默认值–1 表示未给下一帧指定超时时间。如果某帧在超时前未开始执行，定时结构将执行该帧及其余未定时循环，并在其余帧的左数据节点的唤醒原因输出端中返回超时。

（8）模式：指定定时循环的延迟循环模式。输入节点的模式输入图标将使用 D、M 和 P 分别表示放弃、保持和处理。

（9）错误：在定时结构中传递错误。错误可导致定时结构发生以下行为，即不执行（输入节点）、执行未定时的下一帧（内部数据节点）或者退出结构（最后的右数据节点）。

2. 输入端参数的设定与输入

"错误"输入端通过初始化 PAC-IO with Fan Status 子 VI、Update Timing Diagram 子 VI 和 Temp. Logger 子 VI，使 3 个子 VI 处于"Initialize"模式下，从而完成工作模式和数据的初始化。

（1）"周期"输入端通过前面板上的数值输入控件"Total Period（ms）"进行数据输入。

（2）"期限"的输入值由输入阶段（Input Stage）的结束时间"Deadline（ms）"指定。

（3）"偏移量"的输入值由前面板的初始偏移量输入控件"Initial Offset（ms）"指定。

30.4.8　输入阶段的处理过程

输入阶段的程序功能在 30.3.3 节中已经做了详细介绍，下面在程序框图的编写过程中进行具体介绍，如图 30-47 所示。

1. 检查是否延迟完成[如图 30-47 中的（a）所示]

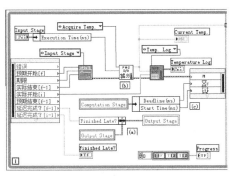

图 30-47 "输入阶段"的程序框图

首先，对此帧的输入节点的输出项进行配置。为了帮助读者全面理解输入节点各输出项的含义，在此对其进行一一详细介绍。

（1）错误：在定时结构中传递错误。错误可导致定时结构发生以下行为，即不执行（输入节点）、执行未定时的下一帧（内部数据节点）或者退出结构（最后的右数据节点）。

（2）预期开始[f]：返回当前循环（f）的预期开始时间。预期开始是相对于定时结构开始时间的时间值，其单位与定时源相同。

（3）期限：表示定时结构中完成某一帧或本次循环的时间限定。如果某次循环或帧未在指定期限之前完成，输出节点的"延迟完成？[f-1]"输出将在下一帧或循环中返回"真"，但是不影响定时结构的执行。

（4）实际结束[f-1]：返回上一次循环（i-1）的实际结束时间。实际结束值是相对于定时结构开始时间的时间值，其单位与定时源相同。

（5）实际开始[i]：返回当前循环（i）的实际开始时间。实际开始值是相对于定时结构开始时间的时间值，其单位与定时源相同。

（6）预期结束[f-1]：返回上一次循环（i-1）的预期结束时间。预期结束值是相对于定时结构开始时间的时间值，其单位与定时源相同。

（7）延迟完成[f-1]：如果定时结构中的上一次帧未在指定期限内完成，此接线端将返回"真"，并不会影响定时结构的执行。

（8）延迟完成[i-1]：如果定时结构中的上一次循环未在指定期限内完成，此接线端将返回"真"。

借助上述各输出项的介绍，使用"按名称捆绑"函数可以获得"Output Stage"阶段的"延迟完成？"的状态，而且可以在布尔显示控件"Finished Late？"中观察到上一循环的延迟完成情况。

2. 获得微处理器的实时温度[如图 30-47 中的（b）所示]

这一部分的功能主要通过 PAC-IO with Fan Status 子 VI、Update Timing Diagram 子 VI 和 Temp. Logger 子 VI 3 个 VI 实现。其中 PAC-IO with Fan Status 子 VI 的"Operation"选择"Input Stage"工作模式，Update Timing Diagram 子 VI 的"Operation"选择"Acquire Temp."模式，Temp. Logger 子 VI 的"Operation"选择"Temp. Log"模式。

PAC-IO with Fan Status 子 VI 的输入"延迟时间（ms）"与"Input Stage"簇的元素"Execution Time"相连，实现执行过程的延迟。在 PAC-IO with Fan Status 子 VI 中模拟计算并输出至当前温度值显示控件"Current Temp."和 Temp. Logger 子 VI 中，结合"实际开始[i]"的输入，将温度记录显示在 XY 图控件"Temperature Log"中。此外，Update Timing Diagram 子 VI 对输入阶段的时序图进行更新。

3. 设定计算阶段帧的输入节点[如图 30-47 中的（c）所示]

可通过前面板中计算阶段"Computation Stage"数据簇的数值输入控件来设置下一帧的输

入节点，需要设定的数据包括结束时间"Deadline（ms）"和开始时间"Start Time（ms）"，它们分别与输入节点的输入项"期限"和"开始"相连。

最后为"Progress"控件创建一个布尔数组常量[TRUE，FALSE，FALSE]，表征实时监控系统正处于输入阶段。

30.4.9   计算阶段的处理过程

计算阶段的处理过程同样应与其在前面板对应的数据簇联系在一起。在程序编写过程中，通过计算阶段的逻辑处理，可以实现以下功能：判断风扇应该打开还是关闭；检查定时循环结构中的前一帧（即输入阶段）是否延迟完成，同时为下一阶段（即输出阶段）设定对应的结束时间和起始时间。编写完成后的程序框图如图 30-48 所示。

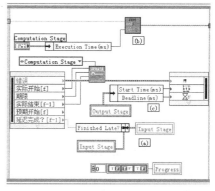

图 30-48   "计算阶段"的程序框图

1. 检查是否延迟完成[如图 30-48 中的（a）所示]

使用"按名称捆绑"函数可以获得"Input Stage"阶段的"延迟完成？"的状态，以观察到输入阶段的延迟完成情况。

2. 判断风扇应该打开还是关闭[如图 30-48 中的（b）所示]

这一部分的功能主要通过 Fan Computation 子 VI 实现，根据输入子 VI 的"Current Temp."值，可确定风扇应该打开或者关闭；根据输入计算阶段的"Execution Time（ms）"，可确定执行时间的延时模拟。

另外，还要使用 Update Timing Diagram 子 VI 实现计算阶段的时序图更新的功能，此时 Update Timing Diagram 子 VI 的"Operation"选择"Computation Stage"模式。

3. 设定输出阶段帧的输入节点[如图 30-48 中的（c）所示]

可通过前面板中输出阶段"Computation Stage"数据簇的数值输入控件来设置下一帧的输入节点，需要设定的数据包括结束时间"Deadline（ms）"和开始时间"Start Time（ms）"，它们分别与输入节点的输入项"期限"和"开始"相连。

最后为"Progress"控件创建一个布尔数组常量[FALSE，TRUE，FALSE]，表征实时监控系统正处于计算阶段。

30.4.10   输出阶段的处理过程

输出阶段的处理过程所要实现的功能为：根据计算阶段处理过程产生的"风扇打开和关闭"执行命令；检查前一帧（即计算阶段）是否为延迟完成，同时为定时循环结构的下一次循环过程中的输入阶段设定对应的结束时间。由于输出阶段帧是定时循环结构每次循环的最后一帧，所以需要对下一次循环过程的循环总时间进行更新。

如图 30-49 所示为"输出阶段"的程序框图，接下来对这部分处理程序的设计过程进行介绍。

1. 检查是否延迟完成[如图 30-49 中的（a）所示]

使用"按名称捆绑"函数可以获得"Computation Stage"阶段的"延迟完成？"的状态，

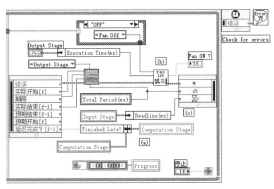

图 30-49 "输出阶段"的程序框图

以观察到计算阶段的延迟完成情况。

2. 确定风扇的工作状态[如图 30-49 中的（b）所示]

根据计算阶段帧输出的风扇应该采用的工作状态，确定 PAC-IO with Fan Status 子 VI 应选择的工作模式，即根据"Operation"的输入（Fan Off、Fan On 或者 Idle）产生相应的工作模式下的温度模拟数据，并输出风扇最终的工作状态（由"Fan ON?"显示控件的反映）。

另外，还要使用 Update Timing Diagram 子 VI 实现输出阶段的时序图更新的功能，此时 Update Timing Diagram 子 VI 的"Operation"选择"Output Stage"模式。

3. 设定下一帧（输入阶段帧）的结束时间[如图 30-49 中的（c）所示]

通过前面板中输出阶段"Input Stage"数据簇的数值输入控件来设置下一帧的输入节点，需要设定的数据包括结束时间"Deadline（ms）"，连接输入节点的输入项"期限"。总周期时间"Total Period（ms）"与输入节点的"周期"相连。

最后为"Progress"控件创建一个布尔数组常量[FALSE，FALSE，TRUE]，表征实时监控系统正处于输出阶段。

30.4.11 添加程序注释和说明

本章创建的程序相对比较复杂，功能也相对较多。因此，为便于程序的阅读和说明，可以在必要的地方加以注释，帮助读者阅读和理解程序。在使用 LabVIEW 8.2 编写比较复杂的程序时，遵循这一原则是很有必要的，这样会给程序阅读者和程序的有效利用带来不少方便和好处。

30.5 本章小结

本章介绍了一个微处理器冷却装置的实时监控实例，在设计过程中对 LabVIEW 8.2 的控件使用及程序框图的编写都有比较综合的应用，对读者深入学习 LabVIEW 8.2 进行程序设计有很大的帮助。

本章在前面板的创建过程中，使用了选项卡控件、簇控件、XY 图等控件；而在程序框图的编写过程中，所用到的函数主要包括定时循环结构、数组操作函数、簇操作函数等多种常用的编程函数。希望读者在学习本章的基础上，在使用 LabVIEW 8.2 进行程序设计时，有效地使用子 VI，使程序的实现更加集约，有更好的移植性和扩展性。

第 31 章 【实例 99】脉冲及瞬态测量控件设计

本章将设计脉冲及瞬态测量控件对四种（正弦波信号，方波信号，锯齿波信号和三角波信号）不同的脉冲波形信号，以不同方式添加噪声信号后进行测量，测量后的结果对比通过不同的波形图显示出来。

31.1 设计目的

本脉冲及瞬态测量控制项设计的目的是对四种不同的脉冲波形信号（正弦波信号，方波信号，锯齿波信号和三角波信号）通过添加噪声信号，并通过波形图显示出来。对不同的脉冲信号波形信号，通过不同的信号瞬态测量，即通过瞬态特性测量 VI 控件，脉冲测量 VI 控件，幅值和电平测量 VI 控件及周期平均值和均方根 VI 控件的瞬态测量后，通过数值显示以及图形显示对测量结果进行表达。通过本章对该控件设计的创建过程的学习，可以对脉冲信号的波形处理及其不同的脉冲转换有更进一步的认识。

脉冲测量的结果，既可以通过选择面板上的数值显示进行表达，也可以通过在波形图上的活动游标线的动态显示过程进行显示。如图 31-1 所示为正弦信号加小幅度的噪声信号的处理测量结果，图中波形图中显示出波形及瞬态测量和电平范围的位置，在选项卡的测量转换选项页上同时也对瞬态测量的数据结果进行了动态的显示。

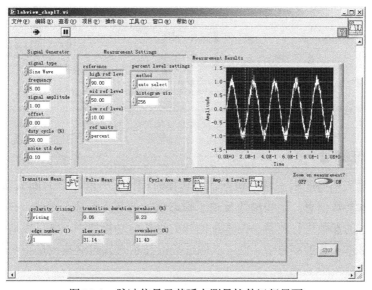

图 31-1　脉冲信号及其瞬态测量控件运行界面

31.2 程序框图主要功能模块介绍

图 31-2 是脉冲及瞬态测量控件实例的程序框图，其仿真测量过程主要通过图中标记的以

下几个功能块来实现和进行逻辑处理。各功能块主要实现的功能和作用介绍如下。

31.2.1 仿真波形生成

仿真波形通过 LabVIEW 的基本函数发生器函数生成。可以生成的波形包括常见的波形，如正弦波、锯齿波、方波和三角波。本实例设计的瞬态测量功能中可以实现对脉冲信号的转换处理及不同方式的瞬态测量，因此，可以在生成的基本波形上加入噪声信号。此处选择高斯噪声信号生成器产生高斯噪声信号。

本实例设计的信号转换特性功能可以对信号的瞬态特性、脉冲特性、周期平均值和均方根以及幅值和电平特性进行分析计算和处理。在程序框图中，通过一个 case-switch 切换过程实现这些瞬态参数特性的切换处理过程。每个 case 循环块表现出相应的程序处理功能，这些功能块通常和不同的显示及处理过程相联系。下面将对本实例创建的脉冲及瞬态测量控件这部分的功能一一予以介绍。

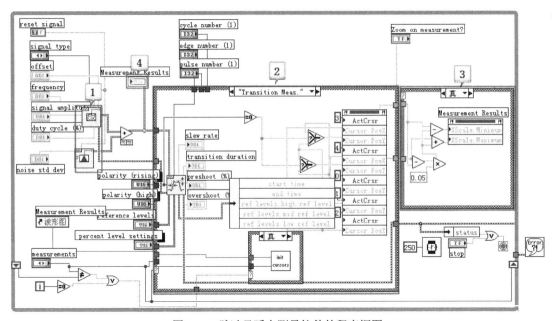

图 31-2 脉冲及瞬态测量控件的程序框图

31.2.2 瞬态特性测量

单一波形的输入信号的瞬态特性包括信号转换时间（上升和下降时间）、转换速率、预调节和过调节等基本参数信息。这些参数反映了瞬态信号的基本特征，因此，在瞬态信号的处理中常常作为最基本的参数进行测量。在本章创建的这部分功能块中，既可以通过波形图上的游标位置显示这些基本参数的测量值，也可以通过数值显示方式对这些测量得到的参数进行实时显示。

31.2.3 脉冲测量

对于周期性波形，脉冲测量参数主要包括周期、脉冲宽度和脉冲中心等。在周期性波形的测量中，这些基本参数是脉冲信号最基本的数值。本章脉冲及瞬态测量控件中提供的脉冲测量功能可以完成对这些参数的测量，并通过数值显示方式显示出来，在波形图上也显示出电平位置，同时通过游标位置显示出这些测量值的位置。

31.2.4 周期平均值和均方根

周期平均值和均方根数值是周期性波形一个周期内的平均值。可以通过 LabVIEW 的周期平均值和均方根 VI 提供的基本功能方便地计算出这些数值。通过波形图的显示功能，能够通过不同的游标位置，把这些数值以图形的形式显示在波形图上，同时也可以把测量范围在波形图上表示出来。

31.2.5 幅值和电平

幅值和电平是周期性波形在一定的测量条件下的测量值，反映出该周期性波形的特点。脉冲及瞬态测量控件中的幅值和电平功能块是通过 LabVIEW 提供的幅值与电平 VI 控件来进行处理和实现的。

31.2.6 波形图缩放功能

波形图缩放功能主要通过前面实现的四种周期性信号瞬态测量的波形显示体现出来，能够针对不同的瞬态测量功能通过放大可以显示出测量范围内的波形情况，可以很清楚地观察到在该范围内波形的细节情况。

在具体的功能实现时，通过创建测量结果显示波形图的属性节点及调节逻辑布尔值，可以改变波形图显示横坐标的最大、最小值，即通过不同的测量范围来设定该波形图横坐标的范围，从而实现对波形图所显示波形的缩放功能。

31.2.7 波形图显示功能

波形图显示功能用于对通过仿真波形生成功能得到的波形进行显示。配合不同的瞬态测量特性功能，波形图还能够显示出高电平位置、中电平位置和低电平位置，以及不同瞬态测量功能的波形测量范围和测量结果，如经过幅度和电平测量功能测量后能够很好地显示出所测量的周期性波形的幅度和电平位置。

这部分功能是本章脉冲及瞬态测量控件实例最直观的显现部分，也是常见的信号分析和处理中所遇到的最直接和最基本的处理问题。通过对这些功能实现，可以更好地理解信号分析中这些功能的意义和作用，以及所体现的直观物理意义。在此基础上进行信号分析和处理的仿真分析和开发有进一步的帮助作用。

31.3 详细设计步骤

脉冲及瞬态测量控件设计实例的设计主要可以分为以下几个步骤。

（1）打开 LabVIEW 8.2，出现启动接口后，单击项目名称 LabVIEWbooks.lvproj。此时出现该项目的项目浏览器，新建 VI，出现新建的前程序框图，命名为 LabVIEW_chap17，保存该 VI。

（2）通过 31.3 节中的分析，对本章所要建立的 VI 控件的基本功能已经有比较清楚的了解。因此，在设计工程中，首先进行程序框图，即程序逻辑结构方面的总体设计。程序框架的主要设计思路是从这些功能块之间的逻辑联系关系入手进行能够设计。

（3）在程序框图中，进行仿真信号的分析，首先需要生成周期性波形，其次对该周期性波形进行瞬态测量方面的测量与处理。对周期性波形的所有瞬态参数的测量是对同一个周期性波形进行的，在波形显示方面则共享同一个显示的波形图。这些瞬态测量功能，即瞬态测量功能、脉冲测量功能、周期平均值和均方根测量功能，以及幅值和电平测量功能，在逻辑关系是平行的，但在功能是不可取代的，因此，可以考虑 case-switch 选择逻辑关系进行总体框架的设计，不同的瞬态测量功能则可以在不同的 case 情况下进行设计和处理。而从前面板，即接口的角度来看，在图形面板所提供的控件中，选项卡控件和该程序逻辑结构相一致，因此，可以把每个 case 功能块和选项卡的选项页相联系。

（4）最后，在仿真波形的波形显示方面，可以通过波形图来进行显示。而瞬态特性测量方面，可以通过对该波形图控件的属性节点的引用，从而实现瞬态测量结果在波形图上的图形显示。

以下按步骤对该控件的设计过程进行介绍。

31.3.1 生成基本波形和噪声波形

在 LabVIEW 8.2 的信号分析处理中，常见的基本波形信号都可以通过基本函数发生器来提供。下面对基本波形和噪声波形的创建和设置进行介绍。

（1）基本函数发生器在程序框图中的选择顺序为，"函数面板→信号处理→波形生成→基本函数发生器"，如图 31-3 所示。可以在程序框图上通过鼠标右键选取，也可以通过函数面板按照以上顺序来选取。

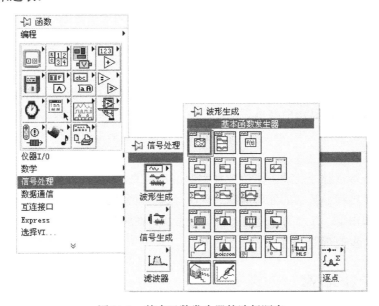

图 31-3　基本函数发生器的选择顺序

（2）和 Express VI 提供的函数功能不同，基本函数发生器的输入端参数需要通过程序提供或设定常量数值来实现。在本章所设计的程序中，为便于后续分析处理过程能够进行多种信号的分析处理，在该基本函数发生器的输入端创建波形输入控件，包括波形类型选择控件、频率输入控件、幅值输入控件、占空比输入控件、偏置输入控件和重置常量，如图 31-4 所示。其中，波形类型选择主要包括正弦波形、锯齿波波形、方波波形和三角波波形。

（3）为对实际信号进行仿真，通常需要加入一定的噪声信号，和基本波形进行迭加后来模拟实际常见的波形信号。

注意：本章在创建脉冲及瞬态测量控件时，选择了高斯白噪声波形作为基本波形的噪声信号，选择了噪声标注偏差作为输入控件来调节输入。由于噪声信号和基本波形信号是一致的，所以噪声信号的重置输入和基本函数发生器的重置输入设置相同的输入常量。这样，当基本函数发生器所产生的波形类型通过选择发生变化，需要重置时，噪声信号同样经过重置后得到设置。

LabVIEW 8.2 提供了多种噪声波形，如均匀白噪声波形，高斯白噪声波形，周期性随机噪声波形，反幂律随机噪声波形，Gamma 噪声波形，泊松噪声波形，Bernoulli 噪声波形，二项分布的噪声波形等，如图31-5所示。

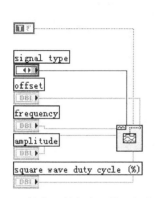

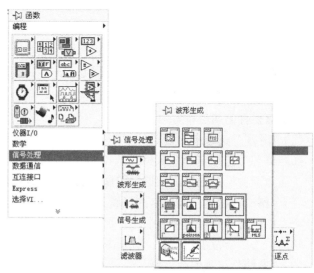

图31-4　基本函数发生器输入控件
　　　　及常量创建

图31-5　LabVIEW 8.2 提供的常见噪声波形

31.3.2　仿真波形的生成和显示

经过基本函数发生器和高斯噪声波形函数处理后，可以得到四种基本波形和高斯噪声波形。这两种波形通过函数迭加后，生成加载有噪声信号的可用于实际分析的实际波形。此波形可以通过波形图进行显示，在后面的瞬态测量特性中，该波形图中可以根据不同的瞬态测量要求显示不同的测量结果。经过迭加后的仿真波形及波形显示的程序框图如图31-6所示，前面板如图31-7所示。该面板已经包括基本函数发生器和高斯噪声波形中可调节的输入控件，以及仿真波形的显示控件——测量结果波形图。

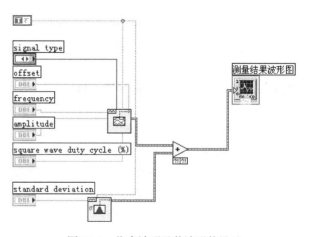

图31-6　仿真波形及其波形其显示

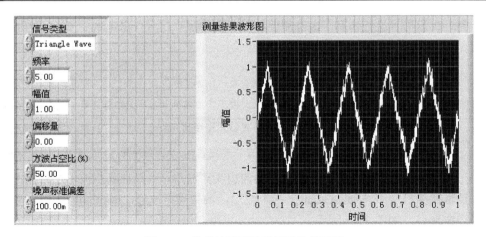

图 31-7　仿真波形及波形显示的前面板

为便于后面瞬态测量结果的显示，此处对测量结果波形图控件的属性进行设置。此处粗略调节测量结果波形图在前面板的大小和位置，前面板接口的布置和美化需要在所有程序框图完成设计之后按照实际情况进行具体的布局和美化。用鼠标右键单击选中测量结果波形图的属性项，弹出该控件的属性设置对话框。

（1）"外观"选项卡的设置

在"外观"选项卡中，将标题选项的复选框选中，命名为"测量结果波形图"。同时取消选中"显示图例"复选框。设置后的属性页如图 31-8 所示。

（2）"格式与精度"选项卡的设置

在"格式与精度"选项卡中，设置横轴（时间）和纵轴（幅值）的数据格式，时间轴设置为科学计数法，一位小数精度；幅值轴设置为浮点数，一位小数精度。

（3）"曲线"选项卡的设置

在"曲线"选项卡中，设定测量结果波形图的曲线属性。

（4）"标尺"选项卡的设置

在"标尺"选项卡中，设定横轴（时间）的标尺范围为：最小值为 0，最大值为 1；纵轴（幅值）的标尺设置为：最小值–1.5，最大值 1.5。如图 31-9 为"标尺"选项卡中的时间轴属性的设置。

（5）"游标"选项卡的设置

在游标选项卡中，可用于设定电平游标线、测量起始/终至时间游标线、幅值游标线，以及平均值和均方根值等。这些游标线可以用于动态显示瞬态平均测量过程中的各个瞬态特性测量参数的测量位置及其大小，从波形图上这些游标线对应的位置可以清楚地看出这些测量值的物理意义。因此，各个游标线是测量信号波形图上用于动态显示各测量值物理意义很重要的曲线。

以下对各条不同物理意义游标线的设置进行介绍。

（6）参考电平位置游标的设置

参考电平位置是确定周期性信号转换周期等瞬态测量过程中所需要的参考电平位置，主要包括高参考电平位置和低参考电平位置，有些瞬态测量中还包括中参考电平位置。这些参考电平位置的意义在后面的瞬态测量程序块中将予以详细介绍。此处，以高参考电平位置为例介绍电平位置游标的设置方法。

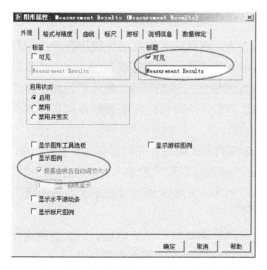 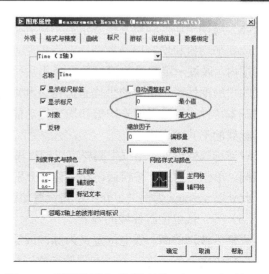

图 31-8 测量结果波形图控件的"外观"选项卡设置　图 31-9 测量结果波形图控件的"标尺"选项卡设置

在游标位置属性设置对话框中通过单击"添加"按钮添加游标，名称设为"high ref"，设置游标线的曲线特征，包括点的特征等；此处的电平位置用水平游标线来表示，更改此游标线的颜色属性为红色。如图 31-10 所示。按同样的方法设置低参考电平位置和中参考电平位置，分别命名为"low ref"和"mid ref"。

（7）测量时间游标的位置

测量时间的起止点是周期性信号瞬态测量过程中的一个重要因素，起止点不同，所得到的瞬态测量结果有比较大的差别，在有些瞬态测量参数中，还需要中间测量时间来配合瞬态测量要求进行测量。在本章的瞬态测量过程中，测量的起止时间不同，因此在不同的瞬态测量过程中需要根据具体的情况选择，并在测量结果波形图控件上动态显示出来。

此处，以起始时间游标的属性设置为例来进行设置。在游标属性设置对话框中同样通过点击"添加"按钮添加游标，名称设为"start time"，颜色设置为绿色，具体的属性设置如图 31-11 所示。终止时间和中间时间的游标设置方法与此相同，分别命名为"end time"和"middle time"。

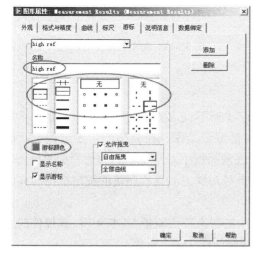 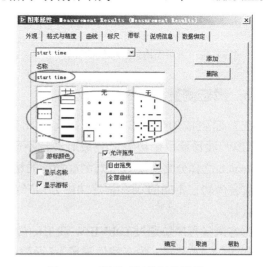

图 31-10 参考电平位置游标的设置　　　　图 31-11 测量时间游标的设置

（8）周期平均值和均方根数值显示游标的设置

周期平均值和均方根是周期性波形的基本波形参数。通常定义为周期性波形在一个完整波形周期内，通过一定数量的波形数据采集后得到的电平平均数值和均方根数值，这两个参数分别反映出周期性瞬态信号的平均直流特性和对平均直流特性的偏差特性，是周期性波形需要考虑的基本特性。经过周期平均值和均方根功能块的计算后，结果可以在测量结果波形图控件上用游标线的形式表现出来。

在游标属性设置对话框中同样可以通过添加游标线的方式来进行图形显示。添加方式与（7）中相同，单击"添加"按钮后，在名称中分别填入："average"和"RMS"，其他的属性设置相同，此处以 average 为例进行介绍，其设置如图 31-12 所示。此处的游标线显示其名称即可。

（9）高、低电位游标线的设置

周期性波形的高、低电位定义为脉冲或瞬态波形的最高电位和最低电位，而幅值则定义为高、低电位的差值。这三个瞬态测量参数同样是周期性脉冲波形的基本测量参数。

通过使用 LabVIEW 8.2 所提供的幅值与电位 VI 控件的测量转换之后，可以得到这些基本的测量参数。在测量结果波形图控件上同样可以以游标线的形式显示出来。此处以高电位的属性设置为例，其具体的设置参数如图 31-13 所示。

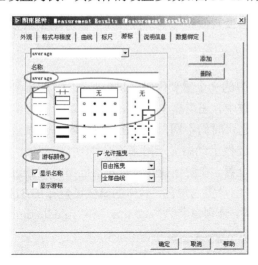

图 31-12　周期平均值游标线的设置

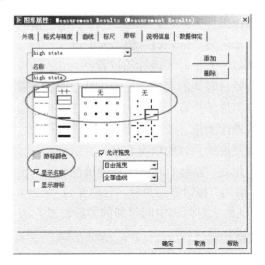

图 31-13　高电位游标的设置

31.3.3　瞬态测量程序块

在前面生成的仿真波形的基础上，此处进行波形不同参数的测量工作。通过不同的 LabVIEW 波形测量函数可以完成对波形不同性能的测量工作。在具体的实现过程中，通过 case-switch 选择分支实现对不同测量功能的切换，在前面板中对应于不同的选项卡面板。不同的测量程序块在不同的 case 程序块中分别来实现。此处对瞬态测量程序块的程序框图和前面板进行设计。

瞬态测量程序块通过 LabVIEW 波形测量函数中的瞬态特性测量 VI 来实现。该控件的选择顺序如图 31-14 所示。瞬态特性测量 VI 函数的接线端如图 31-15 所示。

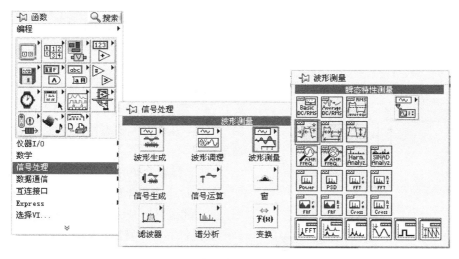

图 31-14 瞬态特性测量 VI 的选择

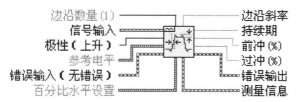

图 31-15 瞬态特性测量 VI 的接线端子

1. 创建瞬态测量 VI 的输入/输出端控件

在"极性（上升）"输入端和"边沿数量"输入端创建输入控件，用于对瞬态特性测量 VI 函数的参数进行调节。其他输入量则和仿真波形的参数调节一样，直接连接"边沿斜率"、"持续期"、"前冲"和"过冲"输出端。创建数字显示控件，用于对瞬态测量结果进行数值显示。

在前面板把这些控件放在选项卡面板对应的页面上，选中该选项卡时对这些测量结果进行实时显示。经过调整后的前面板对应的选项卡如图 31-16 所示。

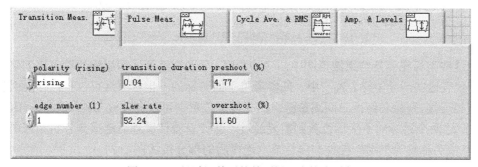

图 31-16 经过调整后的前面板对应的选项卡

2. 测量结果波形图上对应游标线的调节

瞬态特性测量 VI 可以输出该测量控件的输入波形的测量信息，根据这些测量信息可以对

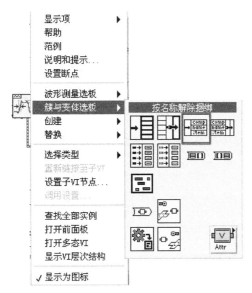

图 31-17 "按名称解除捆绑"控件的创建过程

测量结果波形图上对应的测量数值进行实时动态的显示。在对这些游标线进行调节之前，可以解除这些测量信息的捆绑，利用解除捆绑后的信息对测量波形图上的游标进行实时调节和控制。因此，在"测量信息"输出端创建"按名称解除捆绑"控件，从而得到瞬态特性测量 VI 输出的所有波形信息。

"按名称解除捆绑"控件的创建过程如图 31-17 所示。此时连接"测量信息"输出端到该控件输入端。然后通过鼠标右键添加属性后，从选择项中选择所要提供的波形属性，如图 31-18 所示。

3. 测量结果波形图上对应游标位置的设定

此时需要创建测量结果波形图的属性节点，并将该属性节点连接到测量结果波形图上。通过下拉该属性节点可以添加多个属性。同时通过单击鼠标右键，在弹出的快捷菜单中把所有属性全部转化为写入，这样可以把瞬态特性测量控件得到的波形信息连接到相应属性上。需要创建的属性包括高参考电平游标，低参考电平游标，中参考电平游标，开始测量时间游标和终止时间测量游标。

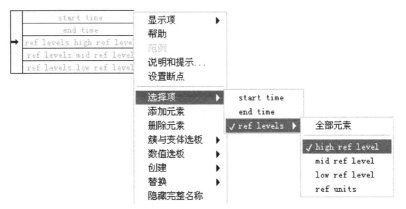

图 31-18 "按名称解除捆绑"控件选择显示属性的过程

按照这些游标在测量结果波形图中创建的顺序，分别在活动游标属性的输入端创建输入常量，用于代表这些活动游标。高、中、低参考电平的游标的 y 坐标属性可以直接和前面创建的属性节点相连接，开始和终止时间测量游标的 x 坐标位置则可以和属性节点中的 start time 属性相连接，而这两个游标的 y 坐标位置则需要经过一些计算转换过程后连接到各自相应的 x 坐标位置处。"按名称解除捆绑"控件和属性节点连接后的部分接线图如 31-19 所示。

4. 开始和终止测量时间游标的 y 坐标的设置

首先判断瞬态特性测量 VI 的输入信号的输入参考电平是否为 0。在此基础上通过选择控件判断两个活动游标的 y 位置是否应该选择参考电平中的高、低参考电平。通过选择控件判断后，将判断结果输入到开始和终止测量时间的活动游标处。选择判断过程如图31-19所示。

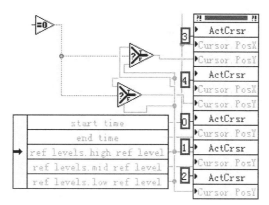

图31-19 "按名称解除捆绑"控件和属性节点连接后的部分接线图

5. 重新初始化游标控件

当测量结果波形图所显示的瞬态测量的任务发生变化，或者当外围循环次数发生变化时，此时测量结果所对应的瞬态测量结果在波形图上的游标位置会相应的发生变化。因此，需要对这些游标位置进行再次初始化处理。

为实现此部分功能，本章在创建该脉冲及瞬态测量控件时，建立一个重新初始化游标子VI。在每个瞬态测量控件中调用该初始化游标子VI，从而在切换瞬态特性测量VI的属性时，能够通过初始化游标而在测量结果波形图上显示游标。

6. 重新初始化游标VI的创建

重新初始化游标VI的程序框图的创建步骤如下。

（1）建立case-switch选择逻辑，这些逻辑包括的case块为Transition Meas., Pulse Meas., Cycle Ave. & RMS, Amp. & Levels等。

（2）创建选择器，包括以上四个选项。建立一个波形图的Wmf Graph引用。在每个分支选择块内建立逻辑簇，用于代表波形图上不同的游标属性。

（3）在每个分子块内，同样建立波形图Wmf Graph属性节点，用for循环对所有的游标属性进行初始化。

（4）进行连线。此时，把选择器以及Wmf Graph属性连接到该case-switch分支选择的case功能块中相应的位置。

通过以上的选择逻辑就可以很容易地实现对波形图应用Wmf Graph引用游标属性的重新初始化。图31-20是重新初始化游标VI的程序框图。从图中可以看出，case块中的左侧即为控制不同游标属性的逻辑簇，右侧的for循环逻辑中显示了Wfm Graph每个游标控件属性的WFGraph属性节点，在该属性节点上包括两个属性，即活动游标和游标可见。这两个属性的控制分别通过左侧的逻辑表列进行控制。

7. 重新初始化游标VI的逻辑

此处的控制逻辑如图31-21所示。这些控制逻辑在其他几个分支选择逻辑功能块中都同样用到，因此，作为公用程序逻辑块放在分子选择逻辑块之外。其中Wmf Graph引用通过和测量结果波形图的引用相连接，从而可以重新初始化游标 VI 的该属性。

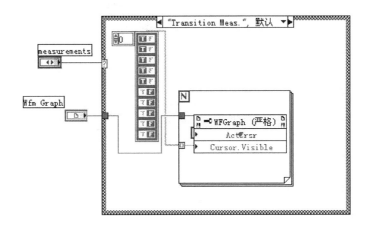

图 31-20　重新初始化游标属性 VI 的程序框图

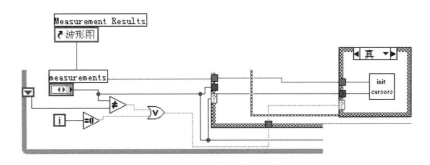

图 31-21　重新初始化游标 VI 的控制逻辑

　　需要处理的游标控制逻辑包括在 while 循环控制体前后相邻两次循环过程中的移位寄存器、保存测量结果波形图上游标的属性，判断逻辑中对测量结果游标属性和移位寄存器所保存数据的联系，判断逻辑结果确定循环是否重新开始（即循环次数此时是否为零）、并把判断结果输入到重新初始化游标 VI 所在的 if 逻辑判断块中。

　　如果判断结果为逻辑真，那么进行重新初始化游标，否则不必进行初始化游标。默认的 Transition Meas.块为初始化对象，此时该 if 逻辑判断为真时进行重新初始化游标控制。而所对应的 case 选择块中不同的瞬态测量选项则可以直接连接到重新初始化游标 VI 中，从而和重新初始化游标逻辑中的列表选择属性相联系，实现对不同瞬态测量特性的控制。

8. 波形图放大逻辑控制

　　在本章创建的脉冲及瞬态测量控件中，可以通过对波形图的放大来实现在波形图测量范围内的波形细节观察。这部分控制逻辑的编写主要通过 zoom 布尔判断逻辑和瞬态测量输出的测量信息中的 start time 和 end time 进行控制。测量结果波形图放大的判断逻辑如图 31-22 所示。其中是否需要对测量结果进行放大的控制逻辑为 zoom on measurement 布尔逻辑判断，从 case-switch 的 case 块中输出 start time 和 end time 瞬态测量结果的信息。

　　具体的逻辑判断如图中的 if 逻辑判断块，在需要进行放大控制时，执行的逻辑如 if 块中的

程序控制所示。在该逻辑控制中，主要通过重新确定
测量结果波形图上的 x 方向的游标的最大、最小值进
行确定。通过重新计算测量结果波形图 x 方向游标的
最大、最小值位置，并输入到测量结果的属性节点，
可实现对测量结果波形图的实时控制。这部分逻辑判
断功能对瞬态测量的 4 个特性都是相同的，因此，这
个逻辑控制块作为整个逻辑测量控制的公共块使用。

9. 瞬态特性测量程序块的完整程序框图

图 31-23 所示为此部分所介绍的瞬态测量特性
功能块的完整程序框图。图中已经完整地显示瞬态特
性测量 VI 及其输入输出控件，测量信息输出结果，
对该测量信息在测量结果波形图上显示时各游标位
置的属性节点及测量位置游标的分析计算逻辑计算

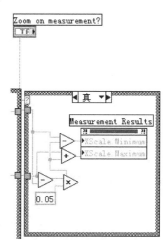

图 31-22　测量结果波形图放大的判断逻辑

块，重新初始化游标的逻辑判断，以及对测量结果波形图上的波形进行放大的程序功能逻辑块。

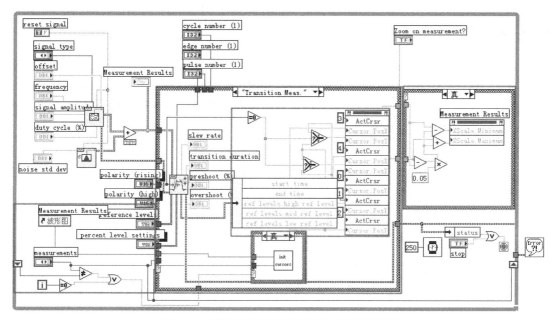

图 31-23　瞬态特性测量程序块的完整程序框图

10. 瞬态特性测量程序块的前面板

图 31-24 所示为瞬态特性测量程序块的前面板。在该面板中，通过瞬态测量特性的选项卡，
既可以实现对测量的极性和边沿数进行调节，也可以对测量结果中的若干特性参数进行实时数
值显示，包括持续期，前冲，过冲，爬升率等。在测量结果波形图中，可以看到测量结果三条
红色的参考电平线，为测量起始时间、终止时间等游标位置的信息。在测量结果波形图是否进
行放大的逻辑控制中选择正常显示波形图。此外，在进行这些程序的创建之后，可以对所要进
行的测量波形及其参数进行选择和设置，如图中左上角所示。

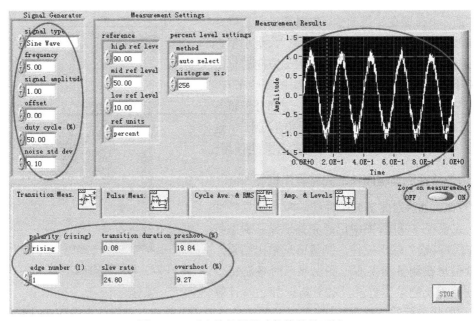

图 31-24 　瞬态特性测量功能块的前面板

31.3.4 脉冲测量程序块

脉冲测量主要实现的是对周期性波形进行瞬态测量，其测量参数包括输出周期、脉冲持续期（脉冲宽度）、占空比，及所测量周期性波形或脉冲的脉冲中心等。这些测量参数同样是周期性波形进行瞬态测量的一个重要方面。在本程序块的使用中，主要用到 LabVIEW 控件为瞬态测量 VI。选择路径如图 31-25 所示。

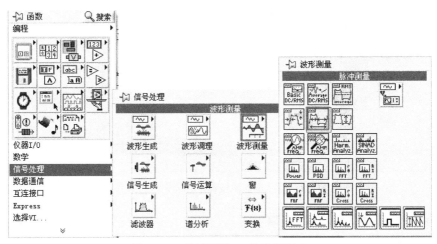

图 31-25 　脉冲测量 VI 的选择顺序

1. 脉冲测量 VI 的接线端

脉冲测量 VI 的接线端如图 31-26 所示，其输入端包括"信号输入"，"错误输入"等。其中"脉冲数量"、"参考电平"、"百分比水平设置"等波形特性输入控件的调节，"极性（高）"则重新创建输入控件实现对测量波形的极性控制。在输出端中，"周期"、"脉冲持续期"和"占空比"用于创建输出控件，进行动态测量结果的实时显示。测量信息中含有脉冲测量信息中的一些基本信息。后面通过"按名称解除捆绑"
控件来得到这些测量信息中的基本数据,从而
实现对测量结果波形图上相应游标的控制。

**2. 按名称解除测量信息的捆绑和游标的
控制**

和本书 31.3.3 节介绍的"按名称解除捆
绑"的创建方法一样,此处同样按名称对测量
信息解除捆绑,得到需要控制和测量的测量信息。这些测量信息中的高参考电平位置、中参考
电平位置、低参考电平位置和脉冲中心等可以用于对游标的控制。同样需要创建测量结果波形
图的属性节点,创建方法和 31.3.3 节介绍的方法一致。创建"按名称解除捆绑"和测量结果波
形图属性节点后的程序框图如图 31-27 所示。图中的三个红色框分别为"按名称解除捆绑"控
件,测量结果波形图的属性节点,以及对测量结果波形图中的游标进行控制的计算逻辑。

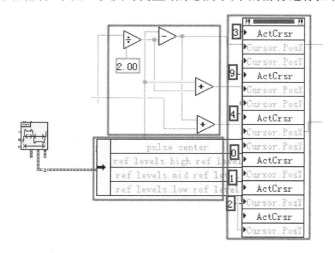

图 31-27   创建"按名称解除捆绑"控件和测量结果波形图属性节点后的程序框图

3. 游标位置的处理逻辑

0,1 和 2 三个活动游标分别代表高、中、低三个参考电平位置,直接把按名称解除捆绑得
到的信息中的三个对应参考电平数值连接即可。3,4 和 9 三个活动游标则分别代表对起始测量
时间,终止测量时间和脉冲中心测量时间的三个活动游标。在控制过程中,这三个游标的 y 坐
标位置均和中参考电平位置相连接。而这三个活动游标的 x 位置坐标则需要通过处理逻辑进行
处理后才能得到。此处的处理逻辑的功能中根据测量结果中的脉冲持续期、脉冲中心等进行简
单数学处理计算后得到,从而连接到这三个活动游标的 x 位置处。

4. 其他部分的设置和处理

由于在本章的脉冲及瞬态测量控件进行瞬态测量的默认测量功能为瞬态特性测量的功能
块,所以重新初始化游标功能块设置为 if 逻辑的否功能块。对于测量结果波形图是否进行放大
处理的逻辑部分和 31.3.3 节中的相应处理功能一致,只要将起始测量时间游标和终止测量时间
游标中的 x 坐标值输出到相应的逻辑通道即可。

5. 完整的脉冲测量程序框图

脉冲测量程序功能块完整的程序框图如图 31-28 所示。图中包括脉冲测量 VI 控件，输出数值显示控件，测量信息按名称捆绑部分，测量结果波形图属性节点，测量起始时间游标、测量终止时间游标、脉冲中心游标的 x 位置处理逻辑，测量结果进行放大的处理块和重新初始化游标处理块等。

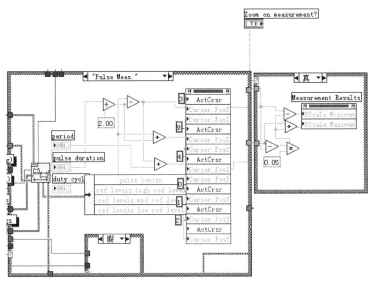

图 31-28　脉冲测量程序块完整的程序框图

6. 脉冲测量程序块运行的前面板

图 31-29 为运行时的脉冲测量程序块的前面板。图中的脉冲测量功能块中的选项页可以调节测量脉冲的脉冲数和极性（高）；可以通过数值显示控件来显示脉冲周期、脉冲持续期和占空比。在测量结果波形图上，已经显示出按名称解除捆绑的高参考电平位置、中参考电平位置和低参考电平位置，以及起始测量时间游标、终止测量时间游标和脉冲中心游标位置等。

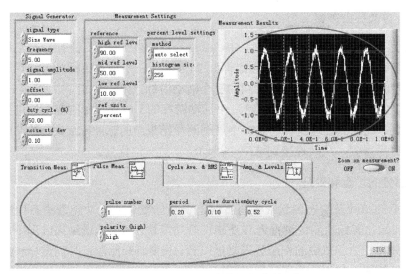

图 31-29　脉冲测量程序块运行的前面板

31.3.5 周期平均值和均方根程序块

周期平均值和均方根程序块选定周期性波形一个选定完整波形，测量在该周期内的平均值和均方根数值。周期平均值和均方根是周期性波形的两个重要瞬态测量特性。在本章创建的脉冲及瞬态测量控件中，通过 LabVIEW 提供的周期平均值和均方根控件来完成对这两个参数的测量。周期平均值和均方根 VI 的选择顺序为"函数—>信号处理—>波形测量—>周期平均值和均方根"，如图 31-30 所示。

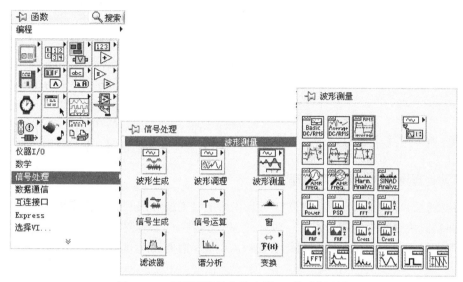

图 31-30　周期平均值和均方根 VI 的选择顺序

1. 周期平均值和均方根 VI 的接线端

图 31-31 为周期平均值和均方根 VI 的接线端。输入接线端中，"信号输入"、"错误输入"、"周期数量"，"参考电平"和"百分比水平设置"等在波形设置及前两个瞬态测量功能块的测量中已经产生或得到创建。因此，只要直接和这些参数的输入控件或信号相连接即可。在输出接线端中，"周期平均"和"周期均方根"的输出为该 VI 的测量输出结果，可创建数值显示控件对这些参数进行实时数值显示。"错误输出"和后续的错误处理机制相连接，"测量信息"中可以输出通过该测量 VI 得到的测量信息。该测量信息作为后面测量结果波形图上游标位置的控制参数。

图 31-31　周期平均值和均方根 VI 的接线端

2. 测量信息按名称解除捆绑和游标属性的设置

通过周期平均和均方根控件的测量处理之后，得到的测量信息可以通过"按名称解除捆绑"函数进行解捆绑，得到所需要的波形测量参数，这些参数可以用于测量结果波形图属性节点中若干属性的显示和控制。"按名称解除捆绑"函数和测量结果属性节点的创建过程和本书 31.3.4 中的相应创建过程一致。

　　通过"按名称解除捆绑"函数处理后，在属性中选择高、中、低参考电平，开始测量时间和终止测量时间属性。

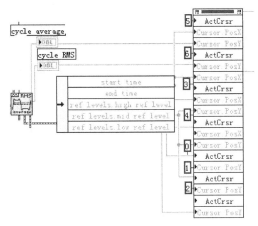

图 31-32　测量信息的处理及游标属性设置

　　在属性节点中，0，1 和 2 三个活动游标代表高、中、低参考电平在测量结果波形图上的三条电平线游标，3，4 代表测量起始时间和测量终止时间两个活动游标，而 5 和 6 两个活动游标代表周期平均值和均方根两个活动游标。

　　在进行游标位置设置时，0，1，2 三个游标位置的 y 坐标直接和高、低、中参考电平的输出数值连接，而 3 和 4 两个游标的 y 位置和中参考电平数值相连接，x 坐标和开始测量时间及终止测量时间相连接，5 和 6 两个游标的 x 位置起始测量时间相连接，而 y 坐标位置则分别直接和周期平均值及均方根数值相连接。这样就可以实现对相关游标位置的设置，如图 31-32 所示。

3．其他处理逻辑块的设置和处理

　　重新初始化游标位置 VI 功能块同样需要和测量结果波形图的引用相连接，其他接线端的连接和前面功能块介绍中的相应设置一致。此 VI 功能块所在 if 逻辑块的默认值设置为否。在对结果波形图进行放大程序块的初始化参数输入位置，需要输入开始测量时间和终止测量时间的属性值。

4．完整的程序框图

　　如图 31-33 所示为周期平均值和均方根功能块的完整程序框图。在框图中，主要的处理部分为周期平均值和均方根 VI，测量信息按名称解除捆绑，测量结果波形图的属性节点部分。其余部分的处理过程与前面功能块中的介绍相同。

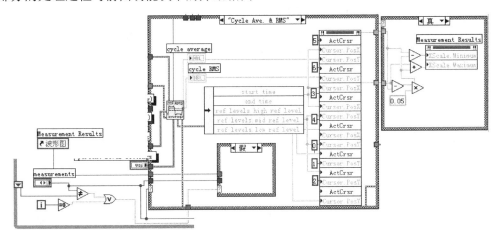

图 31-33　周期平均值和均方根程序块的完整程序框图

5. 周期平均值和均方根程序块的运行界面

如图 31-34 所示为周期平均值和均方根程序块运行时的运行界面。在该选项界面中，通过数值控件显示周期数，周期平均值和均方根数值。在测量结果波形图上通过游标显示高、中、低三条参考电平游标线，开始测量时间和终止测量时间游标线，以及周期平均值和均方根值游标的位置及数值。

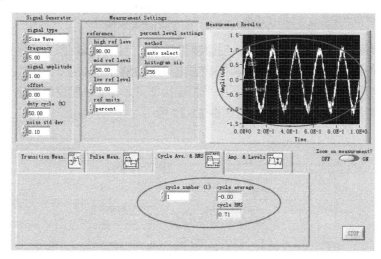

图 31-34　周期平均值和均方根程序块运行时的运行界面

31.3.6　幅值和电平测量程序块

幅值和电平测量程序块可以通过 LabVIEW 提供的测量 VI 的测量得到周期性波形的幅值和电平大小。幅值可以通过高低电平位置相减得到。这三个测量参数同样反映出周期性波形的基本特性，在周期性波形的测量中常常作为必要的测量数据进行处理。

（1）LabVIEW 提供的幅值和电平测量函数的选择顺序为"函数→信号处理→波形测量→幅值和电平测量"，如图 31-35 所示。

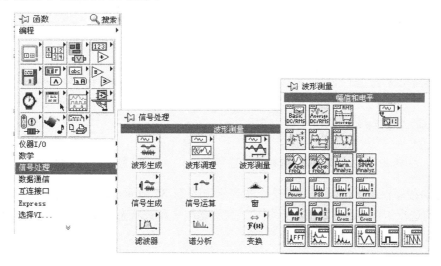

图 31-35　幅值与电平测量 VI 的选择顺序

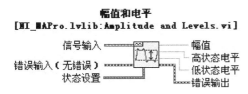

图 31-36　幅值与电平测量 VI 的接线端

（2）如图 31-36 所示为该 VI 的接线端。输入中，"信号输入"和"错误输入"及"状态设置"端的输入可参考前面几个功能块的介绍，只要直接连线即可。输出接线端包括"幅值"，"高状态电平"和"低电平状态"，可以创建数值显示输出控件进行显示。"错误输出"同样连接到错误处理程序块。

（3）该功能块的处理相对比较简单：创建测量结果波形图的属性节点，属性节点中的活动游标 7 和 8 代表测量波形的高状态电平和低状态电平活动游标。这两个游标的 y 坐标位置直接和测量控件输出重的高状态电平及低状态电平相连接即可。其他处理逻辑功能与前面的介绍相同。幅值和电平测量 VI 的主要处理逻辑如图 31-37 所示。

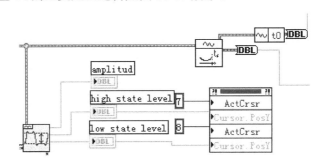

图 31-37　幅值与电平测量 VI 的主要的处理逻辑

（4）幅值和电平测量控件不提供测量起始时间和测量终止时间的信息，因此，在测量结果波形图放大处理功能块中，测量结果的起始点和终止点需要通过其他方式来获得。这两个时间参数可以直接从测量控件的输入波形中来提取。

此部分通过两个波形处理函数得到，其中之一为 WDT 获取时间值 DBL（如图 31-38 所示），可以提取出输出波形，也可以得到测量结束时间；另一个处理函数可以得到测量起始时间，该函数为获取波形成分（如图 31-39 所示）。该函数输入 WDT 获取时间值 DBL 的"波形输出"，通过该函数处理之后得到多个波形成分，其中包括测量起始时间。这样，可以通过测量得到测量起始时间和测量终止时间。

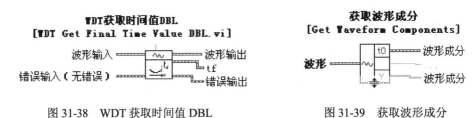

图 31-38　WDT 获取时间值 DBL　　　　　图 31-39　获取波形成分

该部分的程序框图比较简单，主要处理部分如图 31-37 所示。运行界面如图 31-40 所示。在图 31-40 的选项卡中，通过数值显示幅值，高状态电平和低状态电平；在测量结果波形图上，通过游标显示高、低状态电平位置。

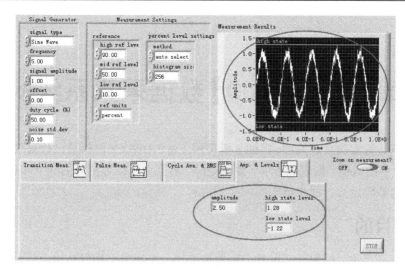

图 31-40　幅值与电平测量程序块的运行界面

31.3.7　完整的程序框图

　　本章创建的脉冲及瞬态测量控件中还包括错误处理部分以及循环处理部分。这部分功能相对比较简单，此处不再赘述。图 31-41 所示为完整的程序框图。

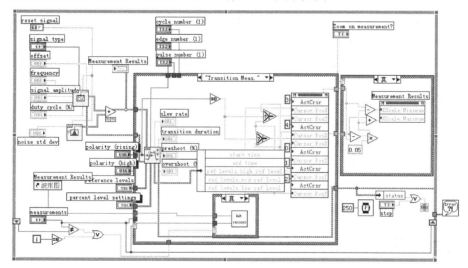

图 31-41　脉冲与瞬态测量控件设计实例的完整程序框图

31.4　本章小结

　　本章首先创建了脉冲及瞬态测量控件，此过程可以综合地使用 LabVIEW 信号处理中的一些方法，如仿真波形的生成，各种不同瞬态测量的处理，测量结果波形图的游标显示的处理，界面设计的选项卡及程序设计的 case-switch 逻辑功能的使用等。本实例涉及了很多的 LabVIEW 编程的方法，尤其是使用瞬态特性测量 VI，脉冲测量 VI，幅值和电平测量 VI 及周期平均值和均方根 VI 的瞬态测量的处理方法。需要读者特别重视本实例的各个步骤并熟练掌握它们。

第32章 【实例100】数据采集系统的设计

本章以平板热管实验系统为例,详细分析使用 LabVIEW 8.2 软件设计数据采集系统的全过程。包括前面板中的数值、图表、布尔、数组矩阵、容器、修饰等控件的建立和属性设置过程,以及数据采集的参数设置、程序结构的构架等内容。

32.1 设计目的

为了保证电子系统能够安全、可靠、稳定地工作,必须防止外界环境中的灰尘、腐蚀性气体、雨水等对电子器件的侵害,这就需要把精密的电子设备放置在一个密闭的壳体中。大多数通讯中继设备采用的是壳内自然对流的散热方案;而在散热量较大的仪器仪表柜内,往往采用的是强制对流散热方案。小型平板热管性能测试系统的主要目标就是分析 CPU 和电路板冷却用的小型平板热管的换热性能是否达到设计值,以及找出换热性能随温度、压力、工质、充液率等因素的变化规律。

本实例基于 LabVIEW 8.2 虚拟平台,使用图形语言进行编程。小型平板热管性能测试系统采用 LabVIEW 8.2 图形化编程平台可以实现实验数据的自动采集、存储和数据处理等功能,具有集成度高、实时性好、功能全、交互界面友好等技术特点。本数据采集系统包括参数设置、控制面板、数据采集、数据处理、系统帮助 5 个部分。在软件开发阶段,充分考虑了主程序的通用性和可扩展性。当实验硬件设备改变时,也只需要在 LabVIEW 8.2 图形化编程平台上进行相应硬件设备的驱动,并调整参数设置面板的参数设置,就可以进行新的热管性能实验了。

本实例采用虚拟仪器技术开发的性能测试系统具有界面直观、通俗易懂等特点;采用传统仪表界面显示实验数据可以增加测试系统的直观效果;封装了复杂的仪器调试和设置过程,非专业人员也可以快速地运行本系统开展实验;如果用户在实验过程中遇到疑难问题,帮助系统提供了详细的帮助信息,可供参考。

32.2 数据采集系统相关介绍

32.2.1 测试过程介绍

小型平板热管性能测试系统采用模块化设计,实验段为软连接,以便于拆卸、更换各种热管换热器,进行对比实验;实验段为独立模块,为了减少环境因素对空气温度的影响和减少散热器的热损失,这段风道使用有机玻璃制造,并在散热器和空气出口温度测量段安装了保温层。为了拆装方便,把测量空气进出口温度的 2 组热电偶布置在实验段与主风道的连接处。

本系统主要测量的参数就是热电偶的温度,整个系统共有 23 组热电偶,每一组有包括 2 根热电偶线。为了便于故障的诊断和排除,方便连线的管理,对每一组的热电偶都分别标号。

根据实验的要求,基于虚拟仪器的 CPU 热管散热器性能实验系统由商用 PC 机,DAQ 数据采集卡为 32 最大模拟输入通道和 2 模拟输出通道的 PCI 6024E,SCXI 1100 机箱,SCXI 1100 调理卡,带有冷端补偿的 SCXI 1300 端子,k 型镍络—镍硅热电偶,L 型皮托管,数字微压计以及输出为 0～30V 直流电流、接触式变压变送器等构成，如图 32-1 所示。

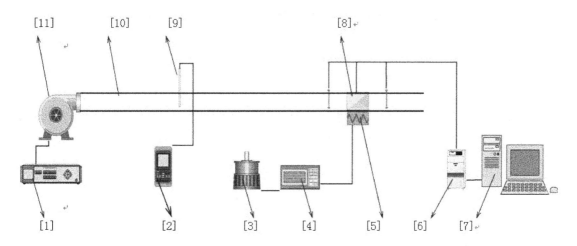

图 32-1   小型平板热管实验系统的结构示意图

小型平板热管性能测试所需的主要仪器设备如下：

（1）WYJ-50V/5A 可控直流电源；

（2）DLW 10-1512 数字型微压计；

（3）2KV·A 接触式调压器；

（4）D26-W 型功率表（0.5 级精度）；

（5）电阻加热器；

（6）NI 公司的 SCXI 1000 机箱、SCXI 1100 调理卡和 SCXI 1300 端子；

（7）装有 PCI 6024E DAQ 数据采集卡的商用 PC 机；

（8）试验热管散热器；

（9）L 型皮托管；

（10）风道；

（11）ZD132N 直流风机。

小型平板热管性能测试系统的开发过程主要由以下 4 部分组成：

（1）实验准备；

（2）测试系统前面板的设计；

（3）数据采集的参数设置；

（4）测试系统程序面板的设计。

32.2.2   测试参数分析

测试系统需要采集的模拟信号有：热管蒸发段温度分布和冷凝段温度分布各 9 通道温度信号、2 个热源温度梯度信号、12 个进出口空气温度信号。本实验需要测量的主要实验参数包括加热功率、热管表面温度、冷空气的流速和进、出口空气温度。

1．加热功率

根据热管的工作环境，选择低量程的功率表即可满足实验要求。D26-W 型交直流瓦特表的量程有三档：0～75W，0～150W，0～300W。实验过程中使用的是第 2 档，可以精确到 0.5W。

2．热管的表面温度

热电偶为直径 0.3mm 的 k 型镍铬-镍硅热电偶，均匀分布于平板型热管的蒸发端和冷凝端。热电偶连接在 NI 公司的 SCXI 1300 端子上，它与 SCXI 1000 机箱通过 SCXI 1100 调理卡和 PCI 6024E DAQ 数据采集卡进行实时数据传输。

3．空气流速

通过 L 型皮托管和 DLW 10-1512 数字型微压计测量圆截面中心的冷空气流速。为了保证测量精度，调整了皮托管的布置方式及微压计的零点位置。

4．进、出口空气温度

通过将 12 组 k 型镍铬-镍硅热电偶分别布置在实验端的进口和出口来测量进、出口空气温度。

32.3　系统前面板的开发

热管性能测试系统采用 LabVIEW 8.2 图形化编程平台设计，实现了数据的实时采集、显示和存储。LabVIEW 8.2 具有强大的数据处理功能，用户可以以报表、图形等形式对进行实验数据的对比分析。

LabVIEW 8.2 图形化编程平台分为前面板和程序面板两个部分。前面板建立的每一个对象在程序面板都对应一个子程序。在程序面板里改变子程序的参数设置，则它所对应的对象属性也随之改变。因此，利用 LabVIEW 8.2 编写程序的思路是：先在前面板设计程序界面，然后在程序面板中设置对象属性，实现程序框架，最后编译程序、调试运行。

本系统的前面板主要由参数设置、控制面板、数据采集、数据处理、系统帮助 5 部分组成。下面将详细介绍每个选项板的设计过程。当使用 LabVIEW 8.2 进行程序设计时，前提是系统内已经正确的安装了 LabVIEW 8.2（详见第 2 章），所有使用的硬件设备都已经正确安装、连接到 PC 机上，正确驱动并可以使用。

32.3.1　创建新的虚拟仪器（VI）

1．新 VI 的创建

单击如图 32-2 中的"文件"菜单，选择"新建 VI"或者"新建"命令，弹出"新建"对话框，在对话框中可以选择"VI→VI/多态 VI/基于模板"、"项目→基于向导的项目/仪器驱动程序项目"、"其他文件→类/自定义控件/……/XControl"，如图 32-3 所示。

2．将新建的 VI 更名并保存

单击如图 32-2 中的"文件"菜单，选择"保存"命令，或者"另存为"命令，

图 32-2　创建新的虚拟仪器（VI）

将会弹出保存对话框。在该对话框中还可以设置保存 VI 的路径和文件名称，输入"热管性能测试系统"，单击"确定"按钮，如图 32-4 所示。

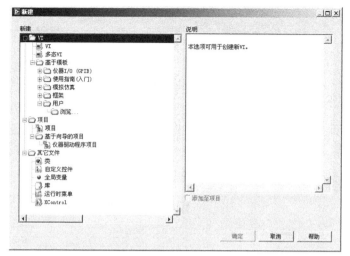

图 32-3 "新建"对话框

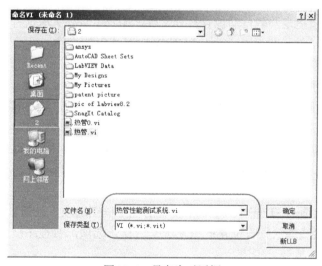

图 32-4 另存为对话框

3．设置环境变量

单击如图 32-5 中的"工具"菜单，选择"选项"命令。LabVIEW 8.2 将会弹出"选项"对话框，如图 32-6 所示。用户可以在该对话框中设置前面板、程序面板、字体、颜色等选项，这些选项对于初学者来说大多可以采用其默认值。但是经验丰富的虚拟工程师们在这里可以设置自己喜好的风格。就象设置 windows 操作系统一样，可以让 LabVIEW 8.2 的界面更加适合个人的风格。

在"选项"设置对话框中，可以完成很多 LabVIEW8.2 的环境变量设置，包括以下内容。

（1）LabVIEW8.x 中的新选项及改动：LabVIEW7.1 后更改的默认值包括图标、文本、树形等。

● 新环境选项——列出 LabVIEW8.2 版本中新增的环境选项。

图 32-5　选项设置

启用自动保存：按指定间隔自动保存打开文件。如发生意外关机或程序崩溃时，便可"选择欲恢复文件"窗口，显示在下次启动 LabVIEW 时可恢复的文件。

可供选择的方式有：

① VI 运行前保存：运行 VI 前备份打开文件。

② VI 运行前保存并定期保存：运行 VI 前按照"分钟"栏中设定的时间间隔，备份打开的文件。

③ 分钟：指定 LabVIEW 备份文件的时间间隔。例如：选择"VI 运行前保存并定期保存"，并在输入框内键入 10 分钟，这样 LabVIEW8.2 就会每隔 10 分钟自动保存 VI，以便下次启动时调用。

● 新程序框图选项——LabVIEW8.2 中新增的程序框图选项，包括以下几种。

① 标签关联至接线端的预设位置：该复选框为默认选项，将程序框图上新对象的标签和标题关联至预设位置。

② 默认锁定标签：锁定前面板上新对象的标签和标题。

③ 默认标签位置：设置程序框图上对象的默认标签位置。可供选择的位置有"默认"，"左上"，"左中"，"左右"，"右上"，"右中"，"右下"，"中上"，"中下"等。

④ 显示连线的常量折叠：显示与折叠常量连接的连线上的"-"标记。

⑤ 显示结构的常量折叠：显示结构内的折叠常量的"-"标记。

● 新前面板选项——列出该版本的 LabVIEW 中新增的程序框图选项。

① 标签关联至控件的预设位置：该复选框为默认选项，它将前面板上新对象的标签和标题关联至预设的位置。

② 默认锁定标签：锁定前面板上新对象的标签和标题。

③ 默认锁定位置：同"新程序框图选项"。

● 控件/函数选板选项—— 列出 LabVIEW8.2 中新控件和函数选板选项。

① 新建：列出在该版本的 LabVIEW 中新增的控件/函数选板选项。

② 排序选板项：根据字母顺序对同一级的项进行排序。

（2）路径

临时存储目录的路径，默认值为：C:\Documents and Settings\Bluewater\Local Settings\Temp。

（3）前面板

可设置前面板的基本属性，如标签透明、闪烁、动画、新 VI 的样式等。

（4）程序框图

内容主要集中在连线的各项属性方面，还有部分的错误处理和结构控制内容。

（5）对齐网格

用于控制前面板和程序面板的网格和对齐样式。

（6）控件/函数选板

用于配置选板的加载选项、格式和选板项排序等。其中加载选项默认为"后台加载"，如果电脑的内存过小，可以选择"在需要时加载"；如果为了使用方便，可以选择"启动时加载"。如果电脑性能允许的话，推荐选用后者，这样可以节省很多不必要的操作。

（7）源代码控制

（8）调试

默认值为高亮显示执行过程中的数据流。这对了解数据流向和程序的逻辑是否正确很有帮助，但是它会降低调试的速度和效率。对于设计初期，建议选择高亮显示数据流，在最后的调试阶段可以考虑关掉此项功能。

（9）颜色

如图 32-6 所示，用于设置前面板、程序面板、滚动条、菜单等的颜色。

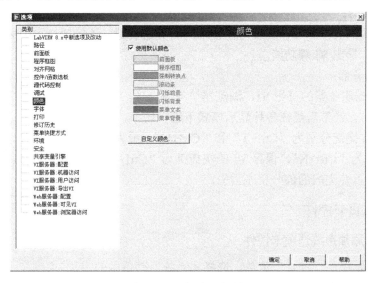

图 32-6 "选项"对话框

（10）字体

（11）打印

（12）修改历史

（13）菜单快捷方式

（14）环境

环境变量的设置是本节最重要的内容之一。如图 32-7 所示,在环境设置中可以调整撤销的次数(默认值为 8),最高为 99 步。建议修改为 99 步,虽然会消耗系统的内存资源,但是对于项目开发的初期来说,是非常重要的。撤销操作的快捷键为:"Ctrl+Z"。在环境设置选项卡内还可以设置用于恢复的自动保存时间间隔,默认值为 5 分钟。

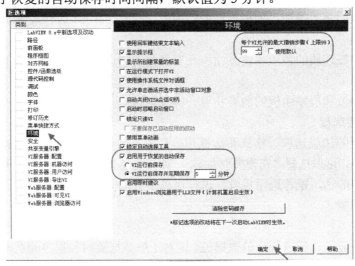

图 32-7　"选项"对话框

(15)安全

(16)共享变量引擎

(17)VI 服务器:

用于配置协议的类型和端口以及可以使用的服务器资源,还包括与 VI 服务器相关的机器访问、用户访问、导出 VI 等功能。

(18)Web 服务器:

用于配置 Web 服务器的可见 VI、浏览器访问等选项。

在程序开发时,经常需要在各种显示模式下进行切换,推荐使用快捷键。左右两栏显示和上下两栏显示的快捷键分别为"Ctrl+T"和"Ctrl+U",最大化窗口的快捷键分别为"Ctrl+F"。新建 VI 的快捷键为"Ctrl+N",保存 VI 的快捷键为"Ctrl+S"。在程序设计时,要养成经常保存 VI 的好习惯,以免完成的部分程序丢失。

32.3.2　系统选项卡控件

1. 在前面板添加系统选项卡控件

单击如图 32-8 中的"控件"菜单,选择"系统"菜单中的"系统选项卡"控件命令。具体方法是:先在控件窗口中用鼠标左键单击系统,在系统"控件"菜单内用滚轮下拉菜单,找到系统选项卡控件图标,然后在图标上单击鼠标左键,移动鼠标至前面板的合适位置,再单击鼠标左键。系统选项卡控件就被添加到前面板中。或者在前面板空白处单击鼠标右键,在弹出的"控件"选板中选择"系统"菜单中的"系统选项卡"控件命令。

图 32-8　添加系统选项卡控件

在"控件"选板中的 "系统"菜单和"新式"菜单中都有"系统选项卡"控件命令。二者没有本质的区别，只是"新式"菜单中的"系统选项卡"控件样式较新颖。至于具体选择哪一个比较好，没有统一的标准。关键看哪一个"系统选项卡"控件样式更加适合前面板的风格。

选择"工具"中的定位/调整大小/选择命令，将系统选项卡控件调整到合适的尺寸。

选择"工具"中的"设置颜色工具"命令，单击正方形图标，在弹出的调色板对话框内选择颜色。然后，选择"工具"中的"设置颜色工具"的画笔图标，将鼠标移到系统选项卡控件内，单击鼠标左键。设置系统选项卡显示控件的基色。

2．插入并编辑系统选项卡各项名称

选择"工具"中的"编辑文本"命令，将鼠标移到系统选项卡标签处，单击鼠标左键。标签名称处高亮显示，输入"参数设置"。

单击鼠标右键，系统会弹出快捷菜单，如图 32-9 所示，选择"在前面添加选项卡/在后面添加选项卡"命令，然后使用编辑文本工具输入"控制面板"，重复上述操作，依次建立"数据采集"、"数据分析"、"系统帮助"选项卡。

图 32-9　插入并编辑系统选项卡各项名称

32.3.3　修饰图案

1．建立修饰图案上凸框

如图 32-10 所示，在"参数设置"选项卡内单击鼠标右键，LabVIEW 8.2 将会弹出"控件"对话框，在"控件"对话框中选择"新式"菜单，然后单击"容器"菜单，再选择"上凸框"控件命令。然后，接着将鼠标移至"参数设置"选项卡内的左上角，单击鼠标左键添加修饰图案上凸框。

或者单击"查看"菜单，显示"控件"选板，单击 "新式"菜单，选择 "容器"菜单中的"上凸框"控件命令。

选择"工具"中的"设置颜色"工具，单击正方形图标，在弹出的调色板对话框内选择黄色。然后，单击"工具"选板中的"设置颜色工具"的画笔图标，将鼠标移到上凸框上，单击鼠标左键。设置修饰图案上凸框的颜色。

2．建立修饰图案上凸盒

利用单击鼠标右键弹出的"控件"对话框，选择"新式"→"容器"菜单的"上凸框"控件。然后将鼠标移至上一步建好的上凸框处，再选择"工具"中的定位、调整大小、选择工具，调整上凸盒的尺寸，如图 32-11 所示。

利用设置颜色工具，单击正方形图标，在弹出的调色板对话框内选择颜色。单击"工具"中的"获取颜色"工具，将鼠标移到系统选项卡空白处，单击鼠标左键。再单击"工具"中的"设置颜色工具"的画笔图标，将上凸框的颜色设置成系统选项卡显示控件的基色。

图 32-10　单击鼠标右键弹出的控件对话框

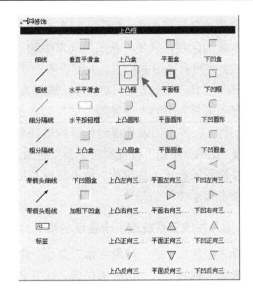

图 32-11　修饰图案上凸框

图 32-12　建立修饰图案平面盒

3．建立修饰图案平面盒

重复第 1 步和第 2 步插入修饰图案平面盒，并将平面盒的颜色设置为黄色，如图 32-12 所示。如果用户已经选择了颜色，在工具选板底部的设置颜色设置区域内保留了用户最近一次设置的颜色。这是 LabVIEW 8.2 提供的一个非常有用的颜色管理工具——获取器，可以为用户节省了大量调配颜色的时间。

4．在平面盒内插入项目标题

选择"工具"中的"编辑文本"工具，将鼠标移到平面盒中心处，单击鼠标左键，输入"换热器参数设置"。

修饰图案与其余控件不同之处在于：修饰图案仅仅在前面板出现，在程序面板中没有对应的连线端。而布尔控件、图形控件、数值控件等都会在程序面板中对应其连线端。

32.3.4　系统下拉列表

1．插入系统下拉列表

单击"控件"选板，选择"系统"菜单中的"系统下拉列表"命令，将鼠标移到平面盒内，单击鼠标左键，并利用定位、调整大小、选择工具调整其大小。

2．编辑系统下拉列表

在系统下拉列表上单击鼠标右键，系统将会自动弹出设置菜单，选择编辑项，如图 32-13 所示。

在下拉列表属性中，选中"有序值"复选项，连续单击"insert"按钮 3 次，并在左侧依次输入"请选择换热器类型"、"板式换热器"、"热管式换热器"、"其他形式换热器"和"管式散热器"。

项列表中不允许有相同项，控件仅当重新命名或者删除重复项（包括重复的空白项）时才会被更新。当出现重复项时，既可以使用"删除"按钮删除重复项，也可以用"上移"和"下移"按钮对其进行排序。在下拉列表属性菜单中还可以设置外观、数据的范围、精度和格式等。

图 32-13　下拉列表属性的设置　　　　　　图 32-14　下拉列表默认选项设置

选中"允许在运行时有未定义值"复选项。再次在控件上单击鼠标右键，此时会出现如图 32-14 所示的下拉列表默认选项设置。

3．完成"换热器参数设置"栏的全部内容

如图 32-15 所示，依次插入系统下拉列表"请选择波纹形状"、"请选择板片材料"和"请选择热管壳体材料"。

4．"换热器尺寸参数"栏的修饰

如图 32-16 所示，参照前面所述内容，依次插入修饰上凸盒、上凸框、平面框并修改颜色和标题。

图 32-15　"换热器参数设置"栏　　　　　图 32-16　"换热器尺寸参数"栏的修饰

控件的布局和修饰图案的选择是个渐进的过程。需要反复多次的尝试才能达到一定的理想效果，这是一个经验积累的过程，也是成长的过程。

32.3.5　数值输入控件

1．插入数值输入控件

单击"控件"选板，选择"新式"菜单的"数值"命令，如图 32-17 所示，将鼠标移到平面盒内，单击鼠标左键；或者单击鼠标右键，在弹出的"控件"菜单中选择"新式"菜单的"数值"命令。

利用定位、调整大小、选择工具调整控件的大小。使用颜色画笔，将数值输入控件的左侧的增量/减量控件的颜色设置为绿色。

2．设置数值输入控件的属性

在数值输入控件上单击鼠标右键，设置其显示项，如图 32-18 所示，选中"标签"，还可以控制以下内容的显示（或隐藏）属性：标题、单位标签、基数、增量/减量。利用编辑文本工具，将标签内容修改为"换热器长"。

图 32-17　插入数值输入控件

图 32-18　显示标签

在数值输入控件上单击鼠标右键，在弹出的菜单中单击"数据范围"命令，进入数值属性设置对话框，如图 32-19 所示。通过该对话框可以完成所有数值控件的数值属性设置。

图 32-19　数值输入控件属性对话框

在多数情况下，LabVIEW 8.2 提供了方便快捷的控件属性设置选项，只要在需要更改属性的控件上单击鼠标右键，在弹出的菜单中就可以进行基本属性的设置了，如果还需要设置控件的详细属性，也可以在这里进入控件的属性设置菜单。

3．完成"换热器尺寸参数"栏的全部内容

按照前述步骤，依次插入数值输入控件"散热器宽"、"导热系数"、"当量直径"、"波纹角度"、"板片厚度"、"板间距"如图 32-20 所示。

数值输入控件是最常用的控件之一，为了提高程序设计的效率，用户可以利用移动、调整大小、选择工具选中它，接着按下 Ctrl＋C 键，再

单击前面板的空白处按下 Ctrl＋V。这样就创建了一个控件的副本。

LabVIEW 8.2 会自动将标签递增，如：Numeric 2、Numeric 3 、Numeric 4 等。然后调整好大小和位置，再使用编辑文本工具修改其标签名称。重复上述过程，就可以很快的完成多个重复控件的创建工作。

物性参数的单位如 W/mc 和 C 可以先利用 WORD 的公式编辑器或者专门的公式编辑软件创建，再复制、粘贴到前面板中。

4．"数据记录"栏

重复前面所述步骤，依次插入数值输入控件"记录间隔"、"稳定间隔"如图 32-21 所示。

图 32-20　"换热器尺寸参数"栏

图 32-21　"数据记录"栏

32.3.6　文件路径输入控件

1．文件路径输入控件

单击"控件"选板，选择"新式"菜单的"字符串与路径"控件，如图 32-22 所示，再选中文件路径输入控件即可创建。

特别强调：如果先选择路径输入框，再移动的话，文件图标和标签会跟随着一起移动。

2．文件路径输入控件的属性设置

单击鼠标右键，进入"路径属性"对话框，设置浏览选项中的"选择模式"为"文件"和"现有"。在"路径属性"对话框中还有外观、说明信息、数据绑定、快捷键等选项。

各项的设置说明如下：

（1）模式标签：设置"文件"对话框中显示在输入的自定义模式模式旁边的标签。该选项与文件对话框函数的模式标签参数类似。也可用"浏览"选项的模式标签属性，通过编程设置该标签。

（2）类型：设置文本对话框中可显示的文件类型。

（3）选择模式：设置可在"文件"对话框中选择的文件或目录的类型。如图 32-23 所示，该选项与"文件"对话框函数的配置对话框中的选择模式相似。

文件：只能选择一个文件；

文件夹：只能选择一个文件夹；

文件或文件夹：可以选择一个文件或文件夹；

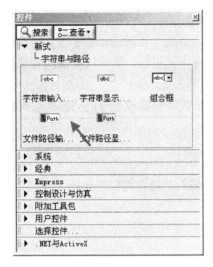

图 32-22　创建文件路径输入控件

图 32-23　"路径属性"对话框

现有：只能选择一个现有文件或文件夹；

新建：只能输入新文件或文件夹的名称，LabVIEW 8.2 会以输入的文件或者文件夹的名称，创建新的文件或文件夹；

新建或现有：可选择现有文件或文件夹，也可创建新的文件或文件夹。

（4）按钮文本：设置"文件"对话框中取消按钮上方的按钮显示的标签。如未定义该标签，则按钮文本默认为确定。

（5）起始路径：指定默认状态下在"文件"对话框中显示的目录路径。

3．创建"冷流体物性参数"栏和"热流体物性参数"栏

根据前面所述步骤分别创建修饰图案和数值输入控件，并更改标签和名称。数值输入控件的数值部分也可以更改颜色，如图 32-24 所示，将冷流体物性参数的颜色设置为蓝色，而热流体物性参数的颜色设置为红色。

图 32-24　"冷流体、热流体物性参数"栏

32.3.7　布尔控件

1．创建"确定"按钮

单击"控件"选板的"新式"菜单上的"布尔"，再选择"确定"按钮，如图 32-25 所示。隐藏标签，并将背景颜色设为蓝色。将新创建的布尔按钮复制 3 次，依次修改名称为："复原"、"重设"、"更新"、"确定"。

或者在前面板空白处单击鼠标右键，在弹出的"控件"菜单中选择"新式"菜单上的"布

尔"，再选择"确定按钮"。如果喜欢古典风格的"确定按钮"，可以选择"经典"菜单中的"布尔"，再选择"方形按钮"。

2. 创建"圆形指示灯"控件

单击"控件"选板的"新式"菜单，选择"布尔"菜单的"圆形指示灯"控件。

3. 设置布尔控件的属性

在布尔控件上单击鼠标右键，进入布尔属性对话框，如图 32-26 所示。

图 32-25　创建布尔控件

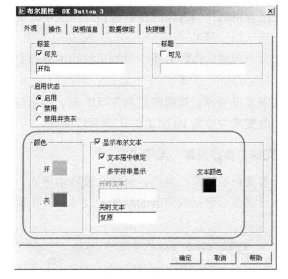

图 32-26　布尔控件的属性设置

（1）"启用状态"设为"禁用"表示在前面板窗口中显示该对象，但无法对该对象进行操作。

● 关状态时的颜色设为红色；

● 开状态时的颜色设为绿色；

● 文本颜色设置为黑色，居中显示布尔文本。

（2）"操作"选项卡用于为布尔对象改变机械动作，具体如下。

按钮动作：设置布尔对象的机械动作。

● 单击时转换。

● 释放时转换。

● 保持转换直到释放。

● 单击时触发。

● 释放时触发。

● 保持触发直到释放。

● 虽然转换与触发是两个不同的概念，但有时它们的动作效果是一样的，因此容易混淆，出现意想不到的错误。转换是指状态的转变，如"开"状态转换到"关"状态，或"关"状态转换到"开"状态；而触发是指事件或者动作的开始，如单击"开始"按钮时，系统将会自动开始测试、实验数据的采集和记录等，因此这一连串的动作就是由单击"开始"按钮而触发的。

转换与触发是两个相互独立的事件。如果布尔控件是一个指示灯，它仅仅表示电源是否接通，那么它只有转换属性；如果布尔控件是一个开关，它控制着电源的接通与否，那么它只有触发属性；但是大多数情况下，很多布尔控件同时具有转换与触发属性，这种布尔控件本身既是开关，又是指示灯。

（3）动作解释

用于描述选中的按钮动作，为程序增加可读性的同时，也会影响界面的美观，因此建议谨慎使用，推荐将动作的解释放在系统帮助信息中，或者隐藏动作解释。

（4）所选动作预览

显示具有所选动作的按钮，可测试按钮的动作是否达到了预想的效果。

（5）指示灯

默认设置下当预览按钮的值为 TRUE 时，指示灯变亮；也可以根据"布尔"控件的实际物理意义，改变其为值为 FAULT 时，指示灯变亮。

4．完成"参数设置"选项卡

热管参数包括热管的类型、材料、吸液芯形式、工质的物性参数等，如图 32-27 所示；散热器参数设置部分包括散热器的结构及尺寸。本界面是为了给数据的分析处理提供基本的参数和方法。

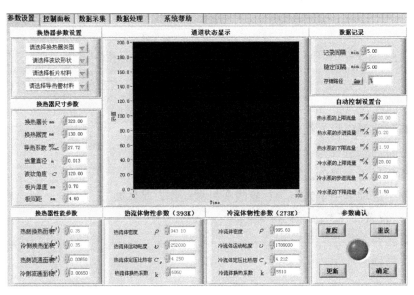

图 32-27　参数设置

设置确认后的全部数据都存入数据库文件，系统启动时自动加载。当测试系统用于测量新元件时，必须在更改相应的参数后点击"更新"按钮，此时系统会显示对话框确认是否更新数据库。

5．完成"控制面板"选项卡

参考 32.3.2 节设计选项卡的总体布局和修饰图案。

32.3.8　波形图表控件

1. 插入波形图表控件

单击"控件"选板，选择"新式"菜单，在"图形"菜单中单击"波形图表"控件，如图 32-28 所示。

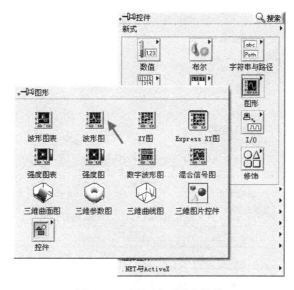

图 32-28　插入波形图表控件

将控件添加到前面板中，并使用移动、调整大小、选择工具调整其位置和大小，单击鼠标右键，在快捷菜单中选择"显示标签"，并更名为"热水泵流量与冷水泵流量"。

2. 设置波形图表控件属性

波形图表控件在单击右键进入图标属性对话框。分别设置"外观"选项卡、"格式与精度"选项卡、"曲线"选项卡、"标尺"选项卡。

在图标属性对话框中进行所有图形控件的属性设置。掌握了这个属性设置对话框的内容就可以从容地操作 LabVIEW 8.2 的全部图形控件的设置。下面详细地介绍一下图形控件属性对话框的具体设置方法。

（1）设置"外观"选项，如图 32-29 所示。

* "标签"设置为"可见"。
* "启用状态"设置为"启用"：用户可操作该对象。
* "曲线显示"：设置在图例中 2 条显示曲线。
* "刷新模式"图表的刷新模式为"带状图表"，即从左到右连续滚动地显示运行数据，旧数据在左，新数据在右。

（2）在"格式与精度"选项卡，为数值对象改变格式和精度，如图 32-30 所示。

* 数值对象的"格式"设置为"浮点"：以浮点计数法显示数值对象。
* "位数"：如果"精度类型"为"有效数字"，该栏表示显示的有效数字位数。如果"类型"为十六进制、八进制或二进制，则该选项有效。对于单精度浮点数，如果"精度

类型"为"有效位数"，建议为该字段使用 1 到 6 范围内的值。对于双精度浮点数和扩展精度浮点数，如果"精度类型"为"有效位数"，建议为该字段使用 1 到 13 范围内的值。

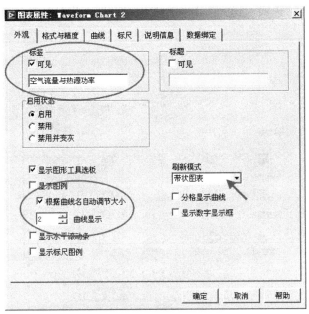

图 32-29　图标属性对话框的"外观"选项卡

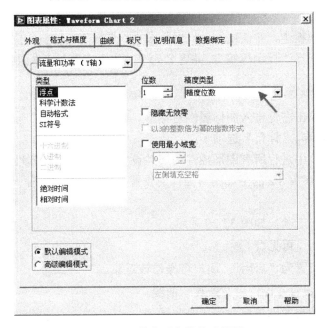

图 32-30　数值对象的格式设置

- "位数"：如果"精度类型"为"精度位数"，该字段表示小数点后显示的数字位数。对于大多数测量来说，小数点后 6 位的数据就已经足够了，这是由测量误差和数值误差的精度决定的。

（3）"时间类型"：设置控件中的时间显示格式为"相对时间"（如图 32-31 所示）

- "绝对时间"：显示数值对象从格林尼治标准时间 1904 年 1 月 1 号零点至今经过的秒数。只能通过事件表示控件设置绝对时间。事实上，这种计时方法很少使用。

- "相对时间"：显示数值对象从 0 起经过的小时、分钟及秒数。这种计时方法是最经常使用的，即使系统采集的数据与时间相关，它也只是相对于时间起点而言。为方便起见，默认采集开始的时刻为时间起点。

- "小时类型"：设置使用带 AM/PM 表示的十二小时制，或者二十四小时制。

- HH:MM 或 HH:MM:SS：设置显示小时和分钟，或显示小时、分钟和秒。对于精度要求比较高的情况而言，后者比较常用；如果测试的对象为稳态，则可以选择前者。

- "位数"：如果选择 HH:MM:SS，则该字段将表示秒值小数点后的显示位数。

- "日期类型"：设置控件中的日期显示格式。为"系统日期格式"。

- "月/日/年"：设置年、月、日的显示顺序。西方和东方的习惯不同，但是国际上比较通用的格式为："月/日/年"。

- "年"：设置是否显示年，以及选择显示两位或四位年份，建议选择四位年份，也许下一个千年的时候，系统还在运行着。这样就可以避免"千年虫"的发生。

- "格式字符串"：用于设置格式化数值数据的格式符。只有选择"高级编辑模式"才会出现该输入框。

- "插入格式字符串"：插入所选格式代码至"格式字符串"。只有选择"高级编辑模式"，才会出现该按钮，这些数据格式设置对数据储存时同样有效。

（4）"曲线"选项卡，用于配置图形或图标上的曲线外观，如图 32-32 所示。

图 32-31　时间显示格式　　　　　　　　图 32-32　"曲线"选项卡

- "曲线"：设置要配置的曲线。通道 0 对应于 Plot 0，通道 1 对应于 Plot 1，依此类推。

- "名称"：曲线名称。既可以编辑相应通道的曲线名，也可以通过编程命名曲线。

- "线条样式"：曲线线条的样式。可以选择的线形有实线、虚线、点划线、下划线等。每一个通道最好不同，这样便于区分数据采集通道。

- "线条宽度"：曲线线条的宽度。

- "点样式"：曲线的点样式。建议为每一个通道设置不同的曲线点样式，便于区分数据是哪一个通道采集的。

- "曲线插值"：曲线的插值。该选项对数字波形图不可用。也可用曲线插值属性通过编程指定插值。
- "线条"：曲线线条的颜色。建议为每一个通道设置不同的线条的颜色，便于区分数据采集通道。也可用曲线颜色属性通过编程设置颜色。
- "点/填充"：点和填充的颜色。数字波形图不可使用该选项。也可使用填充/点颜色属性，通过编程设置颜色。
- "填充至"：设置填充的基线。数字波形图不可使用该选项。也可使用填充至属性通过编程来设置基线。
- "Y 标尺"：设置与曲线相关联的 Y 标尺名称。默认值为波形图表名称。
- "X 标尺"：设置与曲线相关联的 X 标尺名称。默认值为时间。

不要将波形图名作为曲线名，可以将曲线图例中的曲线名配置为与动态或波形数据成分的曲线名不同。取消选中该复选框，从而将曲线名自动配置为与动态或波形数据成分相同。如需在"名称"域中键入曲线名或者通过编程修改曲线名，请选中该复选框。只有带动态或波形数据的图形或图表才可使用该选项。

(5)"标尺"选项卡，用于为图形或图表格式化标尺和网格（如图 32-33 所示）。

- "标尺"：选择需要配置的标尺。可选的是 X 轴和 Y 轴坐标。
- "名称"：设置标尺名。
- "显示标尺标签"：显示图形或图表上的标尺标签。
- "显示标尺"：显示图形或图表上的标尺。
- "对数"：使用对数坐标。如取消选中该复选框，则取线性标尺。
- "反转"：翻转标尺上的最小值和最大值的位置。

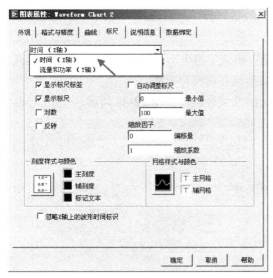

图 32-33 "标尺"选项卡

- "自动调整标尺"：自动调整标尺以表示连接到图形或图表的数据。也可使用标尺调节属性，通过编程配置自动调整标尺。
- "最小值"：设置标尺的最小值为 0。
- "最大值"：设置标尺的最大值为 100。
- "缩放因子"：使用这些值规定标尺的刻度，从而更方便地显示刻度。例如，如希望标尺从一个参考时间开始以毫秒为单位显示，可将"偏移量"设置到参考时间，并将"缩放系数"设为 0.001。如果改动"偏移量"，标尺就不再使用 0 作为原点。也可使用偏移量和缩放系数属性，通过编程设置偏移量和缩放系数。
- "刻度样式与颜色"：标尺刻度的样式。
- "主刻度"：设置刻度标记的颜色。单击时，弹出调色板，调色板下方为最近选择的颜色，默认值为黑色。

- "辅刻度"：设置辅刻度标记的颜色。单击时，弹出调色板，调色板下方为最近选择的颜色，默认值为黑色。

- "标记文本"：设置标尺标记文本的颜色。

- "网格样式与颜色"：设置网格的样式及颜色。Z 标尺不可使用该选项。也可使用网格颜色属性，通过编程改变网格颜色。

- "主网格"：设置标尺上主网格的颜色。单击时，弹出调色板，调色板下方为最近选择的颜色，默认值为黑色。

- "辅网格"：设置标尺上辅网格的颜色。单击时，弹出调色板，调色板下方为最近选择的颜色，默认值为黑色。

忽略 X 轴上的波形时间标识，LabVIEW 8.2 将 X 标尺的起点设置为 0，而非指定的 t_0 的值。取消选中复选框，从而将 X 标尺中的动态或波形数据的时间标识信息包括进来。该复选框仅对带动态或波形数据的图形或图表有效。

32.3.9　系统单选控件

1. 插入系统单选控件

单击"控件"选板，选择"系统"菜单上的"系统单选"控件。使用移动、调整大小、选择工具调整其位置和大小。

2. 设置系统单选控件属性

在控件上单击鼠标右键设置显示项，隐藏布尔文本，显示标签，并更名为"自动控制模式"。重复上述操作，依次创建"手动控制模式"、"调整模式"等系统单选控件。

单击鼠标右键设置属性。具体过程参考"波形图表"控件的设置。

32.3.10　旋钮控件

1. 创建旋钮控件

单击"控件"选板，选择"新式"菜单，再选择"数值"菜单上的"旋钮"控件，使用移动、调整大小、选择工具调整其位置和大小。

在控件上单击鼠标右键设置显示项，显示题目，并更名为"热水泵流量旋钮"。重复上述操作，创建"冷水泵流量旋钮"控件。

2. 完成"控制面板"选项卡（图 32-34）

本小型平板热管性能测试系统提供自动控制和手动控制两种模式。实现了无人自主实验，并提供报警和紧急情况处理。

在自动模式下，系统按照设置好的初始量及步进量分别控制直流电源和风机动作，当达到平衡状态时自动记录数据。

在手动模式下，实验员可以设置指定的功率和冷、热水的流量。达到稳定状态时按记录键保存数据。

PCI-6024E 只有最大两个模拟输出通道，因此系统的风机和电源的控制由输入为 0～5V 的可控直流电源和可控交流变压器实现。水泵的转速由直流电源输出的电压和电流控制；热源为电阻式发热元件用来模拟 CPU 的热负荷，其功率随调压器的输出电压而改变。

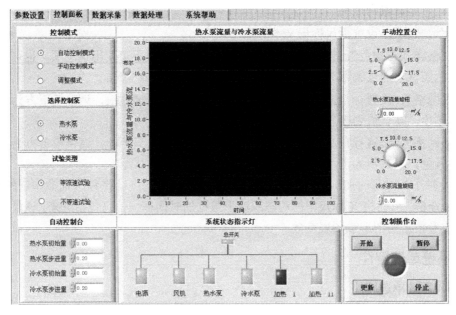

图 32-34　控制面板

32.3.11　温度计控件

1. 创建温度计控件

单击"控件"选板，选择"新式"菜单，再选择"数值"的"温度计"控件。使用移动、调整大小、选择工具调整其位置和大小。

图 32-35　滑动杆属性对话框

2. 设置温度计控件属性

在控件上单击鼠标右键设置显示项，显示题目，并更名为"热源梯率温度"。打开数字显示，并设置其数据格式。在控件上单击鼠标右键，在弹出的滑动杆属性对话框进行设置。

"外观"选项卡的具体设置如图 32-35 所示。

- "标签"设置"可见"，并改名为热源梯度温度。
- "启用状态"设置为"禁用"，表示用户不可操作该对象。
- 在"数值范围"选项卡内可以设置控件的默认值。
- "表示方法"设置为"双精度"。

当设置"最小值"和"最大值"后，LabVIEW 8.2 系统还提供了超出最大、最小值范围外的动作，如图 32-36 所示。

标尺的设置参考图 32-37，"格式与精度"选项卡、"文件标签"选项卡、"说明信息"选项卡和"数据绑定"选项卡的设置可参考前面章节的介绍。

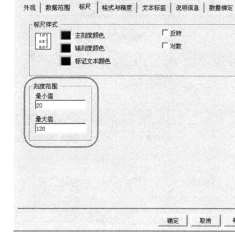

图 32-36 数值范围的设置　　　　　　　　　图 32-37 标尺的设置

重复上述操作，再创建"进口空气平均温度"、"出口空气平均温度"温度计控件。

控件的属性对话框内包括了控件的所有各项属性的设置。如果您新建一个控件，建议进入属性设置对话框进行初始设置；如果您要修改控件的某一项属性，在控件上单击鼠标右键，在弹出的菜单内就可以完成设置。

32.3.12　仪表控件

1. 创建仪表控件

单击"控件"选板，选择"新式"菜单，再选择"数值"的"仪表"。使用移动、调整大小、选择工具调整其位置和大小。在控件上单击鼠标右键设置显示项，显示题目，并更名为"冷流量"，打开数字显示。

2. 设置仪表控件属性

在控件上单击鼠标右键，弹出旋钮属性对话框，选择"外观"选项卡（如图 32-35 所示）。

● "标签"设置为"可见"。

● "启用状态"设置为"禁用"。

由于篇幅有限，其余各项的设置请参考前面章节的介绍。

重复上述操作，再创建"热流体流量"仪表控件。

3. 完成"数据采集"选项卡（如图 32-38 所示）

数据采集是系统的主测试窗口，包括热源功率和空气流速仪表盘、热源温度和进出口空气平均温度、波形图表等控件。控件的创建和属性设置步骤已经在前面的章节详细地介绍过了。"数据采集"选项卡的功能是负责监控整个实验的进程及显示全部测试参数随时间的变化趋势。LabVIEW 8.2 的控件非常形象、直观，把枯燥的数据采集变得通俗易懂，这也是本系统采用NI 公司的测试平台的原因之一。它将烦琐的程序设计和代码调试过程封装在每一个控件面板中，整个测试系统的界面就像是一台综合仪表柜。

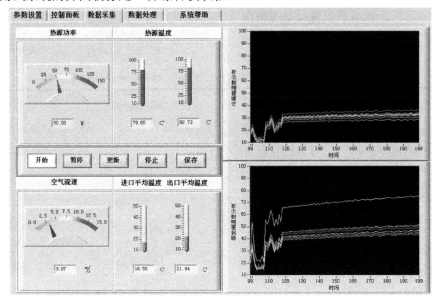

图 32-38　数据采集

为了减少噪声对测量结果的影响，每条数据线均采取了屏蔽措施，而且每个测量点的数据都是对 2048 个采样点的平均值。NI 的 SCXI 1300 端子带有冷端补偿功能。经信号调理卡 SCXI 1100 将信号传给 NI—DAQ 数据采集卡，其精度可以达到±2%。

32.3.13　多列列表框控件

1. 创建多列列表框控件

如图 32-39 所示，单击"控件"选板，选择"新式"菜单，再选择"列表与表格的"多列列表框"。使用移动、调整大小、选择工具调整其位置和大小。在控件上单击鼠标右键设置显示项，显示题目，并更名为"试验数据列表"。

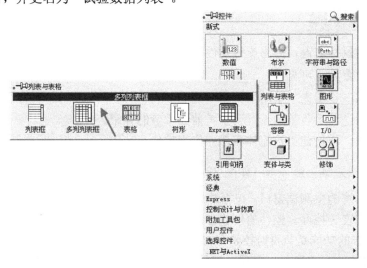

图 32-39　创建多列列表框控件

2. 设置仪表控件属性

在控件上单击鼠标右键，弹出多列列表框属性对话框，选择"外观"选项卡（如图 32-40 所示）。

- "标签"设置为"不可见"。
- "启用状态"设置为"启用"。
- 设置多列列表框的尺寸为 10 行，15 列。

由于篇幅有限，其余各项的设置请参考前面章节的介绍。

3. 完成"数据处理"选项卡（如图 32-41 所示）

LabVIEW 8.2 可以分别通过 ActiveX 接口与 C++和 DDE 接口与 Excel 连接进行数据

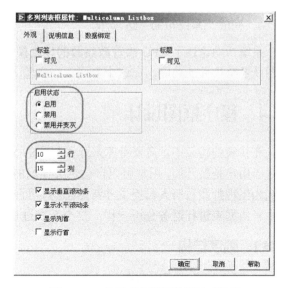

图 32-40 多列列表框属性设置对话框

处理和文件的存取。这样可以提高系统的数据处理能力，节省系统资源。

同时 LabVIEW 8.2 自身提供的功能强大的数据分析模块方便了实验数据的分析处理。本热管散热器性能实验系统分别绘出热管散热器的蒸发端、冷凝端的温度特性曲线，总结出了残差图及传热系数的实验关联式。

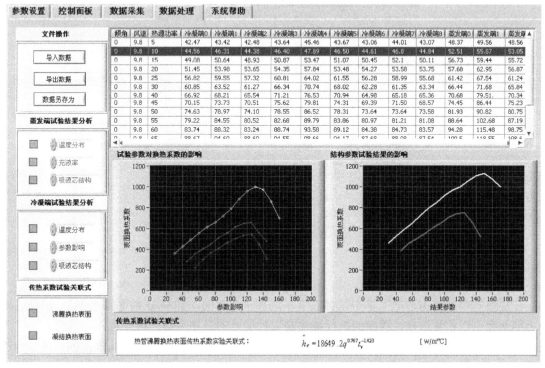

图 32-41 数据处理

4.完成"系统帮助"选项卡

系统帮助论述了 CPU 热管散热器的理论模型和实验原理。同时还详细的描述了系统流程、框图及各个控件的功能。在这个界面里,实验人员还可以找到整个系统的使用说明书。

32.4　程序框图设计

在传统的构架中,需要专家来开发封闭的仪器功能和算法;而对于虚拟仪器技术来说,算法对于用户是公开的,用户可以自己定义他们的仪器。LabVIEW 8.2 采用图形化的数据流语言,它能为工程师和科研人员提供非常熟悉的界面——程序框图。使用 LabVIEW 8.2 开发程序就像用电子数据表进行财务分析一样,整个开发过程非常简洁、直观。

32.4.1　顺序结构

1.插入层叠式顺序结构

如图 32-42 所示,在程序设计面板空白处单击鼠标右键,在弹出的快捷菜单中选择"函数"菜单的"编程",然后选择"结构"菜单中的"层叠式顺序结构"。使用移动、调整大小、选择工具调整其位置和大小。

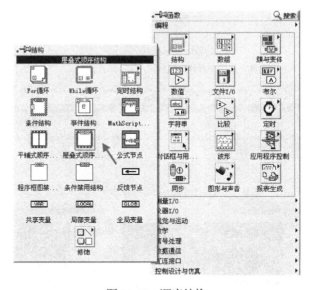

图 32-42　顺序结构

2.添加帧

在层叠式顺序结构边框上单击鼠标右键,选择"在后面添加帧/在前面添加帧",结构边框的上部就会出现帧数选择,程序的执行顺序是以帧编号的升序为准。进行程序设计时,一定要先确认目前程序段所处的帧编号是否正确,否则会造成程序层次不清、布局混乱的情况。为后期的调试与运行带来不必要的麻烦。

3．添加顺序局部变量

在层叠式顺序结构边框上单击鼠标右键，添加顺序局部变量。局部变量是顺序结构的数据交换接口，它可以在程序框图的左侧或者右侧。需要注意的是每一个祯编号下创建的顺序局部变量对于其他祯来说是独立的。

32.4.2　数据采集装置的参数设置

1．模拟输入

LABVIEW 8.2 的数据采集程序库包括了许多 NI 公司的数据采集（DAQ）卡的驱动控制程序。而且，一块 DAQ 卡可以完成多种功能，包括模数转换、数模转换、数字量输入/输出及记数器/定时器操作等。用户再使用之前必须设置好 DAQ 卡的硬件配置。DAQ 的基本任务是物理信号的测量，要使计算机系统能够测量物理信号，必须使传感器把物理信号转换成电信号（电压或者电流信号）。而不能把热电偶直接联到 DAQ 卡，必须使用信号调理电路对信号进行一定的处理。总之，数据采集不仅关系到采集精度，还直接影响着系统的稳定性。没有硬件设备的驱动和设置，整个 DAQ 系统都无法正常运行。

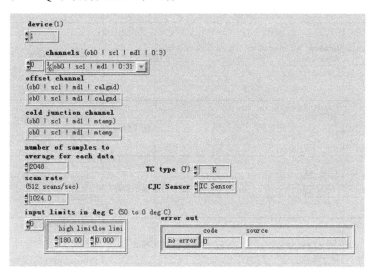

图 32-43　模拟输入

当采用 DAQ 卡测量模拟信号时，需要进行模拟输入的参数设置。这就必须考虑以下因素（如图 32-43 所示）。如输入模式（单端输入或差分输入）、分辨率、输入范围、采样范围、采样频率、精度和噪声等对测量模拟信号的影响。

device(1)：装置 1 指的是 PCI-6024E 数据采集卡。热电偶通过 SCXI 1300 端子与 SCXI1100 采样调理卡进行数据交换。

channels：通道设置为 0～31 通道。

TC type：设置热电偶类型。

Convet temp range to volt range.vi：根据热电偶类型将输入的温度范围转换为电压范围子 VI。

scan rate：设置采样频率。

number of samples to average for each data point：设置每个数据点的平均的采样点的数目。

offset channel：冷端补偿通道。

以上参数的详细设置说明如表 32-1 所示。

表 32-1　VXI 和 PXI 扩展性能比较

接 线 端	图 标	名 称	功 能
device(1)　I16	device(1)　1	装置	数据采集设备的个数和编号
channels　[I/O]	channels (ob0！sc1！md1！0:31)　0　ob0！sc1！md1！0:31	通道	设置模拟输入通道的名称、物理通道的连接形式、测量范围等，它被广泛应用于 NI-DAQ 数据采集中
offset channel　abc	offset channel (ob0！sc1！md1！calgnd)　ob0！sc1！md1！calgnd	补偿通道	(OBn！SCx！MDy！ Calgnd) n:数据采集通道 x:SCXI 机箱的 ID y: SCXI 的模块插槽
cold junction channel　abc	cold junction channel (ob0！sc1！md1！mtemp)　ob0！sc1！md1！mtemp	冷端补偿	用于设置热电偶的冷端补偿通道
number of samples to average for each data point (2048)　I32	number of samples to average　2048	平 均 采 样 数	设置 LabVIEW 8.2 生成每个图表上显示点时需要平均的采样个数
input limits in deg C　[ ]	input limits in deg C　0　high limit 150.00　low limi 0.000	输入限制	设置最低测量电压和最高测量电压的输入范围
error out	error out　no error　code 0　source	出错处理	设置系统在运行过程中，当出现错误时的处理方法
TC type (k)　U16	TC type (k)　K	热 电 偶 类 型	设置热电偶类型，温度测量模型需要热电偶类型进行电压与温度间的转换，如果热电偶的类型设置错误将会对实验数据带来误差
CJC Sensor　U16	CJC Sensor　IC Sensor	端子温度传感器类型	SCXI 1300 端子上一共可以测量 32 个模拟通道，当进行温度测量时，每个通道上连接了热电偶的同时，端子上还有一补偿温度传感器。当更换不同的端子时，需要更改此项设置
scan rate (512 scans/sec)　SGL	scan rate (512 scans/sec)　512.0	采样频率	设置采样频率：每秒采样数。当用户使用的低频滤波通道机箱时，需将采样频率设置为时钟频率的 1/2，例如 SCXI－1100 的时钟频率为 10KHz，那么总的采样频率为 5kHz。在 4 个通道的情况下，每个通道的最大采样频率为 1.25 KHz。在实际情况下，还要考虑每个通道的延迟和间隔问题

本实验所使用的温度传感器全为 k 型热电偶。测量通道设置为 0～31 通道。0～8 通道为

热管蒸发端的 9 个热电偶；9～21 通道为冷空气的入口和出口温度；21～23 为热源温度；24～31 通道为热管冷凝端的 9 个热电偶。电平信号为 mV 级。因此需要使用差分输入。在差分输入方式下，每个输入都可以有不同的接地参考点。并且由于清除了共模噪声的影响，使得差分输入精度较高。

输入范围是指 ADC 能够量化处理的最大、最小输入电压值。DAQ 提供了可选择的输入范围，它与分辨率和增益等配合，以获得最佳的测量精度。

2. 分辨率与增益

分辨率是模数转换所使用的数字位数。分辨率越高，输入信号的细分程度就越高，能够识别的微小变化量就越小。NI 的 SCXI 系列产品可以为用户提供的分辨率精度大都在 12 位。模数转换的细分数值就可以达到 2^{12}，即 4096，通过这样的细分可以准确地表示原始信号。

增益表示输入信号被处理前放大或缩小的倍数。给信号设置一个增益值，就可以减少信号的输入范围，使数模转换能尽可能多地细分输入信号。当使用一个三位的模数转换，输入信号的范围是 0～10 伏，当增益=1 时，模数转换只能在 5V 的范围内细分成为 4 份，而当增益＝2 时，就可以细分为 8 份，提高了精度。

总之，输入范围、分辨率、增益决定了输入信号可识别的最小变化范围。此最小模拟变化量对应于数字量最小位上的单位变化。转换宽度（code width）的计算公式为输入范围/（增益×2 分辨率）＝10/（1×2^{12}）＝$2.4×10^{-6}$V。

3. 采样率

采样率决定了模数转换的数率。采样率高，则在一定时间内的采样点就多。对信号的数字表达就越准确。采样率必须保证一定的数值，如果其值太低，则精度就会很差。根据奈奎斯特采样定律，采样频率必须是信号最高频率的两倍。

平均化噪声将会引起输入信号的畸变。噪声可以是计算机外部或者内部的。要想抑制外部噪声误差，既可以使用适当的信号调理电路，也可以增加采样信号点数，还可以取这些信号的平均值来抑制信号噪声误差。因此，我们在实验设备允许的条件下，应尽可能的增大采样频率 1024 Hz，每个点为 2048 个采样的平均值。

为了提高测量精度实验采用了以下措施：

（1）热电偶冷端补偿；

（2）热电偶非线性补偿；

（3）粗大误差剔除；

（4）温度信号的数字滤波。

32.4.3 冷端补偿通道

如图 32-44 所示，冷端补偿通道的程序面板要实现的主要功能有设置 NI 公司的 SCXI 1000 机箱、SCXI 1100 调理卡和 SCXI 1300 端子的冷端补偿通道。这部分包括两个用于热电偶温度采集的子 VI。

（1）Convert thermocouple reading.vi：将热电偶读出的电压值转换成热电偶的温度值，具体设置请参考 32.3.2 节的内容。

（2）Acquire and average.vi：主要功能是按照指定的采样频率和平均采样数将采集到的

通道电压信号转换为温度值，对每一个通道的输入极限和平均处理都是相同的。

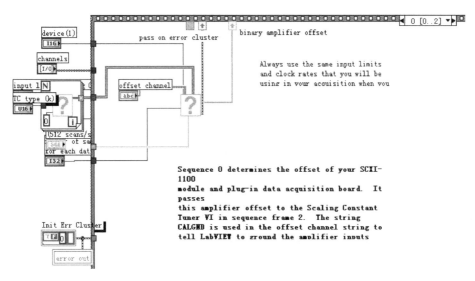

图 32-44   冷端补偿通道的程序面板

32.4.4   电压信号采集模块

图 32-45 所示的程序面板用于采集冷端补偿电压值和 CJC 通道的处理。包括如下函数：Build Array、equal to zero、select、negat、Bundle、Index array 等，本节将逐一介绍这些函数的用法和含义。

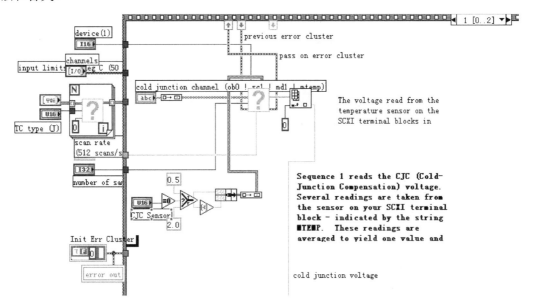

图 32-45   采集冷端补偿电位和 CJC 通道电压值的程序面板

（1）Build Array：如图 32-46 所示，建立数据，将冷端补偿通道采集的温度值放在一维数值中。在程序设计面板的空白处单击鼠标右键，单击"函数"菜单，选择 "编程"菜单，在弹出的"数组"菜单中选择"创建数组"命令。

　　"创建数组"函数的作用是：将函数左侧的接线端的数组（元素）添加成一个数组。所有的输入元素可以为一维的数组或者是 n 维数组，要求所有输入元素必须具有相同的数据类型。函数右侧是成生的新数据。

　　当"创建数组"函数第一次被添加到程序框图中时，它只有一个输入端和输出端。将鼠标置于图标的下侧（上侧）处，当鼠标变成上下箭头时，按住鼠标左键向下（向上）拖动鼠标，就可以增加创建数组函数的输入端。

　　在"创建数组"函数的图标处单击鼠标右键，在弹出的菜单中选择"添加输入/删除输入"，也可以实现输入端的添加/删除功能。

　　（2）equal to zero：是否等于 0 函数，如图 32-47 所示。

图 32-46　"创建数组"函数　　　　　　　图 32-47　"等于 0？"函数

　　（3）select：选择。相当于 C 语言中三位运算符。如图 32-48 所示，s 为判断依据，当 s 为真时结果为 t，当 s 为假时结果为 f。

　　（4）negat：取负数，即将函数左侧的数值乘以（–1），如图 32-49 所示。

图 32-48　"选择"函数　　　　　　　　图 32-49　"取负数"函数

　　（5）Bundle：捆绑工具，如图 32-50 所示，其创建过程是单击"函数"菜单，选择"编程"中的"簇与变体"菜单，再选择"捆绑"函数。

　　捆绑的功能是：把多个独立的数据捆绑在一起组成一个簇；也可以使用捆绑工具来改变一个已经存在簇的个别元素的值。当用户创建一个新簇时，所有的输入端必须连线。输出簇的元素必须与输入的元素维度一致；当用户连接了现有簇后，捆绑图标左侧的元素个数将会自动调整为其元素的个数。并不要求所有输入端的元素都连线，LabVIEW 8.2 会自动替换现有簇中连线对应元素值。

　　（6）Index array：数组索引，用于把数组指针指向期望的位置，如图 32-51 所示。

图 32-50　"捆绑"函数　　　　　　　　图 32-51　"索引数组"函数

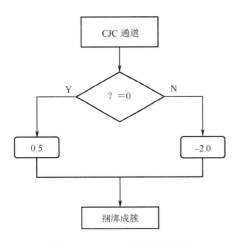

图 32-52　CJC 补偿流程图

其中函数图标左侧的"n 维数组"是被索引的数组，"索引 0"，……，"索引 n–1"为索引号。而右侧的"元素或子数组"为索引结果数组。

"索引数组"函数的作用是提取 *n* 维数组的某一行/列。

图 32-44 中这一程序段的逻辑关系是：首先判断 CJC 通道是否为零（如果为零，则补偿结果为 0.5；如果非零，则补偿结果为–2.0），然后再使用捆绑工具生成簇。

为了便于理解，如图 32-52 所示，可以将上述过程画成程序流程图。

32.4.5　数据采集和处理模块

性能测试系统的主程序面板如图 32-53 所示，实现了数据的采集、处理、显示、保存等功能。下面将其分三个部分详细讲解：数据采集和处理模块、数据显示与保存模块、程序运行控制模块。

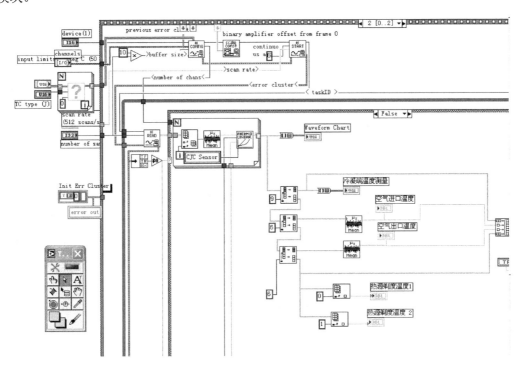

图 32-53　主程序面板

数据采集和处理模块（如图 32-54 所示）是核心内容之一。实验数据采集系统对实验数据的精度要求很高，其功能主要包括配置硬件设备和构建运行环境。设备、通道和补偿等内容都已经在前面的章节介绍过，它们以数据流的形式通过接线作为子 VI 的输入。

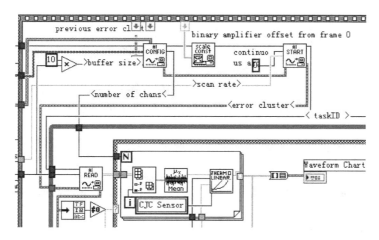

图 32-54　数据采集和处理模块

（1）AI config.vi：配置模拟输入的子 VI，这个 VI 配置了一个指定的模拟输入操作的硬件、通道、数据缓存。

Mean.vi：取平均值子 VI，计算输入序列 x 的平均值，如图 32-55 所示。

（2）Unbudle：松开捆绑工具，如图 32-56 所示，用于把一个簇分成多个的元素，当用户连接簇后，这个函数会自动调整输出端的个数，元素还保持原来簇的数据类型。

图 32-55　Mean.vi　　　　　　　　　　图 32-56　"解除捆绑"函数

（3）Scaling constant tuner.vi：设置范围常量的子 VI，LabVIEW 8.2 用它来设置计算补偿和非理想增益。把模拟输入的信号转变成数字信号。

（4）AI start.vi：开始模拟测量子 VI，它利用设置好的采样频率、采样数量、触发条件，开始一项数据采集任务——task 1。

（5）AI read.vi：从数据采集的缓存中读取数据的子 VI。

上述子 VI 是 LabView 系统提供的 VI，安装 LabVIEW 8.2 时，如果用户选择的是默认安装模式，某些子 VI 并没有安装到您的系统中。此时可以通过访问 LabView 的官方网站下载，也可以将 LabView6.1 范例中温度测量例子中找到相应的模块。

32.4.6　数据显示与保存模块

数据显示与保存模块主要的功能是实时地显示试验数据并根据指令保存试验数据。包括如下函数：Array to bluster、Split 1D array、formula nod、Write to spreadsheet file 等。

（1）Array to bluster：用于将数组转换成簇，簇中元素的数据类型与数组的类型相同，如图 32-57 所示。在函数图标上单击鼠标右键，选择簇大小，可以设置簇的元素个数，默认值为 9，本函数运行的最大簇为 256。这个函数的作用是在前面板中显示相同类型的数据时，将数组转换成簇后再连接到波形图表。

（2）Split 1D array：把数组分成两个数组，数组的数据类型不变，如图 32-58 所示，数组可以为一维的，也可以是多维数组。索引必须是整数，如果索引为负值或者等于 0，则第一个子数组将为空；如果索引等于或大于输入数组，那么第二个子数组为空。第一个子数组由 array[0] 到 array[index-1]个元素组成，第二个子数组为输入数组余下的元素组成。

图 32-57 "数组至簇转换"函数　　　　　图 32-58 "拆分一维数组"函数

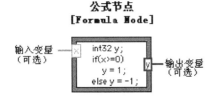

图 32-59 "公式节点"函数

（3）formula nod：公式节点，如图 32-59 所示。此函数的作用和 C 语言中的数学表达式很相似。

公式节点可以使用的内置数学函数包括 abs, acos, acosh, asin, asinh, atan, atan2, atanh, ceil, cos, cosh, cot, csc, exp, expm1, floor, getexp, getman, int, intrz, ln, lnp1, log, log2, max, min, mod, pow, rand, rem, sec, sign, sin, sinc, sinh, sizeOfDim, sqrt, tan, tanh 等。

"公式节点"函数的语法和 LabVIEW 8.2 的数值函数略有不同，需要注意的是：

（1）每一个表达式的的等号(=)左边只能有一个变量，并以分号(;)结尾。

（2）声明数值 a[n]:a 为数组名，n 为数组索引 0，1，2，……，（n 整数型变量）。

"公式节点"函数常用的数据类型如下表 32-2 所示。

表 32-2 "公式节点"函数的常用数据类型

浮点型变量	float float32 float64
整型变量	int int8 int16 int32 uInt8 uInt16 uInt32
运算符	= += -= *= /= >>= <<= &= ^= |= %= **= + - * / ^ != == > < >= <= && || & | % ** ++ -- ~

如果想要在公式节点函数中加入注释，可以使用下面两种方法：

　　（/*comment*/）

　　（//comment）

为"公式节点"函数增加输入变量的方法是：在函数图标的边框单击鼠标右键，选择"添加输入"快捷菜单。选择"添加输出"快捷菜单可以为"公式节点"函数增加输出变量。使用编辑文本工具为输入、输出端变量起名字，而 LabVIEW 8.2 要求：

（1）任何两个输入端变量不可以相同；

（2）任何两个输出端变量不可以相同；

（3）一个输入端变量可以和一个输出端变量相同。

"公式节点"函数输出端的默认数据类型为双精度和浮点型。如果用户需要改变输出端变量的数据类型，可以创建一个和输入端变量名称相同的输出端变量，然后用连线工具将它们连接起来，这样不仅输出端变量的数据类型和输入端变量相同，同时还为输出端变量赋初值。用户也可以在"公式节点"函数框图内改变输出端变量的数据类型，如 int32 y 表示将输出端变量的数据类型改为 32 字节的整型。

所有的"公式节点"函数输入端都需要连线，而输出端可以不连线。

如图 32-60 所示是用"公式节点"函数来实现求平均值的功能，替换 Mean.vi 后的程序框图。

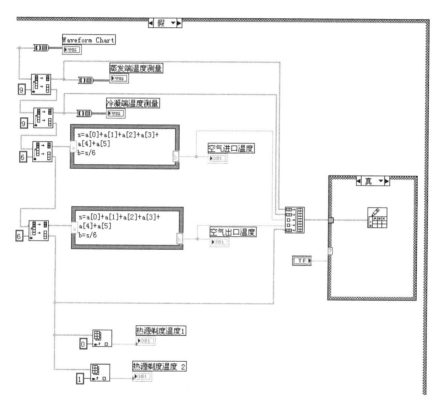

图 32-60 "公式节点"函数求平均值

（4）Write to spreadsheet file.vi：把一个一维或者二维数组转变成单精度的数字符串，并把它保存在文件中，如图 32-61 所示。

其中各项的涵义设置如下：

"格式"：设置数据存储时的格式。

"文件路径"：文件保存的路径，此端口与"参数设置"面板设置的文件存储路径控件连线。当为空时，将会自动弹出对话框，询问文件保存路径。

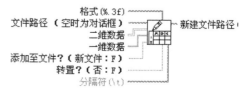

图 32-61 "写入电子表格文件"函数

"二维数据"：当需要存储的数据为二维数组时连线的端口。

"一维数据"：当需要存储的数据为一维数组时连线的端口。

"添加至文件"：控制是否将存储的数据追加到现有文件中的端口，当端口连线的布尔控件值为 TRUE 时，将数据追加至文件结尾；当端口连线的布尔控件值为 FAULSE 时，新建文件并保存。

"转置"：是否将存储的数组进行转置的端口，当端口连线的布尔控件值为 TRUE 时，将存储的数组转置。

"分隔符"：数据之间的分隔符。

32.4.7 程序运行控制模块

程序运行控制模块的功能是控制程序的运行、暂停、停止、保存、恢复等状态。顺序结构祯编号 2 内共包括了：For 循环，While 循环和条件结构。程序结构的具体创建方法，参考顺序结构 32.3.1。最外层为 While 循环，数据采集面板的"开始"、"暂停"、"停止"等按钮控制着 While 循环是否执行。这些按钮和其他控制面板的相应按钮是联动的，它们的逻辑关系如图 32-62 所示。

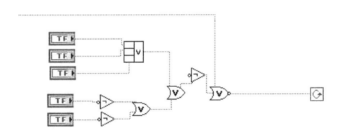

图 32-62   控制按钮的逻辑关系

32.5 本章小结

本章以小型平板热管性能测试系统为例，着重介绍了 LabVIEW 8.2 软件设计数据采集系统的全过程。前面板部分包括了大部分的数值、图表、布尔、数组矩阵、容器、修饰等控件的建立和属性设置过程，而程序面板则叙述了数据采集的参数设置、程序结构的构架等内容。

由于诸多原因本章所涉及的数据采集、显示和保存等功能内容做了保留。如果读者对本章的仪器控制和数据分析等功能感兴趣，可以参阅其他章节。

参 考 文 献

[1] 吴成东，孙秋野，盛科. LabVIEW 虚拟仪器程序设计及应用. 北京：人民邮电出版社，2008.
[2] 刘刚，王立香，张连俊. LabVIEW8.20 中文版编程及应用. 北京：电子工业出版社，2008.
[3] 毕晓普. LabVIEW7 实用教程. 乔瑞萍，等译. 北京：电子工业出版社，2005.
[4] Robert H.Bishop. LabVIEW6i 实用教程. 乔瑞萍，林欣，等译. 北京：电子工业出版社，2003.
[5] 龙脉工作室，岂兴明，周建兴，矫津毅. LabVIEW8.2 中文版入门与典型实例. 北京：人民
      邮电出版社，2008.
[6] 侯国屏，王坤，叶齐鑫. LabVIEW7.1 编程与虚拟仪器设计. 北京：清华大学出版社，2005.
[7] 张桐，陈国顺，王正林. 精通 LabVIEW 程序设计. 北京：电子工业出版社，2008.
[8] 龙华伟，顾永刚. LabVIEW8.2.1 与 DAQ 数据采集. 北京：清华大学出版社，2008.
[9] 陈锡辉，张银鸿. LabVIEW8.20 程序设计从入门到精通. 北京：清华大学出版社，2007.